# 森林生态系统鼠类与植物种子关系研究

## ——探索对抗者之间合作的秘密

张知彬　主编

科学出版社

北　京

# 内 容 简 介

全书系统探讨了鼠类贮藏植物种子的生态过程和由此而产生的种群生态学、群落生态学、动物行为学和进化生物学等科学问题。全书共分 10 章，第一章至第三章主要介绍学科背景、科学问题、基本概念、理论体系及研究方法，第四章至第九章主要介绍本书作者及合作团队近 20 年来取得的研究成果，第十章做了简要的综合与展望。

本书适合从事生态学、动物学、植物学及进化生物学等方面的教师、学生及其他读者阅读。

图书在版编目(CIP)数据

森林生态系统鼠类与植物种子关系研究：探索对抗者之间合作的秘密/张知彬主编. —北京：科学出版社，2019.3
　　ISBN 978-7-03-057938-6

　　Ⅰ.①森⋯　Ⅱ.①张⋯　Ⅲ.①森林生态系统–鼠科–关系–树木–种子–研究　Ⅳ.①Q959.837 ②S722

中国版本图书馆 CIP 数据核字(2018)第 127622 号

责任编辑：王　静　马　俊　李　迪　郝晨扬/责任校对：严　娜
责任印制：吴兆东/封面设计：北京铭轩堂广告设计有限公司

科 学 出 版 社 出版

北京东黄城根北街 16 号
邮政编码：100717
http://www.sciencep.com

北京虎彩文化传播有限公司　印刷
科学出版社发行　各地新华书店经销
*

2019 年 3 月第 一 版　　开本：787×1092　1/16
2019 年 3 月第一次印刷　　印张：22 3/4
字数：540 000

定价：198.00 元
(如有印装质量问题，我社负责调换)

# 作 者 名 单

（按姓氏汉语拼音排序）

曹　林　中国科学院西双版纳热带植物园
　　　　电子邮箱：caolin@xtbg.org.cn

常　罡　陕西省动物研究所
　　　　电子邮箱：snow1178@snnu.edu.cn

陈　琼　中国科学院西双版纳热带植物园
　　　　电子邮箱：qiong0552@163.com

陈晓宁　陕西省动物研究所
　　　　电子邮箱：nnicoles@163.com

程瑾瑞　中国科学院动物研究所农业虫害鼠害综合治理研究国家重点实验室
　　　　电子邮箱：cheng-jr@163.com

封　托　陕西省动物研究所
　　　　电子邮箱：fengtuo@ms.xab.ac.cn

顾海峰　中国科学院动物研究所农业虫害鼠害综合治理研究国家重点实验室
　　　　电子邮箱：guhf@ioz.ac.cn

韩　宁　陕西省动物研究所
　　　　电子邮箱：mirrorning@qq.com

侯　祥　陕西省动物研究所
　　　　电子邮箱：526957841@qq.com

李海东　中国科学院动物研究所农业虫害鼠害综合治理研究国家重点实验室
　　　　电子邮箱：lihd@ioz.ac.cn

李宏俊　中国科学院动物研究所农业虫害鼠害综合治理研究国家重点实验室
　　　　电子邮箱：lihj@ioz.ac.cn

路纪琪　郑州大学生命科学学院
　　　　电子邮箱：lujq@zzu.edu.cn

潘永良　中国科学院动物研究所农业虫害鼠害综合治理研究国家重点实验室
　　　　电子邮箱：02402@zjhu.edu.cn

仝　磊　郑州大学生命科学学院
　　　　电子邮箱：tongsanshi@163.com

王　博　中国科学院西双版纳热带植物园
电子邮箱：yangblue@xtbg.org.cn

王　京　陕西省动物研究所
电子邮箱：wangjing122411@yeah.net

王　昱　中国科学院动物研究所农业虫害鼠害综合治理研究国家重点实验室
电子邮箱：weiming312@163.com

王振宇　江西师范大学生命科学学院
电子邮箱：zhenyuwang1983@163.com

肖治术　中国科学院动物研究所农业虫害鼠害综合治理研究国家重点实验室
电子邮箱：xiaozs@ioz.ac.cn

严　川　中国科学院动物研究所农业虫害鼠害综合治理研究国家重点实验室
电子邮箱：yanchuan@ioz.ac.cn

杨锡福　中国科学院动物研究所农业虫害鼠害综合治理研究国家重点实验室
电子邮箱：yangxifu@ioz.ac.cn

杨月琴　河南科技大学农学院
电子邮箱：yyqyxf@126.com

易现峰　江西师范大学生命科学学院
电子邮箱：ympclong@163.com

于　飞　河南师范大学生命科学学院
电子邮箱：yufei@htu.cn

张洪茂　华中师范大学生命科学学院生态与进化生物学研究所
电子邮箱：zhanghm@mail.ccnu.edu.cn

张明明　河南科技大学农学院
电子邮箱：zmm.ivy@163.com

张义锋　郑州大学生命科学学院
电子邮箱：zhangyf138@163.com

张知彬　中国科学院动物研究所农业虫害鼠害综合治理研究国家重点实验室
电子邮箱：zhangzb@ioz.ac.cn

赵清建　中国科学院动物研究所农业虫害鼠害综合治理研究国家重点实验室
电子邮箱：zhaoqingjian88@163.com

# 序

鼠类是哺乳动物中最大的一个类群，种类多、繁殖快、适应能力强，广布世界各地和各类生态环境中，是研究进化生物学、生态学的理想对象。很多鼠类是人类的伴生种，由于其危害农作物、破坏草场和森林、传播疾病等，是威胁农业可持续发展、生态环境保护及人类健康的重要有害生物之一。因此，害鼠与苍蝇、蚊子、臭虫（蟑螂）一起被国家卫生部门列为除四害的对象之一，与病、虫、草一起被农业部（现已更名为"农业农村部"）列入四大植保防治对象之一。

长期以来，鼠类一般都被作为有害动物来看待。但是，从生物多样性的概念出发，我们不能把自然界中的任何生物类群划分为有益或有害。首先，鼠类是生态系统中的重要一员，它们是许多食肉动物的食物来源，它们的挖掘活动对土壤起到疏通作用，它们对植物的取食可加速植物分解、营养和矿物质循环，它们对植物种子的搬运、扩散有利于植物更新和繁衍。总之，它们在维持生物多样性与生态系统功能、保持生态平衡与健康等方面发挥着十分重要的作用。其次，许多鼠类被驯化为实验鼠，是生物学、心理学、医学与健康等研究领域的重要模型动物，为科学发展和人类健康做出了重要贡献。从这个角度看，鼠类对人类及生态系统是有益的。但是，相对于鼠类的有害作用，有关鼠类有益作用的研究非常欠缺，该书的出版正好弥补了这一不足。

动物与植物的关系历来是生态学、进化生物学研究热点之一。与昆虫传粉系统、鸟类种子传播系统不同，鼠类与植物种子的关系是一个既包含捕食关系又包含互惠关系的互作网络，在觅食行为、合作起源、协同进化、趋同进化、生态系统稳定性等研究上具有极其重要的理论价值和意义。国外在这个领域的研究起步较早，我国主要从 20 世纪 90 年代末开始研究。该书的主编张知彬先生是在研究鼠害防治的同时也关注鼠类生物学及其在生态系统中的作用的优秀科学家，他所领导的团队是我国这个研究领域的骨干力量。值得肯定的是，他们的研究一开始就具有很强的目标性、计划性、协同性和长期性。试验地点涵盖我国主要的植被类型和气候带，采用统一的调查方法，设置固定的样地，建立半自然围栏，坚持长期的野外观测和试验。有的研究长达近 20 年，连续标记、释放和追踪种子达十余万粒。这种系统、长期、规模化的研究对于解决复杂多变的生态学问题是十分必要的。由于这个团队长年累月、持之以恒的坚持及密切合作，取得了一批重要的科研成果：提出了测定鼠类与植物种子互作关系及强度的种子标签法和红外相机跟踪法，发现了中等大小种子具有最大的扩散适合度，种子的吸引与防御特征兼具权衡和均衡关系，捕食与反捕食促进了鼠类与植物种子之间的互惠，种子应对鼠类切胚或去根的再生机制、对抗者之间的合作有利于共存和稳定等。这些研究成果丰富和发展了动植物关系领域的相关理论与体系，使我国在国际该领域研究中占据了一席之地。另外，这些研究也弄清了我国各类森林生态系统中影响森林种子更新的关键类群，明确了鼠类与植物种子，以及与森林生态系统健康的关系，对于今后我国森林生态系统的保护及恢复工作也具有重要的参考价值。

中国科学院院士

2018 年 3 月于北京

# 前　　言

　　鼠类与植物种子的关系是森林生态系统的重要组成部分，在维持生物多样性及生态系统功能上发挥着关键作用，是反映森林生态系统健康状况的重要指标之一。植物种子富含营养，以吸引鼠类扩散、贮藏，达到自然更新和拓展生存空间的目的，同时其作为被捕食者，也为鼠类提供食物。鼠类取食种子，是植物的捕食者，其也扩散、贮藏植物种子，有利于植物种子更新，又是植物种子的扩散者。因此，鼠类与植物种子之间形成了互惠与捕食的双重关系。它们之间既对抗又合作，在时间、空间、数量多个维度上处于不断的演化过程中。这种对抗者之间如何合作以达到双方共赢和生态平衡，是生态学、动物学、植物学及进化生物学工作者最感兴趣的问题。

　　鼠类与植物种子关系研究涉及贮藏行为、种子命运、互作网络、协同进化等诸多方面。国外的有关研究开始比较早，我国的研究主要起步于 20 世纪 90 年代末，且研究比较系统和持久。本书作者在云南西双版纳热带森林，四川都江堰亚热带森林，北京、秦岭及河南暖温带森林，东北小兴安岭寒温带森林 6 个典型森林生态系统开展了长达近 20 年的鼠类与植物种子关系的研究，取得了一系列进展，这些成果丰富和发展了有关动植物相互作用方面的生态学理论、方法与体系。本书一方面介绍了本领域的基本理论、概念和方法，另一方面介绍了本书作者及合作团队近 20 年来所取得的科研成果和进展。

　　本书共分 10 章。第一章"绪论"由张知彬完成。第二章"基本概念和理论"由李宏俊、肖治术、张洪茂、王昱、常罡、程瑾瑞、王振宇、赵清建、路纪琪、曹林、张知彬完成。第三章"森林鼠类与植物种子相互关系研究方法"由张洪茂、顾海峰、杨锡福、严川、赵清建、易现峰、李宏俊完成。第四章"东北小兴安岭地区森林鼠类与植物种子相互关系研究"由易现峰、杨月琴、张明明、于飞、潘永良、王振宇完成。第五章"北京东灵山地区森林鼠类与植物种子相互关系研究"由张洪茂完成。第六章"河南太行山区森林鼠类与植物种子相互关系研究"由张义锋、路纪琪完成。第七章"秦岭地区森林鼠类与植物种子相互关系研究"由常罡、陈晓宁、韩宁、侯祥、王京和封托完成。第八章"四川都江堰地区森林鼠类与植物种子相互关系研究"由肖治术、常罡、李海东、顾海峰、杨锡福、赵清建、严川完成。第九章"云南西双版纳地区森林鼠类与植物种子相互关系研究"由曹林、王振宇、王博、陈琼、张义锋、仝磊、路纪琪完成。第十章"综合与展望"由张知彬完成。全书由张知彬统稿。

　　截至书稿完成，本书作者主要承担了科技部、国家自然科学基金委员会、中国科学院等课题 40 余个，包括科技部国家重点基础研究发展计划（973 计划）项目（2007CB109100、2007BC109102）、国家自然科学基金委员会重点项目（31330013、30430130、30930016）、国家自然科学基金委员会面上项目（31470113、31772471、31372212、31240470、31100283、31172101）、国家自然科学基金委员会青年科学基金项目（31500347、31301891）、中国科学院战略性先导科技专项（B 类）（XDB11050000、XDB11050300）、中国科学院重点部署项目（KJZD-EW-TZ-L01）、陕西省自然科学基金项目（2014JM3066）、河南省高等学校重点科研项目（16A180039）、中国博士后科学基金项目（2016M592304）、陕西省科学院科技计划项目（2015k-26）、森林与土壤生态国家重点实验室开放基金课题（LFSE2015-01）、农业虫害鼠害综合治理研究国家重点实验室开放课题（ChineseIPM1404）等；发表论文 200 余篇，培养研究生 50 余人。

　　衷心感谢科技部、国家自然科学基金委员会、中国科学院、农业虫害鼠害综合治理研究国家重点实验室等对相关研究课题的资助。感谢国家自然科学基金委员会原主任陈宜瑜院士为本书作序。感谢科学出版社的编辑对本书的编辑和出版事宜给予的指导与支持。感谢本书全体作者对书稿撰写所做出的努力和贡献。感谢课题承担人员和参与人员对该项研究所做出的贡献。感谢 *Wiley*、*Springer*、*Oxford*、*Elsevier*、*CSIRO* 及 *Brill* 等出版商在版权使用上给予的支持。

　　由于作者的水平有限，书中不足之处在所难免，敬请读者批评指正。

张知彬<br>2018 年 4 月

# 目 录

第一章 绪论 ………………………………………………………………………………… 1

第一节 概述 …………………………………………………………………………… 1

第二节 研究范围 ……………………………………………………………………… 1

一、动物贮食行为学研究 ………………………………………………………… 2

二、种子命运研究 ………………………………………………………………… 2

三、捕食关系及协同进化研究 …………………………………………………… 2

四、互惠关系及协同进化研究 …………………………………………………… 3

五、鼠类种群和群落动态研究 …………………………………………………… 4

六、互惠网络研究 ………………………………………………………………… 4

七、森林生态系统保护研究 ……………………………………………………… 5

参考文献 ……………………………………………………………………………… 5

第二章 基本概念和理论 …………………………………………………………………… 7

第一节 动物的贮食行为 ……………………………………………………………… 7

一、动物的贮食及其意义 ………………………………………………………… 7

二、动物的贮食和管理 …………………………………………………………… 10

三、多次贮藏 ……………………………………………………………………… 17

第二节 动物介导的种子扩散及更新模式 ………………………………………… 20

一、种子扩散的意义 ……………………………………………………………… 20

二、种子更新的关键过程 ………………………………………………………… 20

三、影响种子命运的主要因素 …………………………………………………… 21

第三节 种间互作与协同进化 ……………………………………………………… 27

参考文献 ……………………………………………………………………………… 31

第三章 森林鼠类与植物种子相互关系研究方法 ……………………………………… 47

第一节 鼠类分散贮食行为研究方法 ……………………………………………… 47

一、种子的标记与追踪 …………………………………………………………… 47

二、鼠类的标记与识别 …………………………………………………………… 53

三、研究环境 ……………………………………………………………………… 55

第二节 鼠类-种子互作研究规范与标准 …………………………………………… 56

一、种子扩散 ……………………………………………………………………… 56

二、种子雨 ………………………………………………………………………… 61

三、鼠类监测 ……………………………………………………………………… 63

四、围栏实验 ……………………………………………………………………… 64

　　　　五、附件 ……………………………………………………………… 66
　　第三节　红外相机-种子标签法 …………………………………………… 68
　　第四节　鼠类-种子互作网络参数测定 …………………………………… 77
　　　　一、种子雨调查 …………………………………………………… 77
　　　　二、鼠类群落调查 ………………………………………………… 78
　　　　三、种子标记技术 ………………………………………………… 78
　　　　四、红外相机监测技术 …………………………………………… 79
　　　　五、种子和鼠类物种多样性 ……………………………………… 79
　　　　六、鼠类-种子互作网络参数 ……………………………………… 79
　　参考文献 …………………………………………………………………… 81
第四章　东北小兴安岭地区森林鼠类与植物种子相互关系研究 ……………… 87
　　第一节　概述 ……………………………………………………………… 87
　　第二节　研究地区概况 …………………………………………………… 87
　　　　一、自然地理 ……………………………………………………… 87
　　　　二、植物区系 ……………………………………………………… 88
　　　　三、兽类和鸟类区系 ……………………………………………… 88
　　第三节　研究对象 ………………………………………………………… 89
　　　　一、主要树种 ……………………………………………………… 89
　　　　二、主要贮食鼠类 ………………………………………………… 92
　　　　三、主要贮食鸟类 ………………………………………………… 95
　　第四节　主要树木种子产量的年际变化 ………………………………… 96
　　　　一、调查方法 ……………………………………………………… 96
　　　　二、结实量的年际动态 …………………………………………… 97
　　第五节　研究地区主要鼠类捕获率的年际变化 ………………………… 98
　　　　一、调查方法 ……………………………………………………… 98
　　　　二、鼠类捕获率 …………………………………………………… 98
　　第六节　小兴安岭地区鼠类的食性和贮食行为 ………………………… 98
　　第七节　种子特征对鼠类贮食行为的影响 ……………………………… 100
　　　　一、种子大小和单宁含量的影响 ………………………………… 100
　　　　二、种子大小对鼠类多次分散贮食的影响 ……………………… 101
　　　　三、贮食鼠类对种子大小和重量的权衡 ………………………… 101
　　　　四、鼠类部分取食蒙古栎橡子对其幼苗建成的影响 …………… 102
　　　　五、昆虫蛀食对鼠类贮食行为及幼苗建成的影响 ……………… 102
　　　　六、种子量对花鼠贮食行为的影响 ……………………………… 103
　　第八节　贮食鼠类与植物种子的相互作用 ……………………………… 103
　　　　一、野外条件下鼠类对林木种子的扩散和贮藏 ………………… 103
　　　　二、围栏条件下鼠类对林木种子的扩散和贮藏 ………………… 104

三、同域分布的两种榛属植物大年结实对种子命运的影响 ················ 105

四、种间和种内干扰竞争对花鼠分散贮食行为的影响 ················ 106

五、种子相对占有量对鼠类分散贮食行为的影响 ················ 106

六、鼠类对种子的体内传播作用 ················ 107

七、子叶被取食和损伤对种子命运及幼苗建成的影响 ················ 108

八、利用稳定同位素标记研究鼠类种子扩散 ················ 109

第九节　植物种子结实动态及其对鼠类种群的影响 ················ 110

一、毛榛和蒙古栎种子结实动态及其与气候因子的关系 ················ 110

二、花鼠和大林姬鼠的种群波动及其与种子产量的关系 ················ 112

三、蒙古栎橡子和象甲幼虫对花鼠及大林姬鼠的影响 ················ 113

第十节　花鼠的贮食行为研究 ················ 114

一、花鼠对白栎橡子的剥皮贮食行为 ················ 114

二、花鼠分散贮食的行为基础 ················ 115

三、花鼠分散贮食行为与海马细胞增殖的关系 ················ 116

四、花鼠对贮藏点的空间记忆和找回机制 ················ 117

五、空间记忆对花鼠分散贮食行为的影响 ················ 117

六、视觉标识物对花鼠分散贮食点选择的影响 ················ 118

七、贮藏点深度及大小对花鼠盗食的影响 ················ 119

八、土壤含水量对花鼠定向扩散种子的影响 ················ 119

九、嗅觉对花鼠分散贮食行为的影响 ················ 120

十、种子气味对花鼠空间记忆的影响 ················ 120

第十一节　总结与展望 ················ 120

一、本地区取食、扩散植物种子的主要鼠类 ················ 120

二、本地区被鼠类取食和扩散的主要林木种子 ················ 121

三、本地区植物和鼠类种群动态 ················ 121

四、植物种子扩散之间的竞争与合作 ················ 121

五、本地区鼠类特性与贮食行为 ················ 122

六、种子特性与种子命运 ················ 122

七、本地区鼠类-植物种子相互关系研究的特色 ················ 123

八、森林保护建议 ················ 124

九、今后研究方向 ················ 124

参考文献 ················ 125

第五章　北京东灵山地区森林鼠类与植物种子相互关系研究 ················ 128

第一节　概述 ················ 128

第二节　研究地区概况 ················ 131

一、自然地理 ················ 131

二、植物区系 ················ 132

三、兽类区系 133

第三节 研究对象 133
一、鼠类 133
二、研究树种 135

第四节 鼠类及其贮食行为 137
一、同域分布的鼠类对林木种子取食和贮藏的差异 137
二、种内、种间竞争对鼠类贮食行为的影响 140
三、盗食对鼠类贮食行为的影响 146
四、食物资源量对鼠类贮食行为的影响 151
五、野外经历及年龄对鼠类贮食行为的影响 152

第五节 植物结实特征 153
一、种子雨及种子产量 153
二、种子的形态和营养特征 157

第六节 鼠类对植物种子的取食、贮藏和扩散 159
一、鼠类对植物种子的取食和贮藏选择 159
二、鼠类对常见树种种子的贮藏和扩散 163
三、鼠类对近缘树种种子扩散和种群更新的影响 166

第七节 总结与展望 174
参考文献 177

第六章 河南太行山区森林鼠类与植物种子相互关系研究 180
第一节 概述 180
第二节 研究地区概况 180
一、自然地理 181
二、植物区系 181
三、动物区系 182

第三节 栓皮栎的种子雨和萌发 183
一、栓皮栎种子雨的时间动态 184
二、栓皮栎种子雨的组成 184
三、埋藏深度对栓皮栎种子发芽及建苗的影响 185

第四节 昆虫与栓皮栎种子互作研究 188
一、昆虫对栓皮栎种子的蛀食 188
二、虫蛀对种子理化特征的影响 189
三、虫蛀与种子发芽 191

第五节 鼠类-林木种子的相互作用 194
一、鼠类对栓皮栎种子的扩散 195
二、鼠类对栓皮栎种子的贮藏前处理 196
三、鼠类去根对栓皮栎种子建苗的影响 199

四、林木间伐对种子扩散的影响·············································201

五、鼠类对多种种子的选择与扩散·········································203

六、种子产量大小年与种子扩散的关系·····································206

七、单宁对鼠类扩散种子的影响·············································208

八、鼠类对不同单宁含量种子的选择与贮藏·······························208

九、生境对种子扩散的影响·················································211

十、种子扩散的季节间差异·················································212

第六节 总结与展望·························································217

参考文献·····································································218

第七章 秦岭地区森林鼠类与植物种子相互关系研究·······················220

第一节 概述·······························································220

第二节 研究地区概况·······················································220

一、自然地理·····························································220

二、植物区系·····························································222

三、啮齿动物区系·························································224

第三节 鼠类群落结构·······················································224

第四节 4种壳斗科植物种子雨的动态变化·····································225

第五节 围栏条件下鼠类对壳斗科植物种子的贮食行为·······················227

一、同域分布的鼠类对种子的贮食行为差异·································227

二、食物源与巢穴间距离对中华姬鼠贮食行为的影响·······················229

第六节 野外条件下鼠类对壳斗科植物种子的扩散·························230

一、森林鼠类对秦岭南坡3种壳斗科植物种子扩散的差异···················230

二、秦岭南北坡森林鼠类对板栗和锐齿槲栎种子扩散的影响·················230

三、种子大小年和鼠类数量对秦岭南坡锐齿槲栎种子扩散的影响···········231

第七节 种子-昆虫-鼠类相互关系研究·········································233

一、野外和实验室条件下鼠类对虫蛀种子的选择策略差异···················233

二、昆虫蛀食对鼠类介导下锐齿槲栎种子扩散的影响·····················233

三、秦岭南坡短柄枪栎和锐齿槲栎的种子产量、种子大小及其与昆虫
   寄生的关系····························································235

第八节 总结与展望·························································236

参考文献·····································································238

第八章 四川都江堰地区森林鼠类与植物种子相互关系研究·················240

第一节 概述·······························································240

第二节 研究地区概况·······················································241

一、般若寺样地概况·······················································242

二、都江堰亚热带森林植被及果实特征·····································243

三、果实组成及种子扩散特征···············································244

四、中小型兽类群落组成 ·································································· 247
五、森林演替对小型兽类多样性的影响 ················································ 248

第三节 鼠类的贮食行为及其影响因素 ·················································· 249
一、同域分布的鼠类的贮食行为分化 ·················································· 251
二、同种竞争者的存在对鼠类贮食行为的影响 ········································ 252
三、食物资源量对鼠类贮食行为的影响 ················································ 253
四、巢的位置对鼠类贮食行为的影响 ·················································· 255
五、捕食压力对鼠类贮食行为的影响 ·················································· 256
六、种子大小和萌发时间对鼠类贮食行为的影响 ···································· 259
七、分散贮藏与盗食收益比较 ·························································· 260
八、森林植物种子-鼠类互作网络研究 ················································ 264

第四节 松鼠与橡子之间的博弈对策 ···················································· 267
一、松鼠利用橡子的适应对策 ·························································· 268
二、橡子防御动物取食的适应对策 ···················································· 273

第五节 鼠类在种子扩散和森林更新中的贡献 ·········································· 274
一、评价鼠类的分散贮食对植物的相对贡献 ·········································· 274
二、基于种子产量和种子大小评估动物对种子存活与扩散的影响 ················ 276
三、鼠类对壳斗科植物种子命运的影响 ················································ 280
四、鼠类对鲜果类种子命运的影响 ···················································· 282
五、评价鼠类分散贮食所导致的同域种子之间的间接影响 ························· 282

第六节 总结与展望 ······································································ 286

参考文献 ·················································································· 288

第九章 云南西双版纳地区森林鼠类与植物种子相互关系研究 ···················· 292

第一节 概述 ·············································································· 292

第二节 研究地区概况 ···································································· 292
一、植物区系 ············································································ 292
二、研究样地植被类型 ·································································· 293
三、研究鼠种 ············································································ 293
四、林木种子的选择 ···································································· 294

第三节 主要树种的种子雨及其年间动态 ·············································· 295

第四节 森林鼠类群落组成及其时间动态 ·············································· 296
一、群落组成 ············································································ 296
二、时间动态 ············································································ 298

第五节 鼠类贮食行为及鼠类-种子捕食和互惠关系 ·································· 300
一、种子特征决定鼠类-植物种子间捕食和互惠关系的形成 ···················· 300
二、同域分布的鼠类的贮食行为 ······················································ 300
三、鼠类对植物种子的定向扩散 ······················································ 302

四、种间竞争对鼠类贮食行为的影响 ………………………………………………… 305

第六节　种子的再生能力对幼苗建成的影响 …………………………………………… 306

第七节　鼠类对植物种子大小的选择及其对扩散适合度的影响 ……………………… 309

　　一、同域分布的鼠类对种子大小的选择差异 …………………………………………… 309

　　二、在扩散不同阶段鼠类对种子大小的选择及其对扩散适合度的影响 ……………… 309

第八节　人为干扰及森林片断化对鼠类与植物种子相互关系的影响 ………………… 312

　　一、森林片断化对鼠类群落组成和活动强度的影响 …………………………………… 312

　　二、森林片断化对鼠类捕食和扩散策略的影响 ………………………………………… 315

　　三、人为干扰下鼠类对植物种子的扩散作用 …………………………………………… 316

第九节　总结与展望 …………………………………………………………………………… 318

　　一、常见鼠类的贮食行为 …………………………………………………………………… 318

　　二、植物种子萌发与鼠类切根之间的"军备竞赛" …………………………………… 319

　　三、在扩散不同阶段鼠类对种子大小的选择差异 ……………………………………… 319

　　四、人类活动干扰对鼠类与植物种子相互关系的影响 ………………………………… 320

　　五、展望 ……………………………………………………………………………………… 320

参考文献 ………………………………………………………………………………………… 320

第十章　综合与展望 ……………………………………………………………………………… 323

第一节　概述 …………………………………………………………………………………… 323

　　一、各地区鼠类贮藏种子的行为策略 …………………………………………………… 323

　　二、鼠类影响下主要植物的种子命运及更新成功率 …………………………………… 324

　　三、鼠类影响下植物种子的吸引特征、防御特征及其权衡与均衡 …………………… 326

　　四、影响鼠类贮食行为及植物种子命运的关键因素 …………………………………… 327

　　五、鼠类与植物种子之间的互惠关系及协同进化 ……………………………………… 329

第二节　重要进展 ……………………………………………………………………………… 332

第三节　几点建议 ……………………………………………………………………………… 334

　　一、坚持野外、长期、系统的研究 ……………………………………………………… 334

　　二、探讨森林生态系统鼠类及植物多物种共存的机制 ………………………………… 334

　　三、解析鼠类-植物种子互惠与捕食网络的结构和功能及稳定机制 ………………… 335

　　四、探究捕食者与被捕食者之间合作的起源及意义 …………………………………… 336

　　五、阐明鼠类贮食行为的生物学机制与过程 …………………………………………… 337

　　六、发展更为先进有效的鼠类-植物种子关系研究方法 ……………………………… 337

参考文献 ………………………………………………………………………………………… 338

附录　本书作者所发表的与本书相关的论文 ……………………………………………… 340

# 第一章 绪 论

## 第一节 概 述

森林生态系统是陆地上重要的生态系统，包括北方针叶林、温带落叶阔叶林、亚热带常绿阔叶林、热带雨林等。森林生态系统拥有最为丰富的生物多样性，具有为人类生存提供食物、氧气以及固碳、保持水土等众多服务功能，在全球生态平衡和稳定方面发挥着关键作用，有"地球之肺"之称。然而，受森林砍伐、狩猎、放牧、污染等不断加剧的影响，全球范围内森林生态系统面积急剧减少，森林碎片化日趋严重，物种灭绝和生物多样性的丧失速度加快，导致森林生态系统的结构和功能严重退化，对人类的生存环境构成重大威胁。因此，加强森林生态系统结构与功能及其对全球变化的响应等研究非常必要且十分迫切。

在森林生态系统中，植物种子更新至关重要，它是维持森林生态系生存的关键。许多植物在生长季节产生大量种子，依靠动物、风等作用散布开来，等到环境条件有利时萌发、建成幼苗，一是补充死亡的个体，二是开拓新的生存空间，三是加大基因交流。如果植物不能成功地实现种子更新，就意味着物种延续将面临危险，甚至导致物种灭绝。许多植物极大地依赖动物（包括昆虫、鸟类、兽类、两栖和爬行动物）传播种子、实现更新，特别是在风力较小的环境（如热带雨林）中或者种子较大的植物。种子通常富含营养，是许多动物喜欢的食物。动物既可直接取食种子，满足当前能量的需求，又具有贮藏种子的行为，以度过未来食物短缺的时期。动物通过两种方式贮藏种子：一是集中贮藏（larder hoarding）（Preston and Jacobs，2001），即把收集来的种子集中贮藏在其洞穴或临时栖居场所，通常有少量贮藏点，每个贮藏点有大量种子，这种贮食行为不利于植物种子更新；二是分散贮藏（scatter hoarding）（Preston and Jacobs，2001），即把收集来的种子分散地贮藏在其巢域周围，通常有大量贮藏点，每个贮藏点有少量种子，这种贮食行为有利于植物种子更新，因为动物往往把种子埋藏于枯枝落叶或土层下，有些种子会被动物遗忘，从而有机会萌发、建成幼苗。由此可见，植物种子与动物之间既存在捕食关系（动物取食或集中贮藏种子），又存在互惠关系（动物扩散并分散贮藏种子），保持这两种关系的生态平衡对于维持森林生态系统的生物多样性、稳定性及健康至关重要。所以，森林动物与植物种子关系的研究是当前森林生态学研究的一个重要领域。

## 第二节 研 究 范 围

动物与植物种子互作关系的研究内容颇为广泛，归纳起来，大致涉及如下几个层面。

## 一、动物贮食行为学研究

在这个方面，主要解决动物如何选择和利用种子、如何扩散和贮藏种子、如何选择贮藏点微环境、如何找回种子、如何保卫贮藏点、如何避免盗食、如何避免天敌捕食、如何获得贮藏的最大收益等一系列问题。

在动物觅食研究方面，涉及最优觅食理论（Lewis，1982），其本质是：在不同情景下，动物如何以最小的代价，获取最大的收益。植物种子的特征（如大小、种皮厚度、营养物质、次生物质、微量元素、气味等）会影响鼠类对种子的选择和贮食行为，有关的理论或假说包括高单宁假说（high-tannin hypothesis）（Smallwood and Peters，1986；Steele et al.，1993；Hadj-Chikh et al.，1996；Fleck and Woolfenden，1997；Shimada，2001；Xiao et al.，2008）、处理时间假说（handling time hypothesis）（Jacobs，1992；Xiao and Zhang，2006；Zhang and Zhang，2008）和萌发时间假说（germination schedule hypothesis）（Hadj-Chikh et al.，1996；Steele et al.，2001；Smallwood et al.，2001）等。

在解释动物分散和集中贮食行为上，有缺乏空间假说（lack of space hypothesis）（Clarke and Kramer，1994）、避免盗食假说（pilferage avoidance hypothesis）（Clarke and Kramer，1994；Vander Wall，1990；Preston and Jacobs，2001）、交互盗食假说（reciprocal pilferage hypothesis）（Vander Wall，2000；Vander Wall and Jenkins，2003）、快速隔离假说（rapid sequestering hypothesis）（Hart，1971；Clarke and Kramer，1994）等。在解释种子扩散距离上，有 Janzen-Connell 假说、最优密度假说（Stapanian and Smith，1978）等。

## 二、种子命运研究

在种子命运研究方面，主要解决不同扩散阶段、不同贮藏点微环境下种子的存活及建成，评估种子特征、种子雨及动物的数量等对种子命运的影响。相关假说有解释种子大量结实的捕食者饱和假说（predator satiation hypothesis）（Kelly，1994；Kelly and Sork，2002）、捕食者扩散假说（predator dispersal hypothesis）（Vander Wall，2002）等，解释种子贮藏点的定向扩散假说（directed dispersal hypothesis），解释种子特征的抵抗假说（resistance hypothesis）、容忍假说（tolerance hypothesis）（Mack，1998；Dalling and Harms，1999；Vallejo-Marin et al.，2006；Yi and Yang，2012）、再生假说（regeneration hypothesis）（Cao et al.，2011）等。

## 三、捕食关系及协同进化研究

动物取食植物种子是一种强制性的捕食与被捕食的关系，因为动物为了生存必须取食，植物为了繁衍后代必须防止或减少动物的过度捕食。因此，植物种子进化出一系列特征来应对动物的捕食，如物理防御特征（硬壳或厚壳）、化学防御特征（如含单宁等）、快速萌发特征、再生特征等，动物也相应地进化出一些特征来应对。例如，有些鼠类具有坚固的牙齿或技能以咬开坚果，有些鼠类的肠道微生物可以分解单宁等有毒物质，有些鼠类具有切胚或切胚芽的能力以延长食物贮藏时间等（Cao *et al.*，2011）。这种"军备竞赛"导致捕食者和被捕食者协同进化（coevolution），不断演化，深刻地影响着森林生态系统中动物与植物之间的关系和群落结构与功能。

在捕食与被捕食之间强大的相互选择压力作用下，协同进化不再局限于某一对物种之间，而是扩展到多个植物与多个动物物种之间，称为弥散协同进化（diffuse coevolution）（Janzen，1980；Thompson，1999）。不同亲缘关系的植物在面临类似的捕食压力时，会进化出类似的植物种子特征，如硬刺、硬壳、有毒、非休眠等，这就产生了趋同进化（convergent evolution）（Zhang *et al.*，2016a）。同样，亲缘关系较近的植物（如同属种或近缘种）也会产生不同的策略来应对类似的动物捕食，有的向物理防御方向进化，有的向化学防御方向进化，称为趋异进化（divergent evolution）（Zhang *et al.*，2016b）。在植物一方，物理防御和化学防御的投入通常是权衡（trade-off）关系（Zhang *et al.*，2016b）。例如，如果植物叶表面粗糙、有刺、有毛，叶子往往不含有毒物质或含有较低浓度的有毒物质；相反，如果植物叶表面光滑，叶子往往含有较高浓度的有毒物质。但在种子物理防御和化学防御权衡方面的研究仍然不多。同样，动物在与植物种子的"军备竞赛"中，也会具有趋同或趋异两种进化现象。例如，针对非休眠种子的快速萌发策略，不同属或科的许多鼠类物种都具有切胚或切胚芽的行为习性。

## 四、互惠关系及协同进化研究

动物与植物种子之间不是单一的捕食与被捕食关系，还包含互惠关系。许多种类的植物为了生存繁衍和扩大新的分布区，必须依赖动物对其种子的扩散和贮藏。例如，在风力较弱的环境中，仅依靠自然风力无法将种子传播到很远的距离；在干燥的环境中，种子散落在地表是难以萌发的。因此，种子在防御动物捕食的同时，还要进化出吸引动物扩散者的特征。为了吸引鸟类传播种子，许多植物进化出浆果，肉质营养丰富、颜色鲜艳，吸引很多鸟类取食。由于鸟类无法消化内部坚硬的种子，随粪便排出，植物种子得以扩散。许多植物种子外包裹肉质果实，吸引哺乳动物取食、搬运，从而达到扩散种子的目的。有些植物种子进化出专一性依赖动物的特征，即种子萌发必须经过动物消化道的处理，包括物理切割或酸化处理，这类种子一般很小或很坚硬或有毒，从而逃脱动物对种子的捕食或破坏，达到扩散种子的目的。这种互惠关系在传粉昆虫、传粉鸟类中最为常见。

前面讲到的植物种子的反捕食特征如硬刺、硬壳、有毒、快速萌发等也会促进动物的分散贮藏，从而使动物与植物间产生互惠或合作（Zhang *et al.*，2008）。例如，鼠类倾向于分散贮藏硬壳或高单宁含量的种子。如果鼠类即刻吃掉这些种子，将面临被天敌捕食或被毒杀的危险，因而不得不将种子搬走、埋藏起来，逐步取食。迄今，动物和植物种子之间的互惠关系已经得到公认，但是互惠关系是否存在协同进化，仍然是一个存在争议的议题。根据协同进化的定义，相互作用的双方必须具备相互应答的配对特征。例如，在传粉昆虫或鸟类中，昆虫或鸟类采蜜的喙的形状与植物花筒的形状十分匹配，这显然是协同进化驱动的结果。在动物与植物种子互惠关系中，这种配对特征的例子仍然不多。有些取食浆果的鸟类的眼睛能够识别特定浆果的颜色，是互惠协同进化的例子。有些松果进化出适合某些松鼠或松鸦取出种子的结构，也是互惠协同进化的例子。更多的例子是，互惠关系是动物与植物种子在捕食与被捕食的协同进化中产生的，如硬壳、高单宁、快速萌发等原本是植物用来防御鼠类捕食的特征，却促进了鼠类的分散贮食行为，从而产生了互惠关系。由于动物与植物种子之间天生是捕食关系，因此互惠关系起源于捕食关系也就不足为奇了，探索捕食关系下互惠或合作的起源具有重要的理论意义。

## 五、鼠类种群和群落动态研究

植物种子是森林鼠类的主要食物来源，植被是鼠类的主要栖息地，因此植物种子雨及植被变化必然影响鼠类的种群和群落动态。通常情况下，种子雨具有很大的波动性，也驱动鼠类种群动态的变化，一般符合食物假说或上行作用（bottom-up）假说。此外，森林鼠类种群动态也受气候及自身密度制约的影响，气候变化又影响种子的产量。因此，森林生态系统中鼠类种群动态涉及多组分、多通路的研究，是一个十分复杂的过程。由于人类砍伐等影响，植物的组成会发生很大的变化，鼠类群落及数量对这些变化响应很快，又反过来影响植物空间格局、演替和恢复的过程。

鼠类作为一个功能团，它们之间也发生激烈的竞争，因为其食物、栖息地的需求十分相似，是研究和阐明物种共存及生物多样性维持机制的一个很好的系统。鼠类作为种子捕食者和扩散者，也介导植物之间的竞争和共存（Zhang *et al.*，2016b），但该领域研究较少。

## 六、互惠网络研究

继食物网、食物链之后，互惠网络、生态网络成为生态学研究的热点。由于网络分析技术的发展，动植物互惠网络（如传粉网络）研究有了很大的发展。

生态学家不仅对网络结构进行研究（Fortuna and Bascompte，2006），更关注互作网络的生态学功能（Bascompte *et al.*，2006）。"鼠类-植物种子"互作网络是森林生态系统中一类重要的互作网络。如前所述，二者之间既存在捕食关系，又存在互惠关系，是一个双向的互作网络，这与目前单纯的互惠或食物网有所不同。对于生态网络的研究，主要借助实验和模型研究。在实验研究方面，主要依赖访问频次（visiting frequency）来测定种间相互作用的强度，以此为基础计算各类网络结构参数，包括连接强度、连接度、嵌套度、模块度、物种数等（赵清建等，2016）。在模型研究方面，主要研究各类生态网络的稳定性及其影响因素。根据前人的研究，线性生态网络模型中，物种数越多，连接强度越大，连接数越多，系统越不稳定，这就是著名的多样性-稳定性悖论（Yan and Zhang，2014），显然与自然观察结果不相符。为此，学者相继提出了若干修正假说，如模块假说、弱相互作用假说等。

由于物种间的作用并非固定不变的，如鼠类对植物种子既有正作用（分散贮藏、埋藏），又有负作用（取食、集中贮藏），因此，物种之间正负作用反馈的转换（为一种非单调性作用，nonmonotonic interaction）可能在维持生态网络的复杂性、稳定性上发挥着关键作用（Zhang，2003；Yan and Zhang，2014，2018）。"鼠类-植物种子"这种捕食-互惠网络正是研究非单调生态作用的理想模式系统。

## 七、森林生态系统保护研究

鼠类经常危害树木，尤其在鼠类种群暴发年份，很多树木遭到环剥或啃食，对森林生态系统造成严重危害。目前，国家实施退耕还林工程，由于鼠类对新栽植的树苗危害极大，严重妨碍着植树造林的成功。有些地区采取飞播造林，而鼠类对飞播种子的取食和破坏很大，需要加以治理。

另外，鼠类对植物种子的更新及群落演替也发挥着重要作用。我们可以基于"鼠类-植物种子"互作研究，通过调整鼠类与植物种子之间的关系，最大可能地发挥其生态服务功能，减少其危害。因此，研究森林鼠类的种群动态机制、鼠类与植物种子的关系，进而提出保护和恢复森林生态系统的鼠害防控举措具有重要的实践意义。

## 参 考 文 献

寿振黄, 王战, 夏武平, 等. 1958. 红松直播防鼠害之研究工作报告. 北京: 科学出版社.

舒凤梅, 杨可兴, 李春阳, 等. 1987. 森林破坏后不同次生林下的鼠类. 兽类学报, 7(3): 236-237.

赵清建, 顾海峰, 严川, 等. 2016. 森林破碎化对鼠类-种子互作网络的影响. 兽类学报, 36(1): 15-23.

Bascompte J, Jordano P, Olesen J M. 2006. Asymmetric coevolutionary networks facilitate biodiversity maintenance. Science, 312(5772): 431-433.

Cao L, Xiao Z, Wang Z, et al. 2011. High regeneration capacity helps tropical seeds to counter rodent predation. Oecologia, 166(4): 997-1007.

Clarke M F, Kramer D L. 1994. The placement, recovery, and loss of scatter hoards by eastern chipmunks, *Tamias striatus*. Behavioral Ecology, 5: 353-361.

Dalling J W, Harms K E. 1999. Damage tolerance and cotyledonary resource use in the tropical tree *Gustavia superba*. Oikos, 85(2): 257-264.

Fleck D C, Woolfenden G E. 1997. Can acorn tannin predict scrub-jay caching behavior? Journal of Chemical Ecology, 23(3): 793-806.

Fortuna M A, Bascompte J. 2006. Habitat loss and the structure of plant-animal mutualistic networks. Ecology Letters, 9(3): 281-286.

Hadj-Chikh L Z, Steele M A, Smallwood P D. 1996. Caching decisions by grey squirrels: a test of the handing time and perishability hypotheses. Animal Behaviour, 52(5): 941-948.

Hart E B. 1971. Food preferences of the cliff chipmunk, *Eutamias dorsalis*, in northern Utah. Great Basin Naturalist, 31(3): 182-188.

Jacobs L F. 1992. The effect of handling time on the decision to cache by grey squirrels. Animal Behaviour, 43(3): 522-524.

Janzen D H. 1980. What is it coevolution? Evolution, 34: 611-612.

Kelly D. 1994. The evolutionary ecology of mast seeding. Trends in Ecology and Evolution, 9(12): 466-470.

Kelly D, Sork V L. 2002. Mast seeding in perennial plants: why, how, where? Annual Review of Ecology and Systematics, 33(1): 427-447.

Lewis A R. 1982. Selection of nuts by gray squirrels and optimal foraging theory. American Midland Naturalist, 107(2): 250-257.

Mack A L. 1998. An advantage of large seed size: tolerating rather than succumbing to seed predators. Biotropica, 30: 604-608.

Preston S D, Jacobs L F. 2001. Con-specific pilferage but not presence affects Merriam's kangaroo rat cache strategy. Behavioral Ecology, 12(5): 517-523.

Shimada T. 2001. Hoarding behaviors of two wood mouse species: different preference for acorns of two Fagaceae species. Ecological Research, 16(1): 127-133.

Smallwood P D, Peters W D. 1986. Grey squirrel food preferences: the effect of tannin and fat concentration. Ecology, 67(1): 168-174.

Smallwood P D, Steele M A, Faeth S H. 2001. The ultimate basis of the caching preferences of rodents, and the oak-dispersal syndrome: tannins, insects, and seed germination. American Zoologist, 41: 840-851.

Stapanian M A, Smith C C. 1978. Model for seed scatter hoarding—coevolution of fox squirrels and black walnuts. Ecology, 59(5): 884-896.

Steele M A, Knowles T, Bridle K, et al. 1993. Tannins and partial consumption of acorns: implication for dispersal of oaks by seed predators. American Midland Naturalist, 130(2): 229-238.

Steele M A, Smallwood P D, Spunar A, et al. 2001. The proximate basis of the oak dispersal syndrome: detection of seed dormancy by rodents. American Zoologist, 41(4): 852-864.

Thompson J N. 1999. The raw material for coevolution. Oikos, 84(1): 5-16.

Vallejo-Marin M, Dominguez C A, Dirzo R. 2006. Simulated seed predation reveals a variety of germination responses of neotropical rain forest species. American Journal of Botany, 93(3): 369-376.

Vander Wall S B. 1990. Food Hoarding in Animals. Chicago: University of Chicago Press.

Vander Wall S B. 2000. The influence of environmental conditions on cache recovery and cache pilferage by yellow pine chipmunks (Tamias amoenus) and deer mice (Peromyscus maniculatus). Behavioral Ecology, 11(5): 544-549.

Vander Wall S B. 2002. Masting in animal-dispersed pines facilitates seed dispersal. Ecology, 83(2): 3508-3516.

Vander Wall S B, Jenkins S H. 2003. Reciprocal pilferage and the evolution of food-hoarding behavior. Behavioral Ecology, 14(5): 656-667.

Xiao Z, Chang G, Zhang Z. 2008. Testing the high-tannin hypothesis with scatter-hoarding rodents: experimental and field evidence. Animal Behaviour, 75(4): 1235-1241.

Xiao Z, Zhang Z. 2006. Nut predation and dispersal of Harland Tanoak Lithocarpus harlandii by scatter-hoarding rodents. Acta Oecologica, 29(2): 205-213.

Yan C, Zhang Z. 2014. Specific non-monotonous interactions increase persistence of ecological networks. Proceedings of the Royal Society B: Biological Sciences, 281(1779): 20132797.

Yan C, Zhang Z. 2018. Dome-shaped transition between positive and negative interactions maintains higher persistence and biomass in more complex ecological networks. Ecological Modelling, 370: 14-21.

Yi X, Yang Y. 2012. Partial acorn consumption by small rodents: implications for regeneration of white oak, Quercus mongolica. Plant Ecology, 213: 197-205.

Zhang H, Cheng J, Xiao Z, et al. 2008. Effects of seed abundance on seed scatter-hoarding of Edward's rat (Leopoldamys edwardsi Muridae) at the individual level. Oecologia, 158(1): 57-63.

Zhang H, Zhang Z. 2008. Endocarp thickness affects seed removal speed by small rodents in a warm-temperate broad-leafed deciduous forest, China. Acta Oecologica-International Journal of Ecology, 34(3): 285-293.

Zhang H, Yan C, Chang G, et al. 2016b. Seed trait-mediated selection by rodents affects mutualistic interactions and seedling recruitment of co-occurring tree species. Oecologia, 180(2): 475-484.

Zhang Z. 2003. Mutualism or cooperation among competitors promotes coexistence and competitive ability. Ecological Modeling, 164(2-3): 271-282.

Zhang Z, Wang Z, Chang G, et al. 2016a. Trade-off between seed defensive traits and impacts on interaction patterns between seeds and rodents in forest ecosystems. Plant Ecology, 217(3): 253-265.

# 第二章 基本概念和理论

本章主要介绍一些涉及鼠类与植物种子关系的基本概念和理论，但为了更好地理解动物与植物关系的理论和实践意义，本章的介绍不局限于鼠类与植物种子的关系，也包括鸟类、昆虫等动物类群与植物种子的关系。

## 第一节 动物的贮食行为

### 一、动物的贮食及其意义

#### （一）动物进行食物贮藏的动机

食物贮藏是许多动物应对当前或未来食物短缺的一种适应性行为（Smith and Reichman，1984；Vander Wall，1990），有利于提高动物生存概率（Vander Wall，1990；蒋志刚，1996a），缩短其在繁殖季节的觅食时间，从而可以把更多的精力用于繁殖和育幼（Clarkson *et al.*，1986；Smith and Reichman，1984；Vander Wall，1990；Lee，2002）。例如，圭亚那地区小长尾刺豚鼠（*Myoprocta exilis*）和兔形刺豚鼠（*Dasyprocta leporina*）依赖贮藏的种子度过食物短缺期，在种子歉收年份，它们的食物中种子成分占 75%（Henry，1999）。动物贮藏植物繁殖体，促进了植物种子的扩散和幼苗建成，有利于植物更新和扩大分布区（Tomback，1983；李宏俊和张知彬，2000；李俊年和刘季科，2002；肖治术，2003；路纪琪，2004）。

食物在时间和空间中的不均匀分布可能是动物贮藏食物的主要原因（蒋志刚，1996a，2004），动物贮藏食物以保障食物缺乏时的食物供应（Vander Wall，1990）。在北方地区，贮藏食物可以节省冬季觅食时间和能耗。在季节性环境变化较大的高纬度地区，具有贮藏食物习性的动物更为普遍（Vander Wall，2003）。迄今，已发现有上百种鸟类、哺乳类动物具有贮食行为，包括星鸦（*Nucifraga caryocatactes*）、松鸦（*Garrulus glandarius*）、山雀科（Paridae）等鸟类，花鼠（*Tamias sibiricus*）、北美红松鼠（*Tamiasciurus hudsonicus*）、岩松鼠（*Sciurotamias davidianus*）、巴拿明更格卢鼠（*Dipodomys panamintinus*）、大林姬鼠（*Apodemus peninsulae*）、小泡巨鼠（*Leopoldamys edwardsi*）等鼠类，棕熊（*Ursus arctos*）、豹（*Panthera pardus*）、鬣狗（*Hyaena hyaena*）、鼬科（Mustelidae）等食肉类动物和倭狐猴（*Microcebus murinus*）、叶猴（*Presbytis* sp.）等灵长类动物（蒋志刚，2004；肖治术等，2002，2003，2004；路纪琪和张知彬，2004，2005a，2005b；Larsen and Boutin，1994）。

#### （二）动物进行食物贮藏的策略

动物的贮食行为通常有两种形式：一是集中贮藏（larder hoarding），即动物将食物集中贮藏在一个或少数几个地点或巢穴内；二是分散贮藏（scatter hoarding），即动物将食物贮藏在许多地点，且每个贮藏点的食物数量很少，贮藏点可多达上百甚至上千个。

采取集中贮藏策略者需要具有较强的保护食物的能力。对集中贮藏者来说，食物被盗或被抢走，将面临灾难性后果。而对于分散贮藏者，其保卫贮藏食物的能力一般较弱，分散贮藏有利于减少食物资源的灾难性损失（MacDonald，1997；Preston and Jacobs，2001）。研究发现，很多动物同时具有分散贮食和集中贮食行为，并且在一定条件下，这两种贮食行为可以相互转换。例如，Preston 和 Jacobs（2001）发现，在面对盗食风险时，更格卢鼠将减少分散贮藏数量，而增加集中贮藏数量。但是，Huang 等（2011）发现人为取走其分散贮藏的种子之后，鼠类反而增强了其分散贮食行为。

动物的分散贮食行为关系到动植物互惠的形成和互作强度，是动植物关系、动物行为学等研究的重要内容之一（Vander Wall，2010）。有多个假说来解释鼠类分散贮食行为的进化，包括非适应性假说（non-adaptive hypothesis）（Yahner，1975）、缺乏贮藏空间假说（lack of space hypothesis）（Lockner，1972；Clarke and Kramer，1994）、避免盗食假说（pilfering-avoidance hypothesis）（MacDonald，1976；Clarke and Kramer，1994；Vander Wall，1990，1998；Preston and Jacobs，2001）、快速隔离假说（rapid sequestering hypothesis）（Hart，1971；Clarke and Kramer，1994）。每种假说都存在部分支持的证据，但鼠类为何分散贮藏食物这一重要的科学问题依然有待揭示。

（三）动物的盗食行为

盗食是自然界中十分常见的现象。同种或异种个体之间均可存在盗食。对于分散贮藏者，其食物贮藏点面临被盗食的风险。但由于分散贮藏者通常依靠空间记忆来寻找和管理其贮藏点，因此盗食者往往需要借助随机搜索或嗅觉盗食分散贮藏的食物点。根据避免盗食假说，分散贮藏者具有找回自己贮藏点的优势，这也是分散贮藏起源和进化的动力。但是，交互盗食假说（reciprocal pilferage hypothesis）（Vander Wall and Jenkins，2003）认为，同种个体之间盗食率通常很高。例如，鼠类可以在一天内盗食95%以上的人工埋藏的核桃种子（Kraus，1983）。交互盗食假说认为，分散贮藏者既是贮藏者又是盗食者，同种个体共享资源，相互之间产生互惠的作用（Vander Wall and Jenkins，2003）。

为了减少盗食，分散贮藏者需要调整贮藏点的密度。最优贮藏空间假说（optimal cache-spacing hypothesis）（Stapanian and Smith，1978）认为，贮藏点间隔距离越大，被盗食的概率越低，但是贮藏者的能量投入也会增加，因此贮藏点间距应使投入最小、被盗食率最小，从而使收益最大。最优贮藏空间假说预测，价值高的种子的贮藏密度应更低，反之亦然。

（四）动物贮食行为的进化

动物贮食行为反映了动物通过行为来适应环境，这种行为可能并非是后天获得的（Andersson and Krebs，1978；蒋志刚，1996a）。例如，在实验室出生的北美红松鼠，即使在与其他成年红松鼠隔离的环境中长大，也具有贮食行为（蒋志刚，1996a）。在实验室出生和饲养长大与野外捕获的北美灰松鼠（*Sciurus carolinensis*）具有相似的切除橡子胚芽后再贮藏橡子的行为，这种切胚行为可能是北美灰松鼠的先天行为，但是后天学习会使该行为表现得更加娴熟（Steele *et al.*，2006）。但也有研究表明，动物的贮食行为是后天环境影响和学习的结果（Leaver and Daly，2001）。

贮食行为的进化需要满足几个条件：第一，贮食行为有利于解决食物短缺所产生的生存危机（Andersson and Krebs，1978）；第二，贮食动物具有一定的遗传能力（Andersson and Krebs，1978；Stapanian and Smith，1984；Vander Wall，1990）；第三，贮食者具有找回贮藏食物的优势（Andersson and Krebs，1978；Stapanian and Smith，1978，1984；Smith and Reichman，1984）。只有这样，贮食者的适合度才会高于非贮食者，进而贮食行为得以建立和进化（Vander Wall，1990）。在贮食行为进化过程中，贮食动物对贮藏食物的依赖性逐渐增强，这反过来又促使贮食动物逐步发展完善的贮食技巧、管理贮藏食物的技巧，以避免被其他竞争者盗食、真菌侵蚀等，这个反馈系统又会增强贮食动物对贮藏食物的依赖。

如果贮食动物贮藏的食物对象是植物的繁殖体（如果实、种子等），部分被贮藏的植物繁殖体就会逃脱被捕食而最终萌发并建成幼苗，实现植物的更新，贮食动物的贮食行为客观上促进了植物繁殖体的扩散和更新。因此，植物种子的特征，如壳的厚度、次生物质、营养价值等都会影响动物贮食行为的进化。植物需要结实既适合贮食动物分散贮藏又避免被捕食者过度捕食的种子（Steele *et al.*，2006）。可见，动物分散贮食行为的进化，既可以发生在个体水平（如避免盗食假说），也可以发生在群体水平（如交互盗食假说），还有可能发生在群落水平（动物-植物的互惠捕食关系），后者是亟待深入研究的课题。

（五）贮食行为对植物的影响

鼠类的种子贮食行为（尤其是分散贮藏）对植物的自然更新有着非常重要的影响（Howe and Smallwood，1982）。贮食动物的分散贮藏有效地促进了植物种子的扩散和更新，因而动物的贮食行为和植物种子扩散间具有密切的捕食和互惠关系。鼠类对植物种子的分散贮藏是植物种子扩散的重要方式，鼠类分散贮藏的一部分种子可以逃脱贮食者和其他动物的捕食，并在适宜的环境条件下萌发、生成幼苗，从而实现从种子到幼苗的更新（路纪琪和张知彬，2004，2005a；肖治术，2003；Abbott and Quink，1970；Forget，1991，1992，1993；Vander Wall，1990，1994；Vander Wall and Joyner，1998）。植物自然更新包括种子生产、种子扩散、幼苗建成等过程。其中，种子运动是决定植物更新和扩散的关键阶段（Nathan and Muller-Landan，2000）。动物传播种子是植物种子运动和扩散最有效的方式之一（Howe and Smallwood，1982）。鼠类通过取食和分散贮藏植物种子（坚果），对植物种子扩散具有重要作用，特别是一些具有坚硬种壳的坚果和核果类植物，几乎完全依赖鼠类实现种子传播（Jansen and Forget，2001；Zhang *et al.*，2005）。因此，探讨鼠类的贮食行为，可以更好地理解食物贮藏在鼠类生活史中的作用，并有助于认识鼠类在植物种子传播和森林更新过程中的意义（Forget and Vander Wall，2001；Vander Wall *et al.*，2001；路纪琪，2004）。

（六）动物贮食行为的分化与共存

高斯竞争理论认为，两个物种不可能在相同的生态位中共存（Begon *et al.*，1986），而食物的获取和利用又是动物生存的最基本条件之一。因此，贮食行为的分化或许是促进同域分布的鼠种共存的主要因素（Jenkins and Breck，1998；Price *et al.*，2000；Leaver and Daly，2001）。研究表明，不同鼠类具有不同的贮藏方式。分散贮藏在一些贮藏坚果的鼠类中非常普遍，如黑松鼠、松鼠、日本松鼠、岩松鼠、小泡巨鼠等（Stapanian and Smith，1984；Lee，2002；Lu and Zhang，2005a；Cheng *et al.*，2005）。集中贮藏则主要见于一些具有领域行为的鼠类，如东美花鼠和红松鼠等（Clarke and Kramer，1994；Hurly and Lourie，1997）。但是，集中贮藏具有食物灾难性损失的风险，因此，绝对的集中贮藏者非常少见。大多数鼠类都进化出了分散贮藏策略，如东美花鼠、红松鼠、梅氏更格卢鼠、大林姬鼠和日本姬鼠等（Imaizumi，1979；Daly *et al.*，1992；Preston and Jacobs，2001；Murray *et al.*，2006）。

目前，多数的研究主要集中在一种或少数几种鼠类的贮食行为方面，对某一地区内同域分布的多个鼠种的贮食行为分化的研究还十分匮乏，仅在北美地区有少量研究。Jenkins 和 Breck（1998）通过室内实验观察了 6 种沙漠鼠的贮食行为，发现这些同域分布鼠类的贮食行为具有显著差异。凿齿更格卢鼠（*Dipodomys microps*）、梅氏更格卢鼠（*Dipodomys merriami*）和奥氏更格卢鼠（*Dipodomys ordii*）更多地表现出集中贮食行为；而纤小囊鼠（*Perognathus longimembris*）则主要表现出分散贮食行为。Hollander 和 Vander Wall（2004）在野外围栏内研究了 6 种同域分布的鼠类，即巴拿明更格卢鼠（*Dipodomys panamintinus*）、大盆地小囊鼠（*Perognathus parvus*）、松农鹿鼠（*Peromyscus truei*）、拉布拉多白足鼠（*Peromyscus maniculatus*）、小花鼠（*Tamias minimus*）、白尾羚松鼠（*Ammospermophilus leucurus*）的贮食行为分化。结果显示，6 种鼠类在贮藏方式、贮藏点大小、贮藏点微环境等方面均存在明显差异。6 种鼠类都分散贮藏种子，但大盆地小囊鼠还兼有集中贮食行为；松农鹿鼠和拉布拉多白足鼠的贮藏点远比其他鼠类少；大盆地小囊鼠和松农鹿鼠更多地选择在灌丛下贮藏种子。这些同域分布的鼠类贮食行为的差异对理解物种共存可能具有一定意义，但相关研究很少。

## 二、动物的贮食和管理

### （一）贮藏食物的选择

贮食动物贮藏的食物不仅取决于食物的可利用性，而且受贮食动物的时间和能量投入、适宜贮藏点的多少和可利用性、竞争者和盗食者等影响（Jansen and Forget，2001）。在这些因素影响下，贮食动物必须对贮藏食物精心选择，首先贮藏高价值的食物，可以提高贮食效益。种子价值主要取决于其包含的营养成分、能值以及处理时间、保存时间等。有些动物关注短期利用。例如，五子雀（nuthatch）喜欢贮藏去掉种壳的向日葵种子（Moreno and Carrascal，1995）。有些动物则考虑长期利用问题，避免虫蛀、霉变、萌发等导致的食物价值降低，也要考虑避免天敌捕食风险等。因此，很多贮食动物倾向于直接吃掉低价值种子，喜欢贮藏高价值种子或休眠种子、具有坚硬种壳和高单宁的种子（Dearing，1997a，1997b；Hadj-Chikh *et al.*，1996；Steele *et al.*，2001a，2001b）。单宁能阻止昆虫蛀食种子，可使鼠类贮藏的橡子保留时间更长（Dearing，1997a）。岩松鼠常就地取食种壳较薄的辽东栎种子，而喜欢搬运和贮藏具有坚硬外壳的核桃（*Juglans regia*）和胡桃楸（*Juglans mandshurica*）种子（Lu and Zhang，2005a）。

（二）贮藏点的分布

鼠类通常倾向于把种子埋在其洞穴周围（Cheng and Sherry，1992；Jacobs，1992a，1992b；Gould-Beierle and Kamil，1998）。路纪琪（2004）对岩松鼠、大林姬鼠、社鼠的研究结果表明，在围栏条件下，它们并非随机埋藏种子，而是主要埋藏在距巢箱较近的地方。鼠类将种子埋藏在巢箱或者洞穴附近，可能是因为贮食动物对洞穴附近的环境更加熟悉，可以较容易地利用空间记忆找回食物（Stapanian and Smith，1978；Vander Wall，1982；Clayton and Krebs，1994a；Pyare and Longland，2000）。野外种子释放实验表明，尽管种子释放点周围环境差别不大，鼠类却倾向于把山杏、山桃、辽东栎种子分散贮藏在种子释放点（食物源）平坡位和下坡位，很少贮藏在上坡位，种子贮藏点间的最大距离为 500 cm，最小距离为 10 cm，相对集中地分布在某一区域（李宏俊，2002；Li and Zhang，2003；Lu and Zhang，2004a，2004b）。鼠类非随机地贮藏种子可能与节约能量（上坡更费力）、合适贮藏点的分布（植被、基质、隐蔽所等）、找回难度（相对集中可能空间记忆更强，只要找到一个点，在附近就可以找到多个点）等有关。

很多因素，如个体大小、种子大小、营养价值、生态环境等均会影响鼠类食物的贮藏距离。在圭亚那的热带雨林中，小长尾刺豚鼠贮藏一种棕榈树（*Astrocaryum paramaca*）种子的距离为 5～14.5 m（Forget，1991）。在巴拿马的热带雨林中，兔形刺豚鼠贮藏一种豆科植物（*Vouacapoua americana*）种子的距离为 5～22.4 m（Forget，1990）。黄松花鼠（*Tamias amoenus*）对羚羊角草（*Purshia tridentata*）种子的贮藏距离小于 25 m（Vander Wall，1994），而对杰弗里松（*Pinus jeffreyi*）种子的贮藏距离为 5～25 m（Vander Wall，1995b）。几种小型鼠类对单叶松（*Pinus monophylla*）种子的贮藏距离可达 39 m（Chambers *et al.*，1999）。日本松鼠（*Sciurus lis*）对核桃的贮藏距离为 0～168 m（Tamura *et al.*，1999）。我国北京东灵山地区灌丛生境中，小型鼠类对山杏（*Prunus armeniaca*）种子和辽东栎（*Quercus liaotungensis*）种子的贮藏距离分别为 0.7～26 m 和 0.5～21 m（Zhang and Wang，2001a，2001b；Li and Zhang，2003；Lu and Zhang，2004a）。贮食动物搬运种子的距离一般与个体大小有关。岩松鼠个体较大，具有较强的活动和搬运能力，能够将部分山杏、山桃、辽东栎种子搬离到 50 m 以外贮藏或取食，而个体较小的北社鼠和大林姬鼠对这些种子的搬运距离绝大多数在 20 m 范围内，最远也只有 38 m（Lu and Zhang，2004a，2005a，2005b，2005c）。

根据最优贮藏空间假说，鼠类应该有一个贮藏种子的最适密度，使鼠类在单位投资（时间和能量）内找回贮藏种子的收获量最大（Stapanian and Smith，1984；Clarkson *et al.*，1986）。最适密度受食物价值影响，高质量的种子会被低密度贮藏，这符合高投资、高收益原则。同时，竞争激烈和食物贫乏时最适密度会降低，种子产量的年际波动可以影响鼠类贮藏密度的年际波动（Jansen and Forget，2001）。此外，生境条件也影响鼠类贮藏种子的密度，植被条件好的生境，可能有更多的隐蔽点和适宜贮藏点，贮藏密度会较高（Jansen and Forget，2001）。

不同种子被搬运的距离不同。根据最适贮藏间距模型（optimal cache spacing model），分散贮藏食物的鸟类和鼠类倾向于将高质量的食物远离食物源贮藏以减少竞争者的盗食。一般而言，大种子被鼠类搬运的距离比小种子和虫蛀种子远（Stapanian and Smith，1984；Vander Wall，1995b，2003；Forget et al.，1998；Jansen et al.，2002；Jansen，2003；Xiao et al.，2004a，2005a，2005b，2006a，2006b）。无论在原生林还是次生林内，大种子被鼠类搬运的距离都比小种子远，搬运距离与种子的鲜重呈正相关关系（肖治术，2003）。被搬离母树距离较远的种子可以避免在母树周围被严重捕食，这可能是大种子被搬离母树后具有较大生存机会的重要原因（Janzen，1969，1971）。但是，也有一些研究并不支持大种子比小种子扩散距离远的结论（Brewer，2001；Vander Wall，2003）。例如，松树的种子被鼠类扩散的距离与种子重量间并不相关（Vander Wall，2003）。

对于植物而言，种子被搬离母树，可以增加种子的萌发率，减少幼苗与母树的竞争，从而促进植物的扩散和更新（Watt，1923；Janzen，1971；Nilsson，1985；Hallwachs，1986；Stapanian and Smith，1986；Johnson and Adkisson，1985）。有研究表明，种子产量丰年和歉年种子被搬离母树的距离不同；通常，在种子产量丰年，种子被搬离母树的距离较远（Stapanian and Smith，1978；Stapanian，1986；Vander Wall，2002a）。

鼠类扩散种子的距离也受生境条件的影响。有研究表明，生境的异质性影响鼠类的分布和取食活动，进而影响种子的扩散距离、空间分布和存活（Kollmann and Schill，1996；Russell and Schupp，1998）。辽东栎大小种子被鼠类搬运的距离在弃耕地大于次生林和灌丛，其主要原因在于鼠类种类的差异和隐蔽条件的差异，弃耕地内有较多的岩松鼠（个体大、活动能力强），植被覆盖度低，隐蔽条件差，鼠类需要将种子搬到较远的地方才能够找到合适的贮藏点（Zhang and Zhang，2006）。捕食风险（取食安全）可能是决定鼠类贮藏食物的地点及如何贮藏食物的关键因素。在隐蔽条件较差的生境中（如弃耕地），贮食动物需要把食物搬运较远才能找到较安全的贮藏点（Vander Wall，1990；Lu and Zhang，2004a，2005b）。辽东栎和山杏在矮灌丛中被鼠类搬运的距离大于高灌丛（Lu and Zhang，2004a，2004b，2005b）。

鼠类将种子搬离食物源（母树或种子释放点）的主要原因可能是为了减少埋藏种子的损失，同时减少就地取食的捕食风险。这是因为在食物源周围可能聚集更多的竞争者和捕食者，埋藏种子的损失和自身被捕食的危险可能随与食物源的距离增大而降低（Stapanian and Smith，1978，1984；Clarkson et al.，1986）。因此，将种子迅速搬离食物源对贮食者占有资源是有好处的。如果搬运距离与降低种子损失和捕食风险的关系推测成立，那么隐蔽条件好的生境（次生林、灌丛）的搬运距离应该比隐蔽条件差的生境（裸地、弃耕地）近，距食物源近的种子被重新找到和利用的比例应该更高，贮藏点存活比例较低，存活时间更短。

（三）贮藏点微生境

很多因素影响鼠类选择食物贮藏点的微生境，从而影响植物种子的命运。避免捕食风险及盗食风险可能是决定贮藏点微生境的关键因素。鼠类并非随机地将食物搬运至不同的微生境贮藏（Vander Wall and Joyner，1998）。小型鼠类通常把种子贮藏于灌丛下方和灌丛边缘（Vander Wall，1997；Li and Zhang，2003；Lu and Zhang，2004a，2004b）。拉布拉多白足鼠喜欢在灌丛边缘附近贮藏食物（Clarke and Kramer，1994）。黄松花鼠将大量杰弗里松种子贮藏于灌丛下方（Vander Wall，1995a，1995b）。北京东灵山地区的鼠类喜欢把山杏和辽东栎种子贮藏在灌丛下方和灌丛边缘，很少埋藏在裸地（Zhang and Wang，2001b；Li and Zhang，2003；Lu and Zhang，2004b，2005b）。无论在原生林还是次生林内，经鼠类分散埋藏的5种壳斗科植物种子在5种微生境类型（灌丛下、灌丛边、草丛、裸地和石洞）中的分布频次存在显著差异，64%以上的贮藏种子集中分布在灌丛下方和边缘（肖治术，2003）。在围栏中，松鼠（*Sciurus vulgaris*）、岩松鼠（*Sciurotamias davidianus*）、北社鼠（*Niviventer confucianus*）、大林姬鼠（*Apodemus peninsulae*）非常强烈地选择围栏墙壁附近和人工巢附近埋藏种子（Jacobs and Liman，1991；路纪琪，2004；肖治术，2003）。这些结果并不是简单的对边缘的偏好，而可能说明在自然条件下，鼠类把食物搬至远离食物源且隐蔽条件好的地方进行贮藏（Jacobs and Liman，1991）。

合适的贮藏点既能减少贮藏种子被盗食，又为种子萌发提供了适宜的条件（Watt，1923；Jones，1959；Lockard and Lockard，1971；Griffin，1971；Borchert *et al.*，1989；Vander Wall，1990，1993b；Zhang and Wang，2001a；Zhang，2001；Li and Zhang，2003；Xiao *et al.*，2003）。但是就动物而言，种子萌发意味着食物的损失，贮食动物并不希望种子萌发。于是，一些动物在贮藏前就将种子的胚芽咬掉，以阻止其萌发，如鼠类在贮藏白栎种子前就将其胚芽咬掉，使种子不能萌发（Barnett，1977；Fox，1982）。东部花栗鼠（*Tamias striatus*）咬掉了洞穴中每一粒开始发芽的白桦种子的芽眼（Elliott，1978）。在北京东灵山地区，花鼠（*Tamias sibiricus*）将辽东栎种子的种壳和种皮去掉后再集中或分散贮藏。另外，鼠类常先吃掉贮藏点内发芽的种子，或吃掉胚根或新芽，并进行重新贮藏，同时清除新生幼苗（Cahalane，1942；Abbott and Quink，1970；McAdoo *et al.*，1983）。例如，当幼苗出现时，鼠类吃掉了为幼苗提供营养的山毛榉坚果（Watt，1923）。防止食物霉变、腐烂和萌发是贮食动物减少食物损失的重要手段，许多动物将种子贮藏在不能萌发的地方，以防止种子萌发（蒋志刚，2004）。贮藏前将种子晾干，使种子不易萌发，能有效地防止食物腐烂。例如，加州星鸦（*Nucifraga colunbiana*）常将种子带到高海拔的地方，贮藏在干燥的悬崖、斜坡和山脊，这些地方的种子几乎不能萌发（Vander Wall and Balda，1977；Lanner and Vander Wall，1980；Lanner *et al.*，1984）。在怀俄明州西北部，星鸦将食物埋藏在高山北坡的雪地中，埋藏点积雪深达5cm，种子不能萌发（Vander Wall and Hutchins，1983）。鼠类也将人工释放的山杏和辽东栎种子贮藏在灌丛下方和基部，也不适合幼苗生长（Zhang，2001；Li and Zhang，2003；Lu and Zhang，2004a，2004b）。红松鼠采集蘑菇，悬挂在树枝上待其自然干燥后才搬入树洞中贮藏（Jiang，1988）。旗尾更格卢鼠（*Dipodomys spectabilis*）会挑食那些有少量霉变的种子，许多鼠类和蚂蚁等将种子深埋在地下而使其不能萌发（Carroll and Risch，1984）。

种子常常被贮藏在一定的标记物附近如枯木、树枝、杂草等，具有坚硬内果皮的种子常常被贮藏在这些标记物附近，而不是相对开阔和无标记物的地方，这种现象似乎表明贮食动物可以利用视觉标记来方便寻找贮藏点。这意味着空间记忆在贮食动物找回埋藏食物中具有重要作用。视觉标记物被一些花鼠属（Vander Wall，1991；Vander Wall and Peterson，1996）、松鼠科（Jacobs and Liman，1991；MacDonald，1997）、更格卢鼠属（Jacobs，1992b）和中仓鼠属用于记忆贮藏点的位置，但是拉布拉多白足鼠例外，标记物对其找回埋藏种子没有明显作用（Vander Wall，1993a）。贮食动物将食物贮藏在某一标记物附近也可能是因为标记物附近基质容易挖掘和隐蔽条件较好（Jansen and Forget，2001），如埋藏在倒木周围和棕榈树附近的种子因为枯枝叶覆盖可以减少因干燥和干扰造成的损失（Vander Wall，1991）。干燥基质推迟和破坏种子萌发，造成种子损失，同时也不利于嗅觉信号的扩散从而不利于贮食动物找回贮藏种子（Vander Wall，1991，1993a，1995a）。贮食动物将精力用于寻找合适的贮藏点，并从减少食物损失中得到能量补偿。

（四）埋藏点的大小和深度

贮藏点大小（cache size）是指贮藏点贮藏种子数量的多少。很多因素都会影响鼠类种子贮藏点的大小（Li and Zhang，2003；Xiao et al.，2003；Lu and Zhang，2004a，2004b；肖治术，2003）。巴拿明更格卢鼠（Dipodomys panamintinus）和巴拿明花鼠（Tamias panamintinus）的贮藏点包含1～12粒单叶松种子（Vander Wall，1997）。红松鼠的每个贮藏点包含1～11粒红松种子（Yahner，1975），或平均为1.6个松果（Hurly and Robertson，1987）。白足鼠的贮藏点包含25～30粒北美乔松种子（Abbott and Quink，1970）。黄松花鼠（Tamias amoenus）和倩花鼠（T. speciosus）在春季和夏季分散贮藏杰弗里松种子，每个贮藏点含有1～10粒种子，到秋末才集中贮藏种子或把分散贮藏的种子集中起来进行集中贮藏（Vander Wall，2002a）。北京东灵山地区岩松鼠的贮藏点包含1粒核桃种子（Lu and Zhang，2005a），大林姬鼠的贮藏点包含1粒山杏种子，偶见有2～5粒的（路纪琪，2004）。在四川都江堰地区，绝大部分的栓皮栎、枹栎、栲树、石栎种子贮藏点有2粒种子，青冈种子的贮藏点仅含1粒（肖治术，2003）。虽然在不同生境（林分）中种子贮藏点多为1粒种子，但不同林分间有一定差异（肖治术，2003；Lu and Zhang，2004a）。此外，种子贮藏点大小与种子的鲜重之间可能存在负相关关系，种子越大，贮藏点种子数可能越小。在北京东灵山地区，鼠类将绝大多数辽东栎种子单粒贮藏，大种子被多粒贮藏的比例比小种子略低。

鼠类在贮藏点埋藏的种子都比较浅。黄松花鼠埋藏杰弗里松种子的深度为5～25 mm（Vander Wall，1995c；Vander Wall，2002b）、埋藏羚羊角草种子的深度为7～22 mm（Vander Wall，1994）。一些鼠类埋藏单叶松种子的深度为0～80 mm（Vander Wall，1997）。小型鼠类埋藏山杏和辽东栎种子的深度为1～20 mm（Zhang and Wang，2001a，2001b；Li and Zhang，2003；Lu and Zhang，2004a，2004b）。岩松鼠在围栏内埋藏核桃的深度为5～60 mm（Lu and Zhang，2005a）。种子的埋藏深度会随种子价值的增加而增加（Vander Wall，1993c）。激烈的竞争者倾向于寻找和盗食高质量贮藏点，这可能会促使贮食动物将高价值种子（如大种子、脂肪含量高的种子、高营养价值的种子等）埋藏得更深。肖治术（2003）发现都江堰地区5种壳斗科植物种子埋藏深度间存在显著差异，平均埋藏深度随种子鲜重的增加而增加。在野外，鸟类或鼠类埋藏植物种子的深度为1～

3 cm（Vander Wall，1993c；Zhang and Wang，2001a），在这样的深度范围内，鼠类找到埋藏点的可能性也较高，同时，也有利于种子萌发和幼苗建成。黄松花鼠埋藏杰弗里松种子的深度为 5～25 mm，该深度是杰弗里松种子萌发和幼苗建成的适宜深度（Vander Wall，2002a）。不同的鼠类针对不同的种子应该有不同的埋藏深度，而且埋藏深度与基质密切相关。鼠类需要确定一个最适埋藏深度，既可以减少被盗食和萌发损失，又可以减少挖掘和找回时的付出。

（五）鼠类对贮藏食物的保护和找回

鼠类如何有效地保护贮藏食物，对于安全度过食物短缺期、维持生存十分重要。在靠近北极的北方针叶林中，失去领域和贮藏食物的北美红松鼠将无法度过漫长的冬季而被冻死（Larsen and Boutin，1994）。造成贮藏食物损失的原因可能有真菌侵蚀导致霉变腐烂、种子萌发、其他动物盗食及大雪、冰冻、洪水等自然灾害（蒋志刚，1996b）。许多鼠类形成了多种多样的防止食物损失的行为策略。一些鼠类在贮藏食物前常将食物晾干以防止食物霉变或首先将霉变的食物吃掉。例如，鼠兔贮藏青草时，先将采集到的青草堆放在洞口附近晾干后再搬入洞内贮藏。红松鼠常将采集的橡子、蘑菇堆放在干燥的石块或悬挂在树枝上待其自然干燥后再搬入树洞内或鸟巢内贮藏（Jiang，1988）。旗尾更格卢鼠会首先将那些轻度发霉的种子吃掉（Reichman and Rebar，1985）。一些鼠类将植物种子贮藏在不适合萌发的地方或贮藏前对种子进行处理以防止种子萌发损失。例如，东部花栗鼠（*Tamias striatus*）将山核桃深埋在地下（蒋志刚，1996b），或咬掉贮藏的白桦种子的胚芽（Elliott，1978）。北美灰松鼠贮藏橡子时常去掉发芽籽实的胚芽（蒋志刚，1996b）。贮食动物常采用选择贮藏地点、分散贮藏食物以及积极地看护等策略来保护贮藏的食物以防止和抵御盗食者。例如，集中贮藏的红松鼠具有很强的领域行为，它们攻击、驱逐入侵其领域的其他动物，这种领域行为保护的是位于领域中心的食物贮藏堆（蒋志刚，1996b）。

鼠类对其贮藏的种子经常进行巡视以增强记忆，找回贮藏的种子再利用或重新贮藏（Smith and Reichman，1984；Vander Wall，1990）。贮藏食物的损失对贮食动物是致命的。贮食动物在找回自己贮藏的食物时应该具有明显的优势（Vander Wall et al.，2006），这也是贮食行为的进化动力（Vander Wall，1990；Vander Wall and Jenkins，2003；Vander Wall et al.，2006）。例如，在 30 天内，有58%～73%的贮藏种子被黄松花鼠自己找到（Vander Wall et al.，2006）。Vander Wall（1982）在研究加州星鸦（*Nucifraga columbiana*）找寻食物贮藏点时提出了几种假说，即嗅觉（olfactory cue）、视觉（visible cue）、随机探索或挖掘（probing or digging at random）和空间记忆（spatial memory）假说，并不断得到了验证和充实（Vander Wall，1990，1998，2000；Rice-Oxley，1993；Vander Wall et al.，2006；Stafford et al.，2006；Winterrowd and Weigl，2006）。

鼠类可以利用嗅觉搜寻食物，对人工贮藏点迅速挖掘（Vander Wall，1998；Vander Wall and Joyner，1998），定位找回埋藏的食物（Howard and Cole，1967；Lockard and Lockard，1971；Reichman and Oberstein，1977；Johnson and Jorgensen，1981；Vander Wall，2000）。种子的含水量、营养成分、埋藏基质的潮湿程度等影

响嗅觉信号的强烈程度，从而影响鼠类对种子的寻找（Johnson and Jorgensen，1981；Vander Wall，1993a，1995a，1998）。含挥发性油脂多、埋藏于潮湿土壤的新鲜种子找回率更高。黄松花鼠和拉布拉多白足鼠主要依靠嗅觉搜寻同种其他个体或其他种类埋藏的种子。潮湿环境下，增强的气味信号能够使它们更容易发现贮藏的种子（Johnson and Jorgensen，1981；Vander Wall，1993a，1995a，1998，2000）。相反，气味信号减弱会降低鼠类找到种子的概率。例如，在干燥环境中，美洲飞鼠（*Glaucomys volans*）找回美国榛（*Corylus americana*）种子的概率仅为 25%（Winterrowd and Weigl，2006）。当种子埋入土壤超过 6 cm 时，小泡巨鼠很少找回种子（肖治术和张知彬，2004）；花鼠很难找到种子（张洪茂和张知彬，2006）。虽然鼠类还可能利用随机探索或挖掘来发现一些隐藏的食物（Kamil and Balda，1985；McQuade et al.，1986；Vander Wall，1991），但找到食物的成功率并不是很高。此外，地表特殊的标记物也可能为鼠类提供寻找线索（West，1968；Vander Wall，1990；Pyare and Longland，2000），如有的鼠类可以根据刚出土的幼苗找回以前贮藏的种子（McAuliffe，1990）。

在找回食物时，分散贮食者应比盗食者具有更明显的优势（Vander Wall，1990；Vander Wall and Jenkins，2003；Vander Wall et al.，2006）。然而嗅觉信息对贮食者（hoarder）和非贮食者的影响是相同的，同种动物的不同个体利用嗅觉搜寻食物的能力也不会有明显的差异，因此，鼠类单纯依靠嗅觉找回食物并不具有独特优势（Vander Wall et al.，2006），贮食者必须拥有比非贮食者更有效的找寻手段，这些手段很可能是对食物贮藏点的精确空间记忆（Jacobs and Liman，1991；Balda and Kamil，1992；Jacobs，1992b）或对食物贮藏区域的占领（如食物贮藏点位于贮食动物的领域范围内）（Brodin，1992）。例如，在黄松花鼠活动范围内，黄松花鼠自己埋藏种子的消失速度是人为埋藏种子的 3.5～6.5 倍；当把贮藏种子的黄松花鼠个体去除后，二者的消失速度相似（Vander Wall et al.，2006）。鼠类及许多鸟类可以将地域性的视觉记号位置作为线索，重新记起它们埋藏食物的位置（Kamil and Balda，1985；Vander Wall，1982，1991；Jacobs and Liman，1991；Cheng and Sherry，1992；Jacobs，1992b；Clayton and Krebs，1994a，1994b；Kamil and Jones，1997；Gould-Beierle and Kamil，1998）。一般来说，贮食者比竞争者和盗食者具有更强的空间记忆能力，因而在找回种子时有绝对的优势（Stapanian and Smith，1978；Vander Wall，1982；Kamil and Balda，1985）。黄松花鼠和拉布拉多白足鼠可以凭借空间记忆找回自己埋藏的大部分种子，它们对自己埋藏的种子贮藏点的定位不受土壤湿度的影响；而盗食者主要依靠嗅觉搜寻种子，且在潮湿土壤中对贮食点的定位率会增加（Vander Wall，2000）。研究证实，贮食动物依赖空间记忆找回贮藏种子，但仅依靠空间记忆难以记住数百个贮藏点（Vander Wall，1990；Pyare and Longland，2000）。Vander Wall（2000）认为鼠类仅凭空间记忆只能找回自己贮藏的种子，但它们可以同时通过嗅觉寻找自己贮藏的种子和盗食其他个体或种类贮藏的种子。另外一些研究认为，贮食动物不是对贮食位点进行精确记忆，而是对贮食点所在的微环境或景观类型进行记忆，然后在类似的环境中搜索贮藏的食物（Brodin，1992；Lens et al.，1994；Vander Wall et al.，2006）。例如，褐头山雀（*Parus montanus*）

的优势雄个体在秋季将食物贮藏在云杉树上部，冬季在相应部位找寻食物并驱赶从属雄个体（Brodin，1992）。然而，黄松花鼠并不是这样，即使人为埋藏的种子和黄松花鼠自己埋藏的种子位于同样的区域和微生境，人为埋藏的种子消失的速度仍然显著低于黄松花鼠自己埋藏的种子（Vander Wall et al.，2006）。

总之，鼠类可能依靠多种因素搜寻食物和找回贮藏的食物，但各种因素对于某一鼠类在搜寻和找回食物中分别起多大作用，哪个因素最重要，受环境条件的影响如何以及各种机制间如何相互影响等都不十分清楚（Vander Wall，1990），这些都值得进一步研究和探讨。

## （六）竞争者对种子贮藏的影响

竞争者由于拥有相同或类似的食物，因而会对贮藏者产生重要影响。首先，竞争者的存在会影响贮藏者所贮藏的食物数量。当同种个体存在时，褐头山雀显著减少了食物贮藏（Lahti et al.，1998）。但也有研究表明，在有同种竞争者存在的条件下，鼠类显著增加了食物贮藏（Sanchez and Reichman，1987）。

竞争者的存在会影响贮藏者开始贮藏食物的时间，可能是为了避免竞争者看到食物埋藏的地点。例如，面对竞争者的出现，黑顶山雀和渡鸦都会推迟埋藏种子的时间（Stone and Baker，1989；Heinrich and Pepper，1998）。竞争者的存在会影响贮藏者贮藏食物的位置，同样是为了防止被竞争者盗食。例如，褐头山雀和渡鸦都会将食物贮藏到更远、竞争者无法看到的地方（Heinrich and Pepper，1998；Lahti et al.，1998）。在种群密度高的时候，喜鹊（Pica pica）贮藏种子的距离更远、范围更广泛。Clarkson等（1986）研究表明，竞争者的存在会改变贮藏者贮藏食物的方式。例如，梅氏更格卢鼠在竞争者存在的情况下显著降低了分散贮藏，而增加了集中贮藏（Preston and Jacobs，2001）。

## 三、多次贮藏

许多鼠类（如松鼠、花鼠、更格卢鼠、刺豚鼠和许多鼠科种类等）搬运和分散贮藏了大量的种子及果实，而绝大部分种子和果实在贮藏后较短的时间（数天或数月）内消失了，去向不明（Cahalane，1942；Abbott and Quink，1970；Thompson and Thompson，1980；Sork，1984；Jensen and Nielsen，1986；Forget，1990，1991，1992；Vander Wall，1993b，1994，1997；Longland and Clements，1995）。研究表明，许多从最初贮藏点内消失的种子被鼠类再次贮藏在一些新的贮藏地点（Vander Wall，1995b，1995c；Theimer，2001；Jansen et al.，2002；Hoshizaki and Hulme，2002）。此外，对种子和果实的贮食行为也见于鸟类（DeGange et al.，1989）和蚁类（Hughes and Westoby，1992）中。多次贮藏对贮藏者和植物种子都会产生非常重要的影响，因此有必要阐明多次贮藏中动物对贮藏点的管理及种子的命运。

## （一）多次贮藏的过程

多次贮藏是指贮食动物对种子进行了一次以上的搬运和贮藏（Vander Wall and

Joyner，1998）。Price 和 Jenkins（1986）提出了一个描述鼠类多次贮藏种子的模式，并且可以详细展示种子各阶段的命运。贮食动物对种子的多次贮藏先在鸟类（DeGange *et al.*，1989）和蚁类（Hughes and Westoby，1992）的观察中被详细描述。随后，Vander Wall（1994）通过多阶段的实验设计和统计，解释了由鼠类介导的北美蔷薇（*Purshia tridentata*）种子命运途径，并证实黄松花鼠等将部分北美蔷薇种子贮藏达 3 次之多（Vander Wall，1995c）。迄今，已有不少研究证实了鼠类对种子的多次贮藏，其中有的是通过实验室的观察（Jenkins and Peters，1992；Clarke and Kramer，1994；Jenkins *et al.*，1995；Preston and Jacobs，2001），有的则是通过田间调查（Daly *et al.*，1992；Vander Wall，1995c；Vander Wall and Joyner，1998；Theimer，2001；Jansen *et al.*，2002；Hoshizaki and Hulme，2002）。在四川都江堰林区，油茶和 5 种壳斗科种子也被鼠类进行了多次搬运和贮藏，少数种子被发现贮藏了 3 次。传统研究方法由于不能区分单粒种子，因此无法确定种子搬运的次数（Abbott and Quink，1970；Stapanian and Smith，1978，1984；Thompson and Thompson，1980；Sork，1984；Jensen，1985；Jensen and Nielsen，1986；Forget，1990，1991，1992）。之后的种子标记方法采用数字编码，可以准确地反映每粒种子的搬运次数及命运（Vander Wall and Joyner，1998；Zhang and Wang，2001b；Jansen *et al.*，2002；Hoshizaki and Hulme，2002）。

（二）多次贮藏的原因

鼠类对食物的多次贮藏是一个十分复杂的过程，会增加能量投入和捕食风险，其深层次原因是什么？目前，有几个假说来解释鼠类的多次贮藏现象，包括快速隔离假说（rapid sequestering hypothesis）、反馈假说（feedback hypothesis）、记忆假说（memory hypothesis）和盗食假说（pilfering or robbery hypothesis）等。

快速隔离假说认为，当动物遇到丰富的食物时，为占有更多资源，减少竞争，首先将食物分散埋藏在食物源附近，然后再逐步将种子分散开来（Jenkins and Peters，1992）。该假说也用来解释鼠类分散贮食行为模式（Hart，1971）。有关梅氏更格卢鼠（Jenkins and Peters，1992）和灰噪鸦（*Perisoreus canadensis*；Waite and Reeve，1995）等的研究支持这一假说。但 Vander Wall（2002a）认为该假说不能解释黄松花鼠的贮食行为，因为随后贮藏点间的平均距离或中值距离逐渐减小。例如，杰弗里松种子从初贮藏点到 2 次贮藏点间的中值距离为 27.8 m，从 2 次贮藏点到 3 次贮藏点的中值距离为 12.5 m，从 3 次贮藏点到 4 次贮藏点的距离为 8.8 m，而从 4 次贮藏点到 5 次贮藏点的距离则为 5.0 m。

反馈假说认为，贮藏食物会发生变质，因而贮藏者有必要及时检查食物的质量（DeGange *et al.*，1989）。但有学者认为，贮藏食物通常不易变质，没有必要不断地检查和巡视（Vander Wall，2002b）。

记忆假说认为，鼠类和其他贮食动物需要移动贮藏食物来提高对贮藏点位置的记忆。已有研究发现空间记忆是许多鼠类（Jacobs and Liman，1991；Vander Wall，1991；Jacobs，1992b）和鸟类（Vander Wall，1982；Kamil and Balda，1985；Sherry *et al.*，1992）找回它们各自贮藏点的重要方式。一些研究表明，鸟类对贮藏位置的记忆随时间的增加而降低（Hitchcock and Sherry，1990）。许多实验围栏的研究表明，鼠类的记忆只能维持较短的时间（Jacobs and Liman，1991；Vander Wall，1991；Jacobs，1992b）。但有学者认为，多次访问而不是多次搬运同样也可以提高它们对贮藏点的空间记忆（Vander Wall，2002a）。

盗食假说认为贮藏者不断地变换贮藏点，避免竞争者对贮藏食物的盗食（Vander Wall，2002a）。鼠类的嗅觉能力很强，凭借随机搜索也可以找到贮藏者的食物贮藏点（Vander Wall，1990）。研究表明，盗食是一个很普遍的现象（Daly et al.，1992；Jenkins and Peters，1992；Clarke and Kramer，1994；Vander Wall，2000；Preston and Jacobs，2001）。例如，鼠类对人工贮藏的杰弗里松种子的盗食率每天达 0.3%～8.8%（Vander Wall and Peterson，1996；Vander Wall，1998）。黑松鼠（*Sciurus niger*）对人工贮藏的黑核桃（*Juglans nigra*）的盗食率每天高达 8.5%～9.4%（Stapanian and Smith，1978）。多次贮藏既降低了贮藏点的密度，也减少了贮藏点大小（Vander Wall and Joyner，1998）。其他因素，如种子数量和重量（DeGange et al.，1989；Vander Wall，2002b）、竞争者的存在（Clarke and Kramer，1994）、洞穴或巢与食物源的距离（Kraus，1983；Daly et al.，1992；Jenkins et al.，1995）等均会对多次贮藏产生影响。

（三）多次贮藏对鼠类的影响

虽然多次贮藏可能有利于避免贮藏食物被盗食，但实际的收益评估研究很少。根据 Janzen-Connell 假说，种子存活率受密度和距离制约，离种子源越近，遭遇盗食的风险越大（Janzen，1970；Connell，1971），因此多次贮藏，如果能够降低贮藏点的密度，增加种子扩散的距离，有可能增加种子的存活概率，对贮藏者来说也是有利的。

（四）多次贮藏对植物更新的影响

鼠类对种子的多次贮藏可能会增加种子的死亡率。例如，黄松花鼠在多次搬运和贮藏过程中，贮藏点种子的存活率逐渐降低，次年春季，仅少部分种子（13.6%）逃脱鼠类的取食而萌发。许多种子被鼠类吃掉或转移至地下洞穴，对幼苗建成不利（Vander Wall and Joyner，1998）。

鼠类对种子的多次贮藏会减少贮藏点大小，有利于减少幼苗竞争、促进植物更新（Vander Wall and Joyner，1998）。例如，在多次贮藏过程中，约减少 86% 的杰弗里松种子，但贮藏点的数量仅减少 16%（Vander Wall and Joyner，1998）

鼠类对种子的多次贮藏会增加扩散距离，有利于减少与母树的竞争，有利于植物更新。鼠类的多次贮藏使贮藏点的分布更广泛和均匀（Jenkins et al.，1995；Vander Wall and Joyner，1998）。种子被搬运到更远的地方，有利于减少种子被捕食的概率，增加种子存活和幼苗建成的概率，从而提高植物种子的扩散适合度（Jansen et al.，2002）。

鼠类对种子的多次贮藏会改变种子到达的微生境，对种子萌发和幼苗建成有较大的影响。种子沉积的微生境更多地受制于鼠类的生境选择。捕食风险或避免竞争者盗食是决定鼠类种子贮藏点微生境的关键因素。例如，随贮藏次数的增加，更多的种子被贮藏在灌丛下或其边缘（Vander Wall and Joyner，1998），这对一些种子可能不利。但定向扩散假说认为，动物对种子的扩散及微生境选择通常是有利于植物更新的。

## 第二节　动物介导的种子扩散及更新模式

### 一、种子扩散的意义

关于种子的扩散，有3个假说。第一个是逃逸假说，即 Janzen-Connell 假说（Janzen，1970；Connell，1971），认为种子死亡率是一种密度和距离制约的。种子越远离母树，逃逸的机会越大，成功建苗的概率越高。很多实验证实了该假说的预测。第二个是移居假说（colonization hypothesis）（Baker，1974），认为种子借助动物扩散，随机到达适宜的环境萌发建苗，开拓了新的分布区。第三个是定向扩散假说（directed dispersal hypothesis）（Davidson and Morton，1981），认为种子的扩散不是随机的，种子到达的位置有利于种子更新。

### 二、种子更新的关键过程

植物种子被分散贮藏，实现成功扩散和更新，主要取决于3个方面的因素（Jansen et al.，2004）。首先，种子必须迅速搬离母树，越快越好。母树周围聚集更多的捕食者，具有更高的被捕食危险，母树周围空间已经被母树和其他幼苗占领，通常在母树周围生长的幼苗面临更大的竞争，会增加竞争性死亡和密度制约性死亡的概率，因此，母树周围单位种子产量的更新率会非常低（Hammond and Brown，1998）。种子被迅速搬离母树可以减少种子被虫蛀、真菌侵蚀、其他非贮食动物取食和扩散前萌发。种子搬运率可能随种子的增大而增加（Brewer，2001；Jansen et al.，2002），也可能随种子丰富度的增加而减少（Crawley and Long，1995；Theimer，2001）。其次，种子必须被分散地贮藏在土壤浅层，而不是马上被消耗掉，种子被搬运得越远、被贮藏得越稀疏和分散、每个贮藏点的种子数越少，越有利于种子萌发和幼苗建成。被隐蔽埋藏的种子有利于幼苗成功建成（Vander Wall，1990）。种子贮藏点小可以减少幼苗间的竞争，种子扩散距离较远可以减少密度制约性死亡，减少被捕食，找到更多的适合种子萌发和幼苗生长的位点（Stapanian and Smith，1978；Hammond and Brown，1998）。最后，贮藏的种子萌发后，在种子的营养物质被幼苗利用和幼苗建成前不能被食种子动物啃咬、破坏。萌发后的种子如果被贮食动物取食或再搬运，不但会降低种子的活力（Harms and Dalling，1997），而且会破坏种子的萌发能力（Jansen，2003）。通常，贮藏种子找回率随种子的增大而增加（Stapanian and Smith，1984），但这种影响会随扩散距离的增加和贮藏密度的减小而降低（Stapanian and Smith，1984）。贮藏种子的存活率会随种子丰富度的增加而增加，因为种子越多，动物可以利用的食物越多（Theimer，2001；Vander Wall，2002a）。对于植物来说，鼠类对植物种子的搬运和分散贮藏对植物种子的存活、萌发和幼苗建成具有许多潜在的好处。首先，可以使种子远离母树，降低种子密度，从而减少了种子被捕食和幼苗与母树的竞争。其次，有利于幼苗建成和生长，在适宜地点埋藏的种子可以获得适宜种子萌发和生长的温度、湿度和光照条件，适合幼苗生长（Forget，1990；Kollmann and Schill，1996）。

在种子扩散过程中，种子命运对实现植物更新至关重要。动物传播种子的过程非常复杂，且常常受到许多生物因子和非生物因子的影响，加上在方法学上跟踪种子命运的难度很大，使得对种子命运的实际情况了解极少（Chambers and MacMahon，1994）。早在 1986 年，Price 和 Jenkins 就提出了一个关于鼠类介导的种子命运途径的一般模型。此外，Chambers 和 MacMahon（1994）提出的种子命运模型也较为详细地描述了种子命运的主要过程及其影响因素。然而，绝大部分实验研究仅涉及植物更新的某个阶段或几个时期（Chambers and MacMahon，1994；Vander Wall，1994，Clark et al.，1999）。尽管如此，仍有不少田间实验在动物与种子命运关系方面取得了重要进展，包括 Vander Wall（1994）的北美蔷薇种子命运途径、Vander Wall 和 Joyner（1998）的杰弗里松种子多次贮藏和 Böhning-Gaese 等（1999）的一种橄榄（Commiphora guiliamini）种子扩散等研究。

## 三、影响种子命运的主要因素

### （一）种子特征

很多种子特征会影响种子命运，包括种子大小、营养成分、次生物质、种壳厚度等。这些特征又可以分为吸引特征（如富含营养物质）和防御特征（如种皮坚硬、次生物质）两类（Zhang et al.，2016），为了吸引动物传播者和逃脱完全被捕食以达到扩散的目的，植物在进化中既发展了吸引特征，又发展了防御特征，二者在进化中可能趋于均衡（Zhang et al.，2016）。

### 1. 种子大小

种子大小存在广泛的种间和种内变异（Michaels et al.，1988；Vaughton and Ramsey，1998；Vander Wall，2001）。研究表明，种子大小是影响鼠类贮食行为和种子命运的重要因素（Vander Wall，2003；Moles et al.，2003；Theimer，2003；Xiao et al.，2004a，2005b），从而直接影响幼苗的萌发和建成（Gonzalez，1993；Eriksson，1999；Seiwa et al.，2002；Paz and Martlnez-Ramos，2003）。

有关种子大小如何影响鼠类的取食选择一直存在着争议。最优觅食理论（optimal foraging theory）认为动物在觅食过程中会最大化能量收益率（Lewis，1982）。根据这个理论，当鼠类面临多个种子选择时，它将首先取食大种子来获得更高的能量收益（Janzen，1971；Brewer，2001）。Brewer（2001）研究了棘小囊鼠（Heteromys desmarestianus）对不同大小的墨西哥棕榈（Astrocaryum mexicanum）种子的选择差异，结果表明大种子经历了更大的捕食压力，而小种子的捕食率较低。然而，另外一些学者的研究并不赞同这个观点。Xiao 等（2004a）对同种不同大小种子的野外研究表明，大的枹栎种子具有较高的存活率和萌发率。Blate 等（1998）通过比较 40 种植物种子的扩散后取食情况发现，种子大小和捕食率呈负相关，大种子通常具有较低的捕食率。围栏实验表明小泡巨鼠喜好取食小种子，而把营养价值高的大种子贮藏起来（常罡等，2008）。

不同植物的种子在大小、种皮厚度、营养物质含量、次生物质含量等特征方面存在很大的差异，因此很难判断究竟哪种因素影响鼠类的觅食行为。Blate 等（1998）认为种子的其他特征（如种皮厚度等）会掩盖种子大小的影响。他们认为种子大小和捕食率呈负相关一方面是由于动物有可能缺乏处理具有坚硬种皮的大种子的能力，另一方面对于具较软种皮的大种子而言，其内所含的某种次生化学物质或许抑制了动物的取食。因此，当种子的各个特征变化较大时（如涉及种间种子），种子大小或许就不是影响种子被取食的主要因素。

通常情况下，动物倾向于分散贮藏大种子或者营养价值高的种子而取食小种子（Forget et al.，1998；Jansen et al.，2002，2004；Xiao and Zhang，2006；Vander Wall，2008；Zhang et al.，2008）。其他的种子特征如单宁含量或者种壳厚度也可能会改变这种模式（Xiao and Zhang，2006）。尽管存在一定的分歧，但大多数研究表明大种子被扩散的距离更远，大种子在贮藏点的存留时间更长，并且大种子表现出比较高的幼苗建成率（Jansen et al.，2002，2004；Xiao et al.，2005a）。例如，Xiao 等（2004a）发现大的枹栎种子在贮藏点的存留时间长，第二年春天有更高的幼苗建成率。但是，对辽东栎来说情况并非如此，虽然大种子被扩散的距离远，分散贮藏的比率高，但是贮藏后死亡率较高，导致大种子和小种子的幼苗建成率没有显著差异（Zhang et al.，2008）。

很多选择压力会影响植物种子大小的进化，其中，最主要的因素是种子萌发及幼苗生长发育的需求（Harper et al.，1970；Janzen，1971；Vander Wall，2001）。但是，分散贮食动物偏好大种子对植物种子大小的进化有非常重要的影响。目前还不清楚为何贮食动物倾向于优先贮藏大种子并将大种子扩散到更远的地方。植物种子的营养价值与其大小呈正相关，种子越大，所包含的营养物质越多。计算动物获取能量时的净收益必须考虑处理种子及搬运种子的时间成本。由于大种子通常含有更高的营养价值（热值），可使动物获得更大的回报，因此，根据最优觅食理论（Krebs，1977；Lewis，1982），动物优先取食小种子，而搬运贮藏大种子（Jansen et al.，2004）。此外，根据最优贮藏空间分布理论，动物将种子贮藏到更远的地方，可以增加贮藏点间的间隔，导致盗食者需要花费更多的时间和能量搜寻这些贮藏种子，这样可以减少贮藏种子被盗食的可能性（Stapanian and Smith，1978）。同样，种子被搬运的距离与动物花费的能量成正比。因此，动物选择将大种子搬运到更远的地方进行贮藏，可以获得更多的收益。

## 2. 次生化学物质

植物可以产生富含次生物质的种子，使动物取食和消化这些种子的生理代谢成本增加，是植物种子应对动物捕食的化学防御方式。单宁是常见于壳斗科栎属和石栎属植物中的多酚类化学物质，能够与蛋白消化酶结合从而抑制消化道对蛋白质的消化和吸收。动物摄入的单宁含量过高，还会损伤动物肠道上皮细胞，以及肝、肾等器官，甚至导致其死亡（Vander Wall，2001；Shimada and Saitoh，2006）。大多数动物避免过多取食高单宁种子（Dearing，1997a），因而动物很少喜好直接取食这类种子（Smith and Reichman，1984；Steele et al.，1993）。大林姬鼠（*Apodemus peninsulae*）连续取食高单宁的橡子（*Quercus serrata*、*Q. mongolica* var. *grosseserrata*）可引起体重下降甚至死亡（Shimada and Saitoh，2006）。因此，鼠类一般不喜欢高单宁种子（Pyare et al.，1993）。有些动物，如北美灰松鼠和蓝冠鸦（*Cyanocita cristata*），能够切除橡子中单宁含量很高的胚芽（Steele *et al.*，1993）。

　　单宁可以影响鼠类的贮藏策略。高单宁假说认为动物优先取食低单宁种子，而贮藏高单宁种子（Smallwood and Peters，1986；Steele *et al.*，1993；Hadj-Chikh *et al.*，1996；Fleck and Woolfenden，1997；Shimada，2001；Xiao *et al.*，2008）。已经有研究支持这一假说。例如，当提供锥栗和栓皮栎两种种子（栓皮栎种子中单宁含量是锥栗的 20 倍）供小泡巨鼠和针毛鼠选择时，虽然它们具有类似的营养成分和大小，结果却发现两种鼠类更倾向于取食低单宁的锥栗种子，而贮藏高单宁的栓皮栎种子。因此，植物种子中较高的单宁含量可以作为促进动物分散贮藏的一个因子（Smallwood and Peters，1986；Hadj-Chikh *et al.*，1996；Xiao *et al.*，2008；Steele *et al.*，2001；Xiao *et al.*，2006b）。Xiao 等（2008）通过野外释放实验追踪了小泡巨鼠和针毛鼠分散贮藏的锥栗及栓皮栎两种种子的命运，研究结果发现高单宁的栓皮栎种子不仅贮藏比例高，而且第二年春天有更多的种子存留并建成幼苗。

### 3. 种子的物理防御

　　为防止鼠类对种子的过度捕食，植物进化出一系列物理防御特征，包括坚硬的外壳、具有刺或者毛等（Strauss and Agrawal，1999；Janzen，1969；Grubb *et al.*，1998；Zhang and Zhang，2008a；Perea *et al.*，2011）。

　　动物取食壳厚的种子会增加动物被捕食的风险。研究表明，动物一般不就地取食种壳坚硬的种子，而是倾向于先扩散和贮藏这些种子（Jacobs，1992a；Xiao *et al.*，2006b；Zhang and Zhang，2008a）。例如，Xiao 等（2006b）发现，与其他 5 种壳较薄的种子相比，鼠类更多地贮藏壳硬的港柯（*Lithocarpus harlandii*）种子。许多依赖分散贮藏的动物进行种子扩散的坚果植物都具有木质化的坚硬外壳，如核桃（*Juglans* sp.）、巴西坚果（*Bertholletia excelsa*）、杏（*Prunus* sp.）以及某些松树等（Vander Wall，2001）。这类种子的坚硬外壳可以防止非扩散动物过度取食。这种物理屏障增加了动物的处理时间，导致扩散动物更倾向于贮藏它们而不是就地取食。然而，种子的物理防御过高会影响动物搬运种子的速度及数量，从而影响植物种子的扩散及更新（Zhang *et al.*，2005；Zhang and Zhang，2008a），也不利于种子的扩散和贮藏（Zhang *et al.*，2005；Zhang and Zhang，2008a）。当种皮太硬以至于鼠类无力打开时，鼠类将不再取食和贮藏此类种子。例如，在围栏内同时提供辽东栎（小，种皮薄且易脆）、山杏（小，种皮较硬）、核桃（大，种皮较硬）、山核桃（小，种皮特硬）、胡桃楸（大，种皮特硬）种子时，北社鼠就地取食大部分辽东栎种子，贮藏少量山杏种子，不选择其他种子；岩松鼠取食绝大部分辽东栎种子、少量核桃和山杏种子，主要贮藏核桃种子；不选择山核桃和胡桃楸种子（路纪琪，2004）。

### 4. 萌发时间

　　萌发时间（又称食物易损）假说（germination schedule or food perishability hypothesis）（Hadj-Chikh *et al.*，1996；Steele *et al.*，1996，2001a，2001b，2006；Smallwood *et al.*，2001）是指贮食动物更倾向于贮藏那些萌发期较晚的橡子。北美的研究结果表明，除了种子大小（处理时间）和单宁含量，萌发时间也是决定鼠类贮藏喜好的重要因素

（Hadj-Chikh *et al.*，1996；Steele *et al.*，1996，2001a，2001b，2006；Smallwood *et al.*，2001）。但是，野外研究发现，大种子更容易被鼠类扩散和贮藏（种子大小假说），而种子萌发时间对鼠类的贮食行为却没有太大的影响（肖治术，2003；Xiao *et al.*，2006b）。更多的研究表明，鼠类倾向于就地取食萌发种子，贮藏非萌发种子。有些植物种子为逃脱鼠类的捕食，进化出快速萌发的特征，这对鼠类食物贮藏不利，所以，有些鼠类进化出切胚或切胚根的办法来延长食物的贮藏时间。

### 5. 虫蛀种子

许多种子遭受昆虫的寄生侵袭，这可能影响鼠类对种子的选择和贮藏（Sallabanks and Courtney，1992）。动物的贮食行为与种子和果实的质量有密切关系（Smith and Reichman，1984；Vander Wall，1990）。动物需要具有鉴别种子质量的能力（Vander Wall，1990）。一些研究认为，动物能准确地分辨虫蛀种子，而另一些研究不支持这种看法（Steele *et al.*，1996）。这些研究差异可能与动物和种子种类有关。当提供完好种子时，白足鼠（*Peromyscus leucopus*）对饱满种子或虫蛀种子无明显喜好；但当提供种仁时，则显著喜好饱满种子（Semel and Andersen，1988）。北美灰松鼠能准确区分虫蛀种子和饱满种子（Steele *et al.*，1996），但它们不能分辨发霉和饱满的欧洲七叶树（*Aesculus hippocastanum*）种子（Stile and Dobi，1987）。鼠类通常优先取食虫蛀种子，贮藏饱满完好种子，这有利于控制寄生昆虫的种群数量和植物的更新（Andersen and Folk，1993；Steele *et al.*，1996）。

### 6. 种子气味

鼠类非常依赖嗅觉寻找食物，因此，种子的气味会影响鼠类的贮食行为和种子命运（Jacobs，1992b；Rice-Oxley，1993；Leaver and Daly，2001；Dally *et al.*，2006；Winterrowd and Weigl，2006）。一般来说，气味大的种子被盗食的概率加大。种子被埋藏于地表有利于减少气味挥发及被盗食的风险（Thompson *et al.*，1993；Vander Wall，2000）。因此，自然选择有利于气味小的种子（Hollander *et al.*，2012）。相比那些气味大的种子，气味小的种子不容易被盗食者发现。Hollander 等（2012）发现由于种子气味没有经过激烈的自然选择，人工栽培型的种子在干燥的环境条件下被鼠类发现的概率显著高于野生型种子。由于经常被鼠类分散贮藏，野生型植物种子经过长期的自然选择，其种子气味的挥发已经降低到最低程度。最新的研究也表明，鼠类也倾向于分散贮藏气味小的种子（Yi *et al.*，2016）。

### 7. 种子耐受性及再生特征

种子由于富含丰富的营养物质，是许多动物取食的对象（Vander Wall，1990）。为应对动物的过度捕食，植物进化出一些抵抗（resistant）和耐受（tolerance）的机制。抵抗机制也是防御机制，包括物理防御（坚硬的外壳或刺）和化学防御（有毒物质）两个方面。耐受机制是指种子遭受动物部分取食或者破坏后，剩余部分还能萌发，并建成幼苗（Vallejo-Marín *et al.*，2006）。

研究发现，很多没有采取物理防御的植物种子具有耐受机制，是植物实现更新的重要形式（Mack，1998；Dalling and Harms，1999；Vallejo-Marín *et al.*，2006）。具有耐受性植物种子的胚乳或子叶中富含营养物质，即使大部分被动物取食仍然可以支持种子萌发（Dalling and Harms，1999）。许多种子对昆虫寄生有很强的耐受性（Fukumoto and Kajimura，2000；Branco *et al.*，2002；Edwards and Gadek，2002；Leiva and Fernández-Alés，2005；Yi and Zhang，2008）。在亚热带或温带森林中发现，壳斗科栎属植物种子对鼠类取食具有耐受性（Steele *et al.*，1993；Perea *et al.*，2011；Vallejo-Marín *et al.*，2006；Perez *et al.*，2008）。

植物种子的耐受性取决于动物取食对种子的破坏程度和部位（Dalling and Harms，1999；Vallejo-Marín *et al.*，2006；Mendoza and Dirzo，2009）。胚的特征对种子萌发以及幼苗建成至关重要。为逃脱鼠类的取食，非休眠种子往往在贮藏过程中快速萌发，使营养物质转移到根中（Cao *et al.*，2011a）。为延长食物贮藏时间，许多鼠类具有切除种子胚或者胚根的行为来阻止种子的萌发（Jansen *et al.*，2006；Steele *et al.*，2006；Yang *et al.*，2012；Xiao *et al.*，2013）。鼠类对植物种子的切胚或切胚根行为会降低植物更新率，因此对植物形成了新的选择压力，促使植物种子进一步进化。有些壳斗科植物橡子胚芽周边的单宁物质浓度高，而其他部位的有毒物质浓度低，因此胚芽有更多的机会逃脱鼠类或昆虫的破坏，这依然属于耐受机制范围。有些植物进化出很强的再生能力（regeneration capacity）。例如，云南西双版纳热带假海桐种子的胚很大，在人为切胚根、切胚后，种子的残余部分（根或种子）都能发育成幼苗，这已经超越传统的耐受机制，而是一种应对鼠类切胚或切胚根的新机制，即再生机制（Cao *et al.*，2011a）。

（二）种子雨

许多植物，如壳斗科植物通常有种子产量大小年现象，其种子产量在年间常出现波动，当某一年的种子产量高时，下一年的种子产量可能低，呈现种子产量高低交替出现的现象（Kelly，1994；Vander Wall，2002b；Li and Zhang，2003）。这种种子产量丰收或者歉收是以种群内的个体在种子产量上的同步化为基础的。如果种群内的个体在种子产量上差异很大，即在同一年内有些个体种子产量大，有些个体种子产量小，则很难形成植物种群种子产量大小年的现象。植物种子产量的大小年现象被认为是植物种群的一种繁殖策略（Kelly，1994）。以这些植物种子为食的动物必然会受到植物种子产量波动的影响。在不同年份间其食物资源的状况不一致，甚至差别很大。当动物面临种子产量在不同年份间波动的情况时，也会采取相应的适应对策。

植物种子产量大小年现象受到生态学家的广泛关注（Herrera *et al.*，1998；Janzen，1976；Koenig *et al.*，1994），并且相继提出了捕食者饱和假说（predator satiation hypothesis）（Janzen，1976）、风媒授粉假说（wind pollination hypothesis）（Kelly *et al.*，2001；Smith *et al.*，1990）和以动物为媒介的种子扩散假说（animal-mediated seed dispersal hypothesis）（Kelly，1994）等来解释这种现象。

风媒授粉假说认为，植物大量开花有利于增加风媒传粉成功的机会。植物在风媒传粉方面和开花上的巨大投入的相似性越来越高，许多具有种子产量大小年现象的植物都是依靠风媒来传粉的。

捕食者饱和假说认为，种子不足或动物数量高时，种子很难存活下来而建成幼苗。大量结实是植物应对动物过度捕食的一种策略，种子大年结实可导致捕食饱和，增加种子存活的机会，最终萌发建成幼苗（Janzen，1970）。该假说可以很好地解释种子产量大小年现象（Janzen，1970；Kelly，1994；Kelly and Sork，2002）。该假说认为，在种子产量大年，更多的种子在原地存活，更少的种子被扩散。

种子扩散假说认为，在种子产量大年，动物就地取食种子的比例减少，而是更多地扩散种子。与捕食者饱和假说不同，这一假说预测在种子产量大年，种子将被以更快的速度搬走，并且被扩散的距离更远。

Vander Wall（2002b）发现在种子产量大年，鼠类对人工释放的杰弗里松种子的搬运速度明显快得多，搬运距离也明显大，种子存活到第二年春季的数量高。但是，Sork（1983）发现在种子产量高的年份种子的消失速率慢；Xiao 等（2005a）发现栲树（*Castanopsis fargesii*）种子的扩散速度在种子产量大年降低。Jansen 等（2004）发现苦油楝（*Carapa procera*）种子在种子产量大年时扩散速度慢。Li 和 Zhang（2007）发现种子产量大年山杏（*Prunus armeniaca*）种子的扩散速度降低。

Jansen 等（2004）认为，植物大年结实会降低动物分散贮藏植物种子的比率。相反，Li 和 Zhang（2007）发现虽然种子大年结实降低了鼠类扩散山杏种子的速度，但增加了鼠类分散贮藏种子的数量，支持捕食者扩散假说。但是，也有研究并未发现动物分散贮藏植物种子的比例在种子生产大小年间有显著的差异（Theimer，2001；Vander Wall，2002b；Xiao et al.，2005a）。植物种子产量大年时，由于食物资源丰富，贮藏种子被盗食的概率降低，鼠类对种子的扩散距离也降低（Moore et al.，2007；Theimer，2001；Jansen et al.，2004；Xiao et al.，2005a）。但 Li 和 Zhang（2007）发现种子产量大年时，山杏种子被鼠类搬运到更远的地方。

植物大年结实可以使捕食者的食物饱和，从而使更多的种子能够逃脱捕食而存活下来，增加幼苗建成率（Kelly，1994；Vander Wall，2002b）。研究证实，种子的幼苗建成率在种子产量大年时明显高于小年（Vander Wall，2002b；Jansen et al.，2004）。例如，Vander Wall（2002b）发现在种子产量大年时，西黄松（*P. ponderosa*）、糖松和杰弗里松种子的幼苗建成率分别为种子产量小年的 2.2 倍、4.1 倍和 6.9 倍；Jansen 等（2004）发现苦油楝种子的幼苗建成率在种子产量大年时为小年的 4.5 倍。

（三）栖息地

栖息生境的异质性是影响鼠类觅食和贮食行为的关键因素，也是影响种子命运的关键因素（Kollmann and Schill，1996；Russell and Schupp，1998）。微生境差异对种子取食和扩散的影响涉及多个方面，如林间空地与林内（Plucinski and Hunter，2001）、高灌丛与矮灌丛（Lu and Zhang，2004a）、灌丛下、灌丛边、灌丛间、草丛与裸地（Vander Wall，1990）、落叶覆盖、埋藏与直接放置地表（Kollmann and Schill，1996；Russell and Schupp，1998；Zhang and Wang，2001a；Li and Zhang，2003）等。当植被覆盖度低时，种子会被搬运到更远的安全地点（MacDonald，1976；Vander Wall，1990）。鼠类对山杏和辽东栎种子的搬运与贮藏在高灌丛和矮灌丛间有显著差异（Lu and Zhang，2004a，2004b）。在北京东灵山地区，矮灌丛隐蔽性差，鼠类必须将种子扩散更远才能保证其贮藏点的安全。因此，在矮灌丛生境中山杏种子的扩散距离大于高灌丛（路纪琪，2004）。

研究表明，许多植物种子、坚果被鸟类和鼠类等动物埋藏（即分散贮藏）在土壤浅表（Johnson and Adkisson，1985；Forget and Milleron，1991；Vander Wall，1993b）。相对于未埋藏或埋藏过深的种子，埋藏在土壤浅表的种子有更高的存活率或萌发率。未埋藏种子更容易被贮食动物（或捕食者）找到，且萌发率很低（Shaw，1968；Griffin，1971；Borchert et al.，1989；Zhang，2001；Zhang and Wang，2001a）。埋藏在土壤浅表的种子常常经历了一个更温和的环境（如温度和湿度等），使其免于干旱和霜冻，而埋藏在土壤较深处的种子则通常缺乏氧气而不能萌发，且萌发的幼苗难以穿过厚厚的土层而死亡（Borchert et al.，1989；Vander Wall，1990；Seiwa and Kikuzawa，1996；Seiwa et al.，2002）。因此，在土壤或落叶层中可能存在一个最优的埋藏深度（optimal burial depth，OBD），从而使种子被捕食者找到的概率最小，并使种子存活率和幼苗建成率最大（Vander Wall，1990）。

（四）季节因素

食物组成和丰富度会随季节不同而变化，鼠类的取食和贮食行为也会产生相应的变化。Vander Wall（1990）认为适当低温能够刺激鼠类的贮食活动，暖和季节可能降低鼠类的贮藏活动，因此秋季鼠类的贮食活动会更强。在温带地区，许多鼠类在秋季的食物贮藏活动比较强烈，而在春季并不表现出明显的贮食行为（Vander Wall，1990）。在美国缅因州北部，鼠类对 3 种植物（*Quercus rubra*、*Pinus strobus*、*Acer rubrum*）种子的取食在季节间有显著差异，春季最强烈，其次是秋季，夏季较弱（Plucinski and Hunter，2001）。在北京东灵山地区，鼠类对山杏的搬运速度都是秋季最快，春季次之，夏季最慢（Lu and Zhang，2004a）。在德国西南部和英国南部处于早期演替阶段的森林中，食果动物对 12 种肉果植物种子的取食在夏季最强烈，冬季最弱（Kollmann et al.，1998）。

# 第三节　种间互作与协同进化

（一）贮藏者与植物的互惠关系

动物既取食植物种子，又扩散和埋藏植物种子，因而动物与植物种子之间是一种捕食和互惠关系（张知彬等，2007）。动物对植物种子的扩散和贮藏对于植物更新非常重要，甚至是必需的（Vander Wall，1994，2001）。动物的分散贮藏是动植物互惠关系形成的基础。如果植物种子不能从动物的扩散中实现更新，它们之间就变成了纯粹的捕食关系。互惠关系可能是植物与动物在长期的进化过程中自然选择的产物（Vander Wall，1990）。

动物与植物的互惠关系可分为两类。一类是食果动物取食植物浆果，获取种子外部的营养物质，通过肠道和粪便传播不能消化的植物种子，从而促进植物更新（Levey et al.，2005；Jordano et al.，2007；Lees and Peres，2009）。另一类是动物搬运贮藏不具果肉的种子，取食种子内部营养物质，一部分种子逃脱捕食，建成幼苗，实现更新。这类非浆果类的种子，如坚果等，通常拥有一定的防御或耐受能力，可减少动物的过度捕食。由于通过粪便排出的种子很难直接萌发（LoGiudice and Ostfeld，2002），排出的种子通常需要动物再次扩散（Cao et al.，2011b）。因此，有些动植物互惠关系包含两类扩散。

植物种子具有调控动物贮藏的特征来实现扩散适合度的最大化。例如，根据高单宁假说，高单宁种子可促进鼠类的分散贮藏，有利于更新（Smallwood and Peters，1986）。非休眠种子通过快速萌发或具有耐受性，可增加逃脱鼠类过度捕食的机会，增加萌发和建成幼苗的概率（Smallwood et al.，2001；Steele et al.，2001b，2006）。种子的大量结实也是植物应对过度捕食、促进扩散而进化出来的一种对策（Kelly，1994；Kelly and Sork，2002；Vander Wall，2002b）。

张知彬等（2007）提出鼠类-植物种子捕食与互惠关系的一个概念模式，认为种子的防御特征与鼠类的捕食特征应存在协同进化关系，保持捕食与被捕食的均衡；种子的吸引特征与动物的回报特征之间应形成协同进化关系，保持互惠的持续和稳定；种子的防御特征与种子的吸引特征形成均衡关系，保持种子扩散适合度的最大化；动物的回报特征与动物的捕食特征形成均衡关系，保持动物个体适合度的最大化。鼠类与种子之间捕食与被捕食协同进化的例子很多，但互惠协同进化的证据较少。种子防御特征与种子吸引特征的均衡比较常见，如种子营养物质越高，其种壳越厚（Zhang et al.，2016），过大的防御或过小的营养价值，都不利于鼠类的选择和扩散；反之，鼠类会过多地取食种子，不利于种子存活。动物的回报特征是进行分散贮食行为。研究表明，分散贮藏者比盗食者具有更高的食物贮藏收益率（Gu et al.，2017），且分散贮藏者往往具有打开坚硬种子的能力或者具有消化有毒物质的能力；非林栖的鼠类对种子扩散没有回报，其打开坚硬种子的能力或者消化有毒物质的能力很差（Lu and Zhang，2004a）。

（二）协同进化

协同进化是指进化过程中双方的某些对应性状的交互变化（Janzen，1980）。协同进化主要依据配对的性状，如传粉植物花的性状与传粉昆虫喙的特化等来决定。协同进化分为专一性协同进化（pairwise coevolution）和弥散性协同进化（diffuse coevolution），前者指两种之间，后者指多种之间（Janzen，1980；李典谟和周立阳，1997；Thompson，1999；李俊年和刘季科，2002）。弥散性协同进化可能是趋同进化和趋异进化的结果。

由于动物与植物种子之间既包含捕食关系，又包含互惠关系，因此其协同进化的讨论不能混为一谈（张知彬等，2007）。在捕食与反捕食方面，植物种子为逃脱鼠类捕食，进化出快速萌发、非休眠的特征，鼠类为此进化出了切胚或切胚根的行为，而有些植物如云南西双版纳的假海桐种子又进化出再生的能力（Cao et al.，2011a）。有些植物种子进化出坚硬的外壳来防止鼠类的过度捕食，鼠类进化出一系列咬开坚果的方式，而非林栖的鼠类很难咬开坚硬的种子。有些植物种子含有有毒的次生物质如单宁，防止鼠类过度取食。有些鼠类尤其是姬鼠类，借助肠道微生物，进化出可以解毒的能力。植物种子物理防御的进化具有显著的趋同进化特征，因而表现为弥散协同进化的特征（Zhang et al.，2016）。但是，关于动物与植物种子之间的互惠关系是否为协同进化仍存异议（Jordano，1987；Wheelwright，1991；Levey and Benkman，1999；Fuentes，2000；刘勇和陈进，2002），这是因为基于配对交互的互惠性状并不明显。

鼠类的分散贮藏行为是鼠类与植物种子互惠关系形成的基础,但有研究表明,鼠类的分散贮藏是其基于自身利益在行为上的选择,因为分散贮藏的个体得到比盗食更多的收益(Gu et al.,2017),其动机并不是为了植物的利益,而是对种子特征的被动响应。植物的丰富营养既可吸引鼠类,也可满足自身发育所需。然而,有些营养特征如浆果,显然具有主动吸引动物来取食、扩散的动机。动物取食浆果时,被动地扩散了种子,促进种子萌发。有的种子只有经过动物的消化道后才能萌发,说明其依赖动物扩散的形态特征。值得注意的是,植物种子的营养价值往往与其防御特征(如物理防御、化学防御)密切相关,而很多研究表明较高的防御能力促进鼠类对种子的分散贮藏。种子的防御特征是植物防止动物捕食的结果,动物也进化出相应的特征,如锋利的牙齿、开口的技能、解毒的能力等。捕食关系是必须交互响应的,因此捕食者和被捕食者的形态、行为变化都是交互的,因而被认为是协同进化的结果。在此基础上形成的互惠关系可能是捕食与被捕食之间协同进化的副产物。但是,植物种子气味有变小的进化趋势,而鼠类倾向于分散贮藏气味小的种子(Yi et al.,2016),这既是植物逃脱被鼠类发现和盗食的机会,也可能是吸引动物分散贮藏的动机,鼠类喜欢贮藏气味弱的种子,既是减少竞争者盗食的策略,也是回报植物种子的策略。因此,涉及种子气味的特征和鼠类贮食行为之间的关系可能是一种互惠协同进化。

## (三)互惠网络

21世纪以来,得益于网络分析技术的进步,生态网络研究,尤其是动植物互惠网络研究有了很大的发展。生态学家不仅对网络结构进行研究(Fortuna and Bascompte,2006),更关注于互作网络的生态学功能(Bascompte et al.,2006;Spotswood et al.,2012),期望以此可以破解生物群落维持和变化的密码。

在大量的动植物互惠网络研究中,许多研究都注意到了网络呈现出嵌套结构,并发现嵌套结构对自然或人类的干扰造成的生境丧失(Fortuna and Bascompte,2006)和物种灭绝(Memmott et al.,2004)等不利影响起到了一定的缓冲作用。目前,越来越多的网络研究对种间互作强度等指标进行量化,并发现种间相互作用是不对称的,Bascompte等(2006)认为这样的不对称相互作用源自协同进化,反过来,不对称相互作用又会影响协同进化。人类活动或自然灾害等对森林动植物群落结构和功能都产生了很大影响(Wilcove et al.,1986),对物种之间连接数量与强度也产生影响(Bascompte et al.,2003)。

但关于森林的破碎化对鼠类-植物种子互作网络影响的研究报道很少。赵清建等(2016)绘制的我国第一个鼠类-植物种子互作网络,包含互作网络的结构信息和互作强度。在动植物互惠网络中,种群数量是影响互作网络属性的主要因素之一(Spotswood et al.,2012)。赵清建等(2016)发现,在鼠类-植物种子互作网络中,连接度随着鼠类数量的增加而显著升高,平均连接度随着植物多样性的增加而显著增加,加权嵌套度随着鼠类数量的增加而显著降低,作用强度的非对称性随着种子总量的增加而显著增加;作用强度则和鼠类数量、种子数量、植株数量都显著相关,随着鼠类数量的增加作用强度也显著增强,随着种子数量、植株数量的增加作用强度则显著降低。

鼠类数量的增加有助于互作网络建立更多的连接。其他研究中也有类似发现。例如,Spotswood等(2012)对植物果实-食果鸟互作网络的研究发现,植物果实-食果鸟互作模式的变化依赖于食果鸟类群落和有效果实的相对数量（relative abundance）。但是，连接度是网络结构的重要参数，连接度越大，意味着网络越稳定（Dunne *et al.*，2002）。因此，在互惠网络中，动植物的数量变化是互作网络结构的重要影响因素，物种数量的增加可以提高网络的稳定性。Mougi 和 Kondoh（2012）认为，互作网络规模的增加可以增大互作网络的嵌套性和不对称性，从而增强互作网络结构的稳定性和持久性。

鼠类-植物种子互作网络中的互作强度受到更多因素的影响，而且鼠类和植物对于互作强度的影响效果是相反的。当鼠类数量增加时，作用强度显著增强，可能是鼠类之间的竞争强度加大；当植物数量更多，种子更多时，作用强度则显著降低，可能是更多的食物资源起到了饱和效应，使其相互作用强度降低。过去很多研究都发现鼠类和种子雨密度影响种子命运及鼠类对种子的扩散、捕食行为（路纪琪等，2005；Li and Zhang，2007；Xiao *et al.*，2013）。由此可见，在鼠类-植物种子互作网络的形成和维持的过程中，鼠类和植物种子都密切参与其中，随着时间的推移，通过鼠类和植物种子的数量变化，使互作网络中作用强度在一定范围内变动，并维持平衡。

大量研究表明，动植物互惠网络是以少数泛性高的物种作为核心，外加多个专一性高的物种而组成的，表现出很高的嵌套性和异质性（Bascompte *et al.*，2003；Ollerton *et al.*，2003；Memmott *et al.*，2004；Lewinsohn *et al.*，2006；Santamaría and Rodríguez-Gironés，2007）。泛性较高的物种是网络的关键节点和驱动群落进化的动力，这样的结构有利于网络的稳定性和协同进化（Thompson，2005）。赵清建等（2016）发现，随着鼠类物种数量的增加，网络核心区整体泛性得到提升，可能有利于提高网络的抗干扰能力和稳定性。

森林破碎化可能对互作网络有重要影响。赵清建等（2016）发现，森林破碎化对鼠类与植物种子网络嵌套性有影响，对连接度、作用强度等参数均无显著影响。Yang 等（2018）发现斑块大小对鼠类-植物种子网络结构的影响不大，主要是因为其研究地区各斑块的隔离度不大。但是，Yang 等（2018）也发现林龄对鼠类-植物种子网络结构的影响很大，在演替早期，鼠类种类和数量高（由于非林栖鼠类的侵入），植物种子数量较低，导致连接度、作用强度增强，嵌套度降低。

## （四）森林更新和恢复的实践意义

由于人类砍伐等破坏，森林退化和片断化趋势加重，导致生物多样性降低、生态功能衰退（陈昌笃，2000），因此加快退化森林生态系统的恢复是当务之急。

植树造林和直播造林是加快森林恢复的主要措施。相比于植树造林，直播造林更为经济可行（寿振黄等，1958；Johnson，1983；Johnson and Adkisson，1985；Johnson and Krinard，1987）。研究表明，人工埋藏种子的萌发率很高，因此人工直播也是加速关键树种更新的一个非常有效的方法。

退化森林生态系统中，植物种源数量不足，鼠类数量偏高，加之农田型、家栖型鼠类的侵入，很多植物种子的更新面临困难（Yang *et al.*，2018）。因此，增加种子来源，促进种子扩散，减少鼠类破坏成为森林恢复的关键因素。采取飞播或直播造林的方法可加速森林更新（寿振黄等，1958；Spencer，1954；Barnett，1998；Nolte and Barnett，2000）。选择适宜的年份或季节，对退化森林补充种源，有利于森林恢复。为了减少鼠类的取食，通常采用种子包衣或灭鼠措施来辅助。过去多使用剧毒农药（如磷化锌、六六粉、安特灵等）毒杀鼠类等动物（寿振黄等，1958；Spencer，1954），或使用包衣剂（如福美双、辣椒素）来减少鼠类的取食（Barnett，1998；Nolte and Barnett，2000）。但杀鼠剂会导致很多非靶标动物死亡，在自然系统中要慎用。

　　减少人类活动的干扰是加速退化生态系统恢复和更新的最有效的方法。开垦、放牧导致农田型、家栖型鼠类的侵入，这些鼠类是纯粹的种子捕食者，不分散贮藏种子，对种子更新是极其不利的。退耕还林将使农田型、家栖型鼠类数量减少，林栖型鼠类增加，有利于种子扩散和更新。为了维持森林更新，要保护分散贮藏种子的关键种类，如岩松鼠等，要严格禁止采摘关键树种的种子或果实，如野生的红松子、山杏、核桃等。

# 参 考 文 献

常罡，肖治术，张知彬. 2008. 种子大小对小泡巨鼠贮藏行为的影响. 兽类学报，28(1): 37-41.

常家传，鲁长虎，刘伯文. 1997. 红松林不同演替阶段夏季鸟类群落研究. 生态学杂志，16(6): 1-5.

陈昌笃. 2000. 都江堰地区生物多样性研究与保护. 成都：四川科学技术出版社：1-153.

黄双全. 2007. 植物与传粉者相互作用的研究及其意义. 生物多样性，15(6): 569-575.

江小雷，张卫国，杨振宇，等. 2004. 不同演替阶段鼢鼠土丘群落植物多样性变化研究. 应用生态学报，15(5): 814-818.

蒋志刚. 1996a. 动物的贮食行为及其生态意义. 动物学杂志，31: 47-49.

蒋志刚. 1996b. 动物保护食物贮藏的行为策略. 动物学杂志，35: 52-55.

蒋志刚. 2004. 动物行为原理与物种保护方法. 北京：科学出版社.

李典谟，周立阳. 1997. 协同进化——昆虫与植物的关系. 昆虫知识，34: 45-49.

李宏俊. 2002. 小型鼠类对森林种子更新的影响. 北京：中国科学院研究生院博士学位论文.

李宏俊，张知彬. 2000. 动物与植物种子更新的关系. I. 对象、方法和意义. 生物多样性，8(4): 405-412.

李俊年，刘季科. 2002. 植食性哺乳动物与植物协同进化研究进展. 生态学报，22: 2186-2193.

刘勇，陈进. 2002. 食果动物与被取食植物的相互关系：协同进化？生物多样性，10: 213-218.

路纪琪. 2004. 小型啮齿动物对东灵山地区森林种子的贮藏和扩散. 北京：中国科学院研究生院博士学位论文.

路纪琪，李宏俊，张知彬. 2005. 山杏的种子雨及鼠类的捕食作用. 生态学杂志，24: 528-532.

路纪琪，肖治术，程瑾瑞，等. 2004. 啮齿动物的分散贮食行为. 兽类学报，24(3): 267-272.

路纪琪，张知彬. 2004. 鼠类对山杏和辽东栎种子的贮藏. 兽类学报，24(2): 132-138.

路纪琪，张知彬. 2005a. 灌丛高度对啮齿动物贮藏和扩散辽东栎坚果的影响. 动物学报，52(2): 195-204.

路纪琪，张知彬. 2005b. 围栏条件下社鼠的食物贮藏行为. 兽类学报，25(3): 248-253.

寿振黄，王战，夏武平，等. 1958. 红松直播防鼠害之研究工作报告. 北京：科学出版社：1-51.

肖治术. 2003. 都江堰地区小型兽类对森林种子命运及森林更新的影响. 北京：中国科学院研究生院博士学位论文.

肖治术，王玉山，张知彬，等. 2002. 都江堰地区小型哺乳动物群落与生境类型关系的初步研究. 生物多样性，10(2): 163-169.

肖治术，张知彬. 2004. 扩散生态学及其意义. 生态学杂志，23(6): 107-110.

肖治术，张知彬，路纪琪，等. 2004. 啮齿动物对植物种子的多次贮藏. 动物学杂志，39: 94-99.

肖治术，张知彬，王玉山. 2003. 小泡巨鼠对森林种子选择和贮藏的观察. 兽类学报，23: 208-213.

张洪茂. 2007. 北京东灵山地区啮齿动物与森林种子间相互关系研究. 北京：中国科学院研究生院博士学位论文.

张洪茂，张知彬. 2006. 埋藏点深度、间距及大小对花鼠发现向日葵种子的影响. 兽类学报，26: 398-402.

张知彬，李宏俊，肖治术，等. 2007. 动物对植物种子命运的影响//邬建国. 现代生态学讲座(III): 学科进展与热点论题. 北京: 高等教育出版社: 63-91.

赵清建, 顾海峰, 严川, 等. 2016. 森林破碎化对鼠类-种子互作网络的影响. 兽类学报, 36(1): 15-23.

Abbott H G, Quink T F. 1970. Ecology of eastern white pine seed caches made by small forest mammals. Ecology, 51: 271-278.

Andersen D C, Folk M L. 1993. *Blarina Brevicauda* and *Peromyscus leucopus* reduce overwintering survivorship of acorn weevils in an Indiana hardwood forest. J Mamm, 74: 656-664.

Andersson M, Krebs J. 1978. On the evolution of hoarding behaviour. Animal Behaviour, 26: 707-711.

Ashby W C, Vogel W G. 1993. Tree planting on mine lands in the Midwest: a handbook. Carbondale, IL: Coal Research Center, Southern Illinois University.

Baker H G. 1974. The evolution of weeds. Annual Review of Ecology and Systematics, 5: 1-24.

Balda R P, Kamil A C. 1992. Long-term spatial memory in Clark's nutcrackers, *Nucifraga columbiana*. Animal Behaviour, 44: 761-769.

Barnett J P. 1998. Oleoresin capsicum has potential as a rodent repellent in direct seeding longleaf pine. *In*: Waldrop T A. Proceedings of the ninth biennial southern silvicultural research conference. Gen Tech Rep, SRS-20. Asheville, NC: U.S. Department of Agriculture, Forest service, Southern Research Station: 326-328.

Barnett R J. 1977. The effect of burial by squirrels on germination and survival of oak and hickory nuts. Am Midl Nat, 98: 319-330.

Bascompte J, Jordano P, Melian C J, et al. 2003. The nested assembly of plant-animal mutualistic networks. Proceedings of the National Academy of Sciences of the United States of America, 100: 9383-9387.

Bascompte J, Jordano P, Olesen J M. 2006. Asymmetric coevolutionary networks facilitate biodiversity maintenance. Science, 312: 431-433.

Bednekoff P A, Balda R P, Kamil A C, et al. 1997. Long-term spatial memory in four seed-caching corvid species. Animal Behaviour, 53: 335-341.

Begon M, Harper J H, Townsend C R. 1986. Ecology: Individuals, Populations and Communities. Oxford: Blackwell Scientific Publications.

Bekker R M, Bakker J P, Grandin U, et al. 1998. Seed size, shape and vertical distribution in the soil: indicators of seed longevity. Func Ecol, 12: 834-842.

Blate G M, Peart D R, Leighton M. 1998. Post-dispersal predation on isolated seeds: a comparative study of 40 tree species in a Southeast Asian rainforest. Oikos, 82: 522-538.

Blendinger P G, Loiselle B A, Blake J G. 2008. Crop size, plant aggregation, and microhabitat type affect fruit removal by birds from individual melastome plants in the Upper Amazon. Oecologia, 158(2): 273-283.

Böhning-Gaese K, Gaese B H, Rabemanantsoa S B. 1999. Importance of primary and secondary seed dispersal in the Malagasy tree *Commiphora guillaumini*. Ecology, 80: 821-832.

Borchert M I, Davis F W, Michaelsen J, et al. 1989. Interaction of factors affecting seedling recruitment of blue oak (*Quercus douglasii*) in California. Ecology, 70: 389-404.

Bossema I. 1979. Jays and oaks: an eco-ethological study of a symbiosis. Behaviour, 70: 1-118.

Branco M, Branco C, Merouani H, et al. 2002. Germination success, survival and seedling vigor of *Quercus suberacorns* in relation to insect damage. Forest Ecology and Management, 166: 159-164.

Brewer S W. 2001. Predation and dispersal of large and small seeds of a tropical palm. Oikos, 92: 245-255.

Brodin A. 1992. Cache dispersion affects retrieval time in hoarding willow tits. Ornis Scandinavica, 23: 7-12.

Brodin A, Ekman J. 1994. Benefits of food hoarding. Nature, 372: 510.

Burnell K L, Tomback D F. 1985. Stellar's jays steal grey jay caches: field and laboratory observations. Auk, 102: 417-419.

Cahalane V H. 1942. Caching and recovery of food by the western fox squirrel. Journal of Wildlife Management, 6(4): 338-352.

Cao L, Xiao Z, Guo C, et al. 2011b. Scatter-hoarding rodents as secondary seed dispersers of a frugivore-dispersed tree *Scleropyrum wallichianum* in a defaunated Xishuangbanna tropical forest, China. Integrative Zoology, 6: 227-234.

Cao L, Xiao Z, Wang Z, et al. 2011a. High regeneration capacity helps tropical seeds to counter rodent predation. Oecologia, 166: 997-1007.

Carlo T A, Collazo J A, Groom M J. 2004. Influences of fruit diversity and abundance on bird use of two shaded coffee plantations. Biotropica, 36(4): 602-614.

Carroll C R, Risch S J. 1984. The dynamics of seed harvesting in early successional communities by a tropical ant, *Solennopsis geminata*. Oecologia, 61: 388-392.

Chambers J C, MacMahon J A. 1994. A day in the life of a seed: movements and fates of seeds and their implications for natural and managed systems. Annual Review of Ecology and Systematics, 25: 263-292.

Chambers J C, Vander Wall S B, Schupp E W. 1999. Seed and seedling ecology of Piñon and Juniper species in the Pygmy woodlands of western North America. The Botanical Review, 65(1): 1-38.

Cheng J, Xiao Z, Zhang Z. 2005. Seed consumption and caching on seeds of three sympatric tree species by four sympatric rodent species in a subtropical forest, China. Forest Ecology and Management, 216: 331-341.

Cheng J, Mi X, Nadrowski K, *et al.* 2012. Separating the effect of mechanisms shaping species-abundance distributions at multiple scales in a subtropical forest. Oikos, 121(2): 236-244.

Cheng K, Sherry D F. 1992. Landmark-based spatial memory in birds (*Parus atricapillus* and *Columba livia*): the use of edges and distance to represent spatial position. Journal of Comparative Psychology, 106: 331-341.

Clark J S, Beckagea B, Camilla P, *et al.* 1999. Interpreting recruitment limitation in forests. Am J Botany, 86: 1-16.

Clarke M F, Kramer D L. 1994. The placement, recovery, and loss of scatter hoards by eastern chipmunks, *Tamias striatus*. Behavioral Ecology, 5: 353-361.

Clarkson K, Eden S F, Sutherland W J, *et al.* 1986. Density dependence and magpie food hoarding. Journal of Animal Ecology, 55: 111-121.

Clayton N S, Krebs J R. 1994a. Lateralization and unilateral transfer of spatial memory in marsh tits-are 2 eyes better than one. Journal of Comparative Physiology A: Sensory Neural and Behavioral Physiology, 174: 769-773.

Clayton N S, Krebs J R. 1994b. Memory for spatial and object-specific cues in food-storing and non-storing birds. Journal of Comparative Physiology A: Neuroethology, Sensory, Neural and Behavioral Physiology, 174: 371-379.

Connell J H. 1971. On the role of natural enemies in preventing competitive exclusion in some marine mammals and in rain forest trees. *In*: Boer P J, Gradwell G. Dynamics of Populations. Wageningen, The Netherlands: Center for Agricultural Publication and Documentation: 298-312.

Crawley M J, Long C R. 1995. Alternative bearing, predator satiation and seedling recruitment in *Quercus robur*. Journal of Ecology, 83: 683-696.

Dalling J W, Harms K E. 1999. Damage tolerance and cotyledonary resource use in the tropical tree *Gustavia superba*. Oikos, 85: 257-264.

Dally J M, Clayton N S, Emery N J. 2006. The behaviour and evolution of cache protection and pilferage. Animal Behaviour, 72: 13-23.

Daly M, Jacobs L F, Wilson M I, *et al.* 1992. Scatter hoarding by kangaroo rats (*Dipodomys merriami*) and pilferage from their caches. Behavioral Ecology, 3: 102-111.

Davidson D W, Morton S R. 1981. Myrmecochory in some plants (F. Chenopodiaceae) of the Australian arid zone. Oecologia, 50: 357-366.

Day D E, Mintz E M, Bartness T J. 1999. Diet self-selection and food hoarding after food deprivation by *Siberian hamsters*. Physiology & Behavior, 68: 187-194.

Dearing M D. 1997a. Effects of *Acomastylis rossii* tannins on a mammalian behavior, the north American pika, *Ochotona princeps*. Occologia, 109: 122-131.

Dearing M D. 1997b. The manipulation of plant toxins by a food hoarding herbivore, *Ochotona princeps*. Ecology, 78: 774-781.

Debussche M, Isenmann P. 1989. Fleshy fruit characters and the choices of bird and mammal seed dispersers in a Mediterranean region. Oikos, 56: 327-338.

DeGange A R, Fitzpatrick J W, Layne J N, *et al.* 1989. Acorn harvesting by Florida scrub jays. Ecology, 70:

348-356.

Demas G E, Bartness T J. 1999. Effects of food deprivation and metabolic fuel utilization on food hoarding by Jirds (*Meriones shawi*). Physiology & Behavior, 67(2): 243-248.

Didham R K, Kapos V, Ewers R M. 2012. Rethinking the conceptual foundations of habitat fragmentation research. Oikos, 121(2): 161-170.

Donatti C I, Guimaraes P R, Galetti M, *et al.* 2011. Analysis of a hyper-diverse seed dispersal network: modularity and underlying mechanisms. Ecology Letters, 14(8): 773-781.

Duncan R S, Chapman C A. 1999. Seed dispersal and potential forest succession in abandoned agriculture in tropical Africa. Ecological Applications, 9(3): 998-1008.

Dunne J A, Williams R J, Martinez N D. 2002. Network structure and biodiversity loss in food webs: robustness increases with connectance. Ecology Letters, 5(4): 558-567.

Edwards W, Gadek P. 2002. Multiple resprouting from diaspores and single cotyledons in the Australian tropical tree species *Idiospermum australiense*. Journal of Tropical Ecology, 18: 943-948.

Ekman J, Brodin A, Bylin A, *et al.* 1996. Selfish long-term benefits of hoarding in the Siberian jay. Behavioral Ecology, 7: 140-144.

Elliott L. 1978. Social behavior and foraging ecology of the eastern chipmunk (*Tamias striatus*) in the Adirondack Mountains. Smithsonian Contributions to Zoology, 265: 1-107.

Emery N J, Clayton N S. 2001. Effects of experience and social context on prospective caching strategies by scrub jays. Nature, 414: 443-446.

Eriksson O. 1999. Seed size variation and its effect on germination and seedling performance in the clonal herb *Convallaria majalis*. Acta Oecol, 20: 61-66.

Figueroa-Esquivel E, Puebla-Olivares F, Godínez-Álvarez H, *et al.* 2009. Seed dispersal effectiveness by understory birds on *Dendropanax arboreus* in a fragmented landscape. Biodiversity and Conservation, 18(13): 3357-3365.

Fleck D C, Woolfenden G E. 1997. Can acorn tannin predict scrub-jay caching behavior? Journal of Chemical Ecology, 23: 793-806.

Forget P M. 1990. Seed dispersal of *Vouacapoua Americana* (Caesalpiniaceae) by Caviomorph rodents in French Guiana. Journal of Tropical Ecology, 6: 459-468.

Forget P M. 1991. Scatter hoarding of *Astrocaryum paramaca* by *Proechimys* in French Guiana: comparison with *Myoprocta exilis*. Tropical Ecology, 32(2): 155-167.

Forget P M. 1992. Seed removal and seed fate in *Gustavia superba* (Lecythidaceae). Biotropica, 24: 408-414.

Forget P M. 1993. Post-dispersal predation and scatter hoarding of *Dipteryx panamensis* (Papilionaceae) seeds by rodents in Panama. Oecologia, 94: 255-261.

Forget P M, Milleron T. 1991. Evidence for secondary seed dispersal by rodents in Panama. Oecologia, 87: 596-599.

Forget P M, Milleron T, Feer F. 1998. Patterns in post-dispersal seed removal by neotropical rodents and seed fate in relation to seed size. *In*: Newbery D M, Prins H T, Brown N D. Dynamics of Tropical Communities. Oxford: Blackwell Science: 25-49.

Forget P M, Vander Wall S B. 2001. Scatter-hoarding rodents and marsupials: convergent evolution on diverging continents. Trends in Ecology & Evolution, 16: 65-67.

Fortuna M A, Bascompte J. 2006. Habitat loss and the structure of plant-animal mutualistic networks. Ecology Letters, 9(3): 281-286.

Fox J F. 1982. Adaptation of gray squirrel behavior to autumn germination by white oak acorns. Evolution, 36: 800-809.

Fox L R. 1988. Diffuse coevolution within complex communities. Ecology, 69(4): 906-907.

Fuentes M. 2000. Frugivory, seed dispersal and plant community ecology. Trends Ecol Evol, 15: 487-488.

Fukumoto H, Kajimura H. 2000. Effects of insect predation on hypocotyl survival and germination success of mature *Quercus variabilis* acorns. Journal of Forest Research, 5: 31-34.

Gautier-Hion A, Duplantier J M, Quris R, *et al.* 1985. Fruit characters as a basis of fruit choice and seed dispersal in a tropical forest vertebrate community. Oecologia, 65: 324-337.

Gerhardt F. 2005. Food pilfering in larder-hoarding red squirrels (*Tamiasciurus hudsonicus*). Journal of

Mammalogy, 86: 108-114.

Gleditsch J M, Carlo T A. 2011. Fruit quantity of invasive shrubs predicts the abundance of common native avian frugivores in central Pennsylvania. Diversity and Distributions, 17(2): 244-253.

Gonzalez E J. 1993. Effect of seed size on germination and seedling vigor of *Virola koschnyi* Warb. For Ecol Manage, 57: 275-281.

Gould-Beierle K L, Kamil A C. 1998. The use of landmarks in three species of food-storing corvids. Ethology, 104: 361-378.

Griffin J R. 1971. Oak regeneration in the Upper Carmel Valley California. Ecology, 52: 862-868.

Grubb P J, Metcalfe D J, Grubb E A A, *et al.* 1998. Nitrogen-richness and protection of seeds in Australian tropical rainforest: a test plant defence theory. Oikos, 82: 467-482.

Grubb T C, Pravosudov V V. 1994. Toward a general-theory of energy management in wintering birds. Journal of Avian Biology, 25: 255-260.

Gu H F, Zhao Q J, Zhang Z B. 2017. Does scatter-hoarding of seeds benefit cache owners or pilferers? Integrative Zoology, 12(6): 477-488.

Haddad N M, Brudvig L A, Clobert J, *et al.* 2015. Habitat fragmentation and its lasting impact on Earth's ecosystems. Science Advances, 1(2): e1500052.

Hadj-Chikh L Z, Steele M A, Smallwood P D. 1996. Caching decisions by grey squirrels: a test of the handing time and perishability hypotheses. Animal Behaviour, 52: 941-948.

Hallwachs W. 1986. Agoutis (*Dasyprocta punctata*): the inheritors of Guapinol (*Hymenaea aourbaril*: Leguminosae). *In*: Estrada A, Fleming T H. Frugivores and Seed Dispersal. Dordrecht: Dr. W. Junk Publishers: 285-304.

Hallwachs W. 1994. The clumsy dance between agoutis and plants: scatter hoarding by Costa Rican dry forest agoutis (*Dasyprocta punctata*: Dasyproctidae: Rodentia). Dissertation. Ithaca, New York: Cornell University.

Hammond D S, Brown V K. 1998. Disturbance, phenology and life-history characteristics: factors influencing frequency-dependent attack on tropical seeds and seedlings. *In*: Newbery D M, Brown N, Prins H H T. Dynamics of Tropical Communities. Oxford: Blackwell Science: 51-78.

Harms K E, Dalling J W. 1997. Damage and herbivory tolerance through resprouting as an advantage of large seed size in tropical trees and lianas. Journal of Tropical Ecology, 13: 617-621.

Harper J L. 1977. Population Biology of Plants. London: Academic Press.

Harper J L, Lovell P H, More K G. 1970. The shapes and sizes of seeds. Annual Review of Ecology and Systematics, 1: 327-356.

Hart E B. 1971. Food preferences of the cliff chipmunk, *Eutamias dorsalis*, in northern Utah. Great Basin Naturalist, 31: 182-188.

Heaney L R, Thorington R W. 1978. Ecology of neotropical red-tailed squirrels, sciurus-granatensis, in panama-canal-zone. Journal of Mammalogy, 59: 846-851.

Heinrich B, Pepper J W. 1998. Influence of competitors on caching behaviour in the common raven, *Corvus corax*. Animal Behaviour, 56: 1083-1090.

Henry O. 1999. Frugivory and the importance of seeds in the diet of the orange-rumped agouti (*Dasyprocta leporina*)in French Guiana. Journal of Tropical Ecology, 15(3): 291-300.

Herrera C M. 1985. Determinants of plant-animal coevolution: the case of mutualistic dispersal of seeds by vertebrates. Oikos, 44: 132-141.

Herrera C M. 2002. Seed dispersal by vertebrates. *In*: Herrera C M, Pellmyr O. Plant-Animal Interactions: An Evolutionary Approach. Oxford: Blackwell Science: 185-208.

Herrera C M, Jordano P, Guitian J, *et al.* 1998. Annual variability in seed production by woody plants and the masting concept: reassessment of principles and relationship to pollination and seed dispersal. American Naturalist, 152: 576-594.

Herrera C M, Jordano P, Lopezsoria L, *et al.* 1994. Recruitment of a mast-fruiting, bird-dispersed tree-bridging frugivore activity and seedling establishment. Ecological Monographs, 64: 315-344.

Hitchcock C L, Sherry D F. 1990. Long-term memory for cache sites in the black-capped chickadee. Animal Behaviour, 40: 701-712.

Hollander J L, Vander Wall S B. 2004. Effectiveness of six species of rodents as dispersers of single leaf pinon pine (*Pinus monophylla*). Oecologia, 138: 57-65.

Hollander J L, Vander Wall S B, Longland W S. 2012. Olfactory detection of caches containing wildland versus cultivated seeds by granivorous rodents. Western North American Naturalist, 72(3): 339-347.

Hoshizaki K, Humle P E. 2002. Mast seeding and predator-mediated indirect interactions in a forest community: evidence from post-dispersal fate of rodent-generated caches. *In*: Levey D, Silva W R, Galetti M. Seed Dispersal and Frugivory: Ecology, Evolution and Conservation. Wallingford: CABI Publishing: 227-239.

Howard W E, Cole R E. 1967. Olfaction in seed detection by deer mice. Journal of Mammalogy, 48: 147-150.

Howe H F, Smallwood J. 1982. Ecology of seed dispersal. Annual Review of Ecology and Systematics, 13: 201-228.

Huang Z, Wang Y, Zhang H, *et al*. 2011. Behavioural responses of sympatric rodents to complete pilferage. Animal Behaviour, 81: 831-836.

Hughes L, Westoby M. 1992. Fate of seeds adapted for dispersal by ants in Australian sclerophyll vegetation. Ecology, 73: 1285-1299.

Hulme P E. 1998. Post-dispersal seed predation: consequences for plant demography and evolution. Perspectives in Plant Ecology, Evolution and Systematics, 1: 32-46.

Hulme P E. 2002. Seed-eaters: seed dispersal, destruction and demography. *In*: Levey D, Silva W R, Galetii M. Seed Dispersal and Frugivory: Ecology, Evolution and Conservation. Wallingford: CABI Publishing: 257-273.

Hurly T A, Lourie S A. 1997. Scatter-hoarding and larder-hoarding by red squirrels: size, dispersion, and allocation of hoards. Journal of Mammalogy, 78: 529-537.

Hurly T A, Robertson R J. 1987. Scatter hoarding by territorial red squirrels: a test of the optimal density model. Canadian Journal of Zoology, 65: 1247-1252.

Imaizumi Y. 1979. Seed storing behavior of *Apodemus speciosus* and *Apodemus argentatus*. Zoological Magazine, 88: 43-49.

Jacobs L F. 1992a. The effect of handling time on the decision to cache by grey squirrels. Animal Behaviour, 43: 522-524.

Jacobs L F. 1992b. Memory for cache locations in Merriam's Kangaroo rats. Animal Behaviour, 43: 585-593.

Jacobs L F, Liman E R. 1991. Grey squirrels remember the locations of buried nuts. Animal Behaviour, 41: 103-110.

Jaeger R G. 1971. Moisture as a factor influencing distributions of 2 species of terrestrial salamanders. Oecologia, 6: 191-207.

Jansen P A. 2003. Scatter-hoarding and tree regeneration: ecology of nut dispersal in Neotropical rainforest. PhD thesis. Wageningen: Wageningen University.

Jansen P A, Bartholomeus M, Bongers F, *et al*. 2002. The role of seed size in dispersal by a scatter-hoarding rodent. *In*: Levey D, Silva W R, Galetti M. Seed Dispersal and Frugivory: Ecology, Evolution and Conservation. Wallingford: CABI Publishing: 209-225.

Jansen P A, Bongers F, Hemerik L. 2004. Seed mass and mast seeding enhance dispersal by a neotropical scatter-hoarding rodent. Ecological Monographs, 74: 569-589.

Jansen P A, Bongers F, Prins H H T. 2006. Tropical rodents change rapidly germinating seeds into long-term food supplies. Oikos, 113: 449-458.

Jansen P A, Forget P M. 2001. Scatter-hoarding rodents and tree regeneration. *In*: Bongers F, Charles-Dominique P, Forget P M, *et al*. Dynamics and Plant-Animal Interaction in a Neotropical Rainforest. Dordrecht: Kluwer Academic Publisher: 275-288.

Jansen P A, Hemerik L, Bongers F. 2004. Seed mass and mast seeding enhance dispersal by a neotropical scatter-hoarding rodent. Ecol Mon, 74: 569-589.

Janzen D H. 1969. Seed-eaters versus seed size, number, toxicity and dispersal. Evolution, 23: 1-27.

Janzen D H. 1970. Herbivores and the number of tree species in tropical forests. American Naturist, 104: 501-528.

Janzen D H. 1971. Seed predation by animals. Annual Review of Ecology and Systematics, 2: 465-492.

Janzen D H. 1976. Reduction of *Mucuna andreana* (Leguminosae) seedling fitness by artificial seed damage. Ecology, 57: 826-828.

Janzen D H. 1980. What is it coevolution? Evolution, 34: 611-612.

Jenkins S H, Breck S W. 1998. Differences in food hoarding among six species of Heteromyid rodents. Journal of Mammalogy, 79(4): 1221-1233.

Jenkins S H, Peters R A. 1992. Spatial patterns of food storage by Merriam's kangaroo rats. Behavioral Ecology, 3: 60-65.

Jenkins S H, Rothstein A, Green W C H. 1995. Food hoarding by Merriam's kangaroo rats: a test of alternative hypotheses. Ecology, 76: 2470-2481.

Jensen T S. 1985. Seed-seed predator interactions of European beech (*Fagus silvatica* L.) and forest rodents, *Clethrionomys glareolus* and *Apodemus flavicollis*. Oikos, 44: 149-156.

Jensen T S, Nielson O F. 1986. Rodents as seed dispersers in a heath-oak wood succession. Oecologia, 70: 214-221.

Jiang Z. 1988. Proximate factors affecting caching pattern of red squirrels. Proceedings and Abstracts to Prairie University Biological Seminars, 5: 20.

Johnson M, Vander Wall S B, Borchert M. 2003. A comparative analysis of seed and cone characteristics and seed-dispersal strategies of three pines in the subsection Sabinianae. Plant Ecology, 168: 69-84.

Johnson R L. 1983. Nuttall oak direct seedings still successful after 11 years. New Orleans: USDA, Forest service, Research Note SO-301, Southern Forest Experiment Station: 3.

Johnson R L, Krinard H E. 1987. Direct seeding of southern oaks–a progress report. Proceedings of 15th annual hardwood symposium, Hardwood Research Council, Memphis, TN: 10-16.

Johnson T K, Jorgensen C D. 1981. Ability of desert rodents to find buried seeds. Journal of Range Management, 34: 312-314.

Johnson W C, Adkisson C S. 1985. Dispersal of beechnuts by blue jays in fragmented landscapes. Am Midl Nat, 113: 319-324.

Jones E W. 1959. Biological flora of the British Isles, *Quercus* L. J Ecol, 47: 169-222.

Jordano P. 1987. Patterns of mutualistic interactions in pollination and seed dispersal: connectance, dependence asymmetries, and coevolution. American Naturalist, 129(5): 657-677.

Jordano P, Garcia C, Godoy J A, *et al.* 2007. Differential contribution of frugivores to complex seed dispersal patterns. Proceedings of the National Academy of Sciences of the United States of America, 104: 3278-3282.

Kamil A C, Balda R P. 1985. Cache recovery and spatial memory in Clark's nutcracker (*Nucifraga columbiana*). Journal of Experimental Psychology and Animal Behavior Process, 11: 95-111.

Kamil A C, Balda R P, Good S. 1999. Patterns of movement and orientation during caching and recovery by Clark's nutcrackers, *Nucifraga columbiana*. Animal Behaviour, 57: 1327-1335.

Kamil A C, Jones J E. 1997. The seed-storing corvid Clark's nutcracker learns geometric relationships among landmarks. Nature, 390: 276-279.

Kawamichi M. 1980. Food, food hoarding and seasonal changes of siberian chipmunks. Japanese Journal of Ecology, 30: 211-220.

Kelly D. 1994. The evolutionary ecology of mast seeding. Trends in Ecology and Evolution, 9(12): 466-470.

Kelly D, Hart D E, Allen R B. 2001. Evaluating the wind pollination benefits of mast seeding. Ecology, 82: 117-126.

Kelly D, Sork V L. 2002. Mast seeding in perennial plants: why, how, where? Annual Review of Ecology and Systematics, 33: 427-447.

Koenig W D, Mumme R L, Carmen W J. 1994. Acorn Production by oaks in central coastal California: variation within and among years. Ecology, 75: 99-109.

Kollmann J, Coomes D A, White S M. 1998. Consistencies in post-dispersal seed predation of temperate fleshy-fruited species among seasons, years and sites. Funct Ecol, 12: 683-690.

Kollmann J, Schill H P. 1996. Spatial patterns of dispersal, seed predation and germination during colonization of abandoned grassland by *Quercus petraea* and *Corylus avellana*. Vegetatio, 125: 193-205.

Kotler B P, Brown J S. 1988. Environmental heterogeneity and the coexistence of desert rodents. Annual Review of Ecology and Systematics, 19: 281-307.

Kraus B. 1983. A test of the optimal-density model for seed scatter hoarding. Ecology, 64: 608-610.

Krebs J. 1977. Optimal foraging-theory and experiment. Nature, 268: 583-584.

Kuhn K M, Vander Wall S B. 2008. Linking summer foraging to winter survival in yellow pine chipmunks (*Tamias amoenus*). Oecologia, 157(2): 349-360.

Lahti K, Koivula K, Rytkonen S, *et al.* 1998. Social influences on food caching in willow tits: a field experiment. Behavioral Ecology, 9: 122-129.

Lande R. 1987. Extinction thresholds in demographic models of territorial populations. American Naturalist, 624-635.

Landry-Cuerrier M, Munro D, Thomas D W, *et al.* 2008. Climate and resource determinants of fundamental and realized metabolic niches of hibernating chipmunks. Ecology, 89: 3306-3316.

Lanner R M, Hutchins H E, Lanner H A. 1984. Bristlecone pine and Clark's nutcracker: probable interaction in the White Mountains, California. Great Basin Nat, 44: 357-360.

Lanner R M, Vander Wall S B. 1980. Dispersal of limber pine seed by Clark's nutcracker. J Forest, 78: 637-639.

Larsen K W, Boutin S A. 1994. Movement, survival and settlement of red squirrel (*Tamiasciurus hudsonicus*) offspring. Ecology, 75: 214-223.

Leaver L A, Daly M. 2001. Food caching and differential cache pilferage: a field study of coexistence of sympatric kangaroo rats and pocket mice. Oecologia, 128: 577-584.

Lee T H. 2002. Feeding and hoarding behavior of the Eurasian squirrels *Sciurus vulgaris* during autumn in Hokkaido, Japan. Acta Theriologica, 47: 459-470.

Lees A C, Peres C A. 2009. Gap-crossing movements predict species occupancy in amazonian forest fragments. Oikos, 118: 280-290.

Leishman M R, Westoby M, Jurado E. 1995. Correlates of seed size variation: a comparison among five temperate floras. Journal of Ecology, 83: 517-530.

Leishman M R, Wright L J, Moles A T, *et al.* 2000. The evolutionary ecology of seed size. *In*: Fenner M. Seeds: The Ecology of Regeneration in Plant Communities. 2nd ed. Oxford: CABI: 31-75.

Leiva M J, Fernández-Alés R. 2005. Holm-oak (*Quercus ilex* subsp. *ballota*) acorns infestation by insects in Mediterranean dehesas and shrublands its effect on acorn germination and seedling emergence. Forest Ecology and Management, 212: 221-229.

Lens L, Adriaensen F, Dhondt A A. 1994. Age-related hoarding strategies in the crested tit *Parus cristatus*: should the cost of subordination be re-assessed? Journal of Ecology, 63: 749-755.

Levey D J, Benkman C W. 1999. Fruit-seed disperser interactions: timely insights from a long-term perspective. Trends Ecol Evol, 14: 41-44.

Levey D J, Bolker B M, Tewksbury J J, *et al.* 2005. Effects of landscape corridors on seed dispersal by birds. Science, 309: 146-148.

Lewinsohn T M, Inácio Prado P, Jordano P, *et al.* 2006. Structure in plant-animal interaction assemblages. Oikos, 113(1): 174-184.

Lewis A R. 1982. Selection of nuts by gray squirrels and optimal foraging theory. American Midland Naturalist, 107: 250-257.

Li H, Zhang Z. 2003. Effect of rodents on acorn dispersal and survival of the Liaodong oak (*Quercus liaotungensis* Koidz.). Forest Ecology and Management, 176: 387-396.

Li H, Zhang Z. 2007. Effects of mast seeding and rodent abundance on seed predation and dispersal by rodents in *Prunus armeniaca* (Rosaceae). For Ecol Manage, 242: 511-517.

Lockard R B, Lockard J S. 1971. Seed preference and buried seed retrieval of *Dipodomys deserti*. Journal of Mammalogy, 52: 219-221.

Lockner F R. 1972. Experimental study of food hoarding in the red-tailed chipmunk (*Eutamias ruficaudus*). Zeitschrift für Tierpsychologie, 31: 410-418.

LoGiudice K, Ostfeld R S. 2002. Interactions between mammals and trees: predation on mammal-dispersed seeds and the effect of ambient food. Oecologia, 130: 420-425.

Longland W S, Clements C. 1995. Use of fluorescent of pigments in studies of seed caching by rodents. Journal of Mammalogy, 76: 1260-1266.

Lu J, Zhang Z. 2004a. Effects of habitat and season on removal and hoarding of seeds of wild apricot (*Prunus armeniaca*) by small rodents. Acta Oecologica, 26(3): 247-254.

Lu J, Zhang Z. 2004b. Seed-hoarding behavior of wild apricot and Liaodong oak by small rodents. Acta Theriol Sinica, 24: 132-138.

Lu J, Zhang Z. 2005a. Food hoarding behavior of David's rock squirrel *Sciurotamias davidianus*. Acta Zoologica Sinica, 51(2): 376-382.

Lu J, Zhang Z. 2005b. Effects of high and low shrubs on acorn hoarding and dispersal of Liaodong oak *Quercus liaotungensis* by small rodents. Acta Zoologica Sinica, 51: 195-204.

Lu J, Zhang Z. 2005c. Food hoarding behavior of large field mouse *Apodemus peninsulae*. Acta Theriol, 50(1): 51-58.

Lucas J R, Walter L R. 1991. When should chickadees hoard food-theory and experimental results. Animal Behaviour, 41: 579-601.

MacDonald D W. 1976. Food caching by red foxes and some other carnivores. Zeitschrift für Tierpsychologie, 42(2): 170-185.

MacDonald I M V. 1997. Field experiments on duration and precision of grey and red squirrel spatial memory. Animal Behaviour, 54: 879-891.

Mack A L. 1998. An advantage of large seed size: tolerating rather than succumbing to seed predators. Biotropica, 30: 604-608.

Mappes T. 1998. High population density in bank voles stimulates food hoarding after breeding. Animal Behaviour, 55: 1483-1487.

Martin P R, Martin T E. 2001. Ecological and fitness consequences of species coexistence: a removal experiment with wood warblers. Ecology, 82: 189-206.

McAdoo J K, Evans C C, Roundy B A, *et al*. 1983. Influence of heteromyid rodents on *Oryzopis hymenoides* germination. J Range Manage, 36: 61-64.

McAuliffe J R. 1990. Paloverdes, pocket mice, and bruchid beetles: interrelationships of seeds, dispersers, and seed predators. Southwest Naturalist, 35: 329-337.

McNamara J M, Houston A I, Krebs J R. 1990. Why hoard? The economics of food storing in tits, *Parus* spp. Behavioral Ecology, 1: 12 23.

McQuade D B, William E H, Eichenbaum H B. 1986. Clues used for localizing food by the gray squirrel (*Sciurus carolinensis*). Ethology, 72: 22-30.

Memmott J, Waser N M, Price M V. 2004. Tolerance of pollination networks to species extinctions. Proceedings of the Royal Society of London. Series B: Biological Sciences, 271(1557): 2605-2611.

Mendoza E, Dirzo R. 2009. Seed tolerance to predation: evidence from the toxic seeds of the buckeye tree (*Aesculus californica*; Sapindaceae). American Journal of Botany, 96: 1255-1261.

Michaels H J, Benner B, Hartgerink A P, *et al*. 1988. Seed size variation: magnitude, distribution, and ecological correlates. Evol Ecol, 2: 157-166.

Moles A T, Warton D, Westoby M. 2003. Do small-seeded species have higher survival through seed predation than large-seeded species? Ecology, 84: 3148-3161.

Montiel S, Montana C. 2000. Vertebrate frugivory and seed dispersal of a Chihuahuan Desert cactus. Plant Ecology, 146(2): 219-227.

Moore J E, McEuen A B, Swihart R K, *et al*. 2007. Determinants of seed-removal distance by scatter-hoarding rodents in deciduous forests. Ecology, 88: 2529-2540.

Moreno E, Carrascal L M. 1995. Hoarding Nuthatches spend more time hiding a husked seed than an unhusked seed. Ardea, 83: 391-395.

Mougi A, Kondoh M. 2012. Diversity of interaction types and ecological community stability. Science, 337(6092): 349-351.

Murray A L, Barber A M, Jenkins S H, *et al*. 2006. Competitive environment affects food-hoarding behavior of Merriam's kangaroo rats (*Dipodomys merriami*). Journal of Mammalogy, 87(3): 571-578.

Nathan R, Muller-Landan H C. 2000. Spatial patterns of seed dispersal, their determinants and consequences for recruitment. Trends in Ecology & Evolution, 15: 278-285.

Nilsson S G. 1985. Ecological and evolutionary interaction between reproduction of beech *Fagus silvatica* and seed eating animals. Oikos, 44: 157-164.

Nolte R R, Barnett J P. 2000. A repellent to reduce mice predation of longleaf pine seed. Internation Biodeterioration and Biodegradation, 45: 169-174.

Ollerton J, Johnson S D, Cranmer L, et al. 2003. The pollination ecology of an assemblage of grassland asclepiads in South Africa. Annals of Botany, 92(6): 807-834.

Ortiz-Pulido R, Albores-Barajas Y V, Díaz S A. 2007. Fruit removal efficiency and success: influence of crop size in a neotropical treelet. Plant Ecology, 189(1): 147-154.

Paz H, Martlnez-Ramos M. 2003. Seed mass and seedling performance within eight species of *Psychotria* (Rubiaceae). Ecology, 84: 439-450.

Perea R, Miguel A S, Gil L. 2011. Leftovers in seed dispersal: ecological implications of partial seed consumption for oak regeneration. Journal of Ecology, 99: 194-201.

Perez H E, Shiels A B, Zaleski H M, et al. 2008. Germination after simulated rat damage in seeds of two endemic Hawaiian palm species. Journal of Tropical Ecology, 24: 555-558.

Plucinski K E, Hunter Jr M L. 2001. Spatial and temporal patterns of seed predation on three tree species in an oak-pine forest. Ecography, 24: 309-317.

Pravosudov V V. 2003. Long-term moderate elevation of corticosterone facilitates avian food-caching behaviour and enhances spatial memory. Proceedings of the Royal Society B: Biological Sciences, 270: 2599-2604.

Pravosudov V V, Grubb T C. 1997. Energy management in passerine birds during the nonbreeding season–a review. Current Ornithology, 14: 189-234.

Preston S D, Jacobs L F. 2001. Con-specific pilferage but not presence affects Merriam's kangaroo rat cache strategy. Behavioral Ecology, 12: 517-523.

Price M V. 1978. Role of microhabitat in structuring desert rodent communities. Ecology, 59(5): 910-921.

Price M V, Jenkins S H. 1986. Rodents as seeds consumers and dispersers. *In*: Murray D R. Seed Dispersal. Sydney: Academic Press: 191-235.

Price M V, Mittler J E. 2003. Seed-cache exchange promotes coexistence and coupled consumer oscillations: a model of desert rodents as resource processors. Journal of Theoretical Biology, 223: 215-231.

Price M V, Mittler J E. 2006. Cachers, scavengers, and thieves: a novel mechanism for desert rodent coexistence. American Naturalist, 168: 194-206.

Price M V, Waser N M, McDonald S. 2000. Seed caching by heteromyid rodents from two communities: implications for coexistence. Journal of Mammalogy, 81: 97-106.

Purves D, Pacala S. 2008. Predictive models of forest dynamics. Science, 320(5882): 1452-1453.

Pyare S, Kent J A, Noxon D L, et al. 1993. Acorn preference and habitat use in eastern chipmunks. Am Midl Nat, 130: 173-183.

Pyare S, Longland W S. 2000. Seedling-aided cache detection by heteromyid rodents. Oecologia, 122: 66-71.

Reichman C J, Rebar C. 1985. Seed preferences by desert rodents based on levels of mouldiness. Animal Behavior, 33: 726-729.

Reichman O J, Oberstein D. 1977. Selection of seed distribution types by *Dipodomys merriami* and *Perognathus amplus*. Ecology, 58: 636-643.

Rice-Oxley S B. 1993. Caching behavior of red squirrels *Sciurus vulgaris* under conditions of high food availability. Mammal Review, 23: 93-100.

Russell S K, Schupp E W. 1998. Effects of microhabitat patchiness on patterns of seed dispersal and seed predation of *Cercocarpus ledifolius* (Rosaceae). Oikos, 81: 434-443.

Sallabanks R, Courtney S P. 1992. Frugivory, seed predation, and insect-vertebrate interactions. Ann Rev Entomol, 37: 377-400.

Sanchez J C, Reichman O J. 1987. The effects of conspecifics on caching behavior of *Peromyscus leucopus*. Journal of Mammalogy, 68: 695-697.

Santamaría L, Rodríguez-Gironés M A. 2007. Linkage rules for plant-pollinator networks: trait complementarity or exploitation barriers? PLoS Biology, 5(2): e31.

Schoener T W, Spiller D A. 1987. Effect of lizards on spider populations: manipulative reconstruction of a natural experiment. Science, 236(4804): 949-952.

Seiwa K, Kikuzawa K. 1996. Importance of seed size for the establishment of seedlings of five deciduous broad-leaved tree species. Vegetatio, 123(1): 51-64.

Seiwa K, Watanabe A, Saitoh T, *et al*. 2002. Effects of burying depth and seed size on seedling establishment of Japanese chestnuts, *Castanea crenata*. Forest Ecol Manage, 164: 149-156.

Selas V. 1997. Cyclic population fluctuations of herbivores as an effect of cyclic seed cropping of plants: the mast depression hypothesis. Oikos, 80: 257-268.

Selas V. 1998. Mast seeding and Microtine cycles: reply. Oikos, 82: 595-596.

Semel B, Andersen D C. 1988. Vulnerability of acorn weevils (Coleoptera: Curculionidae) and attractiveness of weevils and infested *Quercus alba* acorns to *Peromyscus leucopus* and *Blarina brevicauda*. Am Midl Nat, 119: 385-393.

Shaw M V. 1968. Factors affecting the natural regeneration of sessile oak (*Quercus petraea*) in North Wales. II. Acorns losses and germination under field conditions. Journal of Ecology, 56: 647-660.

Sherry D F, Jacobs L F, Gaulin S J C. 1992. Spatial memory and adaptive specialization of the hippocampus. Trends in Neurosciences, 15: 198-303.

Shimada T. 2001. Hoarding behaviors of two wood mouse species: different preference for acorns of two Fagaceae species. Ecological Research, 16: 127-133.

Shimada T, Saitoh T. 2006. Re-evaluation of the relationship between rodent populations and acorn masting: a review from the aspect of nutrients and defensive chemicals in acorns. Population Ecology, 48: 341-352.

Silvertown J W. 1981. The evolutionary Ecology of mast seeding in trees. Biol J Linn Soc, 14: 235-250.

Simpson R L, Leck M A, Parker V T. 1989. Seed banks: general concepts and methodological issues. *In*: Leck M A, Parker V T, Simpson R L. Ecology of Soil Seed Banks. New York: Academic Press: 308.

Skopec M M, Hagerman A E, Karasov W H. 2004. Do salivary proline-rich proteins counteract dietary hydrolyzable tannin in laboratory rats? Journal of Chemical Ecology, 30: 1679-1692.

Smallwood P D, Peters W D. 1986. Grey squirrel food preferences: the effect of tannin and fat concentration. Ecology, 67: 168-174.

Smallwood P D, Steele M A, Faeth S H. 2001. The ultimate basis of the caching preferences of rodents, and the oak-dispersal syndrome: tannins, insects, and seed germination. American Zoologist, 41: 840-851.

Smith A C, Fahrig L, Francis C M. 2011. Landscape size affects the relative importance of habitat amount, habitat fragmentation, and matrix quality on forest birds. Ecography, 34(1): 103-113.

Smith C C, Hamrick J L, Kramer C L. 1990. The advantage of mast years for wind pollination. American Naturalist, 136: 154-166.

Smith C C, Reichman O J. 1984. The evolution of food caching by birds and mammals. Annual Review of Ecology and Systematics, 15: 329-351.

Sork V L. 1983. Mammalian seed dispersal of pignut hickory during three fruiting seasons. Ecology, 64: 1049-1056.

Sork V L. 1984. Examination of seed dispersal and survival in red oak, *Quercus rubra* (Fagaceae), using metal-tagged acorns. Ecology, 65(3): 1020-1022.

Sork V L, Bramble J, Sexton O. 1993. Ecology of mast-fruiting in three species of North American deciduous oaks. Ecology, 74(2): 528-541.

Spencer D A. 1954. Rodents and direct seeding. J Forestry, 52: 824-826.

Spotswood E N, Meyer J Y, Bartolome J W. 2012. An invasive tree alters the structure of seed dispersal networks between birds and plants in French Polynesia. Journal of Biogeography, 39: 2007-2020.

Stafford B L, Balda R P, Kamil A C. 2006. Does seed-caching experience affect spatial memory performance by Pinyon Jays? Ethology, 112: 1202-1208.

Stapanian M A. 1986. Seed dispersal by birds and squirrels in the deciduous forests of the United States. *In*: Estrada A, Fleming T H. Frugivores and Seed Dispersal. Dordrecht: Dr. W. Junk Publishers: 225-236.

Stapanian M A, Smith C C. 1978. A model for scatter hoarding: coevolution of fox squirrels and black walnuts. Ecology, 59: 884-896.

Stapanian M A, Smith C C. 1984. Density-dependent survival of scatter-hoarded nuts: an experimental approach. Ecology, 65: 1387-1396.

Stapanian M A, Smith C C. 1986. How fox squirrels influence the invasion of prairies by nut-bearing trees. Journal of Mammalogy, 67(2): 326-332.

Steele M A, Hadj-Chikh L Z, Hazeltine J. 1996. Caching and feeding decisions by *Sciurus carolinensis*: responses to weevil-infested acorns. Journal of Mammalogy, 77: 305-314.

Steele M A, Knowles T, Bridle K, *et al.* 1993. Tannins and partial consumption of acorns: implication for dispersal of oaks by seed predators. Am Midl Nat, 130: 229-238.

Steele M A, Manierre S, Genna T, *et al.* 2006. The innate basis of food-hoarding decisions in grey squirrels: evidence for behavioural adaptations to the oaks. Animal Behaviour, 71: 155-160.

Steele M A, Smallwood P D, Spunar A, *et al.* 2001a. The proximate basis of the oak dispersal syndrome: detection of seed dormancy by rodents. American Zoologist, 41: 852-864.

Steele M A, Turner G, Smallwood P D, *et al.* 2001b. Cache management by small mammals: experimental evidence for the significance of acorn embryo excision. Journal of Mammalogy, 82: 35-42.

Stiles E W, Dobi E T. 1987. Scatter hoarding of horse chestnuts by eastern gray squirrels. Bull N J Acad Sci, 32: 1-3.

Stone E R, Baker M C. 1989. The effects of conspecifics on food caching by black-capped chickadees. Condor, 91: 886-890.

Strauss S Y, Agrawal A A. 1999. The ecology and evolution of plant tolerance to herbivory. Trends in Ecology & Evolution, 14(5): 179-185.

Suhonen J, Alatalo R V. 1991. Hoarding sites in mixed flocks of willow and crested tits. Ornis Scandinavica, 22: 88-93.

Tamura N, Hashimoto Y, Hayashi F. 1999. Optimal distances for squirrels to transport and hoard walnuts. Animal Behaviour, 58(3): 635-642.

Tewksbury J J, Nabhan G P. 2001. Directed deterrence by capsaicin in chilies. Nature, 412: 403-404.

Thayer T C, Vander Wall S B. 2005. Interactions between Steller's jays and yellow pine chipmunks over scatter-hoarded sugar pine seeds. Journal of Animal Ecology, 74: 365-374.

Theimer T C. 2001. Seed scatter hoarding by white-tailed rats: consequences for seedling recruitment by an Australian rain forest tree. Journal of Tropical Ecology, 17(2): 177-189.

Theimer T C. 2003. Intraspecific variation in seed size affects scatter-hoarding behavior of an Australian tropical rain-forest rodent. Journal of Tropical Ecology, 19: 95-98.

Thompson D C, Thompson P S. 1980. Food habits and caching behavior of urban grey squirrels. Canadian Journal of Zoology, 58: 701-710.

Thompson J N. 1999. The raw material for coevolution. Oikos, 84: 5-16.

Thompson J N. 2005. The Geographic Mosaic of Coevolution. Chicago: University of Chicago Press.

Thompson K, Band S R, Hodgson J G. 1993. Seed size and shape predict persistence in soil. Functional Ecology, 7: 236-241.

Tomback D F. 1982. Dispersal of whitebark pine seeds by clark nutcracker—a mutualism hypothesis. Journal of Animal Ecology, 51: 451-467.

Tomback D F. 1983. Foraging strategies of Clark's nutcrackers. Living Bird, 16: 123-161.

Tscharntke T, Steffan-Dewenter I, Kruess A, *et al.* 2002. Contribution of small habitat fragments to conservation of insect communities of grassland-cropland landscapes. Ecological Applications, 12(2): 354-363.

Vallejo-Marín M, Dominguez C A, Dirzo R. 2006. Simulated seed predation reveals a variety of germination responses of neotropical rain forest species. American Journal of Botany, 93(3): 369-376.

Vander Wall S B. 1982. An experimental analysis of cache recovery in Clark's nutcracker. Animal Behaviour, 30: 84-94.

Vander Wall S B. 1988. Foraging of Clark's nutcrackers on rapidly changing pine seed resources. Condor, 90: 621-631.

Vander Wall S B. 1990. Food Hoarding in Animals. Chicago: University of Chicago Press.

Vander Wall S B. 1991. Mechanism of cache recovery by yellow pine chipmunks. Animal Behaviour, 41:

851-863.

Vander Wall S B. 1992a. The role of animal in dispersing a "wind-dispersed" pine. Ecology, 73: 614-621.

Vander Wall S B. 1992b. Establishment of Jeffrey pine seedlings from animal caches. West J Appl For, 7: 14-20.

Vander Wall S B. 1993a. Seed water content and the vulnerability of buried seed to foraging rodents. American Midland Naturalist, 129: 272-281.

Vander Wall S B. 1993b. Cache site selection by chipmunk (*Tamias* spp.) and its influence on the effectiveness of seed dispersal in Jeffrey pine (*Pinus jeffreiy*). Oecology, 96: 246-252.

Vander Wall S B. 1993c. A model of caching depth: implications for scatter hoarders and plant dispersal. American Naturalist, 141: 217-232.

Vander Wall S B. 1994. Seed fate pathways of antelope bitterbrush-dispersal by seed-caching yellow pine chipmunks. Ecology, 75: 1911-1926.

Vander Wall S B. 1995a. The effects of seed value on the caching behavior of yellow pine chipmunks. Oikos, 74: 533-537.

Vander Wall S B. 1995b. Sequential patterns of scatter hoarding by yellow pine chipmunks (*Tamias amoenus*). American Midland Naturalist, 133: 312-321.

Vander Wall S B. 1995c. Dynamics of yellow pine chipmunk (*Tamias amoenus*) seed caches: underground traffic in bitterbrush seeds. Écoscience, 2: 261-266.

Vander Wall S B. 1997. Dispersal of single leaf pinon pine (*Pinus monophylla*) by seed-caching rodents. Journal of Mammalogy, 78(1): 181-191.

Vander Wall S B. 1998. Foraging success of granivorous rodents: effects of variation in seed and soil water on olfaction. Ecology, 79(1): 233-241.

Vander Wall S B. 2000. The influence of environmental conditions on cache recovery and cache pilferage by yellow pine chipmunks (*Tamias amoenus*) and deer mice (*Peromyscus maniculatus*). Behavioral Ecology, 11(5): 544-549.

Vander Wall S B. 2001. The evolutionary ecology of nut dispersal. Botanical Review, 67: 74-117.

Vander Wall S B. 2002a. Secondary dispersal of Jeffrey pine seeds by rodent scatter hoarders: the roles of pilfering, recaching, and a variable environment. *In*: Levey D, Silva W R, Galetti M. Seed Dispersal and Frugivory: Ecology, Evolution and Conservation. Wallingford: CABI: 193-208.

Vander Wall S B. 2002b. Masting in animal-dispersed pines facilitates seed dispersal. Ecology, 83: 3508-3516.

Vander Wall S B. 2003. Effects of seed size of wind-dispersed pines (*Pinus*) on secondary seed dispersal and the caching behavior of rodents. Oikos, 100: 25-34.

Vander Wall S B. 2008. On the relative contributions of wind vs. animals to seed dispersal of four Sierra Nevada pines. Ecology, 89: 1837-1849.

Vander Wall S B. 2010. How plants manipulate the scatter-hoarding behaviour of seed-dispersing animals. Philosophical Transactions of the Royal Society of London, Series B: Biological Sciences, 365: 989-997.

Vander Wall S B, Balda R P. 1981. Ecology and evolution of food-storage behavior in conifer-seed-caching corvids. Zeitschrift für Tierpsycholgie, 56: 217-242.

Vander Wall S B, Balda R P. 1977. Coadaptation of the Clark's nutcracker and the pinon pine for efficient seed harvest and dispersal. Ecological Monographs, 47: 89-111.

Vander Wall S B, Beck M J. 2012. A comparison of frugivory and scatter-hoarding seed-dispersal syndromes. Botanical Review, 78: 10-31.

Vander Wall S B, Beck M J, Briggs J S, *et al*. 2003. Interspecific variation in the olfactory abilities of granivorous rodents. Journal of Mammalogy, 84: 487-496.

Vander Wall S B, Enders M S, Barga S, *et al*. 2012. Jeffrey pine seed dispersal in the Sierra San Pedro Mártir, Baja California, Mexico. Western North American Naturalist, 72(4): 534-542.

Vander Wall S B, Enders M S, Waitman B A. 2009. Asymmetrical cache pilfering between yellow pine chipmunks and golden-mantled ground squirrels. Animal Behaviour, 78: 555-561.

Vander Wall S B, Hutchins H E. 1983. Dependence of Clark's nutcracker, *Nucifraga columbiana*, on conifer seeds during the post fledgling period. Canadian Field-Naturalist, 97: 208-214.

Vander Wall S B, Jenkins S H. 2003. Reciprocal pilferage and the evolution of food-hoarding behavior. Behavioral Ecology, 14(5): 656-667.

Vander Wall S B, Joyner J W. 1998. Recaching of Jeffrey pine (*Pinus jeffreyi*) seeds by yellow pine chipmunks (*Tamias amoenus*): potential effects on plant reproductive success. Canadian Journal of Zoology, 76: 154-162.

Vander Wall S B, Peterson E. 1996. Associative learning and the use of cache markers by yellow pine chipmunks (*Tamias amoenus*). Southwestern Naturalist, 41: 88-90.

Vander Wall S B, Thayer T C, Hodge J S, *et al.* 2001. Scatter-hoarding behavior of deer mice (*Peromyscus maniculatus*). Western North American Naturalist, 61(1): 109-113.

Vaughton G, Ramsey M. 1998. Sources and consequences of seed mass variation in *Banksia marginata* (Proteaceae). J Ecol, 86: 563-573.

Vázquez D P, Aizen M A. 2004. Asymmetric specialization: a pervasive feature of plant-pollinator interactions. Ecology, 85(5): 1251-1257.

Vogel W G. 1987. A manual for training reclamation inspectors in the fundamentals of soil and regeneration. Berea: USDA, Northeastern Forest Experiment Station.

Waite T A. 1988. A field-test of density-dependent survival of simulated gray jay caches. Condor, 90: 247-249.

Waite T A, Reeve J D. 1995. Source-use decisions by hoarding gray jays-effects of local cache density and food value. Journal of Avian Biology, 26: 59-66.

Watkinson A R. 1978. The demography of a sand dune annual: *Vulpia fasciculata*. III. The dispersal of seeds. J Ecol, 66: 483-498.

Watt A S. 1923. On the ecology of British beechwoods with special reference to their regeneration. J Ecol, 7: 1-48.

Weller S G. 1985. Establishment of *Lithospermum caroliniense* on sand dunes: the role of nutlet mass. Ecology, 66: 1893-1901.

Wenny D G. 1999. Two-stage dispersal of *Guarea glabra* and *G. kunthiana* (Meliaceae) in Monteverde, Costa Rica. Journal of Tropical Ecology, 15: 481-496.

Wenny D G, Levey D J. 1998. Directed seed dispersal by bellbirds in a tropical cloud forest. Proc Natl Acad Sci USA, 95: 6204-6207.

West N E. 1968. Rodent influenced establishment of ponderosa pine and bitterbrush seedlings in central Oregon. Ecology, 49: 1009-1011.

Westoby M, Jurado E, Leishman M. 1992. Comparative evolutionary ecology of seed size. Trends Ecol Evol, 7: 368-372.

Westoby M, Leishman M, Lord J. 1996. Comparative ecology of seed size and dispersal. Philosophical Transactions of the Royal Society B: Biological Sciences, 351: 1309-1318.

Wheelwright N T. 1991. Frugivory and seed dispersal: 'La coevolución ha muerto—!viva la coevolución!' Trends Ecol Evol, 6: 312-313.

Wilcove D S, McLellan C H, Dobson A P. 1986. Habitat fragmentation in the temperate zone. Conservation Biology, 6: 237-256.

Willson M F. 1992. The ecology of seed dispersal. *In*: Fenner M. Seeds: The Ecology of Regeneration in Plant Communities. Wallinford: CABI: 61-86.

Winterrowd M F, Weigl P D. 2006. Mechanisms of cache retrieval in the group nesting Southern flying squirrel (*Glaucomys volans*). Ethology, 112: 1136-1144.

With K A, King A W. 1999. Extinction thresholds for species in fractal landscapes. Conservation Biology, 13(2): 314-326.

Wong R, Jones C H. 1985. A comparative analysis of feeding and hoarding in hamsters and gerbils. Behaviour Processes, 11: 301-308.

Wood A D, Bartness T J. 1996. Food deprivation-induced increases in hoarding by *Siberian hamsters* are not photoperiod-dependent. Physiology & Behavior, 60(4): 1137-1145.

Wulff R D. 1986. Seed size variation in *Desmodium paniculatum*. II. Effects on seedling growth physiological performance. J Ecol, 74: 99-114.

Xiao Z, Chang G, Zhang Z. 2008. Testing the high-tannin hypothesis with scatter-hoarding rodents: experimental and field evidence. Animal Behaviour, 75(4): 1235-1241.

Xiao Z, Jansen P A, Zhang Z. 2006a. Using seed-tagging methods for assessing post-dispersal seed fate in rodent-dispersed trees. Forest Ecology and Management, 223(1-3): 18-23.

Xiao Z, Wang Y, Zhang Z. 2006b. Spatial and temporal variation of seed Predation and removal of sympatric large-seeded species in relation to innate seed traits in a subtropical forest, Southwest China. For Ecol Manage, 222: 46-54.

Xiao Z, Zhang Z. 2006. Nut predation and dispersal of Harland Tanoak *Lithocarpus harlandii* by scatter-hoarding rodents. Acta Oecologica, 29(6): 205-213.

Xiao Z, Zhang Z, Krebs C J. 2013. Long-term seed survival and dispersal dynamics in a rodent-dispersed tree: testing the predator satiation hypothesis and the predator dispersal hypothesis. J Ecol, 101(5): 1256-1264.

Xiao Z, Zhang Z, Wang Y, *et al.* 2004b. Acorn predation and removal of *Quercus serrata* in a shrubland in Dujiangyan Region, China. Acta Zoologica Sinica, 50: 535-540.

Xiao Z, Zhang Z, Wang Y. 2003. Observations on tree seed selection and caching by Edward's Long-Tailed Rat (*Leopoldamys edwardsi*). Acta Theriologica Sinica, 23(3): 208-213.

Xiao Z, Zhang Z, Wang Y. 2004a. Dispersal and germination of big and small nuts of *Quercus serrata* in a subtropical broad-leaved evergreen forest. Forest Ecology and Management, 195(1-2): 141-150.

Xiao Z, Zhang Z, Wang Y. 2005a. The effects of seed abundance on seed predation and dispersal by rodents in *Castanopsis fargesii* (Fagaceae). Plant Ecology, 177(2): 249-257.

Xiao Z, Zhang Z, Wang Y. 2005b. Effects of seed size on dispersal distance in five rodent-dispersed fagaceous species. Acta Oecologica, 28(3): 221-229.

Yahner R H. 1975. The adaptive significance of scatter hoarding in the eastern chipmunk. Ohio Journal of Science, 75(4): 176-177.

Yan C, Zhang Z. 2014. Specific non-monotonous interactions increase persistence of ecological networks. Proceedings of the Royal Society B: Biological Sciences, 281(1779): 20132797.

Yanful M, Maun M A. 1996. Effects of burial of seeds and seedlings from different seed sizes on the emergence and growth of *Strophostyles helvola*. Can J Bot, 74: 1322-1330.

Yang Y Q, Yi X F, Yu F. 2012. Repeated radicle pruning of *Quercus mongolica* acorns as a cache management tactic of *Siberian chipmunks*. Acta Ethologica, 15: 9-14.

Yi X, Yang Y, Zhang Z. 2010. Intra- and inter-specific effects of mast seeding on seed fates of two sympatric corylus species. Plant Ecology, 212: 785-793.

Yi X, Zhang Z. 2008. Influence of insect-infested cotyledons on early growth of *Mongolian oak, Quercus mongolica*. Photosynthetica, 46: 139-142.

Yi X, Wang Z, Zhang H, *et al.* 2016. Weak olfaction increases seed scatter-hoarding by *Siberian chipmunks*: implication in shaping plant-animal interactions. Oikos, 125: 1712-1718.

Yang X, Yan C, Zhao Q, *et al.* 2018. Ecological succession drives the structural change of seed-rodent interaction networks in fragmented forests. Forest Ecology and Management, 419-420: 42-50.

Zamora R. 2000. Functional equivalence in plant-animal interactions: ecological and evolutionary consequences. Oikos, 88: 442-447.

Zhang H, Zhang Z. 2006. Effects of soil depth, cache spacing and cache size of sunflower (*Helianthus annuus*) seeds on seed discovery by Siberian chipmunk (*Tamias sibiricus senescens*). Acta Theriologica Sinica, 26: 398-402.

Zhang H, Zhang Z. 2008a. Endocarp thickness affects seed removal speed by small rodents in a warm-temperate broad-leafed deciduous forest, China. Acta Oecologica-International Journal of Ecology, 34: 285-293.

Zhang H, Chen Y, Zhang Z. 2008b. Differences of dispersal fitness of large and small acorns of Liaodong oak (*Quercus liaotungensis*) before and after seed caching by small rodents in a warm temperate forest, China. For Ecol and Manage, 255(3-4): 1243-1250.

Zhang H, Luo Y, Steele M A, *et al.* 2013. Rodent-favored cache sites do not favor seedling establishment of shade-intolerant wild apricot (*Prunus armeniaca* Linn.) in northern china. Plant Ecology, 214: 531-543.

Zhang Z B. 2001. Effects of burial and environmental factors on seedling recruitment of *Quercus liaotungensis* Koidz. Acta Ecologica Sinica, 21: 374-384.

Zhang Z B. 2003. Mutualism or cooperation among competitors promotes coexistence and competitive ability. Ecological Modelling, 164: 271-282.

Zhang Z B, Wang F S. 2001a. Effect of burial on acorn survival and seedling recruitment of Liaodong oak (*Quercus liaotungensis*) under rodent predation. Acta Theriol Sinica, 21: 35-43.

Zhang Z B, Wang F S. 2001b. Effect of rodents on seed dispersal and survival of wild apricot (*Prunus armeniaca*). Acta Ecol Sinica, 21: 839-845.

Zhang Z B, Xiao Z S, Li H J. 2005. Impact of small rodents on tree seeds in temperate and subtropical forests. *In*: Forget P M, Lamber T J E, Hulme P E, *et al*. Seed Fate: Predation, Dispersal and Seedling Establishment. Wallingford: CABI Publishing: 269-282.

Zhang Z, Wang Z, Chang G, *et al*. 2016. Trade-off between seed defensive traits and impacts on interaction patterns between seeds and rodents in forest ecosystems. Plant Ecology, 217: 253-265.

# 第三章　森林鼠类与植物种子相互关系研究方法

本章主要介绍国内外森林鼠类与植物种子相互关系的研究方法，以及我们研究过程中改进和提出的种子标签法、红外相机-种子标签法、鼠类-网络参数测定方法。为了便于各地区研究的比较，我们制定了鼠类与种子关系研究的标准。

## 第一节　鼠类分散贮食行为研究方法

鼠类对种子的分散贮食行为是生态学研究的热点问题。对此类行为具体过程以及适合度等问题的研究需要在自然条件下对分散贮藏各个阶段中贮藏物种子的命运和贮藏者鼠类的行为进行细致的追踪与量化。为达到这一目的，目前研究者主要采用了以下研究方法。

## 一、种子的标记与追踪

确定被贮藏种子的命运是贮食行为研究的核心问题。种子命运是理解作为种子扩散者的鼠类在森林动态中地位的基础，是鼠类贮食行为适合度收益的评判标准，也是植物种子扩散和种群更新适合度收益的评判标准。对种子命运的研究使我们可以充分理解种子扩散的生态学和进化学意义，以及动植物间协同进化的相互作用（Xiao et al.，2006）。任何关于分散贮藏的定量化研究都离不开对种子的标记与追踪。自然界的植物每年都会产生大量的种子，标记其中部分种子以便从种子库中辨识它们是对这些种子的后续命运进行追踪研究的基础（肖治术和张知彬，2003）。

### （一）无标记直接观察法

早期的鼠类贮食行为相关研究主要是描述性的物种本底资料调查，如 Shaw（1934）对大更格卢鼠（*Dipodomys ingens*）的研究、Blair（1937）对刺刚毛囊鼠（*Chaetodipus hispidus*）的研究等。这类研究不涉及种子乃至植物体在贮食行为中的地位和作用，仅将种子视为鼠类的食物，故均未对种子进行标记，也不关注种子的命运，单纯依靠直接观察（包括使用望远镜和显微镜）分辨种子的种类和数量。随着动物行为学以及生态学的发展，鼠类扩散种子逐渐成为研究热点，一些研究者开始以直接观察的方式开展种子命运研究（Ostfeld et al.，1997；Kollmann and Schill，1996；Vander Wall，1994a；Steele et al.，1993；Wada，1993；Daly et al.，1992a，1992b；Quintana-Ascencio et al.，1992；Borchert et al.，1989；Stapanian and Smith，1984；Shaffer，1980；Stapanian and Smith，1978；Hart，1971；Cahalane，1942）。这些研究者基本不对种子进行任何人为干扰和标记，仅靠肉眼、望远镜或各种影像监控设备等进行种子命运的监测。总体来说，无标记直接观察法的优点有：对种子完全无损伤，不影响萌发和幼苗建成；如果研究者行为谨慎、观测位置适宜或监控设备布设得当，则对动物行为无显著影响；操作简单，一般成本较低（使用影像监控设备除外）；可以获得包含扩散者身份在内的鼠类与种子互作的全过程信息。该方法的缺点有：无标记导致种子找回率很低，只有被保留在视线中持续观察的种子可被找回，大多数种子的命运不可知；受到环境可见度、研究者能力及精力、设备效能及布置方式等诸多条件限制，一般仅适合研究被昼行性鼠类（主要为松鼠科动物）搬运的大型种子。需要特别指出的是，无论是研究种子首次扩散还是后续的盗食行为，即无论观察的分散贮藏点是鼠类建立的还是人工贮藏点，都具有很强的隐蔽性，为了记录确切位置以便于观察，上述研究中的大部分研究者对贮藏点位置进行了标记。

## （二）放射性同位素标记法

人工造林需要了解大量种子的命运，这一林学实践需求激发了早期种子标记技术的发展。Lawrence 和 Rediske（1960）在研究人工播散的花旗松（*Pseudotsuga menziesii*）种子的命运时，提出了一种使用放射性同位素 $^{46}$Sc（钪-46）标记追踪种子的方法，种子找回率达 95%。Radvanyi（1966）首先将这一方法引入贮食行为的相关研究。他将白云杉（*Picea glauca*）种子浸泡于 $^{46}$Sc 溶液中，使每粒种子带有大约 0.1 MBq 的放射性，然后将这些不断释放 $\gamma$ 射线的种子放置在实验区域，待鼠类等动物将其扩散后，使用手持型闪烁辐射仪寻找这些放射性种子，找回率达 91%。Quink 等（1970）在研究鼠类分散贮藏北美乔松（*Pinus strobus*）种子时改进了这一方法，他们将放射性标记的种子与未标记的种子按 1∶39 混合后释放，从而大大降低了标记成本，增加了种子标记量。Jensen（1985）在标记欧洲水青冈（*Fagus sylvatica*）种子时尝试采用了其他放射性同位素，包括半衰期更短的 $^{24}$Na（半衰期 15 h）、$^{131}$I（半衰期 8.5 天），以及半衰期更长的 $^{134}$Cs（半衰期 2.1 年）；他还在一些种子上用防水颜料进行染色标记以辅助种子追踪和识别。Primack 和 Levy（1988）使用多种放射性同位素组合标记种子，由于每种同位素具有独特的光谱峰，他们可以同时标记并区分多种种子。还有一些研究采用了放射性同位素种子标记法（Waitman *et al.*，2012；Vander Wall *et al.*，2006；Vander Wall and Joyner，1998；Vander Wall，1997，1995a，1995b，1994a，1994b，1992；Jensen and Nielsen，1986；Radvanyi，1971；Abbott and Quink，1970）。总体来说，放射性同位素种子标记法的优点有：对种子基本无损伤，不影响萌发和幼苗建成；标记隐蔽性强，对动物行为无显著影响；标记辨识度强，种子找回率较高；标记持久性强，可以维持数个月（$^{46}$Sc 半衰期约为 84 天）；操作较简单，可以快速标记大量种子；对种子大小无要求。该方法的缺点有：对环境有一定的放射性污染，可能对动物和研究者的健康产生影响；放射性物质不易获得；仪器搜索种子的距离较近，搜索效率较低，不能区分每粒种子。

## （三）稳定氮同位素标记法

稳定同位素标记作为一种示踪技术，已被广泛应用于生态系统研究中。Carlo 和 Norris（2012）首次发现，植物花瓣表面能够有效地捕捉并快速地将氮同位素分配到子房中，并富集于种子内。Carlo 等（2009）在开花阶段用 $^{15}$N-尿素溶液对低矮草本植物（*Solanum americanum* 和 *Capsicum annuum*）进行叶面喷洒，获得同位素富集的种子，并基于此对鸟类介导的种子扩散进行了成功跟踪。之后，Castellano 和 Gorchov（2013）及

Forster 和 Herrmann（2014）利用灌木及草本植物（*Lonicera maackii*、*Eupatorium glaucescens* 和 *Sericocarpus tortifolius*）进一步验证了叶片喷洒 $^{15}$N-尿素溶液对种子富集的可行性。虽然同位素标记对种子本身影响不大，也可实现种子的同位素富集，但这种方法仅限于较小的植株，同时需要把 $^{15}$N-尿素溶液均匀地喷洒在植物上。因此，叶片喷洒 $^{15}$N-尿素溶液不太适用于那些具有高大树干和树冠的木本植物。鉴于此，易现峰进一步改进稳定同位素种子标记方法，用 $^{15}$N-尿素溶液浸泡种子从而获得同位素富集的种子和幼苗（Yi and Wang，2015；Yi *et al.*，2014）。该方法基于种子和幼苗中的 $^{15}$N 标记，有效地跟踪了野外植物幼苗建成。然而，用 $^{15}$N-尿素溶液直接浸泡植物种子也会改变其适口性和气味特征，容易导致动物的取食偏好，可能影响植物种子的命运。

（四）金属及磁铁标记法

放射性同位素标记法促进了后续一系列种子标记法的应用。Stapanian 和 Smith（1978）开创了金属标记种子法。他们在研究黑松鼠（*Sciurus niger*）分散贮藏黑核桃（*Juglans nigra*）种子的贮点密度对种子存活率的影响时采用铝箔部分包裹种子进行标记，待种子扩散后使用金属探测器寻找种子。实际上由于黑松鼠找到标记的种子后一般会首先去除铝箔，因此往往可以直接通过地表残留的铝箔获知种子的命运。他们之后的研究发现如果种子过小其铝箔包被将无法被金属探测器检测到（Stapanian and Smith，1984）。Sork（1984）在研究北美红栎（*Quercus rubra*）种子的扩散和存活时，采用了一种侵入式的金属标记法。她选择饱满的红栎种子，以手钻在种子上钻孔，并将一枚小铁钉插入孔内，待释放的 4500 枚金属标记的种子被鼠类扩散后，再使用金属探测器于距释放点 20 m 范围内寻找种子，结果显示种子找回率约为 39%（包含只剩下铁钉而种子失踪的情形）。Alverson 和 Díaz（1989）以磁铁取代了小铁钉，他们将 2.2 g 或 0.25 g 的磁铁标记棕榈果实，再用磁性探测器寻找标记的果实，找回率高达 99.5%。Iida（1996）使用 1 g 的铁氧体磁铁标记了 40 粒枹栎（*Quercus serrata*）种子和 20 粒麻栎（*Quercus acutissima*）种子，并辅以数字编号标记种子和磁铁，最终找回率为 60%。Steele 等（2001）在使用小型金属角钉标记北美红栎和美洲白栎（*Quercus alba*）种子时，还使用 10 种不同颜色的荧光釉质喷漆给角钉上色，以区分不同树种和不同样地。总体来说，金属及磁铁标记法的优点有：标记辨识度强，种子找回率较高；标记持久，理论上可永久标记；找回种子的操作较简单，主要依靠特殊设备，对研究者的搜寻技巧和经验无特殊要求。该方法的缺点有：非侵入性标记法（包裹式）易脱落，难以持续追踪种子命运；侵入性标记法对种子有损伤，可能影响种子萌发；标记物较大、较重，只适用于大型种子；标记物较明显，可能对动物行为产生一定影响；标记物和探测装置成本较高，探测装置可能受到环境中金属物质的干扰；标记种子的操作较复杂，效率较低；仪器搜索种子的识别距离较近，搜索效率较低。

（五）线标记法

Morris（1962）通过对长尾刺豚鼠（*Myoprocta pratti*）的研究提出分散贮藏这一名词后，研究者在豚鼠小目鼠类的原产地南美洲的热带雨林中对当地鼠类分散贮藏大型种子的行为开展了大量研究，他们一般采用长线标记种子，当种子被动物贮藏后，标记线往往留存在贮食点外，形成明显的视觉线索，供研究者找回种子。Schupp（1988）首先使用线标记法标记种子。他将长 30 cm、重 4.5 g 的尼龙鱼线一端用环氧树胶粘在干净的种子上，另一端绑在指示种子释放位置的小旗杆上。Forget（1990）在研究鼠类对亚马孙沃艾苏木（*Vouacapoua americana*）种子的分散贮食行为时使用长 50～60 cm、直径 0.3 mm 的白色尼龙线标记了 185 粒种子以追踪其命运，找回率可达 79.5%。之后，他又在其他一些鼠类介导的热带植物种子扩散的研究中使用了这一标记方法（Forget，1996，1993，1992；Forget *et al*.，1994；Forget and Milleron，1991）。Brewer 和 Rejmánek（1999）使用更长和更粗的涤纶线（长 1.5 m，直径 2 mm）标记种子，得到更高的种子找回率；之后 Brewer（2001）进一步改进此方法，用墨水在涤纶线上加注了相关信息。有些研究者希望标记线更加显眼，但又需要兼顾与种子连接的可行性，于是采用了"细线连粗线"的方式。Wenny（1999）使用 50～75 cm 长的无蜡牙线和大约 50 cm 长的彩色胶带连接两种驼峰楝属植物（*Guarea* spp.）的种子，以此标记种子。Theimer（2001）在研究澳大利亚热带雨林中的昆士兰大裸尾鼠（*Uromys caudimaculatus*）分散贮藏班氏琼楠（*Beilschmiedia bancroftii*）种子时，将写有编号的种子与绕在小型线轴上的标记线相连，标记线的另一头固定在种子释放点的母树上，如此一来当鼠类扩散种子时标记线会从线轴中被无阻碍地拉出，从而形成一条从种子释放点到种子贮藏点的标记线"路径"。国内也有一些研究使用了线标记法标记种子（王巍和马克平，1999）。总体来说，线标记法的优点有：标记辨识度高，使得种子找回率较高，且搜索效率较高；标记持久，理论上可永久标记以持续追踪种子命运；操作较简单，成本低廉，可以标记大量种子。该方法的缺点有：对种子有一定损伤，可能影响发芽和幼苗建成；标记线作为明显的视觉信号可能会影响动物行为；较长的标记线增加了种子重量，一般只适用于标记大型种子。

## （六）色彩标记法

Weckerly 等（1989）在研究北美灰松鼠（*Sciurus carolinensis*）对水栎（*Quercus nigra*）种子的贮藏行为时，使用蓝色和银色颜料标记种子。这种方法适合一些不需要追踪种子命运、仅关注鼠类对种子选择的研究。以不褪色的墨水在种皮上编号也是一种色彩标记法，在研究一些子叶留土萌发的种子的扩散后命运时有很好的效果。Hoshizaki 等（1999）在研究日本七叶树（*Aesculus turbinata*）的种子扩散时即使用了这种标记法。此外，如本书在其他标记方法中所述，研究者常将色彩标记法与其他种子标记技术结合使用。总体来说，色彩标记法的优点有：对种子无损伤，不影响发芽和幼苗建成；适当的标记如编号不会影响动物行为；操作简单，可以快速标记大量种子；对种子大小无要求；成本极低。该方法的缺点有：在野外环境可能褪色难辨，难以持续追踪种子命运；完全靠肉眼搜索找回种子，高度依赖研究者的能力和经验，贮藏种子的找回率很低。

## （七）荧光标记法

荧光染料作为一种标记可以借由接触面沾染传递，很早就被应用于小型动物运动模式和社会关系的研究中（Kaufman，1989；Lemen and Freeman，1985）。Longland 和 Clements（1995）首先将荧光标记应用于鼠类贮藏种子的研究。他们用粉末状荧光染料标记了大约 11 000 粒长毛落芒草（*Oryzopsis hymenoides*）的种子和给食器，当鼠类搬运种子时，荧光染料就沾染到鼠类的前肢和头部，从而在地面留下荧光痕迹，可以在夜间用发射紫外线的便携式黑光灯检测到，研究者通过该鼠类扩散种子的路径就可以找到贮食点。随后，很多研究采用了这一标记方法（Sommers and Chesson，2016；Fischer et al.，2015；Parker，2015；Vander Wall et al.，2012；White and Geluso，2012；Siepielski and Benkman，2008；Murray et al.，2006；Tomback et al.，2005；Leaver，2004；Unangst and Wunder，2004；Johnson et al.，2003；Leaver and Daly，2001；Jones and Longland，1999；Breck and Jenkins，1997）。有的研究者将此方法视为色彩标记法的一种（Lemke et al.，2009），然而此方法需要借助特殊检测设备，且必须在夜间检测，与色彩标记法有很大不同。除了通过荧光染料沾染种子扩散者这一思路外，一些研究者还利用了荧光微粒低毒性和稳定性的特点进行标记。Levey 和 Sargent（2000）使用直径 15 μm 的荧光微粒标记铁冬青（*Ilex rotunda*）果实，这些果实被圈养的雪松太平鸟（*Bombycilla cedrorum*）取食后，带有荧光标记的种子可以在鸟粪中检测到。但是，由于鼠类并不像鸟类那样直接吞食种子，这种荧光标记法未见在鼠类扩散种子的研究中采用。总体来说，荧光标记法的优点有：对种子完全无损伤，不影响萌发和幼苗建成；标记隐蔽性强，无臭无味，低毒性，对动物行为和健康均无显著影响；标记辨识度强，种子找回率较高，由于标记了鼠类扩散种子的运动路径，搜索效率也较高；标记持久性较强，可以维持数个月；操作较简单，成本较低，可以快速标记大量种子；对种子大小无要求。该方法的缺点有：需夜间搜索扩散的种子，可能影响夜行性鼠类的行为，也难以应用于夜间不便行动的复杂地形。

（八）种子标签标记法

使用标签标记种子可视为对线标记法标记种子的改进，研究者找回种子的视觉线索从标记线转变为标签，线只是种子和标签间的连接物（肖治术和张知彬，2003）。很多相关研究显示出两种标记方法间的联系，这些研究中，种子标签和连接线的辨识度一般都较高。Peres 和 Baider（1997）在研究巴西坚果（*Bertholletia excelsa*）的种子命运时使用长 60 cm、直径 0.2 mm 的铜丝连接种子和长 5 cm 的亮橙色塑料小旗，小旗上用不褪色的墨水编号。Pizo（2002）标记桃金娘科植物种子时使用长 20～30 cm 的细丝连接种子和 3 cm×10 cm 的彩旗。Jansen 等（2002）将长 1 m 的荧光绿色鱼线连接在种子上，鱼线末端用荧光粉色胶带做标签，并且在上面编号。Hoshizaki 和 Hulme（2002）将 40 cm 长的铁丝连接到日本七叶树种子上，铁丝的另一端粘有彩色胶带。这类方法尽管提高了扩散后种子的辨识度，但是大大增加了标记后种子的重量，可能对鼠类的行为产生较大影响。Zhang 和 Wang（2001）提出了一种改进的种子标签法（此称谓用于和以前的线标记法或者末端连有标签的线标记法相区分），其特点是拴线很短，用细铁丝连接，便于释放大量种子，且对种子重量影响极小，找回率更高。他们在华北地区的山杏（*Prunus armeniaca*）种子上钻出小孔，采用 3 cm 长的细铁丝将刻有种子信息的 4 cm×1 cm 大小的铝制金属牌拴在种子上，整个标签仅重 0.2 g。与其他方法中较长的标记线一样，在鼠类将种子贮藏在浅层地下时金属标签牌依然会暴露在地表，研究者可以通过肉眼寻找。肖治术等（Xiao et al.，2008，2006，2004a，2004b）将连接标签牌的细铁丝延长至 8～10 cm，并以园艺中常用的 3.5 cm×2.5 cm 彩色塑料标签牌代替金属标签牌，使得标签更加轻便，种子编号更加容易（可用油性记号笔直接书写），并更易在地表植被及落叶层繁密的亚热带地区找回扩散的种子（肉眼可以在 10 m 外看到红色或白色标签牌）。实验表明标签牌并未对动物行为造成显著影响（Xiao et al.，2006）。国内外很多研究者使用了这一方法（Bogdziewicz et al.，2017；Wang and Corlett，2017；赵清建等，2016；Zhang et al.，2016a，2016b；Perea et al.，2011；Haugaasen et al.，2010；Gómez et al.，2008；Yi et al.，2008；Acácio et al.，2007；Xiao et al.，2005，2004a，2004b；Li and Zhang，2003）。总体来说，种子标签标记法的优点有：标记对动物行为无显著影响；标记辨识度高，使得种子找回率较高，且搜索效率较高；标记持久，金属丝连接线无法被鼠类咬断，可永久标记以持续追踪种子命运直至幼苗建成；易于进行种子编号识别，可以追踪单个种子的命运；操作较简单，成本较低，可以标记大量种子。特别是短线标签法中种子与标签结合紧密，为以后使用红外相机确定搬运者和种子的个体身份奠定了基础（Gu et al.，2017），是传统拴线法或长线标签法所不具有的优势。该方法的缺点有：对种子有一定损伤，可能影响发芽和幼苗建成（Xiao et al.，2006）；需要对种子钻孔，故标记的种子不能太小。

（九）无线电标签标记法

以上所述的种子标记方法都有种子找回率或找回效率不高的问题。理论上，使用仪器比肉眼观测应该更易于寻找种子贮藏点，但大部分仪器难以达到肉眼的探测距离，反而导致种子找回效率降低。无线电标签标记法则可以弥补上述缺点。无线电标记技术广泛应用于保护生物学领域。Tamura（1994）在研究日本松鼠（*Sciurus lis*）扩散胡桃楸（*Juglans mandshurica*）种子时首次将此技术应用于鼠类扩散种子的研究。她将微型无线电发射器（两种，分别重 2.5 g 及 4.0 g）黏附在胡桃楸种子（约 13.15 g）的内果皮上，发射器内含电池，可以按预设频率发射无线电波。当坚果被松鼠扩散后，她使用无线电接收器和天线在种子释放点附近依靠发射器发出的无线电波搜寻定位扩散的坚果，找回率达 100%。Sone 和 Kohno（1996）采用了更小型的无线电发射器（2.2 g），将这一方法应用于比松鼠更小的姬鼠类扩散种子的研究，种子找回率也达 100%。还有一些研究应用了类似的无线电标签标记法（Pons and Pausas，2007；Sone et al.，2002；Tamura et al.，1999）。然而，应用于种子扩散研究的无线电发射器必须尽量微型化，以免影响动物的行为，这使得发射器内电池的容量受到了限制，而发射器一经打开则无法自动或遥控关闭，这使得此类研究只能持续很短的时间（一般在两个月以内）。Hirsch 等（2012）提出了一种将无线电标记与标签标记相结合的"无线电线标法"。他们不再将无线电发射器直接附着在种子上，而是以铁丝将发射器与种子相连，使发射器成为种子标签。当种子被鼠类贮藏后，发射器会如同种子标签一样暴露在贮藏点外，这样就可以在不需要无线电定位时手动关闭发射器而同时不影响贮藏点，从而可以大幅节约发射器的能量，监测时间长度可达一年以上。Rosin 和 Poulsen（2017）在中非研究大裂叶五桠木（*Pentaclethra macrophylla*）和乳白甘比山榄（*Gambeya lacourtiana*）的种子扩散时采用了同样的无线电发射器标记方法。另一种延长监测时间的思路是将主动发射无线电信号的无线电发射器改为被动应答读取器发出的无线电信号的被动式无线射频标签（PIT 标签），这样一来研究者只需要为读取器提供电源，而标签可以完全不携带电源，从而在理论上拥有无限的监测时间。Steele 等（2011）在研究北美灰松鼠扩散北美红栎种子时，将小型 PIT 标签置入种子内部以追踪种子的命运。由于他们研究的是昼行性松鼠，且采用了持续观察法定位贮藏点，PIT 标签只被用来在不干扰贮藏点的情况下监测种子的命运。Suselbeek 等（2013）在研究小林姬鼠（*Apodemus sylvaticus*）扩散夏栎（*Quercus robur*）种子时使用形似扫雷器的手持式 PIT 读取器找回扩散后的种子，找回率达 70.8%。PIT 标签的问题是信号读取距离大大小于主动式无线电标签，一般不超过 1 m，远程定向性很差，找回扩散种子的效率类似金属标记法，很难达到 100% 的找回率；另外与每个标签独占一个频率的主动式无线电标签不同，所有被动式标签共用几个频率，使得各标签间彼此会相互干扰，难以同时读取多个标签的信息。总体来说，无线电标签标记法的优点有：标记辨识度高，可以高效识别区分单个种子，追踪单个种子的命运；被动式标签隐蔽性强，重量很轻，对动物行为无显著影响；被动式标签标记非常持久，理论上可以标记至幼苗建成；主动式标签定向性极强，种子找回率很高。该方法的缺点有：标记物较大，所标记的种子不能太小；被动式标签对种子有一定损伤，可能影响发芽和幼苗建成；主动式标签受电池容量影响寿命较短；找回种子的操作难度很高，需要研究者具有很强的定向越野能力，会消耗大量人力；标签及读取系统成本高，标记操作较复杂。上述技术特点使得无线电标记这种最新型的种子标记方式还未得到很广泛的应用。

综上所述，目前分散贮藏相关研究中种子标记方法的发展一直围绕几个目标进行：一是尽量提高研究者对种子命运的追踪能力和对种子的找回率；二是尽量降低标记对动物行为的影响；三是尽量减小标记对种子活性的影响；四是尽量降低经济和人力成本，减少对环境的负面影响（Forget and Wenny，2005）。以这样的标准来看，短线种子标签标记法是相对较理想的种子标记方法，兼顾了对科学问题的解决能力和经济性。当然，随着微型化技术的进步和成本的降低，种子标记方法的前景还是在于开发能够最好地追踪种子命运的无线电相关技术。

## 二、鼠类的标记与识别

为了研究鼠类的分散贮食行为，探明种子的命运，研究者往往还需要弄清种子扩散者的身份，这就需要对实验地的鼠类进行标记和识别。对于行为生态学研究来说，对鼠类进行标记以进行个体区分甚至比标记种子更加重要。但是由于鼠类体形小、色彩暗淡均一，且多为夜行性动物，即使对其进行了标记也很难监测其行为，因此对其进行标记和识别还是一个难点。

（一）无标记直接观察法

尽管鼠类是一群色彩较为暗淡、均一的小型哺乳动物，但是一些昼行性种类的个体间仍具有可以通过肉眼相区别的形态学及行为学特征。一些早期的研究往往不对鼠类进行任何标记，研究者通过对小种群中少量个体长时间细致的观察来进行个体识别。Stapanian 和 Smith（1978）在观察黑松鼠扩散黑核桃种子时，对 6 只黑松鼠进行了长时间观察，直至能够进行个体识别。Vander Wall（1995）研究黄松花鼠（*Tamias amoenus*）分散贮藏杰弗里松（*Pinus jeffreyi*）种子时也通过持续观察区分了 5 只不同的花鼠个体。此外，很多研究侧重于研究鼠类群落整体通过分散贮藏对种子的影响，同时受限于监测技术不发达，因此这些研究也未对鼠类进行标记，转而将实验地的全部鼠类视为一个整体，暂不进行种间乃至个体间的区分，以研究鼠类群落的作用。时至今日，大量夜行性鼠类扩散种子的研究仍在采用这种方式（Zhang et al.，2015，2016a，2016b，2008；Zhang and Wang，2001）。总体来说，无标记直接观察鼠类的方法并没有明显优点，其缺点主要有：白天持续观察对研究者的经验、能力和精力要求极高，需要较长时间才有可能区分少量个体；不追求个体区分的研究丢失了全部扩散者的身份信息，无法获知不同鼠种乃至不同个体的贮藏策略和贮藏效果，不利于弄清鼠类与种子的互作过程。这种方法多是对技术限制的妥协。

（二）色彩标记法

对虎、斑马等具有显著个体差异动物的研究使得研究者很自然地联想到通过人工染色增加一些体色相近动物的体色差异，使之可以进行肉眼的个体识别。早期研究采用了绘画用的油漆、颜料等进行鼠类色彩标记，这些物质往往很易被水冲淡，对动物体也具有一定的刺激性，容易导致动物咬啮体毛，加速色彩的消失，因此这些研究能够持续的时间都比较短。随后染发剂开始在野外实验中得到应用（赵清建等，2016），这些染料对鼠类的刺激性较小，也能维持更长的时间。总体来说，色彩标记法的优点有：对动物影响很小；标记识别度强，清晰可辨，并可依据需求绘制各种图案；成本很低，操作较为便捷。其缺点主要为持续时间较短，易褪色消失。

（三）冷冻烙印标记法

国内外农场曾广泛应用烙铁进行大型牲畜标记，这是依靠高温烫伤动物的部分皮毛，形成一个永久性的疤痕标记。这种不符合动物福利的方式现已逐步被其他标记方式取代。冷冻烙印技术与之相似，但是对动物的伤害很小（Hadow，1972）。它采用干冰和乙醇混合液冷却铜烙铁，然后在动物体上放置 20～40 s，导致放置区域的黑色素细胞被杀死，但不影响毛囊细胞。经过这样的处理后，烙铁放置区的动物毛发变为白色，形成较为清晰的斑块。Jansen 等（2012）在研究刺豚鼠（*Dasyprocta punctata*）扩散星果椰（*Astrocaryum standleyanum*）种子时，对亚成体刺豚鼠进行了冷冻烙印标记，以便在红外相机视频中进行个体识别。总体来说，冷冻烙印标记法的优点有：基本对动物无损伤；标记持久，理论上可以做到终生标记。其主要缺点有：由于标记效果不能立即显现，不易灵活绘制图案；需要保存干冰，野外操作成本和操作难度较高。

（四）无线电标记法

与种子一样，一些研究者也对鼠类进行了无线电标记，以进行个体识别。传统的主动式无线电发射器需要以颈圈式或背带式绑缚于动物体表。由于鼠类身体柔韧性较好，前肢灵活有力，发射器有一定可能被动物去除。另外，由于无线电波易被遮挡且需要复杂的三角定位法进行定位，对于活动灵活且多穴居的鼠类来说，对其进行追踪识别有一定困难。Jansen 等（2012）在研究刺豚鼠扩散星果椰种子时以颈圈式无线电发射器标记了 16 只成年个体。总体来说，无线电标记法的优点主要为这是目前唯一可以追踪特定鼠类个体的方法，从而可以较为准确地了解种子的扩散轨迹与其扩散者的身份。其缺点有：主动式标签电池寿命有限，又无法像种子的无线电标签一样依靠实验设计进行手动关闭，因此监测时间较短；发射器较重，无法标记小型鼠类，亦可能影响动物的正常生活；发射器和监测设备较为昂贵，标记和监测均有难度，因此经济和人力成本均较高，难以大规模使用。

综上所述，现有分散贮藏相关研究中鼠类标记方法的选择主要还是与研究对象、监测手段和研究目的相关，其主要目标均是提高对鼠类个体的识别，使每粒种子的命运与其扩散者联系起来，为此，标记需要具备持久性和可辨识性。色彩标记特别是目前很多研究者使用的染发剂标记显然对视觉信息监测——无论是肉眼直接观察还是依靠红外监测系统等录像监控设备来说——是一种辨识性和持久性都相对较好的标记方法，这种方法也兼顾了经济性和可操作性，非常便宜且易于学习使用。然而，染色标记可能褪色，导致个体间区别度降低，以及具有在录像视频中辨识度受相机位置限制的问题。随着技术进步和成本降低，鼠类标记方法的前景可能还是在于开发具有更好辨识度和持久性的无线电标记，特别是被动式无线射频标签技术。

## 三、研究环境

对鼠类分散贮食行为乃至鼠类-种子互作关系的相关研究可以在多种环境中进行。实验室环境常被用来观察鼠类的行为或进行严格可控的行为机制实验。Morris（1962）提出"分散贮藏"的概念即源于在实验室内观察和研究长尾刺豚鼠的贮食行为。Jenkins等（1995）及 Jenkins 和 Peters（1992）也是通过在实验室内对梅氏更格卢鼠（*Dipodomys merriami*）进行实验，提出以"快速隔离假说"与"避免盗食假说"相结合来解释分散贮食行为的适合度。众所周知，实验室环境具有高度可控的优点，其有限的空间允许研究者对动物的行为进行细致的监控，并精细地控制研究变量，从而对分散贮食行为的机制进行有说服力的解释。然而实验室环境与自然环境的差异性难以忽略，很多研究者都认为这种差异会对动物行为产生影响，从而使结果产生偏差。

自然环境是进行行为学和生态学研究的最佳场所，通过有针对性的实验设计，研究者可以获得基本无偏差的动物行为数据。然而自然环境具有很多不可控制的因素，这就增加了研究结果的复杂性，对机制类研究不利。当然，通过增大样本量和利用有效的统计方法，研究者也可以得到很多有用的信息。但是这种方式在相对开放的自然环境中极大地增加了研究的难度。赵清建等（2016）在对鼠类-种子互作网络进行研究的过程中尝试在释放种子前对样地中的潜在种子扩散者——多种鼠类进行捕捉和标记，然而自然环境的开放性使得很多无标记鼠类进入实验样地，大大增加了辨识种子扩散者身份的难度。在自然环境对种子命运进行的诸多研究中，除了少数样本量很少的无线电标记种子释放实验外，多数实验的标记种子找回率远达不到 100%，这也体现了在自然环境中进行研究的难度。

为了将实验室环境和自然环境的优点相结合，并规避缺陷，研究者纷纷建立起半自然环境半人工的围栏。这些围栏的大小从几平方米到几千平方米。围栏内部模仿研究地当地的植被条件（如丛林、灌丛或荒漠）进行环境改造，围栏外墙半隔绝内外环境，墙体基部常深入地下，墙体下部往往包有铁皮等，防止围栏内鼠类逃逸和外部鼠类进入。

部分围栏上部还加有防护网,一方面更好地防止实验动物的逃逸,另一方面也阻止了肉食性动物如猛禽从围栏上部侵入围栏,危害实验动物。上述大量的分散贮藏研究在这类围栏中开展。中国科学院动物研究所(后文简称为"中科院动物所")在位于北京市门头沟区清水镇梨园岭村设立的东灵山野外鼠类生态学研究基地建有一批半人工围栏,包括 3 m×3 m 和 3 m×4 m 小型围栏 25 个,10 m×10 m 中型围栏 4 个,40 m×50 m 大型围栏 1 个。中科院动物研究所、中科院植物所、华中师范大学、郑州大学等十余家国内科研单位的科研人员在该站开展了鼠类-种子互作相关的生态学研究工作。半人工围栏兼顾了实验的可控性和实验环境的自然性,明显比实验室环境更加有利。然而,其相对有限的面积及围栏内人为决定的鼠类群落结构仍然不能等同于自然条件,并可能对动物行为产生一定影响。

随着上述各种种子、鼠类标记监测方法的不断进步及统计分析方法的发展,种子扩散和鼠类分散贮食行为的相关研究将会越来越多地在野外自然环境中直接进行,围栏实验可能成为进行验证实验等补充研究的手段。

# 第二节　鼠类-种子互作研究规范与标准

种子扩散(seed dispersal)是植物种子远离母树向适宜萌发、安全位点(safe site)运动的过程,是植物更新的重要环节。食物贮藏(food hoarding)是许多鼠类应对食物季节性波动的重要适应性行为,对其安全度过食物短缺期、提高生存率和繁殖率具有重要意义。食物贮藏通常有集中贮藏(larder hoarding)和分散贮藏(scatter hoarding)两种方式。许多鼠类在植物种子成熟季节贮藏大量种子以供食物短缺时利用,但分散贮藏的种子不可能被鼠类全部找回和利用,部分存留种子会在适宜的条件下萌发生成幼苗。因此鼠类分散贮藏植物种子的行为客观上帮助植物实现了种子扩散,在植物更新中具有重要意义。许多结实较大种子的植物通常依赖鼠类传播种子。在长期的相互作用中,鼠类和植物之间形成了基于种子取食、扩散的互惠关系。这种互惠关系已成为生态学研究的重要内容。

鼠类与植物之间基于种子取食、贮藏和扩散的相互关系是我们近年来重要的研究内容,分别在东北小兴安岭、北京东灵山、河南伏牛山、陕西秦岭、四川都江堰、云南西双版纳等地区开展了大量野外研究工作,取得了丰硕的研究成果。为便于相互比较,有必要规范术语、方法等问题,为此编写本节,供大家参阅。

## 一、种子扩散

鼠类介导的植物种子扩散实验主要用于监测自然条件下,森林鼠类对植物种子的取食、贮藏和扩散,通过跟踪鼠类对种子的贮藏过程研究鼠类对植物种子的扩散过程和效率。在长期监测的基础上,综合分析鼠类取食和贮藏对植物种子扩散的影响,利用鼠类-种子互作关系及其对植物更新的影响,评估生态系统的生态功能和健康状况。

(一)样地选择

根据研究区域地形、植被、干扰状况,所研究植物的分布、生长状况,以及具体的科学问题等，选取 2 或 3 块样地（2.0～3.0 hm²）用于种子释放实验。样地间隔>200 m，以保证样地相互独立（图 3-1）。要求样地能代表研究对象在研究区域的分布特征。

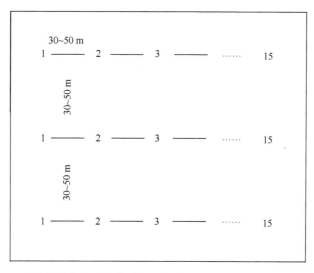

图 3-1　鼠类介导的种子扩散过程研究的样地选择和种子释放样点设置
1～15 表示种子释放样点

（二）样点设置

在样地内沿着山体走势设置 2 或 3 条间隔 30～50 m 相互平行的样线（line transect）。每条样线上设置 10～15 个间距 30～50 m 的种子释放点（0.5 m²）用于释放种子。种子释放点间需要有足够的间距以保证彼此独立（图 3-1）（方案 2：沿每条样线设置 10～15 个间距 30～50 m 的样点，每个样点选择一棵母树，在母树下设置 2～4 个 0.5 m² 的种子释放点，用于释放种子）。

（三）种子标记

种子标记采用塑料片（金属片）标记法（plastic/tin-tagged method），即在种子基部或木质内果皮上用电钻打一直径为 0.1～0.2 mm 的小孔，然后用一长 8～10 cm、直径 0.1～0.2 mm 的钢丝将一个 3.6 cm×2.5 cm 大小、具有唯一编号的白色塑料片或金属片（1.0 cm×3.0 cm）拴于此孔，做成标记种子（tagged seed）（图 3-2）（标记牌材料、大小、形状、钢丝长度可以根据具体实验、具体研究区域及样地、标记种子大小等适当调整）。标记牌及钢丝的总重量<0.3 g。打孔时应避免伤害种仁，标记牌及编号所用的记号笔无刺激性气味，标号建议用 2B 铅笔或长时间不褪色的记号笔。

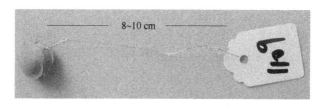

图 3-2　种子标签法所标记的植物种子

## （四）种子释放

种子扩散实验时间一般应与所研究种子自然成熟、散落和扩散时间一致。每个种子释放点释放 30～50 粒标记种子。根据实验需要，种子标记释放前进行单粒种子称重。从种子释放第二天开始，每天（或间隔 1 天、2 天、3 天、1 周……，根据具体实验及不同地区实际情况调整）检查种子释放点，记录种子原地存留量及命运状态（seed fate），并在种子释放点周围 30～50 m 仔细搜索被鼠类搬运的种子，记录搬运种子的位置（坐标）、命运状态、搬运距离、埋藏点大小、埋藏点密度、埋藏点生境及微生境等参数。同时在每一埋藏点附近（～30 cm）插一木签（筷子或树枝、编号和贮藏种子标牌上的编号一致，使其看起来很自然，或者以种子贮藏点附近的明显标记物如树枝、石头、灌丛等做标记）标记埋藏点的位置以方便以后踏查，并记录多次搬运和埋藏过程。当样点内绝大部分种子被搬运，且埋藏点处于相对稳定状态时，野外踏查结束（一般 30～60 天）。随后可以选择性地定期巡查埋藏点，并在第二年春天（4～5 月）统计埋藏点的存留数及幼苗生成情况。踏查时应小心仔细，戴塑料手套，尽量不要破坏植被和微生境，尽力减少人为活动干扰。

## （五）鼠类调查

野外踏查结束时，沿样线布设 25～30 个捕鼠笼（笼间距 5.0～7.0 m，以实验种子或花生米为诱饵），持续捕鼠 3 天，调查样地内可能取食、搬运和埋藏实验种子的鼠类。

方案 2：参照 7 × 7 网格样方布设鼠笼，笼间距 5.0～7.0 m。根据具体情况每天巡查捕鼠笼 1～3 次（为避免动物死亡，建议黎明和黄昏各巡查 1 次），捕获到鼠的捕鼠笼用新捕鼠笼替换。记录捕获鼠的种类、数量、性别、年龄、体重等参数，同时收集粪便及组织样（毛发、耳尖、指尖等，用 75%乙醇保存）供其他研究使用（备选项），并通过剪毛或染色（无毒无害的染发剂）的方法进行标记，以避免重复捕获和重复计数，然后原地释放。

## （六）主要记录参数

### 1. 种子命运

原地（*in situ*）：①原地存留（intact *in situ*，IIS），释放种子完好地存留在种子释放点，代表未被鼠类取食和扩散的种子；②原地取食（eaten *in situ*，EIS），释放种子在释放点被取食，标牌或残留种壳散落在种子释放点，代表扩散前鼠类对种子的取食。

搬运（removal，R）：①搬运后取食（eaten after removal，EAR），种子被搬离种子释放点后被取食，种壳和标牌散落在取食点，代表扩散后鼠类对种子的取食；②分散埋藏（scatter hoarded，SH），种子被搬离种子释放点后被分散埋藏在土壤、枯枝叶、草丛等基质中，代表被鼠类扩散的种子；③集中埋藏（larder hoarded，LH），种子被搬离种子释放点后被集中堆积在洞穴、岩缝等位点，这部分种子绝大多数最终会被鼠类取食，一般认为对植物种子扩散和更新不具有积极意义；④弃置地表（intact after removal，IAR），种子被搬离种子释放点后被弃置于地表，这部分种子会被鼠类取食或重新埋藏；⑤丢失（missing，M），种子被搬离种子释放点后没有被找到，这部分种子的命运无法确定，一般认为被鼠类搬运到洞穴集中贮藏的可能性较大，也可能搬离样地分散埋藏起来。

## 2. 埋藏点特征

（1）埋藏点（cache site）坐标：建议以种子释放点为原点，依据样地特点建立平面坐标系，水平方向为 $X$ 轴，垂直方向为 $Y$ 轴，右上方区域为第 I 象限，通过记录贮藏点的坐标（$X$，$Y$）确定贮藏点的精确位置和计算相应距离（图3-3）。

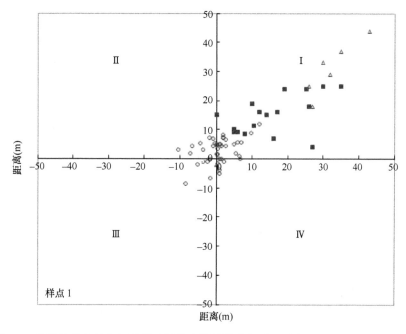

图3-3　种子扩散实验中记录种子埋藏点位置的坐标系（引自 Zhang *et al.*，2014a）

（2）扩散距离（dispersal distance，DD）：种子埋藏点距种子释放点的距离（精确到0.1 m）。

（3）埋藏密度（cache density，CD）：用埋藏点间的最近距离表示（精确到0.1 m）。

（4）埋藏点大小（cache size，CS）：每一种子埋藏点包含的种子数。

（5）埋藏深度（cache depth，CDP）：埋藏种子上表面距地表的距离。埋藏深度仅作参考，不属于常规实验必须记录的参数。测量的时候轻轻扒开埋藏点的枯枝叶、土壤、荒草等覆盖物，看到种子后测量其埋藏深度，然后再将覆盖区小心盖上，恢复原状。操作过程要求戴塑料手套，避免直接接触种子留下异味，避免破坏周围环境。

（6）埋藏点基质（substrate）：覆盖种子的物质，有土壤（soil）、枯枝叶（litter）、草丛（grass）等。

（7）埋藏点生境（cache habitat）：指埋藏点所在位置的主要植被类型，如次生林（secondary forest）、原生林（primary forest）、灌丛（shrub）或草地（grassland）等。

（8）埋藏点方位（direction of cache sites）：种子埋藏点相对于种子释放点的方位，以种子埋藏点平面坐标系为参考，分为以下几个等级：①上坡位（up），种子埋藏点位于种子释放点的正上方 67.5°～112.5°；②中上坡位（up-middle），种子埋藏点位于种子释放点上方 22.5°～67.5° 及 112.5°～157.5°；③平坡位（middle），种子埋藏点位于种子释放点两侧-22.5°～22.5° 及 157.5°～202.5°；④中下坡位（down-middle），种子埋藏点位于种子释放点下方-67.5°～-22.5° 及 202.5°～247.5°；⑤下坡位（down），种子埋藏点位于种子释放点的正下方-112.5°～-67.5°（图 3-4b）。

（9）埋藏点微生境（microhabitat of cache sites）：种子埋藏点 0.5～1.0 m² 的主要微生境类型（microhabitat around 0.5～1.0 m² of a cache site），如灌丛下方（under shrub，US，covering 80% central shrub canopy）、灌丛边缘（shrub edge，ES，covering 20% outside shrub canopy）、草丛（grass，OG）、裸地（bare ground，BG）等（图 3-4c）。

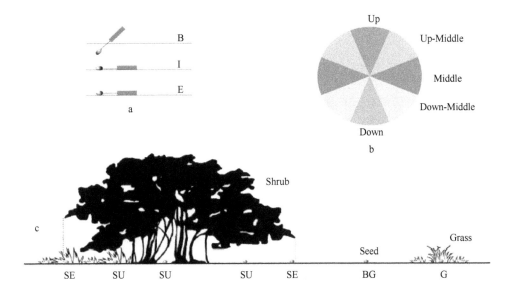

图 3-4  鼠类扩散植物种子命运、方位及埋藏点微生境示意图（引自 Li and Zhang，2003）

a. 种子命运：B. 埋藏（buried）；I. 弃置地表（intact）；E. 取食（eaten）。b. 种子扩散方位：Up，上坡位；Down，下坡位；Middle，平坡位；Up-Middle，中上坡位；Down-Middle，中下坡位。c. 埋藏点的微生境：SE，灌丛边缘（shrub edge）；SU，灌丛下方（under shrub）；BG，开阔裸地（bare ground）；G，草丛（grass）

## （七）多次扩散

多次扩散是指首次扩散的种子被鼠类多次搬运和再埋藏的现象，通常记录以下参数：存留时间（天，两次扩散之间的天数）、扩散次数、新埋藏点的坐标、命运状态、扩散距离、距离前一埋藏点的距离、埋藏点生境、微生境、基质、大小、密度、深度等特征，其定义和类别参照首次扩散贮食点记录方法。

## （八）数据分析

通常以种子释放点为样本，计算各种子命运状态在各扩散阶段的比率，然后计算平均数、标准差、标准误等。尤其重视计算搬运率、分散贮藏率、存活率、春季存活率、春季幼苗生成率、释放种子原地半存留时间、首次扩散种子半存留时间等。

原地存留率=原地存留种子数/释放种子数×100%

原地取食率=原地取食种子数/释放种子数×100%

搬运率=搬运种子数/释放种子数×100%

扩散后（总）分散贮藏率（扩散率）=分散贮藏种子数/搬运种子数（释放种子数）×100%

扩散后（总）取食率=取食种子数/搬运种子数（释放种子数）×100%

扩散后（总）丢失率=丢失种子数/搬运种子数（释放种子数）×100%

扩散后（总）弃置率=弃置种子数/搬运种子数（释放种子数）×100%

扩散后（总）春季存留率=春季存留种子数/搬运种子数（释放种子数）×100%

扩散后（总）幼苗生成率=春季幼苗数/搬运种子数（释放种子数）×100%

以上参数计算供参考，具体计算方法可以根据数据分析的目的和具体的科学问题进行调整。

## 二、种子雨

种子雨（seed rain）实验主要用于长期监测一定区域、某一特定植物或植物群落的种子产量、种子类别组成、散落动态等，以探索一定时期内种子生产的变化规律。

### （一）样地选择

根据研究目的和对象，在研究区域选择1或2块2.0～3.0 hm² 大小的样地。要求样地具有典型代表性，能代表研究对象在研究区域的分布和种子结实的基本特征。

### （二）样点设置

在每一样地内设置1或2条能反映样地基本特征的样线，沿着样线等距离（20～30 m）设置种子收集样点（20～40个），在每一种子收集样点附近随机选择一棵目标树，测量目标树的高度、胸径、盖度等形态特征，以及目标树与同种或异种成树间的最近距离，以目标树为中心的5 m×5 m范围内的生境特征等作为背景数据，在树下架设种子收集筐1～3只，同时在种子收集筐旁边地面设置一个0.5 m²的圆形或方形样方作为对照。

### （三）种子收集筐

种子收集筐（seed trap）由直径约5.0 mm的铅丝和尼龙窗纱（网）制成，圆形或正方形，漏斗状，面积为0.5～1.0 m²。架设时用3或4根光滑竹竿、PVC管或钢条将筐支离地面1.0～1.5 m，保持水平。为了防止鼠类（如松鼠）取食收集筐内的种子，可以在筐底加一收集器，或者在筐上加铁丝网盖（网眼大小根据实际情况选定）（图3-5）。

### （四）野外踏查

种子成熟散落期临近时架设种子收集筐（图3-5），随后每天（间隔2天、4天、6天、1周……，间隔时间根据研究地区、研究对象、种子散落时间、种子消失速度等实际情况调整）检查种子收集筐和地面样方，小心去掉枯叶，仔细辨认种子，以每个种子收集样点为样本（sample），记录完好种子（intact）、虫蛀种子（infected）、败育种子（abortive）及壳斗（果皮）（pulp）等的数量。随后将各种种子标记（用铅笔标记散落时间）后放到地表，统计种子被鼠类搬运的数量和速度。野外踏查（field checking）持续到样地内种子完全散落为止。第二年春天踏查样地内及周边 30～50 m 当年生幼苗数量。

图 3-5　种子雨实验中的种子收集筐（牛红玉摄影）

（五）鼠类调查

　　野外踏查结束时，沿样线布设 25～30 个捕鼠笼（笼间距 5.0～7.0 m，以实验种子或花生米为诱饵），持续捕鼠 3 天，调查样地内鼠类（方案 2：参照 7×7 样方布设鼠笼，笼间距 5.0～7.0 m）。根据具体情况，捕鼠笼每天巡查 2 或 3 次。捕获到鼠的捕鼠笼用新鼠笼替换。记录捕获鼠的种类、数量、性别、年龄、体重等参数，同时收集粪便及组织样（耳尖或指尖）（用 75%乙醇保存）供其他研究使用（备选项），并通过剪毛或染色的方法进行标记，然后原地释放。

（六）记录参数

　　以种子收集样点为样本，记录种子类型（完好、虫蛀、败育）及数量（seed number）、散落时间、存留时间（survival time）。计算各种种子的比例、密度等，估计研究区域的种子产量。

（七）种子形态、营养特征测量

　　建议每年测量种子形态、营养特征。
　　在研究区域选择 10～20 棵树收集种子样本（100～500 粒）用于种子形态和营养特征测量。测量指标：种子重（seed mass，鲜重、干重）、种仁重（kernel mass，鲜重、干重），种子壳重（seed coat mass，鲜重、干重）；长径（seed length）、短径（seed width）、宽径（seed thickness）、壳厚（seed coat thickness）等。

种子营养成分测量参数：粗蛋白质（crude protein）、粗脂肪（crude fat）、粗纤维（crude fiber）、淀粉（starch）、木质素（lignin）、单宁（tannin）等。取 300～500 粒种子作为样品用于测量，一般送农业谷物品质检测专业机构进行检测。

## 三、鼠类监测

鼠类监测（rodent monitoring）是指长期对研究区域鼠类种类组成、数量等进行常规监测，以研究鼠类群落及优势种群在较大时间尺度上的变化规律。

### （一）样地选择

按照研究区域主要植被和生境类型（如落叶松林、辽东栎林、油松林、阔叶林、灌丛、弃耕地、次生林等）选择样地，每种生境类型选择 2 或 3 块 2.0～2.5 hm²、间隔 50～100 m 的样地，用于鼠类调查。样地要能尽量反映研究区域植被、生境和主要鼠种分布特征等。

### （二）鼠铗/鼠笼布设

采用铗捕法/铗日法（条件允许时尽量采用笼捕法）进行鼠类调查，每年分别于春季（5 月初）、秋季（9 月初）各调查 1 次。在每一样地内设置 1 或 2 条间隔 20～30 m 的样线，沿样线放置鼠铗 25～30 只，铗间距 5.0～7.0 m，以花生米为诱饵，17：00～19：00 布铗，第二天 7：00～9：00 检查，连续铗捕 2 天。捕获鼠的鼠铗用新鼠铗替换以减少气味的影响。

方案 2：参照 7×7 样方布设鼠铗，铗间距 5.0～7.0 m。

### （三）标本处理

捕获鼠按样地编号用自封袋分装带回实验室处理。

（1）消毒灭菌：将捕获鼠按样地编号分别装入塑料瓶，喷洒适量杀虫剂（如乙醚、灭蚊剂、84 消毒液等）并密封 10～30 min 消毒，以杀死体表寄生虫和病菌。

（2）解剖记录：解剖标本，记录每只鼠的种类、性别、年龄、繁殖状态、体重、体长、尾长、后足长、耳长、胴体重、食物组成等参数。

（3）取样：用指管取 2.0～5.0 g 肌肉或肝组织样品浸泡于 75%乙醇中用于其他实验。

（4）浸泡封存：将整体标本缝合，挂好标签后浸泡于 95%乙醇中固定，1～2 天后换用 75%乙醇浸泡保存以备之后使用。

注意：标本信息卡必须填写详细，标本编号、来源必须记录清楚，标本必须先固定，然后换用保存液，便于长期保存备用。

### （四）记录参数

样地（plot）、生境（habitat）、种类（species）、数量（number）、捕获率（trap success）、性别（sex）、年龄（age）、繁殖状态（breeding status）、体重（body mass）、胴体重（carcass mass）、体长（body length）、尾长（tail length）、耳长（ear length）、后足长（hind leg length）、食物组成（food items）、体形及毛色描述等。

## 四、围栏实验

围栏实验（enclosure experiment）主要用于在可控条件下研究鼠类的贮食行为，量化鼠类对特定种子的选择、取食和贮藏，对野外实验进行补充和验证，以定量评估鼠类对植物种子的作用。

### （一）实验围栏

各地根据具体问题和实验需求使用围栏建筑材料，用砖或者铁皮围成，上方用铁丝网封盖以避免实验动物逃逸或其他动物进入，围栏上方可覆盖一定遮盖物（树枝、荒草等）以模拟野外条件下的植被盖度，设置围栏大小及内部环境，并尽量考虑围栏本身可能对鼠类行为的影响（图3-6）。根据具体的实验选用合适的围栏，北京东灵山野外生态研究站有 3.0 m × 3.0 m、3.0 m × 4.0 m、4.0 m × 4.0 m、9.0 m × 9.0 m、40.0 m × 50.0 m 等不同规格的围栏（图3-7）。

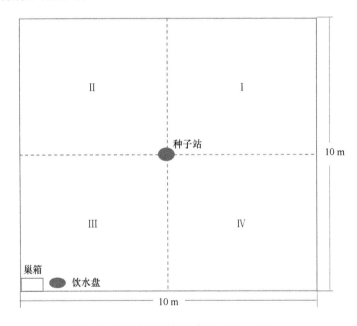

图 3-6　常用实验围栏示意图（10 m×10 m）

### （二）种子标记

参照野外种子扩散实验标记种子，但可以根据实验需要改变标记牌的大小、颜色、钢丝长度或采用其他合适的标记方法。尽量考虑标记方法可能对鼠类行为的影响。同时也可以根据具体的实验设计标记方法，如同位素标记法、磁铁标记法、拴线法、荧光标记法等。

图 3-7　北京东灵山生态研究站常用实验围栏（张洪茂摄影）

（三）实验鼠

实验鼠捕获于野外，捕鼠方法同种子扩散实验中的鼠类调查方法。将捕获鼠连同捕鼠笼装入不透明布袋、纸袋或尼龙口袋小心地转移到实验室，进行种类、性别、年龄、体重等信息登记后单笼饲养在塑料饲养箱中，不同鼠种饲养于不同的鼠房，维持自然温度和光周期（或根据实验需要调节），提供足够的食物、饮水、巢材。食物以饲料、当地植物种子、花生、玉米、瓜子等为主，每 1～2 天补充一次食物和饮水，使实验鼠保持健康状态。

（四）实验过程

实验过程（experimental protocol）在不同实验中有较大差异，但一般应考虑以下问题。

（1）实验种子的适应：实验前 1 周对实验鼠喂食实验种子，让其适应实验种子。

（2）实验前禁食：实验前禁食 6～8 h 以刺激实验鼠的取食欲望。

（3）围栏的适应：正式实验前让实验鼠适应围栏条件 24 h，放置少量未标记的实验种子或少量花生米作为食物。

（4）营养补充：实验期间补充适量花生等食物以维持实验鼠的营养需求和健康状态。

（5）称重：实验鼠进入围栏前后均需测量体重。

（6）测试间隔：两次测试之间需要间隔 24 h 以降低测试组间的影响，整理围栏及巢箱、清理围栏内残留的种子，清洗或更换巢箱，更换巢材，补充饮水等。

（7）选择性使用实验鼠：根据实验需要选择实验鼠，注意考虑性别、社群地位（social status）、健康状况等因素。

（8）实验顺序：根据需要设计实验顺序，分组实验时，实验鼠经历对照组和实验组的顺序要具有随机性，以避免实验顺序本身对实验鼠行为的影响，如测试 10 只鼠，让其中 5 只鼠经历"对照组+实验组"的测试顺序，另外 5 只鼠经历"实验组+对照组"的实验顺序。

**（五）记录参数**

不同实验记录的实验参数可能不同，一般包括如下几方面（参见附件）。

种子命运：原地存留（intact *in situ*，IIS）、原地取食（eaten *in situ*，EIS）、分散贮食（scatter hoarded，SH）、集中贮食（larder hoarded，LH）、巢外取食（eaten outside nest，EON，eaten with seed fragments and tag left on the ground surface）、巢内取食（eaten in nest，EIN，eaten with seed fragments and tag left in the nest）、弃置地表（intact after removal，IAR）。

贮食点：坐标、扩散距离、贮食点间距离、距离巢箱距离、埋藏深度、埋藏点微生境等。一般以围栏中心或种子释放点为原点，巢箱所在的象限为第一象限，建立平面坐标系，以定位贮藏种子的位置。

## 五、附件

常用实验记录表如附表 1～附表 10 所示。

**附表 1　鼠类介导下的植物种子扩散野外实验记录表**

样地：　　　　种子：　　　　样点：　　　　释放种子数：　　　　释放日期：　　　　结束日期：　　　　记录人：

| 种子编号 | 扩散日期（月/日） | 命运 | $X$（m） | $Y$（m） | 扩散距离（m） | 埋藏基质 | 埋藏深度（cm） | 埋藏点大小 | 与最近贮食点的距离（m） | 生境 | 微生境 | 存留时间（天） | 备注 |
|---|---|---|---|---|---|---|---|---|---|---|---|---|---|
| X07-01 | 7/5 | SH | 4.0 | −3.0 | 5.0 | S | 1.0 | 1 | 2.0 | SF | US | 3 | |

注：X07-01，07 样点 01 号山杏种子；SH，分散贮食；S，土壤；SF，次生林；US，灌丛下方

**附表 2　鼠类介导下的植物种子多次扩散野外实验记录表**

样地：　　　　种子：　　　　样点：　　　　释放日期：　　　　结束日期：　　　　记录人：

| 种子号 | 再扩散日期 | 扩散次数 | 命运 | $X$（m） | $Y$（m） | 与前一扩散点的距离（m） | 与原点的距离（m） | 埋藏基质 | 埋藏深度（cm） | 埋藏点大小 | 与最近贮食点的距离（m） | 生境 | 微生境 | 存留时间（天） | 备注 |
|---|---|---|---|---|---|---|---|---|---|---|---|---|---|---|---|
| | | | | | | | | | | | | | | | |

**附表 3　种子雨、种子扩散实验样地鼠类调查记录表**

样地：　　　　日期：　　　　置笼数：　　　　天气：　　　　记录人：

| 编号 | 种类 | 性别 | 年龄 | 体重（g） | 繁殖状态 | 微生境 | 标记位置 | 备注 |
|---|---|---|---|---|---|---|---|---|
| | | | | | | | | |

## 附表4　种子雨野外实验记录表

种子：　　　　样地：　　　　样点：　　　　开始日期：　　　　结束日期：　　　　记录人：

| 日期 | 完好 | 虫蛀 | 败育 | 果皮/壳斗 | 合计 | 备注 |
|---|---|---|---|---|---|---|
| | | | | | | |

## 附表5　种子形态测量记录表

种子：　　　　日期：　　　　测量人：

| 编号 | 鲜重 | | 干重 | | 种子形态 | | | | 备注 |
|---|---|---|---|---|---|---|---|---|---|
| | 种子（g） | 种仁（g） | 种子（g） | 种仁（g） | 长径（mm） | 宽径（mm） | 短径（mm） | 壳厚（mm） | |
| | | | | | | | | | |

## 附表6　鼠类解剖记录登记表

日期：　　　　地点：　　　　记录人：

| 日期 | 生境 | 编号 | 鼠种 | 性别 | 体重（g） | 胴体重（g） | 体长（mm） | 尾长（mm） | 后足长（mm） | 耳长（mm） | 雄性繁殖情况 | | | 雌性繁殖情况 | | | | | 胃含物 | | | | 备注 |
|---|---|---|---|---|---|---|---|---|---|---|---|---|---|---|---|---|---|---|---|---|---|---|---|
| | | | | | | | | | | | 睾丸位置 | 睾丸状态 | 贮精囊 | 曲精细管 | 子宫状态 | 胚胎 | 子宫斑1 | 子宫斑2 | 子宫斑3 | 生殖孔 | 乳头状态 | 种子（%） | 茎叶（%） | 动物（%） | 其他（%） | |
| | | | | | | | | | | | | | | | | | | | | | | | | | | |

## 附表7　鼠类监测记录表

年份：　　　　调查人：　　　　记录人：

| 日期 | 样地 | 置铗数（个） | 丢铗数（个） | 捕获数（只） | 捕获率（%） | 种类及数量 | 备注 |
|---|---|---|---|---|---|---|---|
| | | | | | | | |

## 附表8　室内饲养鼠登记表

年份：　　　　记录人：

| 鼠种 | 编号 | 捕获地点 | 捕获时间 | 捕获生境 | 性别 | 年龄 | 体重（g） | 繁殖状态 | 最终命运 | 备注 |
|---|---|---|---|---|---|---|---|---|---|---|
| | | | | | | | | | | |

附表9　围栏实验种子命运汇总表

年份：　　　　　记录人：

| 时间 | 围栏编号 | 鼠号 | 性别 | 体重（g） | 种子数（粒） | 原地 | | | | 搬运 | | | |
|------|----------|------|------|-----------|--------------|-----|-----|-----|-----|-----|-----|-----|------|
| | | | | | | IIS | EIS | SH | LH | IAR | EIN | EON | 合计 |

附表10　围栏实验分散贮食及弃置地表种子统计表

日期：　　　　　围栏号：　　　　　鼠种及编号：　　　　　实验种子：　　　　　记录人：

| 编号 | 命运 | $X$（m） | $Y$（m） | DD | CD | DN | 贮食点大小 | 埋藏深度（cm） | 微生境 | 备注 |
|------|------|---------|---------|-----|-----|-----|-----------|----------------|--------|------|

# 第三节　红外相机-种子标签法

为评估个体水平鼠类-种子互作关系、鼠类分散贮藏的效率及鼠类之间的盗食率，特提出红外相机-种子标签法，现参照 Gu 等（2017）的实验叙述。

## （一）鼠类活捕与染色标记

在实验区中心位置，设置一个6×11的方阵，方阵相邻位点间隔10 m，方阵面积约为 0.5 hm²，作为实验样地。在每个位点选择乔木或其他地标，以 2 cm×20 cm PVC 园艺环套标签牌进行标记，标签牌上注明位点坐标。在实验开始时，在每个方阵位点布设一个挂钩触发式单门活捕笼，全样地共布设66个（图3-8）。活捕笼用钢丝网制成，网眼约为 1 cm²，涂有防锈漆，长约 30 cm，宽约 15 cm，高约 14 cm。活捕笼诱饵为板栗（*Castanea mollissima*），这是一种鼠类喜食的种子，同时由于板栗具有硬壳，可以牢牢插在触发挂钩上，不会被鼠类轻易取走，并容易触发机关，因此以其为诱饵捕获率较高（图3-9）。

图3-8中66个方形代表活捕笼的布设位点。相邻位点横向和纵向间距均为10 m。每个位点均以字母纵轴（A~F）和数字横轴（1~11）构成坐标，如最左下角位点坐标为F1，最右上角位点坐标为A11。图3-9的活捕笼为挂钩触发式单门活捕笼。

鼠类活捕开始后，第一天傍晚打开每个样地位点的鼠笼，并上好诱饵，之后每天清晨检查鼠笼。当发现捕捉到鼠类后，马上就地进行以下流程。

A　□　□　□　□　□　□　□　□　□　□　□

B　□　□　□　□　□　□　□　□　□　□　□

C　□　□　□　□　□　□　□　□　□　□　□

D　□　□　□　□　□　□　□　□　□　□　□

E　□　□　□　□　□　□　□　□　□　□　□

F　□　□　□　□　□　□　□　□　□　□　□

　　1　2　3　4　5　6　7　8　9　10　11

图 3-8　实验样地示意图

图 3-9　布设好的活捕笼

## 1. 观察鉴定鼠种和性别

靠近鼠笼观察，观察初期尽量不触碰鼠笼，给鼠类适应的时间，以免其过度惊吓。记录鉴定出的鼠种、性别及捕获位点的坐标。对于不能立即确认的鼠种，使用相机拍摄照片，以便交流咨询。如果捕获个体明显是幼鼠或怀孕雌鼠，为避免标记过程致其死亡，在记录后立即原地释放。

## 2. 称量毛重

将鼠连同活捕笼一起放置于便携式液晶显示电子秤（量程 2000 g，精确度 0.1 g）上进行称量。电子秤每次称量前均需要仔细校准。记录鼠和笼的总重，即毛重。

## 3. 操控鼠类

研究者非惯用手戴加厚线手套，惯用手戴橡胶手套，将结实的尼龙捕虫网兜（直径约 35 cm，网深约 80 cm，网眼约 1 mm）的网口套至活捕笼口，边缘用手封紧，然后小心打开活捕笼，让鼠类自然跑入网兜中。如鼠类拒绝，则隔笼轻轻向其吹气，进行驱赶。一旦鼠类落入网兜深处，立即收紧网口，关闭并移开活捕笼。以戴有加厚线手套的非惯用手食指和拇指隔网兜抓牢鼠类的后颈皮肤，手心自然盖住鼠类躯干部，其余手指控制腹部和后肢。如捕获到小泡巨鼠这类难以把持的大型鼠，则在抓牢后颈皮肤后用手掌轻轻将鼠按压在地面。操作中应时刻注意鼠的状态，避免窒息。

### 4. 打上耳标

固定好鼠类后，研究者以惯用手扒开网兜，暴露出鼠的右耳，使用刻有编号的小鼠耳标及专用耳标钳打上耳标。由于耳标具有一定的重量，标记后鼠类的耳郭往往会向内倒伏，因此标记时应尽量将有编号的一侧置于耳郭外侧，便于重捕后的观察和鉴别。

### 5. 进行染色

打好耳标后，将鼠类重新置于网兜深处。根据鼠体大小使用适宜型号的水彩画笔在调色盘中以 1∶1 的比例调配好酒红色染发剂和固定剂。预实验证明使用这种颜色的染发剂可以在红外相机录制的视频中获得最佳标记效果。仍以戴有加厚线手套的手控制住鼠体，注意此时进行反向持握，食指、拇指抓牢鼠的后颈皮肤，手掌自然笼罩鼠的头部，其余手指控制鼠的前肢。以另一只手扒开网兜，暴露出鼠的背部皮毛，用画笔在其上绘制标记图案。预设的标记图案力求清晰易辨，而且易于绘制，以便在红外相机拍摄的视频中对访问种子释放点的鼠类进行个体识别。比较理想的预设图案包括：英文字母 A、B、C、E、F、H、I、K、M、N、O、P、R、S、T、U、W、X、Y、Z；数字 3、4、6、7、8、9；十字以及不同身体部位的大块纯色标记等。染色过程应力求快速，以防鼠类窒息。

### 6. 释放鼠类

染色完成后迅速向样地中心方向释放鼠类，以防网兜沾染未干的染料破坏标记图案。预实验显示鼠类并未对人用染发剂感到不适，没有观测到任何染色后的舔舐、刷蹭行为。

### 7. 称量鼠笼并计算鼠重

将空鼠笼置于电子秤上称量得到笼重，则鼠重=毛重–笼重。值得注意的是捕获的鼠类特别是北社鼠（*Niviventer confucianus*）经常将活捕笼附近的大量落叶收集到笼中，操作时尽量避免遗失这些内容物，称量时需要作为笼重一并称量，以免高估鼠重。

### 8. 重新布设鼠笼

整理好器材后将鼠笼中的内容物清理干净，重新上好诱饵，布设好鼠笼。如果预实验证实当地白天没有动物访问鼠笼，则可仅在清晨查笼，否则至少需要早晚检查 2 次。

在捕鼠标记阶段上述流程持续进行，直至连续两天全部 66 个活捕笼未捕获无标记个体。此时关闭全部鼠笼，进行下一阶段的实验。后续实验过程中如发现染色标记消退，则重新打开部分鼠笼，争取进行重捕和重新标记。所有野生动物的捕捉和处理需要严格遵循国际通用的实验动物处理准则，研究者应具有实验项目伦理审查许可。

（二）种子释放与红外相机监测

每年 9 月底 10 月初在都江堰地区的原始林采集成熟且暂未开裂的油茶果实（原始

林距实验样地距离大于 500 m），然后将种子晾置，使其自然风干开裂，再剥除果皮，收集深棕到亮黑色的、饱满的成熟种子。将待释放的种子以手钻钻出直径 0.5 mm 的小孔，钻孔位置远离胚体，使得除了子叶外种胚无损伤。称量种子重量并记录，随后使用直径 0.5 mm、长 13～15 cm 的细钢丝，按照塑料标签法的操作规程（Xiao *et al.*，2008），将 2.5 cm×3.6 cm 的塑料标签牌连接到种子上，连接线保留 10 cm 左右。然后在种子标签牌上以黑色油性记号笔记下编号和种子释放日期。为了能在随后的红外监测阶段拍摄的视频中清楚地分辨每粒种子，从而使种子与其扩散者的身份一一对应，研究者将种子标签裁剪为 10 种不同的形状，每种形状都对应着特定的种子编号（图 3-10，图 3-11）。具体来说，如果有 *a* 个种子释放点，每个释放点都释放 *b* 粒种子，那么每粒种子的身份编号都是"种子释放点编号（即 1～*a*）+种子编号（即 1～*b*）"，而种子标签的形状数量对应着每个释放点释放的种子数，即需要剪裁 *b* 种不同形状的标签，类型 1 标签对应种子编号 1，类型 2 标签对应种子编号 2……依次类推，类型 *b* 标签对应种子编号 *b*。不同释放点的同一编号种子均使用同种形状的种子标签。

图 3-10　塑料标签法标记的种子

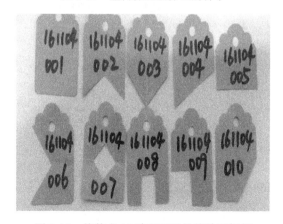

图 3-11　裁剪成 10 种不同形状的种子标签

　　由于红外相机拍摄的视频中难以分辨标签上的字迹，因此将种子标签裁剪为易于辨识的不同形状。图 3-11 中最左侧的种子标签为塑料标签牌的原始形状，上方从左至右为类型 1~5，下方从左至右为类型 6~10。由于每个释放点都释放 10 粒种子，这些种子都由这 10 种类型的标签标记。该示意图中种子标签编号表示该批种子于 2016 年 11 月 4 日在 0 号种子释放点释放，在捕鼠标记的样地中选择 10 个间距约 20 m 的种子释放点，每当捕鼠标记阶段结束后，立即开始种子释放和红外相机监测（图 3-12）。在每个种子释放点，选择一株健康稳固、粗细适中的乔木作为红外相机的支架，在距地面 0.5 m 高的乔木主干上捆绑一台被动式红外感应相机（如美国 Little Acorn 公司生产的 Ltl 5210A 型红外相机）。相机参数设定如下：拍摄模式设置为录像模式，视频分辨率设置为 640×480，被动式红外线感受器的灵敏度设置为高，每段录像长度设置为 10 s，相邻两次录像间隔时间设置为 0 s。将红外相机捆绑成镜头和红外线感受器以一定角度朝向地面，然后在其朝向的中心位置清理出一片 0.5 m² 的空地，去除砾石、杂草和枯枝落叶，以免干扰红外相机的监测（图 3-13）。在每个种子释放点放置 10 粒标记好的油茶种子，每个释放点的 10 粒种子的标签形状各不相同。在种子释放开始阶段，有 100 粒标记的种子被同时释放和监测。

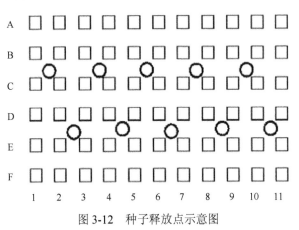

图 3-12　种子释放点示意图

图 3-13　种子释放点相机布设示意图

实际实验中，种子被排成标签在外侧的环形

图 3-12 中方形代表活捕笼设置位点，相邻位点在纵向和横向上的间距均为 10 m。圆形代表设置的种子释放点，均位于相邻 4 个活捕笼位点形成的矩形的正中，各种子释放点间的距离不小于 20 m。红外监测开始后，每天从 8：00～14：00 在样地内检查油茶种子的扩散情况。如果某个种子释放点的种子被取食或扩散，则更换红外相机的内存卡。由于事先进行了染发剂染色，标记过的鼠类会在红外相机拍摄的视频中清晰可辨，而改造后的种子标签牌也非常容易识别（图 3-14）。因此，通过观看并分析记录有种子扩散或被取食过程的红外视频信息，研究者可以建立起种子及其扩散者间的一一对应关系，填补种子命运研究中扩散者身份长期属于"黑箱"问题的缺陷。有时，未标记的鼠类也可能访问种子释放点，此时通过对视频信息的仔细观察，有一定可能鉴定出访问者。然而，实验显示仍有 19.9%被鼠类搬运种子，但由于相机工作异常等其访问者身份不明。

图 3-14　种子释放点红外相机监测视频截图

图 3-14 的视频拍摄于 2014 年 1 月 3 日凌晨 1 时 16 分 1 号种子释放点，视频中访问该种子释放点的鼠类背部有十字图案，根据捕鼠标记时的记录，这是一只雄性小泡巨鼠，捕鼠时体重为 269.7 g。根据种子标签形状，该鼠扩散的为类型 4 的种子。当某个种子释放点的 10 粒种子全部被取食或扩散，或者长时间没有鼠类访问时，应马上补充新的以相同方式标记的油茶种子，直到实验期结束。

（三）种子搜索与追踪拍摄

当某个种子释放点的种子扩散后，研究者仔细搜索以该释放点为圆心、30 m 半径范围内的地面和植株，依靠肉眼寻找种子标签牌以定位种子。此前的研究显示绝大多数油茶种子的首次扩散距离都在 20 m 以内（Xiao *et al.*，2004a，2004b，2004c），而裸露在地表的种子标签牌对于有经验的搜索者来说十分醒目易辨。找到扩散的种子后，研究者按照种子扩散实验的规程记录种子编号、扩散时间、扩散距离和种子命运。如果种子被贮藏，则还需记录种子的扩散位点坐标、贮点基质、贮点微生境类型等。种子命运包括以下几类（Huang *et al.*，2011；Zhang *et al.*，2008）：①IIS，即完整的种子被留存于种子释放点，未被鼠类访问；②EIS，即种子被鼠类在种子释放点的 0.5 m² 范围内取食；③EAR，即种子被鼠类搬运到种子释放点以外的其他位置取食；④SH，即种子被鼠类分散贮藏，包括直接在种子释放点贮藏；⑤M，即种子被鼠类从种子释放点搬运后失踪，未能在 30 m 半径的搜索区域内找到。这些种子可能被鼠类集中贮藏在地下巢穴中，或是已被扩散至搜索半径以外。

随后，在找到的每一个被分散贮藏的种子贮藏点附近设置一台红外相机，继续依靠录像监测贮藏点。这些贮藏点可能在之后的某一时刻被贮藏者挖开并重新贮藏在其他位置，也可能被其他个体（无论是同种还是异种的盗食者）盗食。通过每天检查这些监测点，一旦发现贮藏点被破坏，研究者就可以根据红外相机中的录像视频确定贮藏点的命运（图3-15）。如果发生了二次扩散，则研究者继续以前一次贮藏点为圆心，在30 m半径范围内搜索这些种子，并继续使用建立红外相机监测点的方式追踪种子的命运，直到所有标记的种子被取食（EIS或者EAR）、失踪（M）或是被分散贮藏后连续30天没有被移动。

图3-15　种子贮藏点红外相机监测视频截图

图3-15中的这段视频拍摄于2014年1月8日凌晨5时54分，视频中访问种子贮藏点的鼠类背部有十字图案，根据捕鼠标记时的记录，这是一只雄性小泡巨鼠，捕鼠时体重为269.7 g。根据种子命运追踪记录，该鼠是这一贮藏点的建立者。该贮藏点类型4种子在被贮藏者取走后失踪。

（四）分散贮藏相关参数的定义

通过上述红外相机监测追踪种子扩散命运的方法，可以建立起种子与其扩散者间个体水平上一一对应的关系。为了对分散贮食适应性假说进行检验，便于对不同鼠种间分散贮藏种子的策略进行分析和比较，我们定义了一系列量化分散贮食行为的参数（Gu *et al.*，2017）。

**1. 统计性参数**

此类参数共11种，是对种子命运与视频分析数据的简单统计累加。

（1）THS，即整个鼠类群落通过访问种子释放点获得的所有种子，包括每个鼠种获得的所有种子（IHS）。

$$THS=\sum IHS$$

（2）IHS，即某一鼠种通过访问种子释放点获得的所有种子，包括被该鼠种搬运的种子（R）及被该鼠种在种子释放点原地取食的种子（EIS）。

$$IHS=R+EIS$$

（3）R，即某一鼠种访问种子释放点时扩散的种子，包括被该鼠种搬运到种子释放点以外的其他位置取食的种子（EAR）、被鼠类分散贮藏的种子（$SH_1$），以及被鼠类从种子释放点搬运后失踪的种子（M）。

$$R=EAR+SH_1+M$$

（4）$SH_1$，即鼠类首次扩散种子时分散贮藏的种子，这部分种子之后或者因被其他个体盗食而损失（TL），或者被贮藏者自己取食或再次贮藏，或者直到实验期30天结束时贮藏点仍未被访问。后两种情况均视为贮藏者保留住了自己分散贮藏的种子（RSH），可用来衡量贮藏者分散贮藏种子的收益。

$$SH_1=TL+RSH$$

（5）TL，即被某一鼠种个体分散贮藏的种子因各种原因产生的总损失，其收益未被贮藏者获得，这些原因包括被同种其他个体盗食而产生的种内盗食损失（CL）、被其他鼠种个体盗食而产生的种间盗食损失（IL），以及一些未能确认身份的个体造成的"损失"（UL）。UL可能的情形有两种：一是在种子扩散监测的任意阶段，由于鼠类运动过于快速或者相机触发不灵敏等无法在视频中看清贮藏点的访问者，不能识别其身份；二是虽然有清晰的视频记录，但由于贮藏者和访问贮藏点的个体都属于无标记个体，因此无法确认该粒种子是否经历了盗食——存在贮藏点的访问者就是贮藏者的可能性。由此可见，由于可能将无标记的贮藏者取走自己贮藏点的行为当作盗食，因此TL是该鼠种可能因盗食遭受损失的最大估计，实际损失一定不大于TL。此外，RSH是鼠类分散贮藏收益比较保守的估计，贮藏者的实际收益可能大于RSH。

$$TL=CL+IL+UL$$

（6）TP，即某一鼠种的个体通过盗食其他个体分散贮藏的贮藏点而获得的种子的总和，包括盗食同种其他个体的贮藏点获得的种内盗食种子（CP）——其值必然与种内盗食损失（CL）相等，以及盗食其他鼠种个体的贮藏点获得的种间盗食种子（IP）。

$$TP=CP+IP$$

（7）$SH_F$，即某一鼠种通过整个鼠类群落的分散贮食行为获得的种子，包括该鼠种贮藏者保留下来的自己分散贮藏的种子（RSH）、通过种内或种间盗食其他个体的分散贮藏点获得的种子（TP），以及一些该鼠种取自贮藏者身份不明的贮藏点的种子（UH）。UH既可能是盗食自其他个体贮藏点的种子，可归入TP，也可能是贮藏者从自己建立的贮藏点获得的种子，可归入RSH。

$$SH_F=RSH+TP+UH$$

（8）NSH，即某一鼠种不依靠分散贮食行为获得的种子，也就是被鼠类直接取食的种子，包括在种子释放点取食的种子（EIS）和搬运到种子释放点以外取食的种子（EAR）。

$$NSH=EIS+EAR$$

（9）NP，即某一鼠种不依靠盗食其他个体建立的贮藏点获得的种子，包括被鼠类直接取食的种子，以及被该鼠种贮藏者保留下来的自己分散贮藏的种子（RSH）。

$$NP=EIS+EAR+RSH$$

（10）$FHS_1$，即某一鼠种经历种子的多次扩散过程，最终获得的不包括失踪种子（M）在内的全部种子。从盗食的角度来看，$FHS_1$包括该鼠种通过盗食获得的种子（TP）、来源不明的种子（UH），以及不依靠盗食获得的种子（NP）；从分散贮藏的角度来看，$FHS_1$ 包括该鼠种通过整个鼠类群落的分散贮食行为获得的种子（$SH_F$），以及不依靠分散贮食行为获得的种子（NSH）。

$$FHS_1=TP+UH+NP=SH_F+NSH$$

（11）$FHS_2$，即某一鼠种经历种子的多次扩散过程，最终获得的包括失踪种子（M）在内的全部种子，此处的 M 视为被鼠类集中贮藏在巢穴中。除此之外，$FHS_2$ 与 $FHS_1$ 含义一致。

$$FHS_2=FHS_1+M$$

## 2. 搬运或贮藏效率评估性参数

（1）SHP，某一鼠种进行分散贮食行为的倾向性，以该鼠种通过访问种子释放点获得的所有种子（IHS）中被其分散贮藏的种子（$SH_I$）所占的比例进行评估。

$$SHP=SH_I/IHS$$

（2）$SHB_1$，某一鼠种分散贮食行为收益的 4 种指标之一，以到实验期结束时该鼠种首次扩散种子时分散贮藏的种子（$SH_I$）中，被贮藏者本身保留下来的种子（RSH）所占的比例进行评估。

$$SHB_1=RSH/SH_I$$

（3）$SHB_2$，某一鼠种分散贮食行为收益的 4 种指标之一，以到实验期结束时该鼠种通过整个鼠类群落的分散贮食行为获得的种子（$SH_F$）与该鼠种首次扩散种子时分散贮藏的种子（$SH_I$）比较，以此进行评估。

$$SHB_2=SH_F/SH_I$$

（4）$SHB_3$，某一鼠种分散贮食行为收益的 4 种指标之一，以到实验期结束时该鼠种最终获得的不包括失踪种子在内的全部种子（$FHS_1$）中，通过整个鼠类群落的分散贮食行为获得的种子（$SH_F$）所占的比例进行评估。

$$SHB_3=SH_F/FHS_1$$

（5）$SHB_4$，某一鼠种分散贮食行为收益的 4 种指标之一，以到实验期结束时该鼠种最终获得的包括失踪种子在内的全部种子（$FHS_2$）中，通过整个鼠类群落的分散贮食行为获得的种子（$SH_F$）所占的比例进行评估。

$$SHB_4=SH_F/FHS_2$$

（6）TPA，某一鼠种的总盗食能力，以整个鼠类群落（包含该鼠种在内）所有个体首次扩散种子时分散贮藏的种子（$\sum SH_I$）被该鼠种个体通过种内、种间盗食（TP）获取的比例进行评估。

$$TPA=TP/\sum SH_I$$

（7）CPA，某一鼠种的种内盗食能力，以该鼠种所有个体首次扩散种子时分散贮藏的种子（$SH_I$）被该鼠种个体通过种内盗食（CP）获取的比例进行评估。

$$CPA=CP/SH_I$$

（8）IPA，某一鼠种的种间盗食能力，以整个鼠类群落中除该鼠种外其他鼠种所有个体首次扩散种子时分散贮藏的种子（$\sum SH_I-SH_I$）被该鼠种个体通过种间盗食（IP）获取的比例进行评估。

$$IPA=IP/（\sum SH_I-SH_I）$$

（9）ICE，某一鼠种在种子释放点的种子竞争效率，以整个鼠类群落通过访问种子释放点获得的所有种子的总和（$\sum$IHS）中，单位体重的该鼠种获得的全部种子（IHS/Body mass）所占的比率进行评估。

$$ICE=IHS/（Body\ mass\cdot\sum THS）$$

（10）$FCE_1$，某一鼠种在实验期结束时的种子竞争效率，以整个鼠类群落在经历种子多次扩散过程后最终获得的不包括失踪种子在内的全部种子（$\sum FHS_1$）中，单位体重的该鼠种最终获得的全部种子（$THS_1$/Body mass）所占的比例进行评估。

$$FCE_1=FHS_1/（Body\ mass\cdot\sum THS_1）$$

（11）$FCE_2$，某一鼠种在实验期结束时的种子竞争效率，以整个鼠类群落在经历种子多次扩散过程后最终获得的包括失踪种子在内的全部种子（$\sum FHS_2$）中，单位体重的该鼠种最终获得的全部种子（$THS_2$ / Body mass）所占的比例进行评估。

$$FCE_2=THS/（Body\ mass\cdot\sum THS）$$

# 第四节　鼠类-种子互作网络参数测定

自然界中，动物与植物之间的相互作用普遍存在，并在生物多样性的维持和生态系统服务中发挥重要的作用。目前，越来越多的研究者对生态网络给予了关注，如食物网、互惠网络（如传粉网络和种子扩散网络）和对抗性网络（如植物-植食性动物网络和寄主-寄生者网络）（CaraDonna *et al.*，2017；Dattilo *et al.*，2014；Schleuning *et al.*，2011）。生态网络包含嵌套度（nestedness）、模块度（modularity）和非对称性（asymmetry）等结构特征（Grilli *et al.*，2016；Rodriguez-Girones and Santamaria，2006；Bascompte *et al.*，2006，2003）。然而，由于在自然状况中难以监测小型兽类的行为和缺乏测定鼠类-种子互作网络参数的方法，对鼠类-种子互作网络及其影响因素的研究鲜有报道。本节以我们在四川都江堰的工作为例，系统介绍了鼠类-种子互作网络的研究方法，包括种子雨和鼠类群落密度调查、种子标记和红外相机监测等，并重点介绍了鼠类-种子互作网络参数的测定方法，以期为深入研究种子与鼠类之间的互作关系及鼠类-种子互作网络的结构和功能提供基础资料（Yang *et al.*，2018）。

## 一、种子雨调查

种子雨调查主要用于监测一定区域、某些特定植物种子产量、组成、散落动态等，以期了解该区域鼠类-种子互作中种子生产的变化规律。在研究区域选取若干能代表研究对象分布和种子结实特征的样地。在每一样地内设置样线 2~4 条，在每条样线上等距离安放若干个收集网，收集网用尼龙布制作，并使用竹子或树桩固定四角，其最低点距离地面约 80 cm，以防止陆地脊椎动物捕食收集的种子，每个收集网取样面积为 1 m×1 m（图 3-16a）。随后每两周收集种子雨一次，将每个收集网中的种子单独装入自封袋并标记编号，之后在实验室将不同的种子分别装入纸质信封，放入烘箱烘烤，温度定为60℃，烘干水分 12 h。对烘干后的样品进行分类、称量干重，并记录完好、受损、虫蛀等情况。在种子雨高峰时期，收集新鲜完好的种子以备种子扩散实验使用。之后每年重复调查。

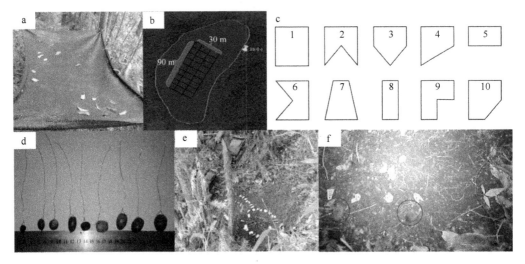

图 3-16　测定鼠类-种子互作网络参数中收集网、活捕笼、红外相机设置和种子标记示意图
（引自 Yang *et al*.，2018）

a. 收集网；b. 活捕笼布设矩阵；c. 种子标签形状，每个形状对应不同的编号；d. 释放的种子；e. 种子释放点安放的红外相机；f. 红外相机监测到的两只中华姬鼠

## 二、鼠类群落调查

采用标记重捕法调查样地内的鼠类群落密度。在每个样地按 4×10 矩阵（或 7×7）布设活捕笼（图 3-16b），相邻笼间距为 10 m。每年 10～11 月，以板栗为诱饵，每日傍晚释放鼠笼，并于次日清晨检查鼠笼，连续 5 天，对新捕获个体记录其性别、体重等信息，并给每只鼠打上耳标和在鼠背部染色标记后释放个体。对重捕个体记录标号和笼号，然后原地释放。

## 三、种子标记技术

种子选取：选取某一地区常见的森林植物种子用于实验，在种子成熟季节，收集完好的种子晾干备用（图 3-16d）。

种子标记：为方便追踪和使红外相机拍摄得更清晰而选用白色或红色塑料标签（3 cm×1.5 cm，< 0.15 g）连接不同植物的种子，并将其裁剪成若干种不同形状（形状、数字与物种对应）（图 3-16c）。在种子释放之前单独称重，再用细铁丝连接在已编号的不同形状的标签牌上。

种子释放和查看：根据当年各样地种子雨收集和观察种子结实情况，确定各样地种子释放的种类。在鼠类群落调查样地及周边随机选择释放点，各点每种种子释放 10 粒，依序排好（图 3-16e），选择 9 个释放点，间距至少 20 m。从次日起查看种子命运，连续 3 天（可依种子扩散速率作适当整体调整）。后续种子命运调查每周一次，直到基本保持不变为止。第二年春季调查种子萌发情况。

## 四、红外相机监测技术

红外相机布设：在种子释放点旁用树枝固定红外相机（图 3-16e）。相机距离地面 40～70 cm，相机正面与地面成 60°夹角，相机镜头正对种子释放点的中心。为保证良好的拍摄效果，需将种子释放区域内的枯枝落叶清理干净。

红外相机监测：待相机布设和种子释放完成后，检查相机关键参数的设置、电池和储存卡情况，然后开启并触发红外相机进行预拍摄，根据拍摄的录像画面微调相机的布设角度，以确保释放种子位于画面中央，开机进行监测。次日早晨，巡查并记录种子被动物取食、搬走等状况，并更换新的存储卡。

录像分析：系统性地存储每天获得的各种监测录像，根据之前的标记和种子扩散记录，鉴定录像中发生互作的鼠类和种子（图 3-16f），并做记录。

## 五、种子和鼠类物种多样性

根据各斑块种子雨的情况，确定植物种类，并计算种子相对密度，估计种子产量，即

种子相对密度（seed relative density，SRD）（No./m$^2$）=散落种子总数（$N$）/ 种子收集网的总面积（S）（m$^2$）。

种子丰富度（seed richness，SR）=各斑块的种子的物种数。

种子数量（seed abundance，SA）=各斑块种子的总数量。

种子热值（metabolic seed abundance，MSA，以每个种子的热值来计算），即 $MSA = \left(\sum_{i=1}^{S} n_i CV_i\right) / S$，其中，$S$ 为群落内的种子种数；$n_i$ 为释放物种 $i$ 的数量；$CV_i$ 为释放物种 $i$ 的平均种子热值。

鼠类丰富度（rodent richness，RR）=各斑块调查到鼠类的物种数。

鼠类数量（rodent abundance，RA）=最小捕获的鼠类数量。

鼠类代谢生物量（metabolic rodent abundance，MRA，每个鼠类物种的体重之和），即 $MRA = \left(\sum_{i=1}^{S} n_i BM_i^{0.75}\right)$，其中，$S$ 为群落内的鼠类物种数；$n_i$ 为物种 $i$ 种群的大小（最小捕获数），$BM_i^{0.75}$ 为物种 $i$ 的平均体重（Xiao et al.，2013）。

每粒种子的可获得性（per capita seed availability，PCSA）：PCSA=SA/RA。

每粒种子热值的可获得性（metabolic per capita seed availability，MPCSA）：MPCSA=MSA/MRA。

物种多样性指数：采用香农-维纳指数[ $H = -\sum_{i=1}^{S} p_i \ln(p_i)$ ]表示，其中，$S$ 为群落的物种数；$p_i$ 表示第 $i$ 个种占总数的比例（马克平和刘玉明，1994）。

## 六、鼠类-种子互作网络参数

根据鼠类群落、种子雨调查和红外相机录像分析，确定互作的植物种子、鼠类及互

作强度，以此构建鼠类-植物种子互作网络。互作网络的特征参数可分为群落水平和物种水平。下面介绍重要的网络参数的含义和计算公式。

群落水平网络参数如下。

（1）互作强度（interaction strength，IS），以鼠类对所释放的各类种子的相对访问强度（visiting frequency）来表示，即 IS=（被取食的种子数+被搬运的种子数）/所释放的种子总数 × 100%（Vazquez et al.，2005）。

（2）连接度（connectance，C），即 $C=L/S^2$。其中，$L$ 为实际连接数；$S$ 为物种丰度。其反映网络的连接强度，值越高，则连接强度越大（Dunne et al.，2002）。

（3）物种平均连接数（links per species，LPS），以连接总数/物种总数计算，反映网络的连接强度（Bersier et al.，2002）。

（4）嵌套度（nestedness，ND）。嵌套结构是指某物种的一些连接对象是相对于其更为泛化的物种的连接对象的子集。嵌套度越高，说明嵌套结构越明显（Bascompte et al.，2003；Rodriguez-Girones and Santamaria，2006），如图 3-17 所示。

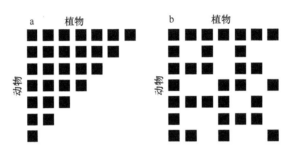

图 3-17　动植物互惠网络的嵌套结构示例
a. 高嵌套度；b. 低嵌套度

（5）互作强度的非对称性（interaction strength asymmetry），即 $\mathrm{AS}(i,j)=\left|d_{ij}^{P}-d_{ji}^{A}\right|/\max\left(d_{ij}^{P},d_{ji}^{A}\right)$，其中，$d_{ij}^{P}$ 和 $d_{ji}^{A}$ 分别表示植物 $i$ 对动物 $j$ 的依赖程度和动物 $j$ 对植物 $i$ 的依赖程度；$\max(d_{ij}^{P},d_{ji}^{A})$ 为 $d_{ij}^{P}$ 和 $d_{ji}^{A}$ 之间的最大值，正值代表一个物种对另一互作营养级的物种有更大的影响，负值代表一个物种总体上是被另一互作营养级的物种所影响，其可以量化存在互作关系的物种间影响与被影响的平衡度（Bascompte et al.，2006）。

物种水平网络参数如下。

（1）物种度（species degree，SD），即网络中某物种与其他相关物种发生联系的数量，在很大程度上讲，度的大小代表着物种在网络中的重要程度（Bascompte and Jordano，2007；Bascompte et al.，2006）。

（2）物种强度（species strength，SS），是指某一个动物物种或植物物种的依赖度或所受作用强度的总和（Bascompte et al.，2006）。

（3）嵌套等级（nested rank，NR），数值越低，意味着物种具有更高的泛性，反之亦然（Alarcon et al.，2008）。

（4）专性指数（species specificity index，SI），或专化度，用来衡量物种的专性程度。与某一物种存在互作关系的物种越多，则该物种的专性指数越低（Blüthgen et al.，2006）。

（5）连接多样性（partner diversity，PD），即某一物种的连接对象的多样性，可以衡量物种的泛性程度，泛性更高的物种，连接多样性也更高（Bersier *et al.*，2002）。

以上参数计算可在 R 软件中使用"bipartite"包来操作。

# 参 考 文 献

马克平, 刘玉明. 1994. 生物群落多样性的测度方法. Ⅰ: α 多样性的测度方法(下). 生物多样性, 2(4): 231-239.

王巍, 马克平. 1999. 岩松鼠和松鸦对辽东栎坚果的捕食和传播. 植物学报, 41(10): 1142-1144.

肖治术, 张知彬. 2003. 食果动物传播种子的跟踪技术. 生物多样性, 11(3): 248-255.

赵清建, 顾海峰, 严川, 等. 2016. 森林破碎化对鼠类-种子互作网络的影响. 兽类学报, 36(1): 15-23.

Abbott H G, Quink T F. 1970. Ecology of eastern white pine seed caches made by small forest mammals. Ecology, 51(2): 271-278.

Acácio V, Holmgren M, Jansen P A, *et al.* 2007. Multiple recruitment limitation causes arrested succession in Mediterranean cork oak systems. Ecosystems, 10(7): 1220-1230.

Alarcon R, Waser N M, Ollerton J. 2008. Year-to-year variation in the topology of a plant-pollinator interaction network. Oikos, 117: 1796-1807.

Alverson W S, Díaz A G. 1989. Measurement of the dispersal of large seeds and fruits with a magnetic locator. Biotropica, 21(1): 61-63.

Bascompte J, Jordano P. 2007. Plant-animal mutualistic networks: the architecture of biodiversity. Annual Review of Ecology, Evolution, and Systematics, 38: 567-593.

Bascompte J, Jordano P, Melian C J, *et al.* 2003. The nested assembly of plant-animal mutualistic networks. Proceedings of the National Academy of Sciences of the USA, 100: 9383-9387.

Bascompte J, Jordano P, Olesen J M. 2006. Asymmetric coevolutionary networks facilitate biodiversity maintenance. Science, 312: 431-433.

Bersier L F, Banasek-Richter C, Cattin M F. 2002. Quantitative descriptors of food-web matrices. Ecology, 83: 2394-2407.

Blair W F. 1937. The burrows and food of the prairie pocket mouse. Journal of Mammalogy, 18(2): 188-191.

Blüthgen N, Menzel F, Bluthgen N. 2006. Measuring specialization in species interaction networks. Bmc Ecology, 6: 9.

Blüthgen N, Menzel F, Hovestadt T, *et al.* 2007. Specialization, constraints, and conflicting interests in mutualistic networks. Current Biology, 17(4): 341-346.

Bogdziewicz M, Crone E E, Steele M A, *et al.* 2017. Effects of nitrogen deposition on reproduction in a masting tree: benefits of higher seed production are trumped by negative biotic interactions. Journal of Ecology, 105(2): 310-320.

Borchert M I, Davis F W, Michaelsen J, *et al.* 1989. Interactions of factors affecting seedling recruitment of blue oak (*Quercus douglasii*) in California. Ecology, 70(2): 389-404.

Breck S W, Jenkins S H. 1997. Use of an ecotone to test the effects of soil and desert rodents on the distribution of Indian ricegrass. Ecography, 20(3): 253-263.

Brewer S W. 2001. Predation and dispersal of large and small seeds of a tropical palm. Oikos, 92(2): 245-255.

Brewer S W, Rejmánek M. 1999. Small rodents as significant dispersers of tree seeds in a Neotropical forest. Journal of Vegetation Science, 10(2): 165-174.

Cahalane V H. 1942. Caching and recovery of food by the western fox squirrel. Journal of Wildlife Management, 6(4): 338-352.

CaraDonna P J, Petry W K, Brennan R M, *et al.* 2017. Interaction rewiring and the rapid turnover of plant-pollinator networks. Ecology Letters, 20: 385-394.

Carlo T A, Norris A E W. 2012. Direct nitrogen intake by petals. Oikos, 121: 1953-1958.

Carlo T A, Tewksbury J, del Rio C M. 2009. A new method to track seed dispersal and recruitment using $^{15}$N isotope enrichment. Ecology, 90: 3516-3525.

Castellano S M, Gorchov D L. 2013. Using a stable isotope to label seeds and seedlings of an invasive shrub, *Lonicera maackii*. Invas Plant Sci Manage, 6: 112-117.

Daly M, Behrends P R, Wilson M I, *et al*. 1992a. Behavioural modulations of predation risk: moonlight avoidance and crepuscular compensation in a nocturnal desert rodent. Animal Behaviour, 44: 1-9.

Daly M, Jacobs L F, Wilson M I, *et al*. 1992b. Scatter hoarding by kangaroo rats (*Dipodomys merriami*) and pilferage from their caches. Behavioral Ecology, 3(2): 102-111.

Dattilo W, Marquitti F M D, Guimaraes P R, *et al*. 2014. The structure of ant-plant ecological networks: is abundance enough. Ecology, 92: 475-785.

Dunne J A, Williams R J, Martinez N D. 2002. Network structure and biodiversity loss in food webs: robustness increases with connectance. Ecology Letters, 5: 558-567.

Fischer C, Kollmann J, Wagner T C. 2015. How does the seed fate of *Crotalaria podocarpa* DC, a highly competitive herbaceous legume in arid rangelands, contribute to its establishment probability? Perspectives in Plant Ecology, Evolution and Systematics, 17(5): 405-411.

Forget P M. 1990. Seed-dispersal of *Vouacapoua americana* (Caesalpiniaceae) by Caviomorph rodents in French Guiana. Journal of Tropical Ecology, 6(4): 459-468.

Forget P M. 1992. Seed removal and seed fate in *Gustavia superba* (Lecythidaceae). Biotropica, 24(3): 408-414.

Forget P M. 1993. Post-dispersal predation and scatter hoarding of *Dipteryx panamensis* (Papilionaceae) seeds by rodents in Panama. Oecologia, 94(2): 255-261.

Forget P M. 1996. Removal of seeds of *Carapa procera* (Meliaceae) by rodents and their fate in rainforest in French Guiana. Journal of Tropical Ecology, 12(6): 751-761.

Forget P M, Milleron T. 1991. Evidence for secondary seed dispersal by rodents in Panama. Oecologia, 87(4): 596-599.

Forget P M, Munoz E, Leigh E G. 1994. Predation by rodents and bruchid beetles on seeds of *Scheelea* palms on Barro Colorado Island, Panama. Biotropica, 26(4): 420-426.

Forget P M, Wenny D. 2005. How to elucidate seed fate? a review of methods used to study seed removal and secondary seed dispersal. *In*: Forget P M, Lambert J E, Hulme P E, *et al*. Seed Fate: Predation, Dispersal, and Seedling Establishment. Wallingford and Cambridge: CABI Publishing: 379-393.

Forster C, Herrmann J D. 2014. Tracking wind-dispersed seeds using $^{15}$N-isotope enrichment. Plant Biol, 16: 1145-1148.

Gómez J M, Puerta-Piñero C, Schupp E W. 2008. Effectiveness of rodents as local seed dispersers of Holm oaks. Oecologia, 155(3): 529-537.

Grilli J, Rogers T, Allesina S. 2016. Modularity and stability in ecological communities. Nature Communications, 7: 12031.

Gu H, Zhao Q, Zhang Z. 2017. Does scatter-hoarding of seeds benefit cache owners or pilferers? Integrative Zoology, 12(6): 477-488.

Hadow H H. 1972. Freeze-branding: a permanent marking technique for pigmented mammals. Journal of Wildlife Management, 36(2): 645-649.

Hart E B. 1971. Food preferences of the cliff chipmunk, *Eutamias dorsalis*, in northern Utah. Great Basin Naturalist, 31(3): 182-188.

Haugaasen J M T, Haugaasen T, Peres C A, *et al*. 2010. Seed dispersal of the Brazil nut tree (*Bertholletia excelsa*) by scatter-hoarding rodents in a central Amazonian forest. Journal of Tropical Ecology, 26: 251-262.

Hirsch B T, Kays R, Jansen P A. 2012. A telemetric thread tag for tracking seed dispersal by scatter-hoarding rodents. Plant Ecology, 213(6): 933-943.

Hoshizaki K, Hulme P E. 2002. Mast seeding and predator-mediated indirect interactions in a forest community: evidence from post-dispersal fate of rodent-generated caches. Seed dispersal and frugivory: ecology, evolution and conservation. Wallingford & New York: CABI: 227-239.

Hoshizaki K, Suzuki W, Nakashizuka T. 1999. Evaluation of secondary dispersal in a large-seeded tree *Aesculus turbinata*: a test of directed dispersal. Plant Ecology, 144(2): 167-176.

Huang Z, Wang Y, Zhang H, *et al.* 2011. Behavioural responses of sympatric rodents to complete pilferage. Animal Behaviour, 81(4): 831-836.

Iida S. 1996. Quantitative analysis of acorn transportation by rodents using magnetic locator. Vegetatio, 124(1): 39-43.

Jansen P A, Bartholomeus M, Bongers F, *et al.* 2002. The role of seed size in dispersal by a scatter-hoarding rodent. *In*: Levey D, Silva W R, Galetti M. Seed Dispersal and Frugivory: Ecology, Evolution and Conservation. Wallingford: CABI Publishing: 209-225.

Jansen P A, Hirsch B T, Emsens W J, *et al.* 2012. Thieving rodents as substitute dispersers of megafaunal seeds. Proceedings of the National Academy of Sciences of the United States of America, 109: 12610-12615.

Jenkins S H, Peters R A. 1992. Spatial patterns of food storage by Merriam's kangaroo rats. Behavioral Ecology, 3: 60-65.

Jenkins S H, Rothstein A, Green W C H. 1995. Food hoarding by Merriam's kangaroo rats: a test of alternative hypotheses. Ecology, 76(8): 2470-2481.

Jensen T S. 1985. Seed-seed predator interactions of European beech, *Fagus silvatica* and forest rodents, *Clethrionomys glareolus* and *Apodemus flavicollis*. Oikos, 44(1): 149-156.

Jensen T S, Nielsen O F. 1986. Rodents as seed dispersers in a heath-oak wood succession. Oecologia, 70(2): 214-221.

Johnson M, Vander Wall S B, Borchert M. 2003. A comparative analysis of seed and cone characteristics and seed-dispersal strategies of three pines in the subsection Sabinianae. Plant Ecology, 168(1): 69-84.

Jones A L, Longland W S. 1999. Effects of cattle grazing on salt desert rodent communities. American Midland Naturalist, 141(1): 1-11.

Kaufman G A. 1989. Use of fluorescent pigments to study social interactions in a small nocturnal rodent, *Peromyscus maniculatus*. Journal of Mammalogy, 70(1): 171-174.

Kollmann J, Schill H P. 1996. Spatial patterns of dispersal, seed predation and germination during colonization of abandoned grassland by *Quercus petraea* and *Corylus avellana*. Vegetatio, 125(2): 193-205.

Lawrence W H, Rediske J H. 1960. Radio-tracer technique for determining the fate of broadcast Douglas fir seed. Proceedings of the Society of American Foresters, 1959: 99-101.

Leaver L A. 2004. Effects of food value, predation risk, and pilferage on the caching decisions of *Dipodomys merriami*. Behavioral Ecology, 15(5): 729-734.

Leaver L A, Daly M. 2001. Food caching and differential cache pilferage: a field study of coexistence of sympatric kangaroo rats and pocket mice. Oecologia, 128(4): 577-584.

Lemen C A, Freeman P W. 1985. Tracking mammals with fluorescent pigments: a new technique. Journal of Mammalogy, 66(1): 134-136.

Lemke A, von der Lippe M, Kowarik I. 2009. New opportunities for an old method: using fluorescent colours to measure seed dispersal. Journal of Applied Ecology, 46(5): 1122-1128.

Levey D J, Sargent S. 2000. A simple method for tracking vertebrate-dispersed seeds. Ecology, 81(1): 267-274.

Li H, Zhang Z. 2003. Effect of rodents on acorn dispersal and survival of the Liaodong oak (*Quercus liaotungensis* Koidz.). Forest Ecology and Management, 176(1-3): 387-396.

Longland W S, Clements C. 1995. Use of fluorescent pigments in studies of seed caching by rodents. Journal of Mammalogy, 76(4): 1260-1266.

Morris D. 1962. The behaviour of the green acouchi (*Myoprocta pratti*) with special reference to scatter hoarding. Proceedings of the Zoological Society of London, 139: 701-732.

Murray A L, Barber A M, Jenkins S H, *et al.* 2006. Competitive environment affects food-hoarding behavior of Merriam's kangaroo rats (*Dipodomys merriami*). Journal of Mammalogy, 87(3): 571-578.

Ostfeld R S, Manson R H, Canham C D. 1997. Effects of rodents on survival of tree seeds and seedlings invading old fields. Ecology, 78(5): 1531-1542.

Parker V T. 2015. Dispersal mutualism incorporated into large-scale, infrequent disturbances. PLoS One, 10(7): e0132625.

Perea R, San Miguel A, Gil L. 2011. Leftovers in seed dispersal: ecological implications of partial seed consumption for oak regeneration. Journal of Ecology, 99: 194-201.

Peres C A, Baider C. 1997. Seed dispersal, spatial distribution and population structure of Brazilnut trees (*Bertholletia excelsa*) in southeastern Amazonia. Journal of Tropical Ecology, 13(4): 595-616.

Pizo M A. 2002. The seed-dispersers and fruit syndromes of Myrtaceae in the Brazilian Atlantic Forest. Seed dispersal and frugivory: ecology, evolution and conservation. Wallingford & New York: CABI: 129-143.

Pons J, Pausas J G. 2007. Acorn dispersal estimated by radio-tracking. Oecologia, 153(4): 903-911.

Primack R B, Levy C K. 1988. A method to label seeds and seedlings using gamma-emitting radionuclides. Ecology, 69(3): 796-800.

Quink T F, Abbott H G, Mellen W J. 1970. Locating tree seed caches of small mammals with a radioisotope. Forest Science, 16(2): 147-148.

Quintana-Ascencio P F, González-Espinosa M, Ramírez-Marcial N. 1992. Acorn removal, seedling survivorship, and seedlings growth of *Quercus crispipilis* in successional forests of the highlands of Chiapas, Mexico. Bulletin of the Torrey Botanical Club, 119(1): 6-18.

Radvanyi A. 1966. Destruction of radio-tagged seeds of white spruce by small mammals during summer months. Forest Science, 12(3): 307-315.

Radvanyi A. 1971. Lodgepole pine seed depredation by small mammals in Western Alberta. Forest Science, 17(2): 213-217.

Rodriguez-Girones M A, Santamaria L. 2006. A new algorithm to calculate the nestedness temperature of presence-absence matrices. Journal of Biogeography, 33: 924-935.

Rosin C, Poulsen J R. 2017. Telemetric tracking of scatter hoarding and seed fate in a Central African forest. Biotropica, 49(2): 170-176.

Schleuning M, Bluthgen N, Florchinger M, *et al*. 2011. Specialization and interaction strength in a tropical plant-frugivore network differ among forest strata. Ecology, 92: 26-36.

Schupp E W. 1988. Factors affecting post-dispersal seed survival in a tropical forest. Oecologia, 76(4): 525-530.

Shaffer L. 1980. Use of scatter hoards by eastern chipmunks to replace stolen food. Journal of Mammalogy, 61(4): 733-734.

Shaw W T. 1934. The ability of the giant kangaroo rat as a harvester and storer of seeds. Journal of Mammalogy, 15(4): 275-286.

Siepielski A M, Benkman C W. 2008. A seed predator drives the evolution of a seed dispersal mutualism. Proceedings of the Royal Society B: Biological Sciences, 275(1645): 1917-1925.

Sommers P, Chesson P. 2016. Caching rodents disproportionately disperse seed beneath invasive grass. Ecosphere, 7(12): e01596.

Sone K, Hiroi S, Nagahama D, *et al*. 2002. Hoarding of acorns by granivorous mice and its role in the population processes of *Pasania edulis* (Makino) Makino. Ecological Research, 17(5): 553-564.

Sone K, Kohno A. 1996. Application of radiotelemetry to the survey of acorn dispersal by *Apodemus* mice. Ecological Research, 11(2): 187-192.

Sork V L. 1984. Examination of seed dispersal and survival in red oak, *Quercus rubra* (Fagaceae), using metal-tagged acorns. Ecology, 65(3): 1020-1022.

Stapanian M A, Smith C C. 1978. A model for scatter hoarding: coevolution of fox squirrels and black walnuts. Ecology, 59: 884-896.

Stapanian M A, Smith C C. 1984. Density-dependent survival of scatter hoarded nuts: an experimental approach. Ecology, 65(5): 1387-1396.

Steele M A, Bugdal M, Yuan A, *et al*. 2011. Cache placement, pilfering, and a recovery advantage in a seed-dispersing rodent: could predation of scatter hoarders contribute to seedling establishment? Acta Oecologica, 37(6): 554-560.

Steele M A, Knowles T, Bridle K, *et al*. 1993. Tannins and partial consumption of acorns: implications for dispersal of oaks by seed predators. American Midland Naturalist, 130(2): 229-238.

Steele M A, Turner G, Smallwood P D, *et al*. 2001. Cache management by small mammals: experimental evidence for the significance of acorn-embryo excision. Journal of Mammalogy, 82(1): 35-42.

Suselbeek L, Jansen P A, Prins H H T, *et al*. 2013. Tracking rodent-dispersed large seeds with passive integrated transponder (PIT) tags. Methods in Ecology and Evolution, 4(6): 513-519.

Tamura N. 1994. Application of a radio-transmitter for studying seed dispersion by animals. Journal of the Japanese Forestry Society, 76(6): 607-610.

Tamura N, Hashimoto Y, Hayashi F. 1999. Optimal distances for squirrels to transport and hoard walnuts. Animal Behaviour, 58(3): 635-642.

Theimer T C. 2001. Seed scatter hoarding by white-tailed rats: consequences for seedling recruitment by an Australian rain forest tree. Journal of Tropical Ecology, 17(2): 177-189.

Thompson D C, Thompson P S. 1980. Food habits and caching behavior of urban grey squirrels. Canadian Journal of Zoology, 58: 701-710.

Tomback D F, Schoettle A W, Chevalier K E, *et al*. 2005. Life on the edge for limber pine: seed dispersal within a peripheral population. Ecoscience, 12(4): 519-529.

Unangst E T, Wunder B A. 2004. Effect of supplemental high-fat forage on body composition in wild meadow voles (*Microtus pennsylvanicus*). American Midland Naturalist, 151(1): 146-153.

Vander Wall S B. 1992. The role of animals in dispersing a "wind-dispersed" pine. Ecology, 73(2): 614-621.

Vander Wall S B. 1994a. Removal of wind-dispersed pine seeds by ground-foraging vertebrates. Oikos, 69(1): 125-132.

Vander Wall S B. 1994b. Seed fate pathways of antelope bitterbrush: dispersal by seed-caching yellow pine chipmunks. Ecology, 75(7): 1911-1926.

Vander Wall S B. 1995a. Dynamics of yellow pine chipmunk (*Tamias amoenus*) seed caches: underground traffic in bitterbrush seeds. Écoscience, 2: 261-266.

Vander Wall S B. 1995b. Sequential patterns of scatter hoarding by yellow pine chipmunks (*Tamias amoenus*). American Midland Naturalist, 133: 312-321.

Vander Wall S B. 1997. Dispersal of single leaf piñon pine (*Pinus monophylla*) by seed-caching rodents. Journal of Mammalogy, 78(1): 181-191.

Vander Wall S B, Borchert M I, Gworek J R. 2006. Secondary dispersal of bigcone Douglas-fir (*Pseudotsuga macrocarpa*) seeds. Acta Oecologica, 30(1): 100-106.

Vander Wall S B, Enders M S, Barga S, *et al*. 2012. Jeffrey pine seed dispersal in the Sierra San Pedro Mártir, Baja California, Mexico. Western North American Naturalist, 72(4): 534-542.

Vander Wall S B, Joyner J W. 1998. Recaching of Jeffrey pine (*Pinus jeffreyi*) seeds by yellow pine chipmunks (*Tamias amoenus*): potential effects on plant reproductive success. Canadian Journal of Zoology, 76(1): 154-162.

Vazquez D P, Morris W F, Jordano P. 2005. Interaction frequency as a surrogate for the total effect of animal mutualists on plants. Ecology Letters, 8: 1088-1094.

Wada N. 1993. Dwarf bamboos affect the regeneration of zoochorous trees by providing habitats to acorn-feeding rodents. Oecologia, 94(3): 403-407.

Waitman B A, Vander Wall S B, Esque T C. 2012. Seed dispersal and seed fate in Joshua tree (*Yucca brevifolia*). Journal of Arid Environments, 81: 1-8.

Wang B, Corlett R T. 2017. Scatter-hoarding rodents select different caching habitats for seeds with different traits. Ecosphere, 8(4): e01774.

Weckerly F W, Nicholson K E, Semlitsch R D. 1989. Experimental test of discrimination by squirrels for insect-infested and noninfested acorns. American Midland Naturalist, 122(2): 412-415.

Wenny D G. 1999. Two-stage dispersal of *Guarea glabra* and *G. kunthiana* (Meliaceae) in Monteverde, Costa Rica. Journal of Tropical Ecology, 15: 481-496.

White J A, Geluso K. 2012. Seasonal link between food hoarding and burrow use in a nonhibernating rodent. Journal of Mammalogy, 93(1): 149-160.

Xiao Z, Zhang Z, Wang Y. 2004a. Impact of scatter-hoarding rodents on restoration of oil tea *Camellia oleifera* in a fragmented forest. Forest Ecology and Management, 196: 405-412.

Xiao Z, Zhang Z, Wang Y. 2004b. Dispersal and germination of big and small nuts of *Quercus serrata* in a subtropical broad-leaved evergreen forest. Forest Ecology and Management, 195(1-2): 141-150.

Xiao Z, Zhang Z, Wang Y. 2004c. Impacts of scatter-hoarding rodents on restoration of oil tea *Camellia oleifera* in a fragmented forest. Forest Ecology and Management, 196(2-3): 405-412.

Xiao Z, Zhang Z, Wang Y. 2005a. Effect of seed size on dispersal distance in five rodents-dispersed fagaceous species. Acta Oecologica, 28: 221-229.

Xiao Z, Zhang Z, Wang Y. 2005b. The effects of seed abundance on seed predation and dispersal by rodents in *Castanopsis fargesii* (Fagaceae). Plant Ecology, 177(2): 249-257.

Xiao Z, Chang G, Zhang Z. 2008. Testing the high-tannin hypothesis with scatter-hoarding rodents: experimental and field evidence. Animal Behaviour, 75(4): 1235-1241.

Xiao Z, Jansen P A, Zhang Z. 2006. Using seed-tagging methods for assessing post-dispersal seed fate in rodent-dispersed trees. Forest Ecology and Management, 223(1-3): 18-23.

Xiao Z, Zhang Z, Krebs C J. 2013. Long-term seed survival and dispersal dynamics in a rodent-dispersed tree: testing the predator satiation hypothesis and the predator dispersal hypothesis. Journal of Ecology, 101(5): 1256-1264.

Yang X, Yan C, Zhao Q, et al. 2018. Ecological succession drives the structural change of seed-rodent interaction networks in fragmented forests. Forest Ecology and Management, s419-420: 42-50.

Yi X, Liu G, Zhang M, et al. 2014. A new approach for tracking seed dispersal of large plants: soaking seeds with $^{15}$N-urea. Ann Forest Sci, 71: 43-49.

Yi X, Wang Z. 2015. Tracking animal-mediated seedling establishment from dispersed acorns with the aid of the attached cotyledons. Mammal Res, 60: 1-6.

Yi X, Xiao Z, Zhang Z. 2008. Seed dispersal of Korean pine *Pinus koraiensis* labeled by two different tags in a northern temperate forest, northeast China. Ecological Research, 23(2): 379-384.

Zhang H, Chen Y, Zhang Z. 2008. Differences of dispersal fitness of large and small acorns of Liaodong oak (*Quercus liaotungensis*) before and after seed caching by small rodents in a warm temperate forest, China. Forest Ecology and Management, 255(3-4): 1243-1250.

Zhang H, Wang Z, Zeng Q, et al. 2015. Mutualistic and predatory interactions are driven by rodent body size and seed traits in a rodent-seed system in warm-temperate forest in northern China. Wildlife Research, 42(2): 149-157.

Zhang H, Yan C, Chang G, et al. 2016a. Seed trait-mediated selection by rodents affects mutualistic interactions and seedling recruitment of co-occurring tree species. Oecologia, 180(2): 475-484.

Zhang Z, Wang F. 2001. Effect of rodents on seed dispersal and survival of wild apricot (*Prunus armeniaca*). Acta Ecologica Sinica, 21(5): 839-845.

Zhang Z, Wang Z, Chang G, et al. 2016b. Trade-off between seed defensive traits and impacts on interaction patterns between seeds and rodents in forest ecosystems. Plant Ecology, 217(3): 253-265.

# 第四章　东北小兴安岭地区森林鼠类
# 与植物种子相互关系研究

## 第一节　概　　述

种子是多数植物进行有性生殖和天然更新的重要保障。种子植物的天然更新过程主要包括种子生产、种子扩散、幼苗建成等3个主要阶段。其中，种子扩散是植物天然更新的关键阶段。

在植物种子扩散过程中，许多动物（如鼠类、鸟类甚至昆虫）将种子扩散到远离母树的地点，这既避免了捕食者在母树下对种子的过度取食，同时也降低了与母树或其他个体之间的竞争，提高了子代生存概率和拓展了空间分布范围。研究表明，许多鼠类在取食植物种子的同时，会将部分植物种子搬运并贮藏在远离母树的地方。作为种子次级扩散过程的重要捕食者和扩散者，鼠类对种子的搬运和贮藏促进了植物种子的扩散和更新。尽管多数被动物贮藏的种子最终失去生活力或被再次取食而死亡，但一些逃脱动物捕食的种子可以在适宜的环境条件下萌发而建成幼苗，从而实现植物的天然更新。

在长期的进化过程中，植物种子发展了吸引动物取食和扩散的诸多特征，如大量结实，产生较大、营养价值高的种子。这些特征不仅吸引鼠类取食，还有利于鼠类扩散和贮藏植物种子。另外，为了避免被动物过度捕食，植物种子还进化出多种防御性特征，如坚硬的种壳和高含量的次生代谢物。植物种子特征在吸引和防御两方面达到均衡，因此鼠类和植物种子之间很可能形成了广泛的互惠关系。在许多森林生态系统中，一种植物的种子可同时被多种动物取食和扩散，一种动物也可同时取食和贮藏多种植物种子。因此，植物种子和动物之间通常形成了多对多的复杂网络关系。

森林中每年都有大量的种子成熟，这些种子有的休眠，有的迅速萌发，面临被动物搬运、贮藏、取食等不同的命运。鼠类如何影响种子的扩散过程以及种子扩散后的命运是生态学家长期关注的重要问题。鼠类-植物种子的相互作用对森林更新和群落演替具有重要影响。自2006年起，我们以小兴安岭地区寒温带典型森林生态系统中鼠类与主要植物种子之间的相互关系为核心，研究鼠类对林木种子的捕食、贮藏和扩散过程，阐明林木种子特征与鼠类贮食行为之间的相互关系，探讨了种子生产与鼠类种群数量的相互关系，揭示了植物（种子）-鼠类之间的弥散协同进化关系，为森林鼠害控制和退化森林生态系统的恢复提供了科学依据。

## 第二节　研究地区概况

### 一、自然地理

小兴安岭地处黑龙江东北部（46°28′N～49°21′N，127°42′E～130°14′E），东南至松

花江江畔，西北与伊勒呼里山接壤，长约 500 km，北部则以黑龙江的中心线为分界线，与俄罗斯相邻，总面积约为 13 万 km²。这一地区山势低缓，海拔 600～800 m。小兴安岭地区属于低山丘陵，北部多为宽谷和台地；中部山势和缓，分布较多的低山丘陵；南部属于山区。最高峰为平顶山（海拔 1429 m）。

小兴安岭地处北温带大陆季风气候区，气候比较湿润，四季分明。春季回暖快，夏季温热湿润且短暂，秋季短且降温迅速，冬季严寒干燥且漫长。年平均气温为-1～1℃；1 月最冷，气温为-25～-20℃，极端最低气温达-40℃；7 月最热，气温为 20～21℃，极端最高气温达 35℃。全年≥10℃的活动积温为 1800～2400℃，无霜期为 90～120 天，年平均日照时数为 2355～2400 h。年降水量 550～670 mm，大部分（80%）降水集中在夏季。

## 二、植物区系

小兴安岭地区植物多样性较高，大部分植被属于针阔叶混交林，夹杂部分以红松为主的针叶林（图 4-1）。该地区树种较多，除红松外，还有冷杉（*Abies fabri*）、云杉（*Picea asperata*）、樟子松（*Pinus sylvestris* var. *mongolica*）、蒙古栎（*Quercus mongolica*）、水曲柳（*Fraxinus mandshurica*）、胡桃楸（*Juglans mandshurica*）、黄檗（*Phellodendron amurense*）、椴、榆等，林下灌木丛生，杂草茂密。本地区林下土壤类型为暗棕壤森林土，厚度为 6～47 cm，上部通常覆盖较厚的落叶，腐殖质丰富。初步统计，小兴安岭地区约有高等植物 2400 种（包括苔藓、蕨类、种子植物），隶属 184 科 739 属。其中，种子植物有 1764 种，隶属 644 属，分别占全国总种数和总属数的 7.2%和 22%。种子植物中的被子植物是主体，有 107 科 636 属 1747 种；裸子植物较少，有 4 科 8 属 17 种。主要树种有白桦（*Betula platyphylla*）、胡桃楸、蒙古栎、红松（*Pinus koraiensis*）、水曲柳、黄檗、色木槭（*Acer mono*）和紫椴（*Tilia amurensis*）等。林下主要是灌木，常见的有毛榛（*Corylus mandshurica*）、平榛（*Corylus heterophylla*）、胡枝子（*Lespedeza bicolor*）、五味子（*Schisandra chinensis*）和刺五加（*Eleutherococcus senticosus*）等。草本层常见有羊须草（*Carex callitrichos*）、草芍药（*Paeonia obovata*）、硬毛南芥（*Arabis hirsuta*）等。

## 三、兽类和鸟类区系

较高的森林覆盖率为动物提供了丰富的食物及栖息地资源。据统计，小兴安岭地区的大型动物有黑熊（*Ursus thibetanus*）、狍（*Capreolus capreolus*）、马鹿（*Cervus elaphus*）、驼鹿（*Alces alces*）、野猪（*Sus scrofa*）、猞猁（*Lynx lynx*）、黄鼬（*Mustela sibirica*）等，鲜有梅花鹿（*Cervus nippon*）及东北虎（*Panthera tigris* subsp. *altaica*）的报道。小型鼠类有花鼠（*Tamias sibiricus*）、松鼠（*Sciurus vulgaris*）、小飞鼠（*Pteromys volans*）、大林姬鼠（*Apodemus peninsulae*）、红背䶄（*Clethrionomys rutilus*）、棕背䶄（*Clethrionomys rufocanus*）、黑线姬鼠（*Apodemus agrarius*）等。常见的鸟类有大斑啄木鸟（*Dendrocopos major*）、松鸦（*Garrulus glandarius*）、大嘴乌鸦（*Corvus macrorhynchos*）等。两栖爬行类有极北鲵（*Salamandrella keyserlingii*）、东北林蛙（*Rana dybowskii*）、棕黑锦蛇（*Elaphe schrenckii*）等。

图 4-1　本地区的主要植被类型
a. 蒙古栎次生林；b. 针阔叶混交林；c. 原始红松林；d. 阔叶林

　　本研究在黑龙江省伊春市带岭区（46°50′8″N～46°59′20″N，128°57′16″E～129°17′50″E）进行。该区位于黑龙江省东北部的小兴安岭南麓，平均海拔 750 m。带岭区地处中温带，属于典型的大陆性湿润季风气候。由于受到西伯利亚冷空气和太平洋季风的影响，冬季漫长、寒冷、降雪多；夏季温暖湿润。带岭区全年平均气温在 1.4℃左右，月平均气温最低可达-19.4℃，1 月气温最低，最低温度为-40℃；月平均气温最高为 20.9℃，7 月最热，最高温度可达 37℃。全年无霜期为 115 天左右。带岭区全年平均降水量为 661 mm，但主要集中在 7、8、9 三个月。冬季多雪，积雪层从 11 月逐渐加厚，积雪厚度有时深达 100 cm，翌年 3 月末开始融化，4 月底 5 月初积雪消融完毕。实验样地在次生落叶阔叶和针叶混交林内，植被以针阔叶混交林或寒温带针叶林（红松和落叶松）为主。主要优势树种有蒙古栎、胡桃楸、水曲柳、红松、平榛、毛榛等。常见的小型鼠类有大林姬鼠、花鼠、棕背鮃、红背鮃、黑线姬鼠和松鼠。这些鼠类都取食或贮藏植物种子，其中大林姬鼠、花鼠和松鼠主要分散贮藏植物种子，对植物更新具有重要的促进作用。除了这些小型鼠类以外，松鸦、星鸦和普通鸦也参与主要林木种子（如蒙古栎和红松）的扩散和分散贮藏过程。

# 第三节　研 究 对 象

## 一、主要树种

　　在本研究中，所选用的树种包括红松、平榛、毛榛、蒙古栎和胡桃楸等。植物特征和种子特性见表 4-1。

表 4-1　小兴安岭地区依赖鼠类传播种子的常见树种

| 树种 | 生活型 | 落果期 | 分布生境 | 种子特征 |
| --- | --- | --- | --- | --- |
| 蒙古栎 | 乔木 | 8～9 月 | 阳坡、半阳坡次生林 | 卵形至长卵形，果皮薄而脆，富含淀粉，单宁含量高 |
| 红松 | 乔木 | 9～10 月 | 原始阔叶红松林 | 三角形，种皮硬，富含脂肪、蛋白质，单宁含量低 |
| 平榛 | 灌木 | 8～9 月 | 阳坡、林窗内 | 近球形，果皮厚而坚硬，富含脂肪、蛋白质，单宁含量低 |
| 毛榛 | 灌木 | 8～9 月 | 阴坡、林下 | 宝塔形，个体小，果皮较薄，富含脂肪、蛋白质，单宁含量低 |
| 胡桃楸 | 乔木 | 8～9 月 | 阴坡次生林、沟谷两旁 | 球状、卵状或椭圆状，个体大，内果皮非常厚且坚硬，富含脂肪、蛋白质，单宁含量低 |

红松为松科松属的常绿针叶树种，乔木，树高可达 30 m，胸径可达 1 m 以上（图 4-2）。幼树树皮一般为灰褐色，大树的树皮变为灰褐色或灰色，树冠呈圆锥形。球果形状较为规则，多为圆锥状、卵圆形或卵状矩圆形，长 9～14 cm，宽 6～8 cm，成熟后种鳞不张开。花期 6 月，球果翌年 9～10 月成熟，内含种子 50～120 粒。种子大，无翅，三角形，长 1.2～1.6 cm，宽 7～11 mm。种子鲜重约为 0.7 g，种皮厚 0.1 cm。脂肪含量为 38%，蛋白质含量为 16.2%，淀粉含量为 0.42%，单宁含量极低。单粒种子热值平均为 7.44 kJ（Wang *et al.*，2016；Yi *et al.*，2015a）。

图 4-2　红松（易现峰拍摄）

平榛，别名榛、榛子，灌木，多丛生，株高 1～2 m，最高可达 3 m（图 4-3），多生于阳坡林下。叶呈倒卵形或矩圆形，顶端一般平截或出现凹缺。果苞呈钟形，每个果序有 1～6 粒果实，多者可达 10～12 粒。平榛花期从 3 月下旬持续到 4 月中下旬，当年 8 月下旬至 9 月上旬为果实成熟期。坚果近球形，直径平均为 1.44 cm，单粒重 1.18 g，果皮厚 2.4 mm。脂肪含量为 0.24%，蛋白质含量为 28.3%，单宁含量极低，为 0.07%。单粒种子热值平均为 4.3 kJ。

毛榛，别名胡榛子、火榛，灌木，丛生，株高 2～5 m，生于海拔 300 m 以上的山坡和灌丛中，在阔叶林或针阔叶混交林的林下也很常见（图 4-4）。叶宽卵形、矩圆形或倒卵状矩圆形，长 6～12 cm，宽 4～9 cm，边缘有不规则的粗锯齿。果单生，有时 2～6 粒簇生，长 3～6 cm；果苞为管状，上面有黄色刚毛和白色短柔毛，起保护作用。4～5 月为花期，8 月下旬至 9 月上旬果实成熟。坚果宝塔形，直径平均为 1.44 cm，单粒重

0.73 g，果皮厚 1.1 mm。脂肪含量为 47.1%，蛋白质含量为 20%，淀粉含量为 1.1%，单宁含量低，为 0.25%。单粒种子热值平均为 6.2 kJ。

图 4-3　平榛（易现峰拍摄）

图 4-4　毛榛（易现峰拍摄）

　　蒙古栎，落叶乔木，树高可达 30 m（图 4-5）。叶片倒卵形至长倒卵形，长 7～19 cm，宽 3～11 cm。壳斗杯形，坚果下部 1/3～1/2 被其包裹。壳斗高 0.8～1.5 cm，直径为 1.5～1.8 cm，外壁上的小苞片呈半球形瘤状突起，这是与辽东栎的主要区别。花期 4～5 月，果期 9 月。坚果卵形至长卵形，直径为 1.3～1.8 cm，高 2～2.5 cm，单粒鲜重 2.8 g，果皮厚 0.5 mm。脂肪含量为 1.8%，蛋白质含量为 7.4%，淀粉含量为 38.3%，单宁含量高，为 4.3%。单粒种子热值平均为 21 kJ。

　　胡桃楸，乔木，树高可达 20 m；奇数羽状复叶长达 40～50 cm，叶柄长 5～9 cm（图 4-6）。果序长 10～15 cm，上面通常有 5～7 粒果实。花期 5 月，果期 8～9 月。果实多为球状、卵状或椭圆状，顶端尖，长 3.5～7.5 cm，宽 3～5 cm；果核长 4.2 cm，宽 2.9 cm，单粒鲜重 13.6 g，果皮厚 3.2 mm。脂肪含量为 61%，蛋白质含量为 27%，淀粉含量为 0.07%，单宁含量为 0.07%。单粒种子热值平均为 81.6 kJ。

图 4-5 蒙古栎（易现峰拍摄）

图 4-6 胡桃楸（易现峰拍摄）

## 二、主要贮食鼠类

研究地区的主要鼠类有大林姬鼠、花鼠、松鼠、棕背䶄、红背䶄和黑线姬鼠等（表4-2），其中大林姬鼠、花鼠和松鼠是当地林木重要的种子扩散者。

表 4-2 小兴安岭地区常见鼠类及其生态习性

| 鼠种 | 体重（g） | 活动节律 | 主要食物 | 贮食习性 | 主要生境 |
| --- | --- | --- | --- | --- | --- |
| 大林姬鼠 | 20～35 | 夜行性 | 种子 | 集中及分散 | 林地和灌丛 |
| 花鼠 | 65～120 | 昼行性 | 种子、昆虫 | 分散及集中 | 林地和灌丛 |
| 松鼠 | 280～350 | 昼行性 | 种子、昆虫、真菌 | 分散 | 阔叶红松林 |
| 棕背䶄 | 20～50 | 昼夜性 | 种子、嫩叶、根 | 集中 | 林地和灌丛 |
| 红背䶄 | 20～50 | 昼夜性 | 种子、嫩叶、根 | 集中 | 林地和灌丛 |
| 黑线姬鼠 | 20～35 | 夜行性 | 种子、嫩叶、昆虫 | 集中 | 农田、林地边缘 |

　　大林姬鼠，隶属于鼠科（Muridae）姬鼠属（*Apodemus*）。小型鼠类，体长通常为 80～135 mm，体重为 20～35 g，有时可达 50 g，尾长为 75～120 mm。毛多呈棕褐色，腹部毛色浅，随季节和年龄不同有一定变化。大林姬鼠具有分散贮食和集中贮食行为，但以集中贮食为主（图 4-7）。

图 4-7　大林姬鼠（易现峰拍摄）

　　花鼠，隶属于松鼠科（Sciuridae）花鼠属（*Tamias*）。体形中等，体长为 115～168 mm，体重为 65～100 g，有时可达 120 g，尾长为 103～135 mm。体背面灰黄色，尾毛不蓬松。常栖息于矮灌丛或树林中，在树洞中筑巢或挖地下洞穴居，具有冬眠习性。该地区花鼠主要以果实、种子和幼嫩枝叶为食，在种子缺乏的季节也取食昆虫和软体动物。昼行性。花鼠具有分散贮食和集中贮食行为，但以分散贮食为主（图 4-8）。

图 4-8　花鼠（易现峰拍摄）

　　松鼠，隶属于松鼠科松鼠属（*Sciurus*）。体长为 200～220 mm，尾长为 180 mm，体重为 280～350 g，雄性与雌性体重大致相同，不冬眠。随季节及分布地点不同，被毛会呈现出不同颜色，背部及头上的毛色从淡红色、棕色、红色到黑色，胸腹部则是白色或奶油色。栖息于寒温带或亚寒带的针叶林或阔叶红松林中，白天活动，清晨最为活跃，善于在树上攀爬和跳跃，行动敏捷。松鼠在树上筑巢或利用树洞栖居，食性杂，食物主要有坚硬的种子或针叶树的嫩叶和幼芽等，也取食真菌、浆果、昆虫的幼虫、蚂蚁卵等。每年春、秋季松鼠开始换毛。年产仔 2 或 3 次，4～6 月为产仔期，每窝仔数 3 或 4 只。松鼠是小兴安岭地区重要的分散贮食鼠类（图 4-9）。

图 4-9　松鼠（易现峰拍摄）

棕背䶄，隶属于仓鼠科（Cricetidae）䶄属（*Clethrionomys*）。体形较粗胖，体长为 100 mm，耳郭较大，大部分隐于毛中。四肢短小，背部红棕色，体侧灰黄色，腹毛污白色。后足长 18～20 mm，足垫 6 个。尾长可达体长的 1/3，尾毛较短，与红背䶄的粗尾相比较为纤细。棕背䶄夜间活动频繁，不冬眠，食性杂，存在着明显的季节变化。棕背䶄具有集中贮食的习性（图 4-10）。

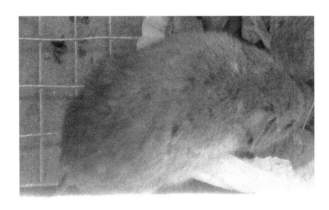

图 4-10　棕背䶄（易现峰拍摄）

红背䶄，隶属于仓鼠科䶄属。个体较小，体长为 70～110 mm。尾短，约占体长的 1/3。尾较粗，被毛长。红背䶄四肢短小，脚掌前部有被毛。耳小，藏于毛下，可折到眼耳间 1/2 处。红背䶄是东北地区典型的林栖鼠类，营昼夜活动，以夜间活动为主。红背䶄主要栖息在倒木或枯枝落叶层中，喜栖居于低洼潮湿的地方。冬季可以在雪被下活动，不冬眠，在雪下可以找到其活动的痕迹。喜食植物的嫩枝、嫩叶，有时亦食植物的花及果实和种子。红背鼾是东北林区的优势鼠种之一，具有集中贮食的习性（图4-11）。

图4-11　红背鼾（易现峰拍摄）

黑线姬鼠，隶属于鼠科姬鼠属。小型鼠类，体长为65～117 mm，身体纤细灵巧，尾长为50～107 mm，体重多为20～35 g。具有明显尾鳞，耳壳短，前折一般不能到达眼部。黑线姬鼠的四肢比较细弱。胸部和鼠蹊部各有乳头2对。黑线姬鼠多栖息在向阳但潮湿、近水源的地方。在东北地区多分布于农林交错带，食性杂，以农作物种子为主。黑线姬鼠只具有集中贮食的习性（图4-12）。

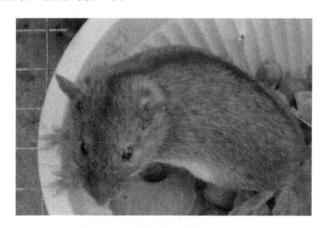

图4-12　黑线姬鼠（易现峰拍摄）

## 三、主要贮食鸟类

松鸦，隶属于鸦科（Corvidae）松鸦属（*Garrulus*）。中型鸟类，体长为28～35 cm。翅短，尾较长，羽毛蓬松多呈绒毛状（图 4-13）。松鸦属于典型的森林鸟类，常年栖息在针叶林、阔叶林及针阔叶混交林中，有时在林缘疏林和天然次生林内也可见到。4～7月是松鸦的繁殖期，多营巢于针叶林及针阔叶混交林中，距溪流和河岸较近，有时也营巢于稠密的阔叶林，巢通常位于高大乔木顶端的枝杈处。在我国东北地区，4月末5月初是松鸦的筑巢期。松鸦的巢多为杯状，主要由枯草、枯枝、细根和苔藓等材料构成，内垫草根和羽毛。松鸦食性较杂，食物组成随季节和环境不同而变化。松鸦是本地区重要的分散贮食动物，参与红松和蒙古栎种子的扩散。

图 4-13　松鸦（易现峰拍摄）

星鸦（*Nucifraga caryocatactes*），隶属于鸦科星鸦属（*Nucifraga*），共有 10 个亚种。体长为 29～36 cm，翼展可达 55 cm，体重为 50～200 g（图 4-14）。身体羽毛多为咖啡褐色，有白色斑；飞翔时白色的尾下覆羽和尾羽白端是其显著特征之一。鸟巢建在距地面高度>10 m 的针叶树上，用树枝和地苔等材料建成，内衬苔藓和干草。雌鸟每巢产 3 或 4 枚卵，孵化期为 16～18 天。星鸦单独或成对活动，有时成小群觅食。星鸦主要取食和贮藏松子，也贮藏其他植物的坚果越冬。星鸦具有分散贮藏植物种子的行为。

图 4-14　星鸦（引自 http://www.igoterra.com）

# 第四节　主要树木种子产量的年际变化

## 一、调查方法

选取平均胸径为 15～35 cm 的成熟蒙古栎 30 株，进行种子雨收集和调查。选取时保证蒙古栎样树之间以及样树与其他非目标林木之间的距离足够大，避免其他母树种子的干扰。每年在种子雨期间（8月中旬至9月中旬），在样树下架设种子收集筐，进行蒙古栎橡子的收集统计。我们用直径为5 mm的铁丝做成圆形骨架，直径为80 cm，面积为0.5 m$^2$（图4-15）。筐底用网眼为2 mm × 2 mm的尼龙网围合成收集筐，收集筐深度约为10 cm，可防止种子下落时弹出。用3根长约1.5 m的树枝将收集筐支撑于树冠正下方，但要避免动物取食收集筐内的种子。蒙古栎种子雨调查时间为2006～2014年，每年自8月中旬开始，每天调查1次，至9月中下旬结束。种子雨组成按完好橡子、虫蛀橡子、败育橡子和壳斗4类进行统计。蒙古栎结实量的计算方法为种子数量/收集筐面积。

图4-15　蒙古栎结实量的统计方法

同时，由于毛榛为克隆性低矮灌木，不适于用种子收集筐统计结实量，因此我们选取毛榛克隆株30丛进行结实量统计（图4-16）。每年8月中下旬直接统计每丛毛榛克隆株的结实量。毛榛结实量的计算方法为每丛种子数量/每丛毛榛的投影面积。

图4-16　毛榛结实量的统计方法

## 二、结实量的年际动态

蒙古栎结实量的年际波动明显，2006年、2007年、2008年、2009年、2010年、2011

年、2012 年、2013 年和 2014 年结实量分别为 4.47 粒/m²、2.16 粒/m²、0.07 粒/m²、6.20 粒/m²、26.67 粒/m²、1.20 粒/m²、30.67 粒/m²、1.44 粒/m² 和 4.87 粒/m²。由此可见，2010 年和 2012 年是蒙古栎橡子产量的相对丰年，2008 年和 2011 年几乎绝收，因此蒙古栎橡子产量存在明显的大小年现象，波动周期为 2～4 年。

毛榛结实量年间也存在较大波动，2006 年、2007 年、2008 年、2009 年、2010 年、2011 年、2012 年、2013 年和 2014 年结实量分别为 0.06 粒/m²、0.12 粒/m²、12.99 粒/m²、0.16 粒/m²、0.08 粒/m²、10.02 粒/m²、0.12 粒/m²、3.04 粒/m² 和 0.08 粒/m²。2008 年和 2011 年是毛榛种子产量的丰年，因此毛榛种子年际结实量也存在明显的大小年现象，波动周期为 3～4 年。

除此之外，分布于本地区的红松和胡桃楸结实量也存在明显的年际波动。由于调查方法所限以及人为干扰，种子产量年间变化没有进行具体统计。根据观察当地农户每年捡拾的种子量，2006 年、2009 年、2011 年和 2013 年可能是胡桃楸大年结实的年份。对于红松种子而言，常有"三年一小收、五年一大收"的说法。在本研究地区，2003 年、2008 年、2011 年和 2014 年是红松大年结实的年份，由此说明，红松结实量的波动周期为 3～5 年。

## 第五节　研究地区主要鼠类捕获率的年际变化

### 一、调查方法

使用活捕笼法调查当地鼠类的种类和数量，统计捕获率。调查于 2007～2015 年进行。每年 7 月在实验林区内设置标准化样地一块，面积为 1 hm²。以花生为诱饵，设置 10 条样带，样带长 100 m，间隔 10 m，每条样带放置 10 个活捕笼，间隔 10 m。前日置笼，第二天开始调查，连续置笼 3 昼夜。鼠类的捕获率（%）=鼠类捕获数/总置笼数×100。

### 二、鼠类捕获率

研究期间，花鼠的捕获率在不同年份间有较大波动。2007 年、2008 年、2009 年、2010 年、2011 年、2012 年、2013 年、2014 年和 2015 年花鼠的捕获率分别为 1.67%、2.67%、6.67%、4.67%、0.33%、8.33%、0.25%、3.67% 和 3.7%。其中，2012 年花鼠的捕获率最高，而 2011 年和 2013 年的捕获率相对较低。

大林姬鼠的捕获率在不同年份间也有很大差异。2007 年、2008 年、2009 年、2010 年、2011 年、2012 年、2013 年、2014 年和 2015 年大林姬鼠的捕获率分别为 2.67%、7.67%、14.00%、10.33%、13.30%、17.50%、14.75%、3.33% 和 4.37%。大林姬鼠种群存在明显的年际波动，其中 2012 年的捕获率最高，是 2007 年捕获率的 6～7 倍。

## 第六节　小兴安岭地区鼠类的食性和贮食行为

动物的贮食行为对食物的时空分布有调节作用，有利于动物度过食物短缺期。鼠类贮食行为分化有利于资源和空间生态位的分离，提高食物和空间资源的利用率。松鼠、花鼠、大林姬鼠、棕背䶄、红背䶄及黑线姬鼠为小兴安岭地区的常见鼠类，它们在栖息地利用、种子取食和贮藏选择等方面存在分化，有利于减少种间竞争，促进物种共存。

松鼠常栖息在阔叶原始红松林中，通常将巢筑在高大的针叶树上，有时也利用树洞和鸟巢。松鼠为昼行性动物，白天80%的时间都在觅食，不冬眠。松鼠是红松和胡桃楸种子的主要捕食者及扩散者，同时还参与榛子及蒙古栎橡子的扩散，与这些林木种子形成广泛的取食和贮藏关系。松鼠具有采摘红松松塔的行为，然后剥去松塔鳞片，取食或分散贮藏红松种子，其分散贮食点通常有1～30粒松子。同样，松鼠对胡桃楸种子也采取分散贮藏的策略，分散贮食点通常有1粒种子。在取食胡桃楸种子时，松鼠两只前爪抱握种子，沿腹缝线啃食一周，使种子一分为二，再进行取食。由于蒙古栎橡子具有较高含量的单宁，松鼠不喜食，但其喜食毛榛和平榛等坚果。

花鼠常与松鼠伴生、同域分布，但分布区比松鼠狭窄，常栖息在蒙古栎林、针阔叶混交林等次生林以及原始红松林内。与树栖的松鼠不同，花鼠为半树栖动物，大多数时间在地面活动，冬眠。花鼠的食物组成比松鼠复杂，动物性食物的比率较高。与松鼠不同，花鼠不具有采摘红松松塔的能力，只能在地面寻找松鼠遗落的松塔。尽管如此，花鼠仍是红松种子的重要扩散者，常采取分散贮食的策略，分散贮食点通常有1～20粒松子。除此之外，花鼠还具有集中贮藏红松种子的行为，其巢穴中集中贮藏的红松种子多达500粒以上。尽管蒙古栎橡子具有较高含量的单宁，花鼠仍分散贮藏较多的蒙古栎橡子，且具有剥皮贮食行为。剥皮贮藏和切胚根行为有助于花鼠对食物埋藏点实施有效管理。另外，花鼠还取食、贮藏和扩散毛榛和平榛种子，但拒食胡桃楸种子。

大林姬鼠为小兴安岭地区的优势种，常栖息在蒙古栎林、针阔叶混交林等次生林内。大林姬鼠夜间活动，不冬眠。大林姬鼠具有集中和分散贮藏植物种子的习性，对小兴安岭地区主要植物种子命运和天然更新有重要影响。在围栏条件下，大林姬鼠取食和贮藏红松、蒙古栎、胡桃楸、毛榛和平榛种子，但集中贮食比例远远高于分散贮食。在野外条件下，大林姬鼠常将红松、蒙古栎、胡桃楸种子搬离种子释放点1～15 m处，埋于土壤浅层、枯枝叶及草丛中。红松种子的分散贮食点多为聚集型（clump），松子数可达20粒以上。胡桃楸的分散贮食点多为1粒种子，而蒙古栎的贮食点则有1～3粒橡子。与松鼠不同，大林姬鼠常在胡桃楸种子背缝线的地方先咬出一个小洞，然后挖取种子进行取食。大林姬鼠对红松、毛榛及平榛种子也采取这种取食方式。与花鼠相比，大林姬鼠取食和贮藏更多的蒙古栎橡子，这可能与两种鼠类消化橡子中单宁的能力有关。在小兴安岭地区，大林姬鼠分布广、数量多，对红松、蒙古栎、胡桃楸、毛榛和平榛等多种植物种子的传播及更新具有重要意义。

棕背䶄是典型的林栖鼠种，多在浓密的灌丛生境活动，栖息于林内的枯枝落叶层中。在树根处或倒木旁经常能发现其洞口，有时棕背䶄还利用腐烂的树干洞作巢。棕背䶄夜间活动频繁，偶见白天活动，不冬眠。除植物性食物外，棕背䶄有时也取食小型动物和昆虫，其食性具有明显的季节变化。冬季及早春除了取食种子以外，往往啃食落叶松、云杉、樟子松及五角枫等幼树的树皮。围栏实验表明，棕背䶄可取食和集中贮藏红松、蒙古栎、胡桃楸、毛榛和平榛种子。由于其集中贮食的特性，棕背䶄对上述林木种子的扩散和天然更新无积极意义。

红背䶄也属于典型的林栖鼠类，是小兴安岭林区的优势鼠种之一，分布于针叶林及针阔叶混交林中，且多栖息于低洼潮湿的地方。红背䶄常筑巢于枯枝落叶层下或倒木旁。昼夜均可活动，但夜间活动更加频繁。红背䶄没有冬眠习性，冬季仍可在雪被下活动、觅食。红背䶄的食物来源较多，夏季主要取食各种绿色植物，秋季则主要取食植物种子。食物匮乏时，也啃食一些林木幼树的树皮。与棕背䶄类似，红背䶄也取食和集中贮藏红松、蒙古栎、胡桃楸、毛榛和平榛种子。由于其集中贮食和环剥树皮的行为，对林木种子传播和更新具有消极影响。

黑线姬鼠主要分布在农林交错区，在农田和林地边缘均有分布，但以农田为主。黑线姬鼠的栖息环境广泛，喜居于向阳、潮湿、近水源的地方。黑线姬鼠食性较杂，但以植物性食物为主。食物常随季节不同而变化，秋、冬两季以种子为主，佐以植物根茎；春季盗食种子和青苗；夏季取食植物的绿色部分及瓜果并捕食昆虫。在围栏条件下，黑线姬鼠可取食和集中贮藏红松、蒙古栎、胡桃楸、毛榛和平榛种子。由于种群数量较小及生境限制，黑线姬鼠对上述林木种子扩散和天然更新无积极意义。

由此可见，小兴安岭地区主要鼠类在时间、空间及资源生态位上存在部分重叠，但又有所分离。个体较大的松鼠与多种林木种子形成取食和扩散关系；个体中等的花鼠与除胡桃楸之外的林木种子形成取食和扩散关系；尽管体形较小，但大林姬鼠与松鼠一样，广泛参与红松、蒙古栎、胡桃楸、毛榛和平榛种子的取食和扩散过程。虽然棕背䶄、红背䶄和黑线姬鼠也取食林木种子，但由于食性特点、贮食特性及种群数量等因素，对林木种子传播和更新具有一定的负面影响。相反，松鼠、花鼠和大林姬鼠在小兴安岭地区"植物-鼠类"互惠网络中起重要作用。

# 第七节　种子特征对鼠类贮食行为的影响

## 一、种子大小和单宁含量的影响

种子扩散是一个复杂和多层次的过程，种子特征（种子重量、大小、形态、营养含量和单宁含量）会影响鼠类对种子的捕食、扩散和埋藏，同时也影响种子自身的生存、幼苗建成和更新。其中，种子大小和单宁含量是影响种子扩散的两个重要因素（Yi and Yang, 2011）。通过制作不同单宁含量以及不同大小的人工种子，研究单宁含量和种子大小对小兴安岭地区鼠类贮食行为的影响。

野外实验结果表明：种子大小对种子扩散具有重要影响，鼠类扩散大种子的速度较快，扩散小种子的速度较慢（Zhang et al., 2013）。鼠类对大小不同的种子的捕食和扩散具有明显的选择性，偏向就地取食小种子，而扩散和分散贮藏大种子。围栏实验结果显示，花鼠和大林姬鼠均优先取食小种子，分散贮藏大种子。另外，野外和围栏实验还表明，大种子的扩散距离显著大于小种子。

野外和围栏实验都表明，小兴安岭地区鼠类对不同单宁含量的人工种子也具有选择和取食偏好。鼠类喜好扩散和贮藏单宁含量低的种子，种子分散贮藏比例和单宁含量呈负相关关系。即使在种子大小和单宁含量交互作用的条件下，单宁含量仍是影响鼠类分散贮藏的重要因素，而种子大小的效应被单宁含量的效应所掩盖。

由此可见，种子大小和单宁含量是影响种子扩散的重要因素。大种子具有更大的扩散优势，研究结果支持大种子优先扩散假说。鼠类优先扩散和贮藏单宁含量低的种子，不支持高单宁假说。在本地区，单宁对种子扩散的作用似乎要大于种子大小的影响。

## 二、种子大小对鼠类多次分散贮食的影响

由于传统的种子标记方法（如线标法等）无法实现对所有目标种子的准确追踪，对种子扩散的调查结果造成影响。因此，如何提高找寻率是种子扩散研究中要考虑的重要问题。我们采用无线电跟踪技术，追踪单粒种子的多次扩散和贮藏过程，研究种子大小对胡桃楸种子扩散的影响（刘国强等，2015）。结果表明：鼠类对胡桃楸大、小两类种子没有明显的选择偏好，二者分散贮藏比例无显著差异，这可能与两类种子提供相近的营养回报率有关（大种子 16.75% ± 1.53%；小种子 14.34% ± 2.10%）。鼠类对胡桃楸大、小种子的扩散次数没有明显差异，但对胡桃楸大、小种子的初次、二次扩散距离具有显著影响。胡桃楸大种子的扩散总距离和净距离均大于小种子，这一结果支持营养价值高的种子被鼠类搬运更远的假说。鼠类对两类种子的贮藏和管理投入的差异，说明大种子比小种子具有更明显的扩散优势。我们还发现，扩散出去的胡桃楸种子都被鼠类分散贮藏，未发现被取食，这可能是由于胡桃楸内果皮较厚，鼠类处理种子的时间成本和潜在的被捕食风险随之加大。由此可见，种子大小是影响鼠类对植物种子进行多次扩散的一个重要因素。

本研究采用微型无线电标记技术，对种子的多次扩散过程进行全程追踪，克服了其他种子标记方法的弊端和缺陷，提高了种子追踪效率。基于无线电标记技术，准确评价了每一粒种子的扩散轨迹和模式，进一步验证了大种子被鼠类扩散更远的假说。

## 三、贮食鼠类对种子大小和重量的权衡

当贮食动物遇到不同特征的种子时，通常会根据种子的大小、重量、种皮厚度、营养成分和化学防御等特征，决定是否取食或搬运种子，以及将种子贮藏在何处。大小和重量是种子的两个重要物理特征，二者相互关联，但有时也出现分离。先前的研究多集中于种子大小的效应，而忽略了种子重量的影响，尤其是在研究鼠类如何在二者之间权衡方面。通过挖去种仁的方法对胡桃楸种子进行人为改造，研究种子大小和种子重量各自对种子扩散的影响。人为将胡桃楸种子改造成两种类型：①大小相同但重量不同；②重量相同但大小不同。我们将这些种子分别提供给野外的松鼠和大林姬鼠，验证以下推测：①种子大小和重量对动物选择种子具有不同的作用；②体形较小的大林姬鼠在扩散种子时，更容易受种子大小的影响，而体形较大的松鼠在扩散种子时更有可能受种子重量的影响；③相对于种子大小，种子重量对种子扩散距离的影响更大。

结果表明，种子大小和重量对胡桃楸种子的扩散具有不同作用，种子大小和重量对大林姬鼠及松鼠的影响也存在差异。当种子重量相同但大小不同时，大林姬鼠偏好分散贮藏大的胡桃楸种子；当种子大小相同但重量不同时，大林姬鼠的分散贮食行为不受影

响。结果表明，在大林姬鼠扩散植物种子的过程中，种子大小比种子重量显得更重要。然而，种子大小对松鼠扩散和分散贮藏种子的行为没有显著影响；相反，当种子大小相同但重量不同时，松鼠更容易分散贮藏重量较大的种子，这表明松鼠是基于种子重量而不是大小来评估种子的营养回报的（Yi and Wang，2015a）。

由此可见，虽然种子大小通常与重量有关，但种子大小和重量对种子扩散过程的影响并不总是一致的。相比种子大小，种子重量可能对种子扩散距离的影响更大。种子特征对种子扩散的影响可能随着种子传播者的体形大小不同而产生变化。大林姬鼠和松鼠对种子大小和重量有着不同的选择，这可能会影响胡桃楸种子的形态演化。因此，需要深入研究种子特征及贮食者在种子扩散中的交互作用，有助于理解种子扩散网络中种子和动物之间的协同进化关系。

## 四、鼠类部分取食蒙古栎橡子对其幼苗建成的影响

大量的研究表明，鼠类具有选择性地取食栎属橡子基部的行为。鼠类部分取食橡子后更多地将其留在地表而不是埋藏，在种子大年这种现象更为明显。被部分取食的橡子常引起种子营养物质的损失，从而降低种子萌发和幼苗存活的能力。但大量证据表明，如果橡子顶端的胚能够成功逃脱动物的捕食，那么被部分取食的种子仍然可以萌发并建成正常的幼苗。因此，被部分取食的橡子可能在种子扩散和栎属植物天然更新过程中具有一定作用。

通过野外标记追踪实验，我们发现大部分蒙古栎橡子基部被鼠类部分取食（Yi and Yang，2012）。在蒙古栎大年结实的年份，被鼠类部分取食的橡子比例更高。较高的种子产量似乎促进了鼠类对蒙古栎橡子的部分取食，这可能是捕食者饱和效应的另一种表现形式。鼠类偏好取食橡子基部，可能与鼠类取食基部昆虫幼虫以补充所需蛋白有关。我们的研究结果还表明，部分被取食的橡子比完整的橡子发芽更快。虽然子叶损伤后种子发芽率降低，但子叶被切除1/4之后，幼苗的根和茎的生物量与完好橡子没有显著差异。由于部分取食的橡子快速发芽，可能比完整的橡子更容易逃脱动物的二次扩散与捕食。这可能是栎树种子扩散的另一种适应机制，通过降低捕食压力，使部分种子逃脱鼠类捕食。未来应侧重于研究长期监测种子产量变化的条件下，鼠类、鸟类和昆虫的部分取食对栎树更新的生态作用。

## 五、昆虫蛀食对鼠类贮食行为及幼苗建成的影响

昆虫蛀食是影响种子命运的重要因素，同时也影响鼠类对种子扩散的过程。研究发现，栎实象甲是小兴安岭地区蒙古栎橡子重要的捕食性昆虫。调查发现，有些年份蒙古栎橡子的虫蛀率达到50%，造成大量种子死亡（图4-17）。虽然虫蛀可引起蒙古栎橡子生活力下降（Yi and Zhang，2008），但胚部逃脱栎实象甲幼虫捕食的橡子仍具有建成幼苗的能力（图4-18）。在与栎实象甲相互博弈的过程中，蒙古栎橡子可能采取耐受（tolerance）和逃避（escape）两种策略应对栎实象甲的捕食（Yi et al.，2012a；Zhang et al.，2014）。另外，鼠类优先就地取食虫蛀橡子，而偏好贮藏健康的橡子（Yi et al.，

2012b）。在小兴安岭地区，花鼠采取剥皮贮藏的方式，大大提高了贮食点健康橡子的比例。大林姬鼠虽然不具有剥皮贮藏的习性，但也能鉴别虫蛀橡子。花鼠和大林姬鼠通常在取食虫蛀橡子时，一并取食其中的象甲幼虫。由此可见，鼠类的贮食行为对象甲种群有一定的控制效应。因此，未来需要加强鼠类-橡子-象甲虫 3 个营养级之间的相互关系研究，揭示三者之间的协同进化关系。

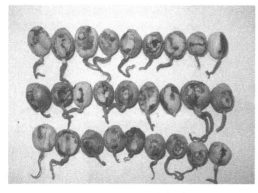

图 4-17　蒙古栎橡子虫蛀受损情况

图 4-18　蒙古栎虫蛀橡子野外成苗

## 六、种子量对花鼠贮食行为的影响

许多植物在某些年份可以产生大量的种子，从而吸引鼠类分散贮藏，促进种子扩散（于飞等，2013）。目前，普遍用"捕食者扩散假说"来阐述种子大年结实的现象：植物大年结实可以大大提高植物种子的扩散比例。"捕食者饱和假说"则认为，种子大量结实可以达到捕食者饱和效应，使种子得以逃脱鼠类的捕食，进而提高种子存活率。

在半自然围栏中，通过释放不同数量的红松种子，研究种子丰度对花鼠种子扩散和分散贮藏的影响，进一步验证了上述两种假说（Yi *et al.*，2011a）。结果表明，在高水平种子量下，花鼠扩散和分散贮藏更多的红松种子，植物大年结实在个体水平上提高了花鼠的分散贮藏能力。相对于低水平种子量，在中、高水平种子量下，花鼠可以取食更多的种子。在中、高水平种子量下，埋藏点随着种子量的增加也不断增大，可用最佳密度模型解释。在中等水平种子量下，种子的平均扩散距离最大。

因此，我们从个体水平上进一步验证了"捕食者扩散假说"。随着种子量的不断增加，花鼠会扩散和贮藏更多的红松种子，这也可以从"快速占有假说"中得到解释。在种子大年结实的情况下，花鼠的分散贮食行为有利于红松种子的存活和幼苗的建成，对红松树种的更新起着不可忽视的作用。

# 第八节　贮食鼠类与植物种子的相互作用

## 一、野外条件下鼠类对林木种子的扩散和贮藏

植物种子是森林生态系统中许多动物（如鼠类、鸟类）赖以生存和繁衍的重要食物来源。通常情况下，某一种鼠类可以取食多种植物种子，而同一种植物种子也会被多种

鼠类所取食。植物种子通常在大小、种皮硬度、营养含量、化学防御和适口性等方面存在很大差异（Yang *et al.*, 2012a），而且不同动物在能量需求和营养补充上各不相同。在生态系统中，植物具有多种种子捕食者和传播者，动物也可以取食和贮藏多种种子，因此鼠类和植物种子间难以形成一一对应的协同进化关系，更可能是一种多对多的网络关系（于飞等，2011）。

我们选取胡桃楸（*Juglans mandshurica*）、毛榛（*Corylus mandshurica*）、平榛（*Corylus heterophylla*）、红松（*Pinus koraiensis*）、蒙古栎（*Quercus mongolica*）和山杏（*Prunus armeniaca*）种子为对象，研究了鼠类与常见种子之间的捕食和扩散关系，探讨影响种子扩散的主要因素。

结果表明，种子类别显著影响上述种子的扩散速度。鼠类面对多种植物种子时，有着明显的取食和贮藏偏好，鼠类优先选择营养价值高、种皮薄的植物种子（如平榛、毛榛和红松）。相反，种皮厚的种子及单宁含量高的种子扩散速度较慢，说明种子的物理防御特征和化学防御特征影响种子扩散。研究表明，种子在原地的存留比例与种子重量、大小、种皮厚度及种子收益率之间均没有明显的相关关系。不同样地之间，不同种植物种子的扩散也存在明显变化，说明单一的种子特征很难解释鼠类对上述种子扩散速度的影响，它可能是鼠类组成及种子特性相互作用的结果。

## 二、围栏条件下鼠类对林木种子的扩散和贮藏

如上所述，鼠类组成对种子扩散有着重要影响。同域分布的鼠类在体形、牙齿形态、营养需求等方面存在较大差异，因此，它们在区域内对种子命运的影响各不相同。在自然条件下，不可能评估某一鼠类对多种林木种子扩散的影响效应。野外调查通常在群落水平上评估种子和鼠类之间的相互作用，很难区分鼠类对某一种子性状的特定行为反应。本研究在半自然围栏中，阐明同域分布的3种鼠类对5种同域分布的植物种子扩散的影响，验证以下推测：①鼠类对种皮厚的种子扩散较慢，而优先搬运种皮薄的种子；②鼠类优先就地取食种皮薄的种子，而偏好扩散和贮藏种皮厚的种子；③鼠类偏好贮藏热值高的种子，而取食热值较低的种子；④体形大的鼠类原地取食更多的种子，体形小的则倾向于扩散后取食；⑤大型鼠类集中贮藏更多的种子，小型鼠类则分散贮藏更多的种子。

结果表明：鼠类搬运种皮厚的种子要比搬运种皮薄的种子速度慢，优先选择种皮薄的种子反映了鼠类的贮食策略（Yi *et al.*, 2015a）。种子重量和大小与鼠类取食或贮藏的种子比例之间没有明显的相关关系。相比于其他4种植物种子，单宁含量较高的蒙古栎橡子要么被就地取食，要么被扩散后取食，分散贮藏的比例较低，这与高单宁假说不一致。种子重量和单宁含量对种子命运的影响可能被种子的其他突出性状所掩盖（如种皮厚度）。种皮厚度与种子搬运率之间存在显著的负相关关系，但与原地取食的种子比例之间没有明显的相关关系。种皮厚度与种子被扩散后取食的比例之间呈显著的负相关关系，反映了种皮厚度在鼠类选择和扩散种子中的关键作用。然而，种皮特别厚的种子（如胡桃楸）却阻碍小型鼠类的扩散和取食，反映了厚种皮对种子扩散的负面影响。结果表明，高热值的种子被鼠类优先集中贮藏，集中贮藏的种子比例和种子热值之间呈显著正

相关，表明种子营养成分对鼠类贮藏食物也有重要影响。尽管红松和胡桃楸种子都具有较高的单粒热值，但鼠类分散贮藏的红松种子要比胡桃楸种子多，反映了处理厚种皮种子所消耗的能量与其营养价值回报间的平衡。

与大体形的花鼠相比，小体形的大林姬鼠和棕背䶄集中贮藏更多的植物种子；相反，花鼠则分散贮藏较多的植物种子。除此之外，大体形的花鼠原地取食更多的种子，而小体形的大林姬鼠和棕背䶄则偏好将种子搬运到安全的地方（如角落或窝巢）再行取食。由此说明，体形大小与食物贮藏策略（分散贮食和集中贮食）的演变并没有直接联系，采取贮藏策略可能只是贮食者对贮藏点防御与偷盗的一种行为反应。

本研究揭示了鼠类和植物种子之间的相互作用及协同进化关系。一方面，植物需要提高种子的大小和营养含量来吸引潜在的种子传播者。另一方面，植物需要通过各种物理和化学防御系统来避免被动物过度捕食。植物种子吸引和防御特征之间的均衡，影响鼠类对其搬运、捕食和贮藏。鼠类需要权衡处理不同种子的能量消耗与回报，反映其处置、取食和贮藏各种种子的能力。因此，在鼠类-植物种子的相互作用系统中，二者的相互作用在群落水平上通常是复杂的，种子特性和鼠类组成的双重作用对于种子扩散过程具有重要影响。

## 三、同域分布的两种榛属植物大年结实对种子命运的影响

植物大年结实通常影响鼠类的贮食行为，最终会影响植物种子的扩散和幼苗更新。同一树种大年结实有利于自身种子的扩散和幼苗更新。然而，在种间水平上，某种种子大年结实是否会影响同域分布的其他树种种子的扩散适合度尚不明确。为此，我们通过调查追踪和标记种子的命运，分析同域分布的毛榛和平榛大年结实对另一种植物种子扩散适合度的影响。验证以下假设：①不同树种间种子大年结实是否有利于彼此种子的扩散，取决于一种植物能否从另一种植物大年结实的过程中提高其扩散适合度；②不同树种间种子特征上的差异可能会影响大年结实的种间效应，鼠类对某些树种种子的取食偏好可能有利于其他树种种子的存活。

结果表明：无论是毛榛还是平榛，大年结实都减少了自身种子的搬运，这与之前许多有关大年结实效应的研究结论一致，支持"捕食者饱和假说"。在种间水平上，毛榛种子大年结实减少了平榛种子被搬运的概率，但平榛种子大年结实对毛榛种子的扩散却没有显著影响（Yi *et al.*，2011b）。

毛榛种子大年结实可以增加自身种子被鼠类贮藏的概率。然而，平榛种子大年结实无此效应，并且两种种子大年结实对种子贮藏也没有种间效应。无论是毛榛还是平榛，大年结实都可以显著增加自身种子的扩散距离。毛榛大年结实显著减少平榛种子的扩散距离，而平榛种子大年结实却增加了毛榛种子的扩散距离。无论是毛榛还是平榛，种子大年结实不仅可以减少自身种子被取食的比例，还能够降低对方种子被取食的比例。毛榛和平榛种子大年结实都能够显著增加自身种子的扩散适合度。除此之外，毛榛大年结实可以显著提高平榛的扩散适合度，但是平榛大年结实对毛榛的扩散适合度没有显著影响。因此，一种植物种子大年结实可能有利于自身种子扩散适合度的增加，但是对异种种子的扩散适合度是否有利，取决于目标物种的种子特征。

由此可见，在种内水平上，毛榛和平榛种子大年结实显著降低了自身种子被搬运、取食的概率，增加了自身种子的扩散距离、贮藏比例及扩散适合度。在种间水平上，大年结实所产生的效应对不同种子是不一致的，这可能是种子特征不同所导致的。与平榛种子相比，营养价值更高、种壳更薄的毛榛种子大年结实增加了平榛种子的扩散适合度，却减小了平榛种子的扩散距离。本研究验证了大年结实对于同域分布的两种榛子的种间效应存在种间特异性，不同物种种子结实的同步性是否对目标物种种子的扩散有利，主要取决于目标物种能否从其他物种种子大年结实中增加适合度。

## 四、种间和种内干扰竞争对花鼠分散贮食行为的影响

在黑龙江省带岭林业局东方红林场的半自然围栏内，研究了同种和异种干扰影响下花鼠对红松种子的扩散及分散贮食行为，探讨种间或种内干扰对花鼠分散贮食行为及埋藏点空间分布的影响机制。

结果表明：在种间干扰条件下，花鼠的贮食行为发生显著变化，而种内干扰竞争无显著影响（焦广强等，2011；申圳等，2012）。在同种干扰竞争下，花鼠偏好将红松种子分散贮藏在围栏中的低竞争区或中竞争区内，可能与降低贮食点被盗率有关。种间干扰（大林姬鼠作为干扰者）不仅显著影响了花鼠的分散贮食行为，也导致了分散贮食点的空间分布变化。研究表明：在面临同性干扰竞争下，雄性花鼠的贮食率没有提高，但异性干扰促使雄性花鼠的分散贮食率显著增加。另外，雌性个体在同种竞争下分散贮食变化不明显，但高竞争区内分散贮食点的分布比例显著降低。雄性个体在同种干扰下分散贮食点的空间分布没有明显变化。由此说明，花鼠贮食行为存在明显的性别差异，这种差异可能受到激素水平的影响。

同种或异种干扰竞争对花鼠的分散贮食行为具有显著的影响，特别是在异种个体存在时，花鼠迅速权衡而改变贮食策略。无论是在同种还是异种竞争干扰下，花鼠贮藏食物时均避开高竞争风险区域。在干扰竞争影响下，花鼠将植物种子埋藏到远离竞争者的区域，不仅可以减少贮食点偷盗率，还可以促进植物种子的长距离扩散和增加扩散适合度。因此，花鼠的这种分散贮食策略有利于植物种子扩散和种群更新。

## 五、种子相对占有量对鼠类分散贮食行为的影响

通常情况下，"捕食者扩散假说"和"捕食者饱和假说"认为，鼠类数量和种子量共同影响种子的扩散过程。完全弄清楚鼠类数量或种子量各自的影响，需要在某一参数保持稳定的条件下进行。我们于 2008~2012 年种子雨前期在固定样地中释放等量的平榛种子，研究相同种子量、不同鼠类密度条件下，鼠类对平榛种子扩散的影响。与此同时，通过标记重捕再释放，调整样地内的鼠类数量，释放不同数量的红松种子，研究不同种子占有量条件下鼠类对红松种子分散贮食的影响。

结果表明，在种子量相同的条件下，平榛种子被取食率随鼠类捕获率的增加而增加；种子的扩散距离也随鼠类捕获率的增加而增加；分散贮食种子的比例在中等捕获率的条件下最高（图 4-19）。通过人为调节鼠类密度和种子释放量，我们同样发现，分散贮食

种子的比例在鼠类种子占有量处在中等水平条件下最高（图 4-20）。由此可见，种子扩散受种子量和鼠类数量的双重调节，当鼠类占有的种子量处在中等水平时，种子被分散贮食的概率最大。我们的研究结果为"捕食者饱和假说"和"捕食者扩散假说"均提供了一定证据。同时，说明鼠类-植物种子关系具有非单调作用。

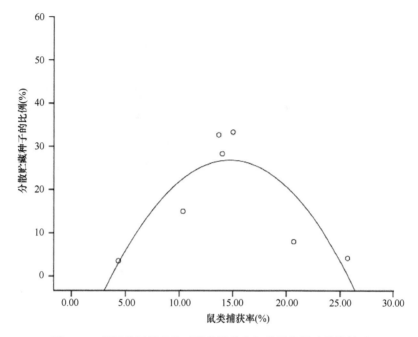

图 4-19　相同种子量条件下鼠类捕获率与种子分散贮藏的关系

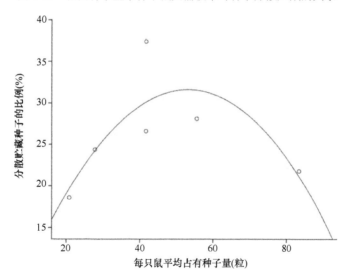

图 4-20　种子相对占有量与种子分散贮藏的关系

## 六、鼠类对种子的体内传播作用

鼠类是植物种子重要的传播者，但多数研究只关注鼠类对大种子的体外传播过程，而忽视植物种子在鼠类体内的传播。我们以小兴安岭地区主要鼠类（花鼠、大林姬鼠和棕背鮃）及两种猕猴桃（狗枣猕猴桃和软枣猕猴桃）为研究对象，揭示鼠类对结小种子的浆果类植物种子的扩散作用。野外红外相机调查结果表明，花鼠、大林姬鼠及棕背鮃均喜好搬运和取食猕猴桃果实（图4-21）。室内饲喂实验表明，在3种鼠类粪便中均收集到完整、有活力的猕猴桃种子。其中，花鼠的传播效率最高，大林姬鼠和棕背鮃次之（图4-22）。另外，鼠类对狗枣猕猴桃种子体内传播的效率要高于软枣猕猴桃，可能与两种植物种子的大小有关（Yang *et al.*，2018a）。

图4-21　花鼠（a）、大林姬鼠（b）和棕背鮃（c）取食猕猴桃果实

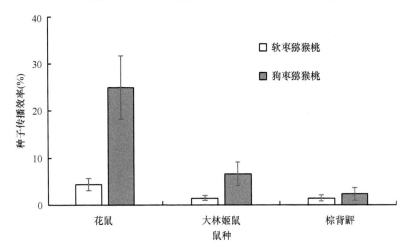

图4-22　花鼠、大林姬鼠和棕背鮃对两种猕猴桃种子的体内传播效率

## 七、子叶被取食和损伤对种子命运及幼苗建成的影响

有关鼠类对种子捕食的研究常常只关注种子是否被取食，而较少关注苗期子叶被捕食对幼苗生长的影响。为此，我们调查了林下鼠类对幼苗子叶的捕食情况，并模拟鼠类捕食，研究子叶被捕食或损伤对蒙古栎幼苗建成的影响。结果表明，鼠类对苗期的捕食主要有两种形式：子叶被捕食和茎基部被剪切（图4-23）。其中，茎基部被剪切可直接造成幼苗的死亡（Zhang *et al.*，2017）。子叶被捕食虽然不影响幼苗成活，但影响幼苗活力。模拟鼠类捕食的实验表明，蒙古栎一年生幼苗几乎很少依赖土壤营养，子叶储存的营养物质对蒙古栎幼苗的早期发育有至关重要的作用（Yi *et al.*，2015b）。子叶丢失不仅降低幼苗的生活力，而且抑制受损幼苗的再生。因此，苗期动物捕食可能是栎林天然更新的主要限制因素之一（Yi *et al.*，2013a）。

图 4-23 鼠类对蒙古栎幼苗子叶的捕食（a）和对茎基部的剪切（b）

## 八、利用稳定同位素标记研究鼠类种子扩散

种子扩散是指植物种子远离母树的过程，对生态系统的遗传结构、种群动态和群落组成具有重要影响。越来越多的证据表明，种子扩散者在不同生态系统的植物种子扩散中起着重要作用。但是，由于很难追踪植物种子的扩散方向和目的地，由种子扩散带来的生态效应在很大程度上被忽视。这种状况应主要归因于各种种子标记方法的局限性，无法确定种子扩散后在何处发芽、建苗。因此，为了更好地评估种子扩散对群落生态和种群动态的影响，需要开发新的种子标记方法，以阐明种子被贮食动物埋藏在何处、是否成功逃脱动物捕食，以及是否在合适的条件下萌发成苗。

在过去的数十年间，研究者发明了多种种子标记方法。例如，将金属钉或磁铁插入大种子中，并用金属探测器探测种子去向，或用荧光微球或粉末对种子进行染色以便追踪。目前，拴线和标签标记法被广泛接受，并用于相关研究中。尽管对技术要求较高，但 PIT 标签标记和无线电标记成为一种新的种子标记方法。虽然这些方法被用于许多生态系统的种子传播过程研究，但其具有改变种子的原有性状（如重量、外观等）等缺点，可能影响动物的取食、扩散及幼苗的建成（Yi *et al.*，2008）。

稳定氮同位素标记作为一种高效的示踪技术，已被用于生态系统研究。Carlo 等（2009）向植物叶面喷洒 $^{15}N$-尿素溶液，以获得同位素富集的种子，并基于此成功跟踪了鸟类介导的种子扩散。虽然同位素标记对种子本身影响不大，也可实现种子的同位素富集，但这种方法仅限于较小的植株，同时需要把 $^{15}N$-尿素溶液均匀地喷洒在植物上。因此，叶片喷洒 $^{15}N$-尿素溶液不太适用于那些具有高大树干和树冠的木本植物。鉴于此，我们用 $^{15}N$-尿素溶液浸泡种子从而获得同位素富集的种子和幼苗（Yi *et al.*，2014c；Yi and Wang，2015b）。该方法基于种子和幼苗中的 $^{15}N$ 标记，有效地跟踪了野外植物的幼苗建成。

## 第九节　植物种子结实动态及其对鼠类种群的影响

### 一、毛榛和蒙古栎种子结实动态及其与气候因子的关系

　　蒙古栎（*Quercus mongolica*）和毛榛（*Corylus mandshurica*）是小兴安岭地区的重要树种，其坚果含有丰富的营养物质，是森林内多种动物的重要食物来源（刘长渠，2014）。对两种植物种子结实量的年际变化开展研究，有助于阐明种子产量波动对鼠类种群动态、种子扩散、种子命运以及幼苗更新的影响机制。本研究以蒙古栎和毛榛为研究对象，分析了 2007～2014 年这两种植物花期的温度和降水量与种子产量之间的关系，揭示了气候因子在蒙古栎和毛榛种子结实量波动中的影响作用。

　　结果显示，2008 年和 2011 年是毛榛结实大年，毛榛种子年际结实量存在明显的大小年现象，具有 3～4 年的波动周期（Liu *et al.*，2012）。相关分析表明，毛榛种子结实量与花期的平均温度呈显著正相关（$r = 0.748$，$P = 0.033$；图 4-24），与每年 4 月的降水量无显著相关性（$r = -0.358$，$P = 0.384$；图 4-25）。2010 年和 2012 年是蒙古栎橡子产量的相对丰年，蒙古栎橡子结实量存在明显的大小年现象，波动周期为 2～4 年。相关分析表明，蒙古栎橡子结实量仅与当年 5 月的平均温度呈显著正相关（$r = 0.727$，$P = 0.041$；图 4-26），与当年 5 月的降水量没有显著相关性（$r = -0.079$，$P = 0.853$；图 4-27）。

　　研究表明，借助动物传播和扩散的植物种子产量通常存在明显的年际波动。植物自身的生物学与生态学特征影响种子产量，此外，各种气候因子的影响也不可小觑。毛榛和蒙古栎种子产量的变化可能与温度和降水等多种气候因子的综合影响有关。种子产量与这些气候因子（光照、温度和降水量等）的关系是造成种子雨年际波动的主要原因。

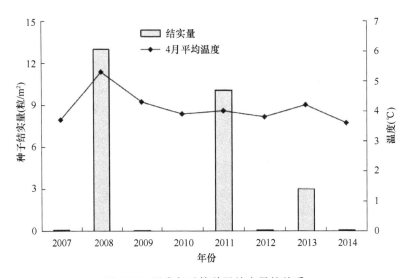

图 4-24　温度与毛榛种子结实量的关系

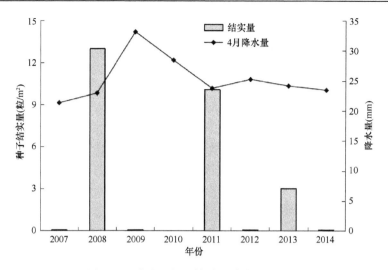

图 4-25　降水量与毛榛种子结实量的关系

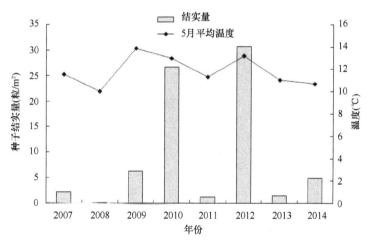

图 4-26　温度与蒙古栎橡子结实量的关系

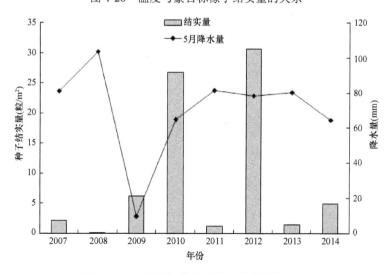

图 4-27　降水量与蒙古栎橡子结实量的关系

## 二、花鼠和大林姬鼠的种群波动及其与种子产量的关系

鼠类作为多种森林生态系统中重要的消费者，是大多数植物种子的取食者和传播者，对植物种群扩展及森林的天然更新具有极其重要的影响（Shen et al., 2012）。因此，对鼠类种群动态开展长期的调查和监测，有助于了解鼠类种群的波动规律及其影响因素，为阐明鼠类与林木种子传播和更新的关系提供理论基础，对深入揭示鼠类种群动态特征与调节机制、预测鼠害暴发成灾规律具有重要的参考意义。为此，本研究于 2007 年 7 月至 2015 年 9 月对小兴安岭地区毛榛和蒙古栎结实量的年际动态变化以及鼠类种群数量进行了调查，探讨种子产量对鼠类种群数量变化的影响（Zhang et al., 2018）。

结果表明，花鼠捕获率的年际波动明显（图 4-28）。2009 年和 2012 年，花鼠的捕获率较高（6.67% 和 8.33%），2011 年和 2013 年的捕获率较低（0.33% 和 0.25%）。Spearman 等级相关分析表明，毛榛结实量与花鼠的捕获率呈显著正相关（相关系数 = 0.72，$P$ = 0.03），而蒙古栎结实量和花鼠捕获率之间则呈显著负相关（相关系数 = −0.71，$P$ = 0.02），但花鼠的捕获率与毛榛和蒙古栎结实总量无显著相关关系（相关系数 = −0.13，$P$ = 0.75）（图 4-29）。

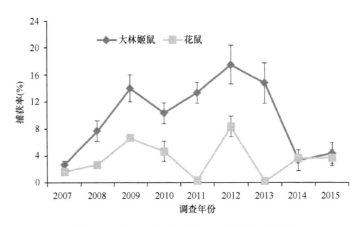

图 4-28　花鼠和大林姬鼠捕获率的年际动态

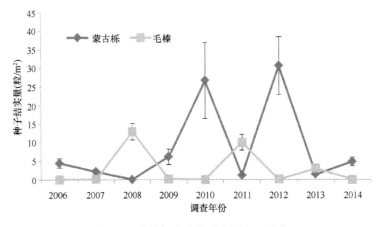

图 4-29　蒙古栎和毛榛结实量年际动态

大林姬鼠的捕获率也存在明显的年际变化,但每年的捕获率总体上都比花鼠高。大林姬鼠的捕获率在 2011 年、2012 年和 2013 年较高,在 2007 年和 2014 年较低。Spearman 等级相关分析表明,大林姬鼠的捕获率与毛榛及蒙古栎结实量都没有明显的相关性(毛榛:相关系数= 0.16,$P = 0.08$;蒙古栎:相关系数= −0.13,$P = 0.08$)。大林姬鼠的捕获率与每年毛榛和蒙古栎结实量呈现一定的正相关关系(相关系数= 0.73,$P = 0.03$)。

由此可见,花鼠和大林姬鼠数量的年际波动可能是由食物资源的年际变化引起的。毛榛种子结实量的年际变化可能是导致花鼠种群恢复的主要原因,相反蒙古栎大年结实不利于花鼠种群恢复。大林姬鼠的种群波动可能与毛榛和蒙古栎的结实总量有关。花鼠和大林姬鼠的种群波动对两种植物大年结实的不同反应,可能与两种鼠类肠道菌群降解单宁的能力有关。植物种子结实量的动态变化不仅能调节鼠类的种群数量,也可以影响鼠类对植物种子的选择、扩散和贮食行为,进而影响植物种子命运和种群更新。因此,阐明植物种子结实量的变化与鼠类种群数量波动之间的关系,对于深入了解种子产量对鼠类种群动态、鼠类捕食、扩散和贮食行为以及植物更新的影响有重要意义。

## 三、蒙古栎橡子和象甲幼虫对花鼠及大林姬鼠的影响

在小兴安岭地区,蒙古栎橡子是花鼠和大林姬鼠的重要食物资源。然而,蒙古栎橡子中高含量的单宁对鼠类具有较强的毒害作用。鼠类如何适应高单宁食物?不同鼠类应对高单宁食物的机制是否相同?橡子中的象甲幼虫是否有利于鼠类抵抗单宁的毒性?为了回答上述问题,我们以蒙古栎橡子饲喂花鼠和大林姬鼠,并在食物中添加象甲幼虫作为蛋白质补充,研究花鼠和大林姬鼠对高单宁食物的适应性差异。

结果表明,花鼠在单一取食蒙古栎橡子的条件下,体重在 30 天内下降 20%～30%,部分个体最终死亡。当在食物中添加象甲幼虫时(每天 2 g,连续 10 天),花鼠的体重下降得到缓解(图 4-30)。与花鼠不同,大林姬鼠在单一取食蒙古栎橡子的条件下,体重无显著变化。当在食物中添加象甲幼虫后(每天 1 g,连续 10 天),体重也无显著变化(图 4-31)。进一步分析发现,花鼠和大林姬鼠的肠道微生物组成存在明显差异(图 4-32),在大林姬鼠肠道中具有丰富的可降解单宁的菌群。这种差异反映出二者对高单宁食物的不同适应能力,也很好地解释了蒙古栎大年结实对两种种群波动的不同效应。

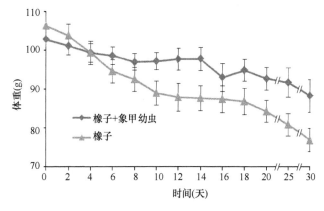

图 4-30　取食蒙古栎橡子和象甲幼虫对花鼠体重的影响

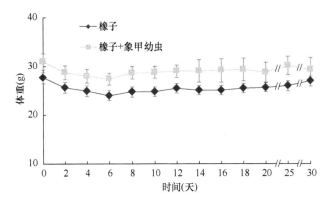

图 4-31　取食蒙古栎橡子和象甲幼虫对大林姬鼠体重的影响

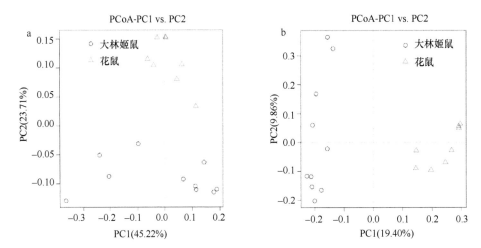

图 4-32　大林姬鼠和花鼠肠道微生物群落组成的主成分分析
a. 加权后；b. 未加权

# 第十节　花鼠的贮食行为研究

## 一、花鼠对白栎橡子的剥皮贮食行为

　　鼠类通过选择休眠的、健康的、不易腐烂的、富含能量的种子进行贮藏，或者通过改变种子的萌发状态（如切胚芽），进而达到长期贮藏的目的（Yang *et al.*，2012b）。研究发现，花鼠在贮藏蒙古栎种子前总是去除种子的外果皮。花鼠剥皮贮藏蒙古栎橡子是否是一种有效的埋藏点管理行为，尚缺少实验证据。为此，我们进行围栏行为学实验（图 4-33），提出并验证以下假说：①剥皮使蒙古栎橡子快速失水干燥，推迟甚至阻止其萌发，从而降低贮藏种子的易腐性；②种子剥皮后能够降低或者提高子叶气味释放强度，防止同种或异种个体对贮藏点的偷盗或促进自身埋藏点的找回；③剥皮可促进橡子中单宁等化学成分的改变，提高适口性；④由于橡子内象甲虫容易导致种子腐烂变质，剥皮有利于动物鉴别橡子的健康程度，进而有选择性地进行分散贮藏。

图 4-33　本研究中所采用的半自然围栏

一系列的围栏实验表明：花鼠去除蒙古栎橡子的外果皮不能有效地阻止或者延迟种子的萌发，说明去除外果皮与切除胚芽或胚根达到长期贮藏食物目的的作用不同（Yi et al.，2012a）。丙酮处理及去除外果皮，既不能有效地帮助花鼠找回或者定位埋藏点，对大林姬鼠的种间偷盗也没有显著的影响，说明花鼠的剥皮贮食行为与减少种间和种内的贮藏点偷盗无关。另外，去除种子的外果皮并不能降低蒙古栎橡子内的单宁含量，从而否定了剥皮促使橡子降解单宁的假说。相对于虫蛀的种子，花鼠偏好选择健康的种子，剥皮后进行分散埋藏。当橡子外果皮完整时，花鼠不能判定橡子健康与否，导致种子释放点剩余相同比例的健康橡子和虫蛀橡子。由此说明，花鼠可能通过去除橡子外果皮来判定橡子的健康程度，之后决定对种子进行取食或分散贮藏。

实验结果表明（Yi et al.，2012a），花鼠去除橡子外果皮主要是为了辨别种子的健康程度，从而选择健康的橡子进行分散贮藏。去除橡子外果皮可能是花鼠判定橡子是否虫蛀的一个前提条件。另外，几乎所有的橡子在扩散前被去除了外果皮，这进一步验证了我们的假设。去除外果皮后对健康橡子进行分散埋藏可能还有利于橡子的早期萌发和幼苗的建成（Yi et al.，2014a）。此外，花鼠去除蒙古栎橡子外果皮且有选择地取食虫蛀种子和象甲虫，给象甲虫及其他寄生在橡子内的幼虫存活带来很大影响，不仅有利于蒙古栎的幼苗建成，而且能有效地控制这些寄生昆虫的种群数量（Yang et al.，2018b）。

## 二、花鼠分散贮食的行为基础

对于鼠类分散贮食行为分化的原因，常常以 4 个假说来解释："非适应性假说""缺乏贮藏空间假说""快速隔离假说"及"避免盗窃假说"。但至今，有关鼠类分散贮食行为的进化机制尚不清楚。本研究通过围栏控制实验和野外实验相结合，进一步阐明花鼠的分散贮食行为机制，验证上述与分散贮食行为相关的 4 个假说。

结果表明，在种群水平上花鼠偏好分散贮藏食物，而非集中贮藏（Wang et al.，2017）。在被测试的 23 只花鼠个体中，有 21 只个体具有分散贮食行为。种子分散贮藏比例接近30%，而集中贮藏的比例不足 2.5%。由此说明，分散贮食是花鼠最主要的贮食策略，研究结果不支持"非适应性假说"。

另外，无论人工巢穴是否存在，花鼠的分散贮藏强度均高于集中贮藏。巢穴有无并不影响花鼠的分散贮食行为，"缺乏贮藏空间假说"也不能解释花鼠的分散贮食行为。我们的研究结果还表明，食物源与巢穴之间的距离对花鼠是否采取分散贮食策略也没有显著影响。当种子与巢穴距离很近时（0.5 m），花鼠仍将种子搬运至远处并分散贮藏。此外，被花鼠分散贮藏的种子并没有被取回转移至其巢穴中，这些研究结果不支持"快速隔离假说"。然而，在优势竞争者松鼠存在时，花鼠的分散贮食行为显著增强，但当其他花鼠或大林姬鼠存在时则没有明显改变。当直接将种子放置于花鼠的巢穴中时，它们依然会将这些种子移出巢穴并分散贮食，进一步说明"避免盗窃假说"可能是对花鼠的贮食行为进化的合理解释。

本研究表明，无论在何种条件下花鼠均偏好分散贮食种子，该结果不支持"非适应性假说""缺乏贮藏空间假说"及"快速隔离假说"。花鼠只有在面对比自己强大的竞争者时才会增强其分散贮食行为，该结果支持"避免盗窃假说"。因此，就花鼠的分散贮食行为而言，相比于其他假说，"避免盗窃假说"可能更为合理。

## 三、花鼠分散贮食行为与海马细胞增殖的关系

与集中贮食相比，分散贮食是动物在较大的家域空间内设置许多小的贮食点并加以管理，随后通过精确的空间记忆再加以找回利用，这两种贮食方式对觅食动物的空间记忆能力有不同的需求。作为空间记忆形成和维持的基础，海马在鼠类分散贮食和埋藏点找回过程中起着重要作用。然而，目前海马神经增殖和贮食行为的关系尚不明确。为此，我们比较了半自然围栏中雄性和雌性花鼠的种子贮藏行为，阐明了花鼠分散贮食行为变化是否与海马细胞增殖和存活相关，以及海马神经增殖在鼠类分散贮食行为中的作用。

结果表明：在半自然围栏下，花鼠的分散贮食行为存在个体差异。一些个体具有更明显的分散贮食行为，一些个体则从不贮藏食物。贮食行为的表达与海马细胞增殖相关，但种子贮食行为水平与海马细胞存活率之间无显著相关性（Pan et al., 2013）。另外，雄性和雌性花鼠的种子贮食行为也存在明显差异。虽然在贮藏种子数量上没有发现性别差异，但雄性较雌性取食更多已被分散贮藏的种子，表明雄性的空间记忆能力要好于雌性。

本研究还表明，贮食行为与海马细胞增殖有关。然而，在笼养的对照组和非贮食动物的海马细胞增殖中没有发现差异，说明分散贮食行为是鼠类海马细胞增殖的影响因素之一。另外，与围栏中的非贮食动物相比，限制活动不能改变雌性或雄性的海马细胞增殖。再次说明，花鼠海马细胞增殖与其分散贮食行为有关（Pan et al., 2013）。

但是，我们只在具有分散贮食行为的雄性中发现海马细胞有明显增加，并且这种增加与雄性的分散贮食行为密切相关。由此说明，鼠类分散贮食行为和海马细胞增殖与性别有关。我们还发现，雌性与雄性相比，较少找回并取食其分散贮藏的种子。雌性花鼠找回较少食物埋藏点可能导致其空间记忆使用的减少，因而不能引起海马细胞的增加。研究发现，5-溴脱氧尿嘧啶核苷（BrdU）注射 30 天后，在半自然围栏中贮食的雄性与笼养的雄性相比，海马 BrdU-ir 细胞的数量并没有显著差异。因此，种子分散贮藏模式有可能不足以增加海马细胞的存活，新细胞的存活时间对于种子贮食行为在细胞存活上

的影响可能是至关重要的。

总之,在半自然围栏中花鼠的分散贮食行为显著增强海马区细胞的增殖。分散贮食行为以及后期基于空间记忆找回贮藏点能够促进贮食动物海马细胞的增殖。未来,需要进一步检验海马细胞增殖随分散贮食行为改变的机制以及这些新细胞在海马功能中的作用。

## 四、花鼠对贮藏点的空间记忆和找回机制

通常认为,分散贮食动物可以通过随机探索、嗅觉和空间记忆找回自身的贮食点。目前,有关空间记忆在鼠类找回贮食点食物中的作用研究还相对较少。为此,我们在半自然围栏内研究花鼠的分散贮食行为和贮食点重取过程,揭示空间记忆在鼠类分散贮食以及贮食点找回中的作用。

围栏实验表明,贮食花鼠会选择性地保存自己的贮食点,而倾向于偷盗其他个体的贮食点(Yi *et al.*, 2016a)。花鼠优先盗取其他个体的贮食点是一种积极有效的埋藏点管理行为,这种行为依赖空间记忆来完成,并且以此保持竞争优势。另外,花鼠对自身贮食点的空间记忆不是短暂的,可能会持续好几天甚至更长时间。在野外条件下,我们发现花鼠对自身建立的贮食点同样具有找回优先权。这种优先权与花鼠对自身贮食点精确的空间记忆密切相关,因为花鼠通过空间记忆找回所贮藏种子消耗的时间远比通过嗅觉找回贮食点少。

总体而言,花鼠能够依赖空间记忆区分自己的贮食点和其他个体的贮食点。优先取食人为建立的食物埋藏点,而保留自身建立的埋藏点,这可能是一种更为高效的贮食管理策略。这些发现说明,分散贮食者不仅能够管理自己的贮食点,同时还可以对其他贮藏点进行偷窃,进一步增加了贮食者找回自身贮食点的优势。分散贮食鼠类相互盗食在野外应该非常普遍。

## 五、空间记忆对花鼠分散贮食行为的影响

空间记忆在鼠类找回贮食点过程中具有重要作用,但空间记忆能力对鼠类分散贮食行为的影响还未见报道。本研究中,我们通过对花鼠进行二十二碳六烯酸(DHA)和尿嘧啶核苷酸(UMP)灌胃处理,研究在空间记忆能力增强的条件下,花鼠分散贮食行为的变化,阐明空间记忆在鼠类分散贮食行为中的作用。

结果表明(Wang *et al.*, 2018),DHA 和 UMP 灌胃处理显著提高花鼠在 Y 迷宫中的学习记忆和空间行为能力。在 Y 迷宫测试中,灌胃组花鼠在错误次数、正确率、进入正确臂的次数以及反应时间方面均显著优于对照组(图 4-34)。我们还发现,DHA 和 UMP 灌胃处理显著提高花鼠海马的相对大小以及其中二十二碳六烯酸(DHA)和二十碳五烯酸(EPA)的含量。围栏贮食实验表明,灌胃组花鼠分散贮食行为显著增强,分散贮藏的种子数显著高于对照组。空间记忆能力是分散贮食鼠类找回自身贮食点的重要影响因素,也是优先找回贮食点的前提。

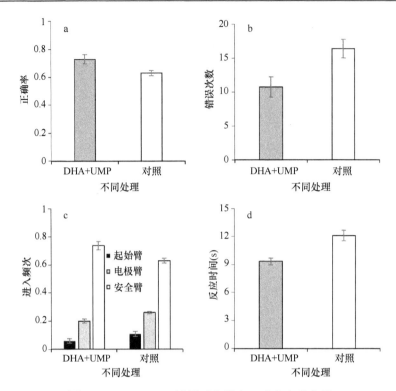

图 4-34　DHA+UMP 灌胃后花鼠在 Y 迷宫中的表现

由此可见，空间记忆在鼠类分散贮食行为中也具有重要影响。空间记忆可能是分散贮食行为表达的前提条件之一，空间记忆能力越强，分散贮食行为越明显。反过来，鼠类的分散贮食行为也可引起海马神经细胞增殖，进一步提高其空间记忆能力。二者相辅相成，互相促进，在鼠类分散贮食行为进化中具有重要的作用。

## 六、视觉标识物对花鼠分散贮食点选择的影响

研究表明，视觉、嗅觉、空间记忆和随机探索是贮食动物找回贮藏食物的重要途径（牛可坤等，2011）。贮食者通过视觉对贮藏点建立的空间记忆对于找回或盗取食物资源具有重要作用。然而，有关视觉标识物在鼠类贮食过程中的作用还缺少相关实验证据。为此，我们在半自然围栏内设立不同的视觉参照物，以昼行性花鼠为对象，研究视觉参照物对花鼠分散贮食行为和贮藏点找回的影响。

结果表明：视觉标识物（多齿蹄盖蕨复叶、樟子松枝条和人工标记物）显著影响花鼠的分散贮食行为（Zhang *et al.*, 2016）。花鼠偏向将种子贮藏在视觉标识物的附近，这有助于其自身对贮食点的记忆和找回。视觉标识物对花鼠的分散贮食行为有显著影响，说明某些视觉信号在花鼠贮食位点的选择上有一定作用，有助于花鼠对贮食点形成精确的空间记忆。我们还发现，视觉标识物对雄性的分散贮食行为有显著影响，而对雌性贮藏点的空间分布影响相对较小（刘国强，2013）。这种差异可能是因为雄性具有较强的空间记忆能力，在食物贮藏中具有较强的优势，雄性花鼠大脑中海马细胞增殖水平比雌性高。

上述研究表明，视觉信号在花鼠分散贮藏的过程中具有重要作用。分散贮食者偏向于

将植物种子贮藏在有明显视觉信号的地点,可能是种子定向扩散的另外一种模式。花鼠可以通过寻找明显的视觉参照物,将贮食点建立在视觉参照物的附近,可以增强贮食动物对贮食点的空间记忆,而只有贮食者自身才具有这种通过视觉参照物形成的空间记忆能力。通过视觉参照物形成自己特有的对贮食点的"空间记忆",可能是贮食者长期进化所形成的一种有效防止自身贮食点损失的策略。花鼠的这种定向扩散行为可能有利于自身建立空间记忆,从而有利于通过视觉找回食物并防止贮食点被其他个体盗食。同时,这也可能是昼行性贮食者相比夜行性贮食者的视觉优势所在,在行为进化生态学上具有一定的意义。

## 七、贮食点深度及大小对花鼠盗食的影响

贮食点大小、贮食深度和基质含水量等因素是影响鼠类盗取贮食点的重要因素。在野外环境条件下,由于干扰的因素较多,较难确定哪些因素影响分散贮食动物对贮食点的盗取。本研究选取小兴安岭地区分布广泛的花鼠作为研究对象,在人工围栏中研究食物贮食点深度、大小及基质含水量对花鼠盗取红松种子的影响,探究贮食鼠类对贮食点的找回和偷盗机制。

结果表明,贮食点越浅、贮食点种子数量越多,花鼠对贮食点的发现率越高(刘长渠等,2016)。在埋藏深度相同的情况下,花鼠对大贮食点(4粒)的发现率明显高于小贮食点(1粒、2粒、3粒)。同样,在贮食点大小一致的条件下,花鼠优先盗取浅的贮食点。较大、较浅的贮食点散发出较强的化学信号,有助于鼠类发现贮食点。但是,花鼠的嗅觉能力是有限的,对4 cm和6 cm深的贮食点的发现率显著降低。

由此说明,食物贮藏点的大小和深度对分散贮食动物盗取贮藏食物有显著影响。食物贮藏点内种子所释放的气味信号显著影响鼠类凭借嗅觉对食物的找寻过程。因此,分散贮食动物建立适宜深度和大小的贮食点,是长期进化过程中应对盗食的适应性策略。

## 八、土壤含水量对花鼠定向扩散种子的影响

当分散贮食动物偏好将植物种子贮藏在适宜萌发的微生境中时,种子的扩散就呈现非随机性,此时种子的扩散过程称为定向扩散。土壤含水量是种子萌发、幼苗建成的重要因素,然而,有关土壤含水量对鼠类分散贮食行为的影响鲜见报道。为此,本研究通过围栏和野外实验,研究土壤含水量对花鼠分散贮食行为的影响,旨在揭示土壤含水量在分散贮食行为中的作用。

结果表明,不同实验条件下花鼠均选择性地将蒙古栎橡子贮藏在较高含水量的土壤中(Yi et al.,2013b)。土壤含水量低,不利于被贮藏种子的气味散发,进而影响贮食鼠类找回贮食点。土壤含水量过高,散发的种子气味使贮食点面临较大的盗食风险。花鼠通过定向扩散将橡子贮藏在具有较高含水量的地点,不仅有利于自身找回食物贮藏点,也为蒙古栎种子的萌发和幼苗建成提供了便利条件。

由此看来,花鼠将蒙古栎种子分散贮藏在含水量较高的土壤中,属于种子定向扩散的新类型。这种定向扩散对分散贮食动物和植物种子都是有利的,对揭示植物及其种子扩散者之间的协同进化关系具有重要的指导意义。

## 九、嗅觉对花鼠分散贮食行为的影响

嗅觉影响鼠类找回贮食点，但有关嗅觉对鼠类分散贮食行为的影响还缺少实验证据。为此，我们通过改变种子气味强度或破除花鼠的嗅球，切断贮食鼠类与植物种子间的嗅觉联系，研究嗅觉对鼠类分散贮食行为的影响，揭示植物种子-鼠类之间的化学信号在动物分散贮食行为中的作用。

结果表明，花鼠偏好分散贮藏气味较弱的红松种子，而取食气味较强的红松种子（Yi et al., 2016b）。花鼠避开气味强的种子而贮藏气味弱的种子，可能是避免贮食点被盗的适应性机制。另外，破除嗅球后，花鼠的分散贮食行为显著增加。由于和红松种子之间的气味信号被切断，花鼠面对气味弱的种子，增加分散贮食比例，可降低贮食点被盗率。

由此可见，种子气味和鼠类嗅觉对分散贮食行为有显著影响。气味弱的种子更可能被鼠类分散贮藏，而嗅觉弱的鼠类则倾向于分散贮藏更多的植物种子。因此，气味弱的种子具有较大的扩散适合度，可能是植物种子进化的方向。

## 十、种子气味对花鼠空间记忆的影响

每年秋季，贮食动物贮藏大量的食物进行越冬。通常情况下，鼠类分散贮藏各种植物种子，如松子、榛子和橡子等。然而，不同的植物种子的气味组分和气味强度存在较大差异。因此，可以推断分散贮食鼠类找回气味强的种子就会更加容易，相反找寻气味弱的种子相对困难。目前，尚不清楚分散贮食鼠类是否对气味弱的贮食点投入更多的空间记忆，从而对自身贮食点有优先权。为此，我们在室内围栏中为花鼠提供2粒不同气味强度的种子，让其自由找寻，连续训练5天以强化其对2粒种子的空间记忆。第6天进行测试，研究花鼠对2粒种子的空间记忆投入是否相同。

在训练阶段，花鼠优先找寻气味强的种子，找寻气味强的种子所花费的时间远远小于找寻气味弱的种子。然而，当移除2粒种子进行测试时，花鼠依赖空间记忆优先挖掘气味弱的种子所处的位点。进一步研究表明，花鼠是基于对围栏环境建立的空间记忆来定位植物种子的。当这些参照物被移除后，花鼠的空间记忆显著降低。由此可见，贮食点的气味强度影响鼠类对其空间记忆的投入，贮食鼠类对贮食点的空间记忆投入存在权衡：在气味强的贮食点上投入较少的空间记忆，而在气味弱的贮食点投入较多的空间记忆（Li et al., 2018）。花鼠基于种子气味的空间记忆投入模式，有利于其对贮食点保有优先权，可能是贮食鼠类与植物种子之间协同进化的结果。

# 第十一节　总结与展望

## 一、本地区取食、扩散植物种子的主要鼠类

小兴安岭地区传播和扩散种子的鼠类主要有松鼠、花鼠、大林姬鼠、棕背䶄、红背

䶄和黑线姬鼠等。其中，松鼠和花鼠属于昼行性鼠类，大林姬鼠、棕背䶄、红背䶄和黑线姬鼠为夜行性，但偶见棕背䶄、红背䶄在白天活动。松鼠和花鼠是本地区重要的分散贮食动物，且具有多次分散贮藏植物种子的习性。大林姬鼠具有集中贮食和分散贮藏两种行为，但以集中贮食为主。棕背䶄、红背䶄和黑线姬鼠则集中贮藏食物，是纯粹的种子捕食者。除了花鼠拒食胡桃楸种子外，以上鼠类均取食、搬运本地区主要的林木种子（红松、胡桃楸、毛榛、平榛及蒙古栎等），生态位具有较大程度重叠。受气候和食物资源等因素的共同影响，本地区鼠类存在明显的种群波动。

## 二、本地区被鼠类取食和扩散的主要林木种子

小兴安岭地区依赖鼠类传播种子的植物主要有红松、胡桃楸、毛榛、平榛及蒙古栎等。红松、胡桃楸、毛榛、平榛及蒙古栎果实成熟期集中在8月底和9月初，结实存在明显的年际波动（周期2~4年），但不同步，可能受资源和开花期气候因素的共同影响。红松是本地区重要的针叶树种，种子脂肪和蛋白质含量高、单宁含量低，是鼠类最为喜好的种子类型。松鼠和花鼠的就地取食比例高，分散贮藏的比例也较高。大林姬鼠则主要集中贮藏红松种子，偶尔分散贮藏，很少就地取食红松种子。棕背䶄、红背䶄和黑线姬鼠对红松种子采取集中贮藏的方式，巢内取食。胡桃楸果皮厚而坚硬，脂肪和蛋白质含量高、单宁含量低，是松鼠和大林姬鼠的重要食物来源。由于果皮厚，鲜见就地取食，80%以上的种子被松鼠和大林姬鼠分散贮藏。由于果皮厚，棕背䶄、红背䶄和黑线姬鼠不喜食胡桃楸种子，而花鼠则完全拒食。毛榛和平榛为林下灌木，分布较广，果皮较厚，脂肪和蛋白质含量高、单宁含量低，上述鼠类均参与取食和扩散。蒙古栎是本地区重要的落叶乔木，其橡子不休眠、果皮薄、单宁含量高。花鼠和大林姬鼠是蒙古栎橡子的主要取食者和扩散者，松鼠、棕背䶄、红背䶄和黑线姬鼠不喜食蒙古栎橡子。在小兴安岭地区，松鼠、花鼠、大林姬鼠3种鼠类与红松、胡桃楸、毛榛、平榛及蒙古栎等植物种子之间构成简单的互惠网络。

## 三、本地区植物和鼠类种群动态

本地区主要林木具有大年结实现象，种子结实量存在年际波动。蒙古栎和毛榛大年结实不同步，可能受开花期气温的影响。蒙古栎和毛榛大年结实有利于大林姬鼠种群的恢复，但蒙古栎大年结实常使花鼠的种群数量下降。反之，毛榛大年结实有利于花鼠种群的恢复。花鼠和大林姬鼠的种群波动不同步，种子产量对鼠类种群数量的影响并非线性关系，还受到种子化学防御物质含量及鼠类应对有害次生物质能力的影响。红松的结实量对松鼠的种群波动有显著的调节作用，本地区人工采摘松果以及毛榛、胡桃楸等坚果，使鼠类食物资源急剧减少，不利于鼠类种群的更新和群落演替。棕背䶄和红背䶄的食物主要包含草根、树皮等，受种子结实量影响较小，而黑线姬鼠的种群波动可能与农业生产活动有关。

## 四、植物种子扩散之间的竞争与合作

不同植物之间，可以通过扩散种子的动物产生互惠或竞争。毛榛结实大年不仅有利

于提高自身扩散适合度，还可提高同域分布的平榛种子的扩散适合度；相反平榛大年结实只提高自身扩散适合度，降低毛榛扩散适合度。同样，蒙古栎大年结实对红松和毛榛的种子扩散也产生不同的影响。种子的物理化学特性是植物种子扩散之间产生间接竞争和互惠的主要因素，种子扩散之间的间接竞争还受鼠类群落结构的影响。

## 五、本地区鼠类特性与贮食行为

松鼠一般先从松树上咬断松果球果柄，使其跌落地表，然后剥去松果鳞片，挖去松子进行分散贮藏。松鼠分散贮食点内种子平均为 3 或 4 粒（有时多达 30 粒），主要依赖空间记忆找寻贮藏的植物种子。通常情况下，体形较小的花鼠和大林姬鼠不能直接采摘松果球，只能捡拾遗漏的松塔或偷盗松鼠的分散贮食点，然后进行取食或再次贮藏。松鼠和大林姬鼠是胡桃楸种子的主要扩散者，首先剥去胡桃楸富含胡桃醌的外果皮，然后进行分散贮藏（贮食点种子多为 1 粒）；花鼠则拒食胡桃楸种子。鼠类在贮藏平榛和毛榛种子前，还要剥去包裹种子的花苞。除此之外，花鼠还在分散贮藏蒙古栎橡子前剥去其外果皮，挑选健康的橡子分散贮藏，降低贮食点偷盗率，获得更大的贮食点回报。花鼠和大林姬鼠均分散贮藏蒙古栎橡子，而且具有明显的切胚根行为，阻止橡子萌发。松鼠、花鼠和大林姬鼠通过重复访问贮藏点，进行多次贮藏从而避免贮食点偷盗。体形较大的鼠类（松鼠和花鼠）偏好分散贮食，而体形较小的鼠类（大林姬鼠和棕背䶄）偏好集中贮藏。昼行性鼠类偏好分散贮食，夜行性鼠类似乎偏好集中贮食。

## 六、种子特性与种子命运

种皮厚度是影响鼠类取食的机械障碍。小兴安岭地区的红松、胡桃楸、毛榛、平榛种子都进化出厚种皮（0.1～0.6 cm）、低单宁的特点，厚种皮的物理防御是本地区植物种子趋同进化的表现。厚种皮使得种子被原地取食的比例下降，贮藏比例增加。尤其是个体较小的大林姬鼠和棕背䶄等，几乎从不在原地取食上述植物种子。即使体形较大的松鼠也很少就地取食胡桃楸种子，花鼠则不能取食胡桃楸种子。除此之外，大林姬鼠和棕背䶄对红松、毛榛和平榛种子的原地取食比例也较低，但个体较大的花鼠则可原地取食 80%左右的红松、毛榛和平榛种子。因此，物理防御可降低种子被捕食的概率，有利于植物种子扩散。但是，过度防御有可能使种子失去重要的扩散者。鼠类偏好分散贮藏大种子，使大种子扩散得更远。种子重量和大小影响种子扩散，对于体形小的大林姬鼠来说，种子大小比种子重量显得更重要。相反，种子大小对体形大的松鼠的分散贮食行为没有显著影响。相比种子大小，种子重量可能对种子扩散距离的影响更大，种子特征对种子扩散的影响可能随着种子传播者的体形大小不同而产生变化。单宁是蒙古栎橡子中重要的化学防御物质，但花鼠和大林姬鼠取食蒙古栎橡子的比例仍然较高，相反松鼠和棕背䶄等则不太喜食蒙古栎橡子，这可能与鼠类肠道微生物分解单宁等有毒物质的能力有关。种子萌发特性影响鼠类对种子的取食和扩散。花鼠和大林姬鼠贮藏时切除蒙古栎胚根，是应对橡子快速萌发的机制。研究未发现松鼠和花鼠对橡子的切胚行为，说明松鼠科物种应对种子快速萌发时存在趋异进化。厚种皮、低单宁，薄种皮、高单宁是植物种子在物理防御和化学防御之间的权衡。种子量显著影响鼠类的贮食行为，大年结实可增加分散贮藏。种子结实大年和鼠类数量小年不利于种子扩散；种子结实小年和鼠类数量大年不利于种子存活；种子结实和鼠类数量维持在中等水平时有利于种子扩散。土壤含水量也影响鼠类的贮食行为，花鼠偏好将植物种子贮藏在含水量较高的地方，可能是由于种子气味释放增加有利于找回贮食点。厚种皮是红松、胡桃楸、毛榛、平榛抵抗鼠类捕食的物理特性，相反蒙古栎橡子耐受部分取食、耐受子叶丢失、胚根再生的特性，支持容忍假说和再生假说。尽管鼠类对红松、平榛和毛榛种子具有较高的分散贮藏比例，但由于后期找回比例较高，野外成苗较少。红松在野外萌发多以丛生为主，不利于更新。相反，蒙古栎快速萌发的特性及胡桃楸厚种皮的特点，使得二者在野外的成苗率较高（图4-35）。

图 4-35　鼠类扩散作用下幼苗的天然更新
a. 红松；b. 胡桃楸；c. 蒙古栎

## 七、本地区鼠类-植物种子相互关系研究的特色

研究发现花鼠偏好将植物种子分散贮藏在含水量较高的区域，有利于植物幼苗建成，属于种子定向扩散；花鼠重复切除蒙古栎非休眠橡子的胚根，抑制其进一步萌发；花鼠剥皮贮藏蒙古栎橡子，不仅提高了埋藏点回报率，还可降低埋藏点偷盗率，扩展了贮食鼠类埋藏点管理行为的范畴。空间记忆在花鼠贮食及找回贮食点过程中具有重要作用，花鼠偏好将种子贮藏在有视觉标识物的周围，优先盗取其他个体的贮食点，保留自身的贮食点，支持埋藏点优先权假说；种子气味及鼠类嗅觉对贮食行为也有调节作用，研究提出鼠类扩散种子促进弱气味种子进化的假说。基于无线电追踪技术，以花鼠为例检验了种子扩散快速占有假说；以胡桃楸为例验证了大种子优先扩散假说和种子多次扩散假说。以人工胡桃楸种子为研究对象，提出种子大小和种子重量在种子扩散中作用不对等的观点；研究发现栎属植物蒙古栎橡子具有较强的耐捕食能力，脱离子叶的胚根可直接再生出幼苗；以两种大年结实的榛子为例，揭示了植物种子扩散之间的间接竞争和

互惠机制；发现种子次生代谢物质单宁和鼠类肠道菌在鼠类种群波动中的作用，发现种子产量和鼠类种群数量之间具有非单调关系；从橡子-象甲虫-鼠类3个营养级关系入手，揭示鼠类捕食象甲幼虫对蒙古栎种子适合度，以及象甲虫对鼠类适合度的影响；通过调节鼠类密度和种子量，提出中等水平鼠类种子占有量有利于种子扩散的观点；发现植物种子在鼠类体内传播的新证据，并证实二者之间的互惠关系。通过引入稳定氮同位素示踪技术，开展植物种子扩散研究，省去追踪种子命运的中间环节，直接从幼苗建成上评价鼠类对种子扩散适合度的影响（Yi *et al.*，2014b）；对半自然围栏进行改造，以坑穴替代原有的裸露土地，不仅便于种子找寻，对鼠类贮食行为的影响也较小，有利于研究鼠类空间记忆、盗食、贮食点找回等行为机制。

## 八、森林保护建议

种子大年结实有利于植物种子扩散和鼠类种群恢复，但本地区人类大面积无选择性地对林下植物种子的采摘，会给植物天然更新及鼠类群落演替带来负面影响。红松林大面积承包后采摘松塔，对松鼠和花鼠的种群有不利影响。建议采取有效措施，使原始红松林真正地被保护起来，有利于其天然更新。本地区不定期无选择性地化学灭鼠，也不可避免地对鼠类种群和植物的天然更新产生不利影响。另外，森林抚育后，林下鼠类栖息地受到破坏，种子的捕食率明显下降，种子的贮藏率上升。建议有的放矢，有针对性地控制害鼠种群数量，保护一定数量的具有分散贮藏习性的鼠类，结合森林抚育措施，控制单纯取食植物种子的鼠类，如棕背䶄和红背䶄，控害增益。针对林下农户的采摘活动，应积极宣传教育，同时采取飞播造林措施，补充一些种皮坚硬、耐捕食的植物种子（如胡桃楸），促进森林的天然更新。

## 九、今后研究方向

### 1. 开展"鼠类-植物种子"互作网络研究

通过长期定位研究，阐明鼠类与植物种子之间复杂的网络结构，揭示种子大年结实、鼠类种群波动及气候变化对"鼠类-植物种子"互作网络稳定性的影响。集合各系统研究结果，阐明"鼠类-植物种子"互作网络维持机制，以及复杂性与稳定性之间的关系。

### 2. 开展鼠类海马的空间记忆编码和提取机制研究

基于转录组和蛋白质组技术，研究不同鼠类海马的基因和蛋白质的差异表达，阐明海马在分散贮食行为分化中的作用；通过电生理技术研究鼠类分散贮藏及埋藏点找回过程中海马位置细胞的放电频率和强度，与贮食点的空间分布特征相比较，揭示海马的空间记忆编码在鼠类分散贮食行为中的重要机制。

### 3. 加强种子气味和空间记忆在鼠类贮食行为中的作用研究

利用人工种子，研究种子气味对鼠类分散贮食行为及贮食点找回机制的影响，进一步验证种子向弱气味方向进化的假设。引入神经生物学研究方法，揭示海马在鼠类分散贮食行为中的空间记忆编码过程，阐明鼠类空间记忆的形成基础及其对鼠类贮食行为的影响。

**4. 深入揭示鼠类种群波动机制**

食物资源年际和季节性变化是鼠类种群波动和暴发的重要因素，植物大年结实往往会引起鼠类种群数量的上升。然而，含有次生化学物质的植物种子进行化学防御又可能导致鼠类体重下降甚至死亡。对种子结实和鼠类数量开展长期定位调查，探究同域分布的林木种子大年结实引起的种子丰富度变化对鼠类种群数量的影响。

**5. 探索对种子标记和追踪的新技术和新方法**

尽管塑料标签标记法经济实惠、操作简单，在追踪小型鼠类对种子的搬运过程中应用广泛，但该方法比较适合标记外壳坚硬的大种子，对于较小的种子标记困难。在未来的研究中，可探索利用稳定性同位素技术和无线电技术研究鼠类对种子的扩散过程。

# 参 考 文 献

焦广强, 于飞, 牛可坤, 等. 2011. 种内和种间竞争对花鼠分散贮藏的影响. 兽类学报, 31: 62-68.

刘国强. 2013. 花鼠对分散贮食点的选择和找回机制研究. 洛阳: 河南科技大学硕士学位论文.

刘国强, 刘长渠, 易现峰. 2015. 胡桃楸种子大小对鼠类分散贮藏行为的影响——基于无线电标记技术. 生态学报, 35: 5648-5653.

刘长渠. 2014. 毛榛和蒙古栎种子结实动态及其对林鼠种群波动的影响. 洛阳: 河南科技大学硕士学位论文.

刘长渠, 土振宇, 易现峰, 等. 2016. 贮藏点深度、大小及基质含水量对花鼠找寻红松种子的影响. 兽类学报, 36: 72-76.

牛可坤, 焦广强, 于飞, 等. 2011. 围栏条件下花鼠找寻种子信号的途径和方式. 动物学杂志, 46: 45-51.

申圳, 董钟, 曹令立, 等. 2012. 同种或异种干扰对花鼠分散贮藏点选择的影响. 生态学报, 32: 7264-7269.

于飞, 牛可坤, 焦广强, 等. 2011. 小型鼠类对小兴安岭 5 种林木种子扩散的影响. 东北林业大学学报, 39: 11-13.

于飞, 史晓晓, 易现峰, 等. 2013. 蒙古栎果实相对丰富度对小兴安岭五种木本植物种子扩散的影响. 应用生态学报, 24: 1531-1535.

Carlo T A, Tewksbury J, del Rio C M. 2009. A new method to track seed dispersal and recruitment using $^{15}$N isotope enrichment. Ecology, 90: 3516-3525.

Li Y, Zhang D, Zhang H, *et al*. 2018. Scatter-hoarding animal places more memory on caches with weak odor. Behavioral Ecology & Sociobiology, 72(3): 53.

Liu C, Liu G, Shen Z, *et al*. 2012. Effects of disperser abundance, seed type, and interspecific seed availability on dispersal distance. Acta Theriologica, 58: 267-278.

Pan Y, Li M, Yi X, *et al*. 2013. Scatter hoarding and hippocampal cell proliferation in Siberian chipmunks. Neuroscience, 255: 76-85.

Shen Z, Guo S, Yang Y, *et al*. 2012. Decrease of large-bodied dispersers limits recruitment of large-seeded trees but benefits small-seeded trees. Israel Journal of Ecology and Evolution, 58: 53-67.

Wang M, Zhang D, Wang Z, *et al*. 2018. Improved spatial memory promotes scatter hoarding by Siberian chipmunks. Journal of Mammalogy, 99: 1189-1196.

Wang Z, Zhang D, Liang S, *et al*. 2017. Scatter-hoarding behavior in Siberian chipmunks (*Tamias sibiricus*): an examination of four hypotheses. Acta Ecologica Sinica, 37: 173-179.

Wang Z, Zhang Y, Zhang D, *et al*. 2016. Nutritional and defensive properties of Fagaceae nuts dispersed by animals: a multiple species study. European Journal of Forest Research, 135: 911-917.

Yang Y, Wang Z, Yan C, *et al*. 2018b. Selective predation on acorn weevils by seed-caching Siberian chipmunk *Tamias sibiricus*, in a tripartite interaction. Oecologia, 188: 149-158.

Yang Y, Yi X, Niu K. 2012a. The effects of kernel mass and nutrition reward on seed dispersal of three tree species by small rodents. Acta Ethologica, 15: 1-8.

Yang Y, Yi X, Yu F. 2012b. Repeated radicle pruning of *Quercus mongolica* acorns as a cache management tactic of Siberian chipmunks. Acta Ethologica, 15: 9-14.

Yang Y, Zhang Y, Deng Y, *et al*. 2018a. Endozoochory by granivorous rodents in seed dispersal of green fruits. Canadian Journal of Zoology, https://doi.org/10.1139/cjz-2018-0079.

Yi X, Curtis R, Bartlow A W, *et al*. 2013a. Ability of chestnut oak to tolerate acorn pruning by rodents-the role of the cotyledonary petiole. Naturwissenschaften, 100: 81-90.

Yi X, Liu G, Steele M A, *et al*. 2013b. Directed seed dispersal by a scatter-hoarding rodent: the effects of soil water content. Animal Behaviour, 86: 851-857.

Yi X, Liu G, Zhang M, *et al*. 2014b. A new approach for tracking seed dispersal of large plants: soaking seeds with $^{15}$N-urea. Annals of Forest Science, 71: 43-49.

Yi X, Steele M A, Stratford J A, *et al*. 2016a. The use of spatial memory for cache management by a scatter-hoarding rodent. Behavioral Ecology and Sociobiology, 70: 1527-1534.

Yi X, Steele M A, Zhang Z. 2012b. Acorn pericarp removal as a cache management strategy of the Siberian chipmunk. Ethology, 118: 87-94.

Yi X, Wang Z. 2015a. Dissecting the roles of seed size and mass in seed dispersal by rodents with different body sizes. Animal Behaviour, 107: 263-267.

Yi X, Wang Z. 2015b. Tracking animal-mediated seedling establishment from dispersed acorns with the aid of the attached cotyledons. Mammal Research, 60: 1-6.

Yi X, Wang Z, Liu C, *et al*. 2015a. Seed trait and rodent species determine seed dispersal and predation: evidences from semi-natural enclosures. iForest Biogeosciences & Forestry, 8: 207-213.

Yi X, Wang Z, Liu C, *et al*. 2015b. Acorn cotyledons are larger than their seedlings' need: evidence from artificial cutting experiments. Scientific Reports, 5: 8112.

Yi X, Wang Z, Zhang H, *et al*. 2016b. Weak olfaction increases seed scatter-hoarding by Siberian chipmunks: implication in shaping plant-animal interactions. Oikos, 125: 1712-1718.

Yi X, Xiao Z, Zhang Z. 2008. Seed dispersal of Korean pine *Pinus koraiensis*, labeled by two different tags in a northern temperate forest, northeast China. Ecological Research, 23: 379-384.

Yi X, Yang Y. 2011. Scatter hoarding of Manchurian walnut *Juglans mandshurica* by small mammals: response to seed familiarity and seed size. Acta Theriologica, 56: 141-147.

Yi X, Yang Y. 2012. Partial acorn consumption by small rodents: implications for regeneration of white oak, *Quercus mongolica*. Plant Ecology, 213: 197-205.

Yi X, Yang Y, Curtis R, *et al*. 2012a. Alternative strategies of seed predator escape by early-germinating oaks in Asia and North America. Ecology and Evolution, 2: 487-492.

Yi X, Yang Y, Zhang Z. 2011a. Effect of seed availability on hoarding behavior of Siberian chipmunk in semi-natural enclosures. Mammalia, 75: 321-326.

Yi X, Yang Y, Zhang Z. 2011b. Intra- and inter-specific effects of mast seeding on seed fates of two sympatric *Corylus* species. Plant Ecology, 212: 785-793.

Yi X, Zhang M, Bartlow A W, *et al*. 2014a. Incorporating cache management behavior into seed dispersal: the effect of pericarp removal on acorn germination. PLoS One, 9: e92544.

Yi X, Zhang Z. 2008. Influence of insect-infested cotyledons on early seedling growth of Mongolian oak, *Quercus mongolica*. Photosynthetica, 46: 139-142.

Zhang D, Li J, Wang Z, *et al*. 2016. Visual landmark-directed scatter-hoarding of Siberian chipmunks *Tamias sibiricus*. Integrative Zoology, 11: 175-181.

Zhang M, Dong Z, Yi X, *et al*. 2014. Acorns containing deeper plumule survive better: how white oaks counter embryo excision by rodents. Ecology and Evolution, 4: 59-66.

Zhang M, Steele M A, Yi X. 2013. Reconsidering the effects of tannin on seed dispersal by rodents: evidence from enclosure and field experiments with artificial seeds. Behavioural Processes, 10: 200-207.

Zhang M, Wang Z, Liu X, *et al*. 2017. Seedling predation of *Quercus mongolica*, by small rodents in response to forest gaps. New Forests, 48: 83-94.

Zhang Y, Bartlow A W, Wang Z, *et al*. 2018. Effects of tannins on population dynamics of sympatric seed-eating rodents: the potential role of gut tannin-degrading bacteria. Oecologia, 187(3): 667-678.

# 第五章 北京东灵山地区森林鼠类
与植物种子相互关系研究

## 第一节 概 述

自然界中，动物的食物资源会短缺或出现周期性波动，一些动物会在食物丰富的季节将食物收集和贮藏起来，供食物短缺时利用，以度过食物短缺期和为繁殖储备能量。贮食动物应对食物资源短缺和周期性波动的这种适应性行为，称为食物贮藏（food hoarding）。动物贮藏食物有利于提高其生存质量和繁衍后代的能力，在个体或种群水平都具有重要意义（Vander Wall，1990）。

在食物资源季节性波动明显的温带地区，动物的贮食习性更为普遍。在秋季，大量的植物种子、果实成熟，食物资源十分丰富，以植物种子或果实为食的动物，如一些啮齿动物和鸟类，会将植物种子或果实收集起来，搬运到巢穴、石缝、家域附近区域等地贮藏起来，以供食物短缺的冬季和春季食用，保证其成功越冬和来年春天的繁殖，这对贮食动物的生存和繁衍具有十分重要的意义。

种子扩散（seed dispersal）是植物种子在风、水、动物等媒介的作用下，远离母树到达适宜萌发和幼苗生长位点的过程，是植物更新和种群扩散的重要阶段，影响植物种群扩散、空间分布和群落结构。贮藏植物种子或果实的动物（如鼠类和鸟类）是植物种子的重要扩散者，对植物种群更新、扩散和空间分布等有重要影响（Nathan and Muller-Landau，2000）。动物通过集中和分散两种方式贮藏植物种子，当种子被动物堆积在巢穴、石缝、土壤、枯枝落叶等处时，称为集中贮藏（larder hoarding）。绝大多数集中贮藏的种子之后会被动物取食，少量种子可以萌发生成幼苗，但是集中分布的幼苗往往会因为激烈的竞争而死亡，所以一般认为集中贮藏对植物种子的扩散和更新没有积极意义。若种子被动物搬离母树，分散埋藏在基质为土壤、枯叶等的微生境中供以后利用，则称为分散贮藏（scatter hoarding）。分散贮藏的种子大部分会被动物取食或发生霉变，但总有一部分种子会逃脱动物捕食被完好地保留下来，当水热条件合适时即可萌发并建成幼苗，在适宜的条件下最终长成成树，完成植物的更新周期，因此动物分散贮藏植物种子的行为有利于植物种子的扩散和更新。具有分散贮藏种子习性的动物，客观上充当了植物种子的扩散者，在森林更新和退化生态系统恢复中具有重要作用。在"动物-植物"种子扩散系统中，动物获取了食物资源，保证了自身的生存和繁衍，植物种子得以扩散，促进了种群更新和扩散，动物和植物之间形成了基于种子取食和扩散的互惠关系（mutualistic interaction）（李宏俊和张知彬，2001a，2001b）。

在以落叶阔叶林为主的温带地区，种子产量的季节性波动明显，夏季和秋季为种子成熟季节，能为动物提供丰富的食物资源，冬季和春季食物稀缺、资源贫乏。很多结实大种子的植物（如壳斗科、山毛榉科、胡桃科等）依赖鸟类、鼠类及大型哺乳动物扩散种子，实现更新和种群扩散。通过对温带地区食物资源的季节性波动和不稳定性的适应，以种子为食的动物一般都进化形成了贮食习性，它们在秋季贮藏足够多的植物种子以备食物短缺的冬季和春季食用，保证成功越冬和来年春天繁殖。因此，温带地区动物与植物之间基于种子取食和扩散的互惠关系更加密切。

　　北京东灵山地区地处太行山北段向北延伸部分，属于暖温带大陆季风性气候，夏季雨量较充沛，气温较高，冬季严寒少雨、干冷多风。植被以次生落叶阔叶林、针阔叶混交林、落叶阔叶灌丛、灌草丛等为主，多数树种 7～9 月果实成熟，种子散落。取食和贮藏植物种子的动物主要有鼠类，少量鸟类如松鸦（*Garrulus glandarius*）、红嘴蓝鹊（*Urocissa erythrorhyncha*），以及少量大中型兽类如野猪（*Sus scrofa*）、猪獾（*Arctonyx albogularis*）等。其中，鼠类充当了胡桃（*Juglans regia*）（俗称核桃，以下称核桃）、胡桃楸（*Juglans mandshurica*）、山杏（*Prunus armeniaca*）、山桃（*Amygdalus davidiana*）、辽东栎（*Quercus liaotungensis*）等结实大种子树种的种子取食者和扩散者，在森林更新和恢复中起到重要作用。具有分散贮食习性的岩松鼠（*Sciurotamias davidianus*）、大林姬鼠（*Apodemus peninsulae*）（又称为朝鲜姬鼠）、花鼠（*Tamias sibiricus*）等是主要的种子扩散者，是影响植物种群更新、扩散和群落结构的重要因素。

　　对北京东灵山地区鼠类与植物种子间相互作用的研究始于 20 世纪 90 年代中后期。1996 年前后，张知彬、马杰、李宏俊等先后在该地区研究了鼠类对辽东栎、山杏等种子的取食、搬运及其对种子命运和更新的影响（张知彬，2001；张知彬和王福生，2001a，2001b；李宏俊，2002；马杰等，2003，2004）。2000 年以来，路纪琪（2004）、张洪茂（2007）、王昱（2013）等开展了较系统的研究。总体来看，以往 20 余年的研究工作主要集中在：①鼠类群落监测及优势种的种群动态；②常见树种的种子结实、形态与营养特征；③鼠类的种子贮食行为及其影响因素；④鼠类对植物种子的取食、扩散及其对植物种群更新、扩散与群落结构的影响等。研究站位于北京市门头沟区梨园岭村中国科学院动物研究所北京东灵山生态研究站（图 5-1）。

图 5-1　北京东灵山生态研究站（张洪茂摄影）

在研究站建立了实验室并配备常用研究设备（图 5-2），以及行为研究实验围栏（图 5-3），用于开展鼠类贮食行为研究。同时在研究站周边区域长期开展植物种子雨、种子特征及种子命运监测，鼠类群落种类组成及种群数量监测等实验（图 5-4）。

| 红外相机 | 养鼠房 |
|---|---|
| 视频监控围栏 | 松鼠房 |
| 监控室 | 养鼠笼 |

图 5-2　北京东灵山生态研究站常用研究设备（张洪茂摄影）

3.0 m×3.0 m　　　　3.0 m×3.0 m视频监控

40.0 m×50.0 m　　　4.0 m×3.0 m

9.0 m×9.0 m　　　　4.0 m×4.0 m

图 5-3　北京东灵山生态研究站常用实验围栏（张洪茂摄影）

图 5-4　北京东灵山生态研究站研究工作剪影（张洪茂摄影）

# 第二节　研究地区概况

## 一、自然地理

东灵山地区大致范围为 39°48′N～40°40′N，115°24′E～115°36′E。主要包括东灵山主峰、小龙门林场、洪水口村、齐家庄村、瓦窑村、梨园岭村等。景观类型包括灌丛、次生林、弃耕地混杂区，以及其他灌草丛、荒山、农田退耕区、农田耕作区及居民区等（图 5-5，图 5-6）。

图 5-5　北京东灵山地区概貌（张洪茂摄影）

次生林 | 灌丛

弃耕地

图 5-6　北京东灵山地区主要植被类型（张洪茂摄影）

北京东灵山地区平均海拔大于 1000 m。主要土壤类型有山地棕壤、褐色土和亚高山草甸土等。海拔低于 1000 m 的低山地带以褐色土为主，气候温和，主要植被类型为落叶灌丛；海拔 1000～1800 m 的中山地带以山地棕壤为主，气候温凉，主要植被类型为森林及次生灌丛；海拔高于 1800 m 的亚高山草甸地带主要为亚高山草甸土，气候较寒冷，季节和昼夜温差明显，植被类型以低矮灌丛和草甸为主。通常山地阳坡侵蚀作用强，岩石斑驳裸露，土壤薄而贫瘠，植被以低矮灌丛为主；阴坡土壤层较厚，为山地典型棕壤土和淋溶褐土，蓄水量较高，植被以次生林及高灌丛为主。东灵山地区属于暖温带大陆性气候，四季分明，日照充足，春旱夏湿，秋凉冬寒，年均气温为 6.5℃，最热月为 7 月，平均气温为 18℃，最冷月为 1 月，平均气温为-4℃。年降水量为 500～650mm，集中在 6～8 月，约占全年降水量的 74%，春季降水量最少，仅占全年的 10%，形成春旱的显著特点。全年无霜期约为 195 天。

## 二、植物区系

东灵山地区的高等植物共有 131 科 476 属 1003 种（含亚种、变种、变型等种下分类单元），分别占北京市植物总科数的 69%、总属数的 51%、总种数的 49%。其中苔藓植物 17 科 25 属 30 种，蕨类植物 13 科 21 属 38 种，裸子植物 4 科 7 属 19 种，被子植物 97 科 423 属 916 种。菊科（116 种）、禾本科（93 种）、豆科（63 种）、蔷薇科（46 种）、毛茛科（41 种）、百合科（37 种）、唇形科（34 种）、石竹科（27 种）种类较多，松科、壳斗科、桦木科、榆科和槭树科等种类较少，但多为森林及高灌丛植被的建群树种。真菌约有 49 科 101 属 329 种，在促进森林生态系统的物质循环、能量流动、植被演替等方面具有重要作用。植被以次生植被和人工林为主，可划分为 5 个类型、29 个群系。寒温性针叶林、温性针叶林、人工林、落叶阔叶林、落叶阔叶灌丛、草甸等为常见的植被类型，呈现出草地—灌丛—次生林—地带性森林的进展演替趋势。由于人为破坏比较严重，地带性森林很少，部分区域植被退化较严重（马克平等，1997）。

## 三、兽类区系

北京市辖区属于温带森林—森林草原—农田动物群。在动物地理区划中，北京东灵山地区属于古北界华北区黄土高原亚区，资料记载共有兽类7目16科35属43种。落叶阔叶林中大中型兽类主要有野猪、猪獾、狍（*Capreolus pygargus*）、豹猫（*Prionailurus bengalensis*）等；人工林中的兽类种类较少，以鼠类为主；山顶草甸和林间草地中主要有狍、中华斑羚（*Naemorhedus goral*）、豹猫、猪獾等；落叶灌丛中主要有刺猬（*Erinaceus amurensis*）、小麝鼩（*Crocidura suaveolens*）、蒙古兔（*Lepus tolai*）、黄鼬（*Mustela sibirica*）、赤狐（*Vulpes vulpes*）等；在农田耕作区和居民区，以黄鼬、岩松鼠、大仓鼠（*Tscherskia triton*）、黑线仓鼠（*Cricetulus barabensis*）、黑线姬鼠（*Apodemus agrarius*）等农田鼠类，以及褐家鼠（*Rattus norvegicus*）、小家鼠（*Mus musculus*）等家栖鼠类等为主（张洁等，1990）。

东灵山地区的主要鼠类分别隶属于鼠科、松鼠科和仓鼠科，主要种类包括大林姬鼠、北社鼠（亦称为社鼠，*Niviventer confucianus*）、岩松鼠、大仓鼠、黑线姬鼠、棕背䶄（*Craseomys rufocanus*）、黑线仓鼠、长尾仓鼠（*Cricetulus longicaudatus*）、花鼠、小家鼠、褐家鼠、隐纹花松鼠（*Tamiops swinhoei*）等。其中北社鼠、大林姬鼠、岩松鼠最为常见，广泛分布在森林、灌丛和弃耕地内。按生态类群划分，大林姬鼠、北社鼠、棕背䶄、岩松鼠、花鼠、隐纹花松鼠等属于森林型鼠类，主要栖息于次生林及灌丛；大仓鼠、黑线姬鼠、黑线仓鼠、长尾仓鼠等为农田型鼠类，主要栖息于耕地、弃耕地，以及灌草丛与耕地、弃耕地交界处；小家鼠、褐家鼠等为家栖型鼠类，主要栖息于房舍、居民区等（李宏俊等，2004）。

# 第三节　研　究　对　象

## 一、鼠类

选用大林姬鼠、北社鼠、岩松鼠、大仓鼠、黑线姬鼠、花鼠等北京东灵山地区的常见鼠类作为研究对象（表5-1，图5-7），探讨这些鼠类的种子取食和贮食行为及其影响因素，种内、种间基于种子取食和贮藏的相互关系，对主要建群树种种子扩散和更新的影响等，目的在于了解这些鼠类的生态行为习性及其在森林更新和生态恢复中的作用，为森林鼠害防控、森林退化地区的植被恢复与生态保护等提供理论依据和基础资料。

表5-1　北京东灵山地区常见鼠类及其生态习性

| 鼠种 | 体重（g） | 体长（mm） | 活动节律 | 主要食物 | 贮食习性 | 主要生境 |
|---|---|---|---|---|---|---|
| 大林姬鼠 | 15～30 | 75～135 | 夜行性 | 种子 | 集中及分散 | 林灌丛、弃耕地 |
| 黑线姬鼠 | 20～35 | 70～130 | 夜行性 | 种子、嫩叶、昆虫 | 集中及分散 | 弃耕地、耕地 |
| 北社鼠 | 45～150 | 120～200 | 夜行性 | 种子、昆虫 | 集中 | 林灌丛、弃耕地 |
| 大仓鼠 | 120～150 | 130～220 | 夜行性 | 农作物、种子 | 集中 | 弃耕地、耕地 |
| 岩松鼠 | 180～300 | 180～260 | 昼行性 | 种子 | 分散为主 | 林灌丛、果园 |
| 花鼠 | 65～120 | 110～165 | 昼行性 | 种子、昆虫 | 集中及分散 | 林灌丛、果园 |

| 岩松鼠 | 大仓鼠 |
| 北社鼠 | 花鼠 |
| 大林姬鼠 | 黑线姬鼠 |

图 5-7　北京东灵山地区常见鼠类（张洪茂摄影）

　　大林姬鼠隶属于鼠科（Muridae）姬鼠属（*Apodemus*）。体重为 15～30 g，体长为 75～135 mm，尾长为 75～120 mm；主要栖息于林灌丛、弃耕地等生境；穴居，夜间活动；主要取食植物种子、果实，有时也取食嫩叶、花、昆虫等。大林姬鼠是北京东灵山地区落叶松林、辽东栎林、油松林、落叶阔叶林、灌丛，以及弃耕地等生境中的常见鼠种，种群数量较大，取食和贮藏辽东栎、山杏等相对较小的林木种子，具有分散贮藏和集中贮藏植物种子的习性，对辽东栎、山杏等植物的种子扩散和种群更新具有较大影响。

　　黑线姬鼠隶属于鼠科姬鼠属。体重为 20～35 g，体长为 70～130 mm，尾长为 57～109 mm；黑线姬鼠为广布型鼠类，适应能力强，通常生活在田野近水的耕作区，偶尔进入房舍；穴居，夜行性；主要以豆类、谷类、麦类和稻谷等农作物为食，有时也取食昆虫、蚯蚓等小动物。北京东灵山地区的黑线姬鼠主要栖息于耕地、弃耕地及其毗邻的灌草丛，种群数量不大；主要取食草本植物种子、根、嫩叶，以及昆虫、蚯蚓等无脊椎动物，偶尔也取食辽东栎、山杏等树木种子，具有集中贮藏和分散贮藏种子的习性，但由于其主要栖居于农田、耕地、弃耕地等，对林木种子扩散和种群更新影响较小。

　　北社鼠隶属于鼠科白腹鼠属（*Niviventer*）。身体瘦长，体重为 45～150 g，体长为 120～200 mm，尾长为 110～212 mm；主要栖息于丘陵树林、竹林、草丛、灌丛等环境；穴居，夜行性；主要取食各种坚果、野果、草籽，以及玉米、花生、大豆等农作物，也喜食昆虫。北社鼠为北京东灵山地区的常见鼠种，广泛栖息于林灌丛、弃耕地、林缘灌草丛、耕地周边等生境，偶尔也进入房舍活动；喜食辽东栎、山杏等植物种子，也取食嫩叶、花、昆虫等，主要集中贮藏植物种子，是辽东栎、山杏等林木种子的重要取食者，对这些树种的种子存留和更新具有一定的负面作用。

　　大仓鼠隶属于仓鼠科（Cricetidae）大仓鼠属（*Tscherskia*）。体形中等，体重为 120～150 g，体长为 130～220 mm，尾长为 54～95 mm；主要栖息于土壤疏松的田间地头、果园、耕地等，偶尔进入村舍、住宅；穴居，夜行性；喜食花生、谷类、麦类等农作物，也取食昆虫；能在洞内贮藏大量食物，为我国华北地区的重要害鼠之一。北京东灵山地区的大仓鼠在农田、果园、耕地、弃耕地，以及与弃耕地相连的次生林和灌丛均可见；随着弃耕地逐渐向灌草丛演替，大仓鼠有向林灌丛扩散的趋势，在东灵山梨园岭地区可在较开阔的灌草丛、稀疏的次生林内捕到。大仓鼠取食和集中贮藏常见的林木种子，正逐渐成为重要的种子消耗者，对这些树种的更新具有一定的负面影响。

岩松鼠隶属于松鼠科（Sciuridae）岩松鼠属（Sciurotamias），为我国特有种。体形中等，体重为180～300 g，体长为180～260 mm，尾长为120～200 mm；主要栖息于多岩石山区，在岩石缝隙中筑巢，喜欢在阔叶林、针叶林、果林、灌丛、林缘耕地、居民区附近的果园、农田等处活动；营地栖生活，善于爬树，无冬眠习性，昼行性，以晨昏活动为主；喜食各种松树、核桃、山杏、各种壳斗科植物等的种子或坚果，也取食玉米、花生、向日葵等农作物种子。北京东灵山地区的岩松鼠在辽东栎林、阔叶林、弃耕地、果园、村舍附近常见，取食和贮藏辽东栎、山杏、山桃、核桃和胡桃楸等树木种子，兼具集中贮藏和分散贮藏植物种子的习性，是重要的种子取食者和扩散者，对常见树种的种子扩散和种群更新有较为重要的影响。

花鼠隶属于松鼠科花鼠属（Tamias），为东北、华北北部地区常见鼠种。体重为65～120 g，体长为110～165 mm，尾长为103～135 mm；常栖息于矮灌丛或树林，在树洞中筑巢或挖地洞穴居，昼行性，冬眠；喜食果实、种子、幼嫩枝叶、昆虫等。在东灵山地区，花鼠见于次生林、高灌丛、村舍附近的果园等处，但种群数量不大，喜食松树、辽东栎、山杏等林木种子，也取食玉米、向日葵等农作物种子；主要集中贮藏植物种子，由于其种群数量较小，对林木种子扩散和种群更新的影响较小。

## 二、研究树种

选取北京东灵山地区常见的树种辽东栎、山杏、山桃、核桃和胡桃楸等为研究对象（表5-2，图5-8）。这些树种是当地次生林和灌丛的主要建群种，在水土保持、水源涵养、物种保护等方面具有重要意义。

鼠类取食和贮藏植物种子，获得生存和繁殖的重要食物资源，鼠类与植物形成了基于种子取食和扩散的互惠关系，为森林生态系统中重要的互惠关系之一，对森林生态系统的功能维持和稳定性均具有重要意义。研究鼠类对这些树种种子的取食、贮藏和扩散，对了解鼠类影响下不同植物的种子扩散和种群更新机制、"鼠类-植物种子"取食和扩散互作网络与植物群落结构及功能维持等具有重要的理论意义，同时也可以为森林恢复与保育、森林鼠害防控与生态管理等提供基础资料和理论参考。

表5-2　北京东灵山地区常见的依赖鼠类扩散种子的树种

| 树种 | 生活型 | 花期 | 果期 | 分布生境 | 种子特征 |
|---|---|---|---|---|---|
| 辽东栎 | 乔木、灌木 | 4～5月 | 9～10月 | 阳坡、半阴半阳坡次生林、灌丛 | 椭球形，果皮薄而脆，富含淀粉，单宁含量高 |
| 山杏 | 乔木、灌木 | 4～5月 | 7月 | 干旱阳坡、次生林、灌丛、弃耕地 | 扁平形，内果皮较硬，富含脂肪、蛋白质，单宁含量低 |
| 山桃 | 乔木、灌木 | 4～5月 | 7～8月 | 阴坡沟谷次生林、灌丛 | 近球形，内果皮厚而坚硬，富含脂肪、蛋白质，单宁含量低 |
| 核桃 | 乔木 | 4～5月 | 9～10月 | 耕地、弃耕地、居民区 | 近球形，个体大，内果皮较硬，富含脂肪、蛋白质，单宁含量低 |
| 胡桃楸 | 乔木 | 4～5月 | 9～10月 | 阴坡次生林、沟谷 | 椭球形，个体大，内果皮厚而坚硬，富含脂肪、蛋白质，单宁含量低 |

| 辽东栎 | 山杏 |
| 山桃 | 核桃 |
| 胡桃楸 | |

图 5-8　北京东灵山地区常见的依赖鼠类扩散种子的树种及其种子（坚果或果核）（张洪茂摄影）

辽东栎隶属于壳斗科（Fagaceae）栎属（*Quercus*），为暖温带落叶阔叶林常见树种。在北京市周边山区广泛分布。在北京东灵山地区，辽东栎多生长于海拔 800～1600 m 的阳坡、半阳坡和半阴坡。花期 4～5 月，果期 9～10 月，形成种子雨，经历短暂休眠后萌发生根，种子产量年间变化较大；成熟种子（坚果）呈椭球形，长径为 15～20 mm，短径为 10～15 mm，重量为 2～6 g，富含淀粉，单宁含量较高。辽东栎种子是常见鼠类喜好取食或贮藏的对象，是鼠类重要的食物资源。鼠类的过度取食是辽东栎幼林种子资源不足、更新率低的重要原因。

山杏隶属于蔷薇科（Rosaceae）杏属（*Armeniaca*），为我国北方常见树种之一。山杏广泛分布于北京市周边山区，形成山杏矮林或灌丛，或以亚优势种或伴生种的形式混生于干旱阳坡其他类型的次生林、灌丛中。在北京东灵山地区次生林、灌丛和弃耕地内常见。花期 4～5 月，果期 7 月，果实成熟后，果肉干裂，种子（果核，常称为种子）散落，或者果肉和种子一起散落，种子进入地面种子库后，来年春天才萌发，生成幼苗。山杏种子扁平形，被坚硬的内果皮外壳，鲜重为 1.5～2.0 g，长约为 20 mm，宽约为 18 mm，厚约为 10 mm，富含蛋白质、脂肪、纤维素及单宁含量低。山杏种子是常见鼠类取食或贮藏的优先选择对象，是鼠类重要的食物资源。

山桃隶属于蔷薇科桃属（*Amygdalus*），为我国北方常见树种。山桃广泛分布于北京市周边山区，生于山坡、山谷、荒野疏林及灌丛等生境内的耐寒、耐干旱、耐盐碱土壤中。在北京东灵山地区，山桃主要见于阴坡沟谷次生林和灌丛，呈斑块状或零散分布，种群数量不大。花期 4～5 月，果期 7～8 月，种子春天萌发生成幼苗。果实近球形，直径为 25～35 mm，鲜重约为 6 g，果肉薄而干，不可食，成熟时不开裂。种子（果核，常称种子）近球形，直径约为 20 mm，鲜重约为 4.0 g，具坚硬的内果皮外壳，富含蛋白质、脂肪，纤维素及单宁含量低。由于坚硬种壳的限制，山桃种子通常只被岩松鼠、大仓鼠等个体较大的鼠类取食和贮藏，扩散者不足是山桃种子扩散和种群更新率低的原因之一。

核桃隶属于胡桃科（Juglandaceae）胡桃属（*Juglans*），亦称胡桃，多为栽培植物。核桃广泛分布于我国北方地区，为高大乔木，株高达 20～25 m，生长于海拔 400～1800 m 的山坡及丘陵地区。在北京东灵山地区，核桃主要种植在弃耕地、耕地及村舍附近，为重要的经济果树。花期 4～5 月，果期 9～10 月，果实成熟后多数被居民采收或被岩松鼠采摘。果实近球形，直径为 40～60 mm，鲜重约为 35 g，果肉薄而干，不可食，成熟时不开裂。种子（果核，常称为种子）近球形，直径为 30～35 mm，鲜重约为 15 g，富含蛋白质、脂肪，纤维素及单宁含量低。核桃种子是岩松鼠喜好取食和贮藏的对象，果实成熟期，岩松鼠常会爬树采摘果实，剥掉果肉后将果核搬走，严重时会造成核桃绝收。

胡桃楸隶属于胡桃科胡桃属，亦称为核桃楸，为落叶乔木，株高达 20 m，为我国北方温带地区的常见树种。胡桃楸喜欢冷凉干燥气候，耐寒，不耐阴，成片或散生于海拔 300～800 m 的沟谷两岸及山麓，是温带落叶阔叶林的建群种之一。胡桃楸是北京市周边山区的常见树种，在北京东灵山地区，胡桃楸主要见于阴坡次生林，土质肥厚、湿润、排水良好的沟谷两旁或山坡阔叶林，散生或形成斑块状纯林，为阔叶林和针阔叶混交林的建群种之一。花期 4～5 月，果期 9～10 月。果实椭球形，长径为 35～75 mm，短径为 30～35 mm，鲜重约为 25 g，果肉薄而干，不可食，成熟后不开裂。种子（果核，常称种子）椭球形，具厚而坚硬的内果皮外壳，长径为 25～50 mm，短径为 20～30 mm，鲜重约为 10 g，富含蛋白质、脂肪，纤维素和单宁含量低。由于坚硬种壳的限制，胡桃楸种子仅能被岩松鼠、大仓鼠取食或贮藏，岩松鼠几乎是其仅有的扩散者。

## 第四节　鼠类及其贮食行为

### 一、同域分布鼠类对林木种子取食和贮藏的差异

行为分化是同域分布的物种共存的重要原因之一，同域分布鼠类在食物选择和食物贮食行为上的分化有利于提高食物和空间资源的利用效率，弱化种间竞争，促进物种共存。北社鼠、大林姬鼠、岩松鼠、花鼠、大仓鼠及黑线姬鼠为北京东灵山地区的常见鼠类，它们在栖息地选择、种子取食和贮藏偏好等方面具有一定程度的分化，有利于对食物资源的高效利用和共存（图 5-9）（Zhang and Zhang，2008；Zhang et al.，2015）。

岩松鼠同时与山杏、山桃、胡桃楸、辽东栎、核桃等常见树种的种子形成取食和贮藏关系（图 5-9）。岩松鼠将大量种子搬离母树，分散贮藏在巢穴附近灌丛下方、灌丛边缘、林下、林间空地、树缝、石缝等微生境中，随后将大量种子转移到巢穴内贮藏或取食。在围栏条件下，岩松鼠取食种子的顺序为辽东栎、核桃、胡桃楸、山杏、山桃，贮藏种子的顺序为核桃、胡桃楸、山杏、辽东栎和山桃，偏好取食和贮藏个体大、营养丰富的核桃种子。岩松鼠贮藏辽东栎、山杏种子时，贮藏点大小多为 1～3 粒，贮藏核桃、胡桃楸、山桃种子时，贮藏点大小均为 1 粒，贮藏点多位于墙根或草丛等较隐蔽的地方。岩松鼠对常见树种的种子扩散起重要作用，尤其是具有厚而坚硬的木质种壳（外果皮）的山桃、胡桃楸种子，岩松鼠几乎是它们唯一的扩散者。作为重要的种子扩散者，岩松鼠的种群数量通常与山杏种子扩散率和幼苗生成率间呈正相关关系。秋季种子产量及贮藏量是岩松鼠顺利越冬及来年春季顺利繁殖的重要食物资源保障，野外监测结果显示，春季岩松鼠的种群数量与前一年辽东栎、山杏、胡桃楸等种子的产量间呈正相关关系。

在北京东灵山地区，岩松鼠在鼠类-植物种子取食和扩散网络中具有重要影响，对该区域岩松鼠种群进行合理的生态管理，可以影响常见树种的种子扩散和幼苗建成，有利于植被恢复与重建。

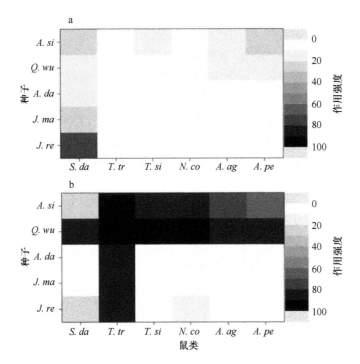

图 5-9 围栏条件下 6 种鼠类和 5 种种子间的扩散（分散贮藏）（a）和捕食（b）作用强度
（引自 Zhang *et al.*，2015）

6 种鼠类分别为岩松鼠（*Sciurotamias davidianus*，*S. da*，*n*=15）、大仓鼠（*Tscherskia triton*，*T. tr*，*n*=10）、花鼠（*Tamias sibiricus*，*T. si*，*n*=9）、北社鼠（*Niviventer confucianus*，*N. co*，*n*=16）、黑线姬鼠（*Apodemus agrarius*，*A. ag*，*n*=11）、大林姬鼠（*Apodemus peninsulae*，*A. pe*，*n*=16），5 种种子分别为核桃（*Juglans regia*，*J. re*）、胡桃楸（*Juglans mandshurica*，*J. ma*）、山桃（*Amygdalus davidiana*，*A. da*）、辽东栎（*Quercus wutaishanica*，*Q. wu*）、山杏（*Armeniaca sibirica*，*A. si*）。
颜色深浅表示作用强度大小

花鼠在北京东灵山地区小龙门林场、洪水口村、瓦窑村、梨园岭村等区域次生林内可见，种群数量较小。对梨园岭区域近 15 年的监测结果显示，仅在 2006 年、2015 年见到或捕获少量个体（<4 只）。在围栏条件下，花鼠主要表现为集中贮藏种子的习性，会选择较多的山杏、辽东栎等个体较小、种壳相对较薄的种子和少量核桃种子搬入巢箱集中贮藏，不选择具有坚硬种壳的胡桃楸、山桃种子（图 5-9）。贮藏辽东栎种子时，花鼠常将种子外壳（果皮）剥掉，仅贮藏种仁，这种去皮行为被认为与鉴定种子品质有关，对种子萌发没有太大影响。在长白山地区研究的结果表明，去皮后的蒙古栎（*Quercus mongolica*）种子不仅能抵御真菌等侵蚀，还能在一定程度上促进种子萌发（Yi *et al.*，2012）。野外监测结果发现，自然条件下，花鼠取食和搬运辽东栎、山杏、核桃、山桃等种子，对这些树种的种子命运有一定影响。在长白山地区的研究发现，花鼠既集中贮藏也分散贮藏蒙古栎、胡桃楸等种子，是这些树种重要的种子扩散者。在北京东灵山地区，花鼠种群数量较小，主要集中贮藏种子，对鼠类-植物-种子取食和扩散网络影响不明显，对常见树种种子扩散和更新的影响相对较小。

大林姬鼠为典型的林栖型鼠种。灌草丛大林姬鼠为北京东灵山地区优势鼠种之一，是海拔大于 1000 m 的华北落叶松林、辽东栎林、油松林、针阔叶混交林等次生林内的常见鼠种；在海拔 800～1500 m 的次生林及灌丛内与北社鼠重叠分布，但高种群密度年不与北社鼠同时出现。每 2 或 3 年出现一次高种群密度年，种群数量常与前一年山杏、辽东栎等种子产量间呈正相关关系。大林姬鼠具有集中贮藏和分散贮藏植物种子的习性，对植物种子命运和种群更新有较重要的影响。在实验围栏条件下，大林姬鼠主要取食和贮藏辽东栎及山杏种子，不选择核桃、胡桃楸、山桃等较大且有坚硬种壳的种子（图 5-9）。在自然条件下，大林姬鼠是辽东栎和山杏种子的重要取食者和扩散者，通常会将辽东栎、山杏种子搬离种子释放点 1～15 m，埋藏在灌丛下方、灌丛边缘、林下、林缘、林间空地、草丛等处的土壤浅层、枯枝叶或草丛中，多数埋藏点仅含 1 粒种子，偶尔可见 2 或 3 粒种子；大林姬鼠也将大量山杏、辽东栎种子搬入巢穴或石缝等处集中贮藏或取食，在其栖息洞口，常会发现多粒种子，或大量被清理出洞穴的山杏、辽东栎种壳。大林姬鼠在北京东灵山地区种群数量较大，在鼠类-植物种子取食和扩散网络中发挥着重要作用，对种子相对较小的山杏、辽东栎等树种的种子扩散和种群更新具有重要意义。

北社鼠为典型的林栖鼠种，但在北京东灵山地区，灌丛及弃耕地等生境中十分常见，主要分布在海拔小于 1500 m 的林灌丛及弃耕地，在海拔 800～1500 m 与大林姬鼠重叠分布，二者有相似的生境需求、食物组成和活动节律（夜行性）。在北京东灵山地区，北社鼠种群密度较大，呈 2～4 年周期性波动，高种群密度年常与大林姬鼠交替出现。北社鼠主要集中贮藏植物种子，在围栏条件下主要取食和贮藏辽东栎、山杏种子，以及少量核桃、山桃种子，不取食和贮藏胡桃楸种子（图 5-9）；在自然条件下，北社鼠访问山杏、辽东栎、山桃种子的频次较高，访问核桃、胡桃楸种子的频次相对较低。由于北社鼠不分散贮藏植物种子，在研究区域鼠类-植物种子取食与扩散网络中可能主要起负面作用，高种群密度年对北社鼠进行适当控制，可以在一定程度上减少植物种子损失，有利于相应鼠种的种群更新。但是在云南西双版纳、河南王屋山、四川都江堰等地区的研究结果显示，北社鼠也分散贮藏少量植物种子，对树木种子扩散和种群更新具有一定的积极意义。

大仓鼠为典型的农田鼠种，在北京东灵山地区，20 世纪 90 年代中期以前，主要分布在海拔小于 800 m 的农田中，以玉米、大豆、花生等农作物为食，并在洞穴内贮藏大量的农作物种子；后来因人为因素带入海拔较高（大于 1000 m）的梨园岭区域，进入野外灌草丛、弃耕地等生境，随着弃耕地向灌草丛演替，大仓鼠正逐渐向灌丛及次生林中扩散。在东灵山梨园岭地区，大仓鼠见于弃耕地，以及以辽东栎、山杏、裂叶榆（*Ulmus laciniata*）、六道木（*Abelia biflora*）等为主的高灌丛，以辽东栎、山杏、华北落叶松等为主的次生林，在高种群密度年份，其相对密度甚至可能超过大林姬鼠或北社鼠，可见，大仓鼠正逐渐成为梨园岭地区的常见鼠种，对林栖型的北社鼠、大林姬鼠可能产生一定的影响，但相关研究尚待深入。在围栏及野外条件下，大仓鼠取食和集中贮藏大量辽东栎、山杏、山桃、核桃、胡桃楸种子，优先取食辽东栎种子，但贮藏量在种子间无显著差异（图 5-9）。大仓鼠的取食会造成植物种子大量损失，对树木种子扩散和种群更新具有较大的负面影响，在研究区域鼠类-植物种子取食和扩散网络中具有较大的负面影响。北京东灵山地区弃耕地处于向灌草丛演替的早期阶段，如果大仓鼠种群不断扩散或暴发，可能会造成种子源不足而影响植被恢复和演替进程。

在北京东灵山地区，黑线姬鼠主要分布在海拔小于 1000 m 的农田或弃耕地内，在灌草丛与弃耕地的交错区域也可以捕到，随着弃耕地灌丛化，黑线姬鼠种群数量在东灵山梨园岭、瓦窑等区域逐渐减少。在围栏条件下，黑线姬鼠取食和贮藏相对较小的辽东栎、山杏种子，不选择核桃、胡桃楸、山桃等大而坚硬的种子，分散贮藏少量辽东栎、山杏种子（图 5-9）。在野外条件下，释放于次生林和灌丛中的林木种子未观察到黑线姬鼠访问。由于主要分布于农耕区、弃耕地等生境，种群数量较小，黑线姬鼠在研究区域鼠类-植物种子取食与扩散网络中影响较小。

综上所述，北京东灵山地区鼠类对常见林木种子的取食和贮藏具有一定程度的重叠和分化，个体较大的岩松鼠与多种种子形成取食和扩散关系；个体较小、种群数量较大、分散贮藏种子的大林姬鼠，与山杏、辽东栎等相对较小的种子形成较强的取食和扩散关系，所以，岩松鼠、大林姬鼠在北京东灵山地区鼠类-植物种子扩散网络中具有重要的正面影响；种群数量较大且集中贮藏种子的北社鼠、大仓鼠是重要的种子消耗者，对林木种子扩散和更新具有较大的负面影响；数量较少的花鼠、主要栖居于农耕区的黑线姬鼠，以及家栖型的小家鼠、褐家鼠等则对林木种子命运的影响较小（图 5-9，图 5-10）。

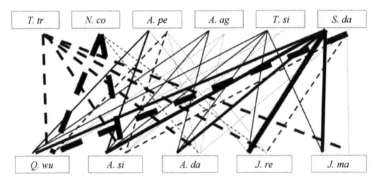

图 5-10　北京东灵山地区 6 种鼠类与 5 种种子间的取食（虚线）和互惠（实线）关系网络

6 种鼠类分别为大仓鼠（*Tscherskia triton*，*T. tr*）、北社鼠（*Niviventer confucianus*，*N. co*）、大林姬鼠（*Apodemus peninsulae*，*A. pe*）、黑线姬鼠（*Apodemus agrarius*，*A. ag*）、花鼠（*Tamias sibiricus*，*T. si*）、岩松鼠（*Sciurotamias davidianus*，*S. da*），5 种种子分别为辽东栎（*Quercus wutaishanica*，*Q. wu*）、山杏（*Armeniaca sibirica*，*A. si*）、山桃（*Amygdalus davidiana*，*A. da*）、核桃（*Juglans regia*，*J. re*）、胡桃楸（*Juglans mandshurica*，*J. ma*）。线条宽度代表作用强度大小

## 二、种内、种间竞争对鼠类贮食行为的影响

竞争者是动物贮食行为的重要选择压力和进化的重要原因。对贮食动物而言，竞争可以是贮藏前对食物资源的竞争或贮藏后对贮藏食物的竞争。由于以相同的方式利用食物资源，种内竞争往往更加激烈。

对北社鼠的研究结果发现，种内竞争会使北社鼠增加取食和集中贮藏食物量，说明种内竞争刺激了北社鼠的贮食行为，以增加食物收获、贮藏和取食等方式竞争食物资源。

对大林姬鼠的研究结果发现，种内竞争使大林姬鼠增加了食物搬运总量、取食量、集中贮藏量和总贮藏量，促使大林姬鼠将分散贮藏的食物转移到巢箱内集中贮藏，说明大林姬鼠以增加取食量、贮藏量和转变贮藏方式等形式竞争食物资源，应对同种竞争者（Zhang *et al.*，2011）。一般认为，分散贮藏可以避免贮藏食物一次性大量损失，个体较小、保护能力较弱的贮食动物倾向于分散贮藏食物；集中贮藏有利于保护和找回贮藏食物，个体较大、保护能力较强的贮食动物倾向于集中贮藏食物。但是在北京东灵山地区，个体较小的大林姬鼠却倾向于采用集中贮藏食物的方式应对竞争者，说明集中贮藏食物可能更有利于食物保护，因为在野外条件下，大林姬鼠通常将食物集中贮藏在其核心领域内的洞穴、石缝等竞争者难以进入的隐蔽地点。

对岩松鼠的研究结果发现，种内竞争会促使岩松鼠增加食物搬运量、取食量和分散贮藏量，并尽快将分散埋藏的种子转移到巢域附近分散贮藏或转移到巢穴中集中贮藏，以降低贮藏食物损失风险（Zhang *et al*.，2014a）；在 40 m×50 m 的半自然实验围栏内，岩松鼠会首先将核桃种子贮藏在种子源附近区域以尽快占有资源，并于随后的 5～10 天反复搬运或更换贮藏点 2～5 次，最后将大部分种子转移到巢箱所在的区域贮藏（图 5-11）；在次生林内，岩松鼠会将核桃、胡桃楸种子沿着某一方向搬运和贮藏，较高种群密度年份，释放于 15 个位点的 600 粒核桃种子会在 3 天内被岩松鼠全部搬走，部分种子被分散埋藏在种子释放点周围（<20 m）的土壤浅层或枯枝落叶中，大部分种子则被搬离观察样地以致难以被找到，命运无法确定；分散埋藏的种子会在 3～5 天被反复搬运或贮藏，并沿一定方向逐渐远离种子释放点，最远的贮藏距离超过 300 m（图 5-12）。

在半自然围栏内，花鼠也以增加取食量和集中贮藏量的方式应对同种个体对食物资源的竞争，花鼠能够利用同种个体找寻和贮藏种子时提供的视觉或听觉信息，提高种子找寻效率，即在更短的时间内找到更多的埋藏种子，并将更多的种子分散或集中贮藏（图 5-13）。对鼠类而言，通常强化嗅觉在食物搜寻中的作用，动物能否利用贮食动物提供的视觉和听觉信息，搜寻或盗取贮食动物的食物，尚无相关报道。我们在室内围栏中观察发现，花鼠能利用同种个体提供的视觉和听觉信息，提高种子搜寻和盗食的能力，这是一个十分有趣的发现，尚待深入研究。

种内竞争对北京东灵山地区同域分布鼠类贮食行为的影响因种而异，但也表现出增加取食量和贮藏量，将食物转移到巢穴或巢域附近区域贮藏等共同特点，说明同域分布的鼠类在面对同种竞争者时表现出趋同性的特点。

由于时间、空间、食性等方面的分化，同域分布的鼠类针对植物种子取食和贮藏的种间竞争的表现形式较种内竞争更加多样，基于取食和食物贮藏的种间关系也更加复杂多样。针对贮藏前阶段鼠类对种子资源的竞争，食性、生境及活动节律等相似的鼠种间竞争关系明显，空间分布、活动节律、食物组成等维度有较大分化的鼠种间竞争关系相对较弱；针对贮藏后阶段鼠类对贮藏种子的竞争的研究较少，尚无明确的结论。

在北京东灵山地区，北社鼠和大林姬鼠间基于种子取食和贮藏的相互关系研究较多。北社鼠和大林姬鼠同为北京东灵山地区优势鼠种，夜行性，栖息于次生林和灌丛，主要取食当地常见的林木种子，二者在食物及空间利用上形成竞争关系，在微生境选择、食性、活动节律及贮食行为等方面的分化，可能是二者共存的重要原因。

在微生境选择方面，乔木胸径、乔木郁闭度、落叶层覆盖度、林下空地比例、灌木层盖度、灌木高度和草本层高度等在大林姬鼠和北社鼠生境样方之间存在显著性差异，大林姬鼠偏好利用空地面积比例较高的生境，北社鼠则偏好落叶层覆盖度更大的生境；大林姬鼠喜欢在乔木及灌木较为高大、乔木及灌木密度较小、乔木层郁闭度较低、草本盖度较高、落叶层覆盖度较低的生境中活动，北社鼠则对这些生境因子并无明显选择偏好；影响大林姬鼠微生境选择的主要因素有乔木胸径、乔木层郁闭度，以及落叶层覆盖度，影响北社鼠微生境选择的主要因素有乔木胸径及乔木层郁闭度。

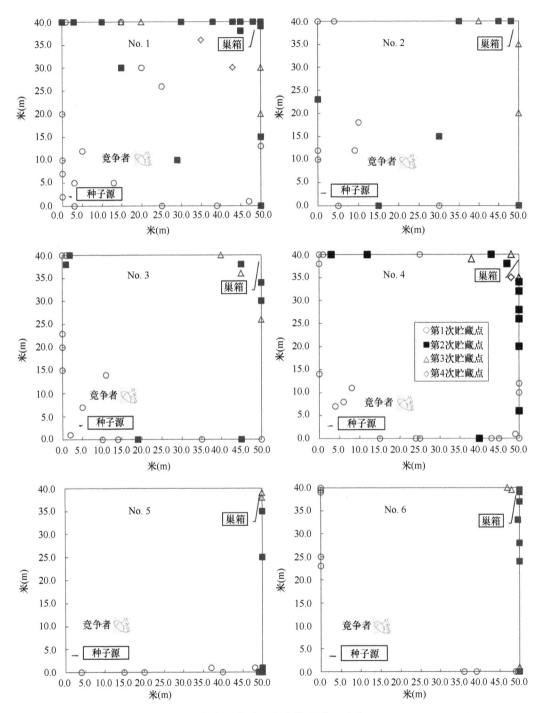

图 5-11　同种竞争者对岩松鼠贮藏种子行为的影响（改自 Zhang *et al.*，2014a）

半自然围栏（40 m×50 m）内，6 只岩松鼠（No. 1～No. 6）5 天内贮藏核桃种子，图示贮藏位点的空间分布及其变化

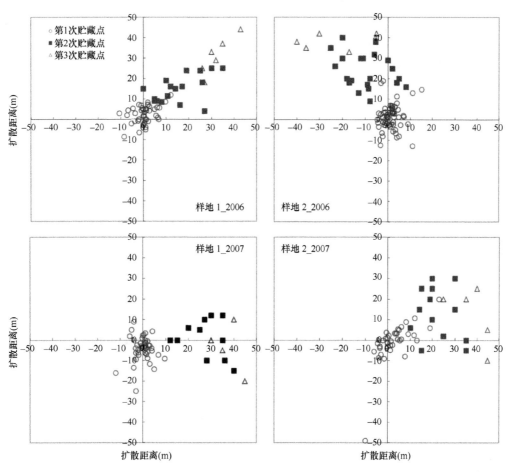

图 5-12　野外条件下岩松鼠对核桃种子的贮藏（改自 Zhang *et al.*，2014a）

图示 4 个样地种子贮藏位点的空间分布及其变化

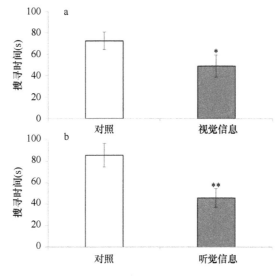

图 5-13　围栏条件下同种个体提供的视觉（a）和听觉（b）线索对花鼠搜寻埋藏种子

的搜寻时间的影响

\* $P < 0.05$，\*\* $P < 0.01$

在食物组成和食性方面，大林姬鼠和北社鼠的食性具有一定分化和季节性差异，春季二者均主要取食植物茎、叶、花、种子等，差异不明显，此外，大林姬鼠还取食少量的昆虫；夏季，二者均主要取食植物种子，北社鼠胃含物中种子成分相对含量更高，大林姬鼠胃含物中植物茎、叶成分更多；秋季，二者主要取食植物种子、茎、叶等，大林姬鼠胃含物中植物茎、叶相对较多，北社鼠胃含物中种子相对较多。可见二者的食物组成和取食偏好在不同季节存在一定差异。

在活动节律方面，大林姬鼠、北社鼠均为夜行性。实验围栏内视频监控的结果显示，大林姬鼠的巢外活动时间、取食时间比北社鼠略长，二者在20：00～24：00和03：00～04：00两个时间段的活动频次差异显著；北社鼠的活动频次呈双峰型，在23：00和03：00分别达到活动高峰，大林姬鼠的活动频次呈单峰型，在23：00达到活动高峰，即大林姬鼠在前半夜的活动频次更高，北社鼠则在后半夜的活动频次更高。活动节律的差异，有利于二者共存。

在贮食行为方面，大林姬鼠兼有分散贮藏和集中贮藏食物行为，在北京东灵山地区，取食和贮藏辽东栎、山杏等相对较小的种子，次生林及灌丛生境内，被大林姬鼠分散贮藏的种子多位于土壤浅层或枯枝叶中，埋藏深度大多为20～30 mm，首次搬运种子的平均距离约为3.5 m；被大林姬鼠集中贮藏的种子多位于洞穴、石缝等其他动物难以触及的地方，野外有时可见大林姬鼠洞口有数十粒山杏种子的种壳（外果皮），根据咬痕判断，为大林姬鼠啃食后抛至洞穴外的种子残壳。在北京东灵山地区，北社鼠主要取食和集中贮藏辽东栎、山杏等的种子和少量山桃、核桃等的种子，仅具有集中贮藏植物种子的习性，但在四川都江堰、河南王屋山等地区的研究结果显示，北社鼠也有分散贮藏种子的习性。在半自然围栏内，北社鼠作为竞争者存在时，大林姬鼠会减少山杏种子搬运总量，增加集中贮藏量，转移分散贮藏种子到巢穴内集中贮藏；但大林姬鼠作为竞争者存在时，北社鼠对山杏种子的搬运量、贮藏量和取食量等均没有明显变化（图5-14）。可见，北社鼠、大林姬鼠间基于种子取食和贮藏的竞争效应具有不对称性。大林姬鼠搜寻埋藏种子的能力较北社鼠强，北社鼠搜寻地表种子的能力较大林姬鼠强，当种子埋藏深度大于20 mm时，北社鼠找到埋藏种子的概率会显著降低，同样，当埋藏种子间距离较大时（>50 cm），北社鼠找到埋藏种子的概率也显著降低，这些结果间接说明，具有分散贮食习性的鼠类找寻埋藏种子的能力更强，以集中贮食为主的鼠类收集地面种子的能力可能更强，分散贮食鼠类以一定深度（20～30 mm）和密度（埋藏点间距大于50 cm）分散埋藏种子可在一定程度上减少其他鼠类的盗食（图5-15）（Zhang et al.，2014b）。

实验围栏内，当北社鼠、大仓鼠等夜行性鼠类作为竞争者时，大林姬鼠会增加对山杏种子的取食量和贮藏量，同时会将分散贮藏的山杏种子转移到巢箱中集中贮藏；当岩松鼠、花鼠等昼行性鼠类作为竞争者时，大林姬鼠对山杏种子的取食量、搬运量和贮藏量均没有明显变化，说明活动节律相近的鼠种之间在种子取食和贮藏方面形成较强的竞争关系，而活动节律完全错开的鼠种间基于种子取食和贮藏的竞争关系较弱，相互影响较小。

异种竞争对北社鼠的影响与大林姬鼠明显不同。当个体较小、夜间活动的大林姬鼠作为竞争者时，北社鼠对山杏种子的取食量和贮藏量均没有明显变化；当个体较大、夜间活动的大仓鼠作为竞争鼠时，北社鼠显著增加了对山杏种子的取食量，但减少了搬运量和贮藏量；当个体较大、白天活动的岩松鼠作为竞争鼠时，北社鼠对山杏种子的取食量、搬运量和贮藏量均没有明显变化。这些结果说明，竞争鼠的个体大小、活动节律等均影响北社鼠的种子取食和贮食行为，个体较大、活动节律相近的强势竞争者对北社鼠的种子贮食行为有明显的抑制作用，个体较小的弱势竞争者或者活动节律完全错开的竞争者对北社鼠的贮食行为没有明显影响。

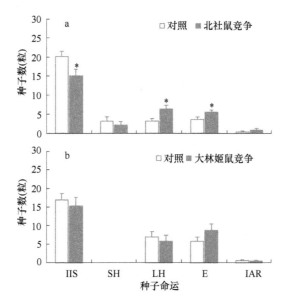

图 5-14　围栏条件下北社鼠对大林姬鼠（a）、大林姬鼠对北社鼠（b）种子贮食行为的影响
（改自 Zhang *et al.*，2014b）

种子命运：IIS. 原地存留，SH. 分散贮藏，LH. 集中贮藏，E. 取食，IAR. 弃置地表。数据为平均数±SE。* $P < 0.05$

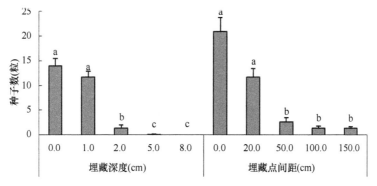

图 5-15　围栏条件下北社鼠对埋藏于土壤的山杏种子的搜寻（改自 Zhang *et al.*，2014b）
数据为平均数±SE，组间不同字母代表组间差异显著（$P < 0.05$）

　　其他野生动物如猪獾、野猪等哺乳动物，松鸦、红嘴蓝鹊等鸟类，以及家畜等也可能利用辽东栎或山杏等种子，也可能和和鼠类形成竞争关系，调节鼠类的贮食行为。在北京东灵山梨园岭地区，通过比较放牧（山羊）和非放牧样地的鼠类密度，以及辽东栎种子被鼠类取食、搬运及幼苗生成情况，结果发现放牧样地内大林姬鼠、北社鼠等常见鼠类的种群密度较非放牧样地大，牧群干扰样地内，辽东栎种子被鼠类取食和搬运的速度更快，搬运量更大，进入土壤种子库的种子更多，幼苗生成数量更多。说明放牧作用

作为竞争因素，在一定程度上刺激了鼠类的取食和贮食行为，致使更多的种子被搬离母树贮藏于土壤浅层，有利于种子存留和幼苗生成。可见，适当放牧干扰，可以通过刺激鼠类的贮食行为促进植物种子扩散，提高土壤种子库存留量，对植物种群更新具有一定的积极意义。

## 三、盗食对鼠类贮食行为的影响

动物贮藏食物旨在利用贮藏食物度过食物资源短缺期，提高个体及种群生存和繁衍适合度。保护好贮藏食物，并在需要时找回和利用，从贮食行为中得到好处，这是贮食行为进化的前提和动力，因此，贮食动物必须发展避免贮藏食物损失的行为策略。造成贮藏食物损失的原因很多，生物因素如其他动物盗食、真菌侵蚀、种子萌发损失等，非生物因素如水流冲刷、大风吹散、地质变化、环境因子波动等。其中种内、种间盗食（pilferage），即贮藏食物被其他动物取食或搬离据为己有的现象，是贮藏食物损失的重要原因之一。针对同种或异种动物的盗食，贮食动物形成了一系列反盗食行为策略（pilferage avoidance），如增加贮藏量以弥补盗食损失、反复更换贮藏点或建立虚假贮藏点以迷惑盗食者、将食物搬运到远离食物源的地方，从而选择安全隐蔽的地方贮藏以减少盗食风险、贮藏食物时避开高盗食损失风险区域、转变贮藏方式、驱赶盗食者、将食物贮藏在隐蔽之处、增加取食以快速占有食物资源、停止贮藏或贮食时背对盗食者以减少贮藏食物被发现的概率等。许多贮食动物均采取多种行为策略保护贮藏食物，降低盗食风险。在北京东灵山地区，研究了常见鼠种对贮藏食物损失、盗食及盗食风险等的行为响应。

同域分布的鼠类对食物损失的行为响应具有一定的趋同性。以北社鼠、大林姬鼠、岩松鼠、大仓鼠、花鼠、黑线姬鼠为研究对象，首先，让目标动物在半自然围栏内自由取食和贮藏山杏种子，再将其贮藏的种子取走，模拟被其他动物盗食或其他因素导致的食物损失；然后，让目标动物自由取食和贮藏，观察目标动物经历贮藏食物灾难性损失（一次性大量损失）后的行为响应。同时在野外选取次生林、灌丛样地释放山杏种子，让鼠类自由取食和贮藏 5 天后将埋藏于种子源周围的种子全部清除，模拟贮藏食物的灾难性损失，然后重新释放种子，让鼠类重新自由取食和贮藏 5 天，观察鼠类对种子的搬运量、贮藏量、搬运速度及贮藏种子存留时间等参数，探究野外条件下贮藏食物被盗食后鼠类的行为响应。结果发现，在半自然围栏内，经历灾难性食物损失后，所有鼠种都增加了种子取食量、搬运量和总贮藏量；此外，具有分散贮藏和集中贮藏习性的岩松鼠、大林姬鼠和黑线姬鼠均增加了分散贮藏量（图 5-16）；在野外条件下，经历贮藏食物灾难性损失后，种子被鼠类搬运的速度加快，分散贮藏量增加，分散贮藏种子被搬运的距离更远，存留时间更短（图 5-17）。结果说明，贮藏食物损失会刺激鼠类的取食和贮食行为，分散贮藏可能更有利于避免贮藏食物的灾难性损失。增加取食和贮藏可能是同域分布的鼠类应对贮藏食物损失的共有策略，反映了同域分布的鼠类应对食物损失的行为策略的趋同性（Huang et al., 2011）。贮食鼠类倾向于增加对食物资源的收获以应对贮藏食物的损失，或者将食物分散贮藏或转移到更安全的地方贮藏以降低损失风险。

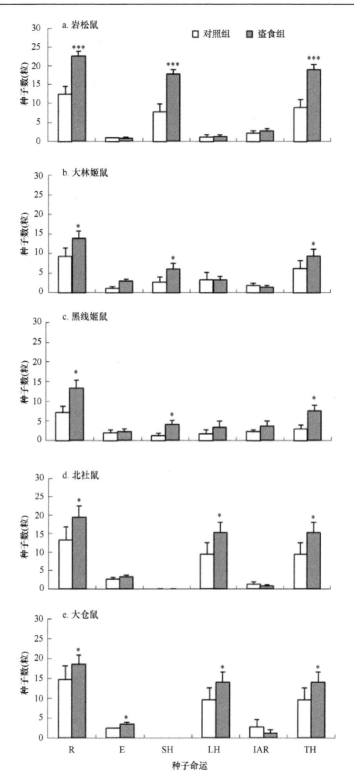

图 5-16　半自然围栏条件下 5 种鼠类对贮藏食物灾难性损失的行为响应（改自 Huang *et al.*，2011）
种子命运：R. 搬运总量，E. 取食，SH. 分散贮藏，LH. 集中贮藏，IAR. 弃置地表，TH. 总贮藏量。数据为平均数±SE。
*P < 0.05，*** P < 0.001

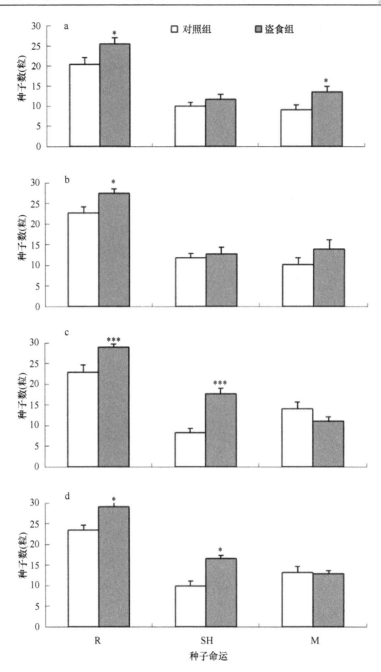

图 5-17　自然条件下鼠类对贮藏食物灾难性损失的行为响应（改自 Huang *et al.*，2011）
种子命运：R. 搬运总量，SH. 分散贮藏，M. 丢失。a, b, c, d 分别为 4 次重复。数据为平均数±SE。
\* *P* < 0.05，\*\*\* *P* < 0.001

　　如果经历贮藏食物被反复灾难性盗食，贮食动物又会怎样应对呢？在半自然围栏内，研究了北社鼠、大林姬鼠和岩松鼠连续经历 9 次贮藏食物（山杏种子）灾难性损失（人为取走）后的行为响应，旨在探讨贮食动物在经历多次食物损失后，能否"意识"到将来贮藏食物会丢失，并采取相应行为策略来应对。结果发现，随着贮藏食物灾难性损失不断重复，3 种实验鼠均不断增加取食量和贮藏量，说明贮食鼠类会努力增加对食物资源的取食和贮藏以应对食物损失，即使贮藏努力无以回报，或者回报很低（贮藏食物部分或全部损失）（图 5-18）（Luo et al.，2014）。动物从贮食行为中必须获取净收益，提高生存和繁衍适合度，这是贮食行为进化的基础和前提，如果贮食动物能从过去的经历中预测未来可能发生相似的情况，并决定现在采取应对行为，那么当贮藏食物总是丢失，贮藏努力得不到回报时，动物应该选择放弃贮藏、转变贮藏方式或改变贮藏点。但是，我们并没有发现经历反复多次灾难性的食物损失后，北社鼠、大林姬鼠、岩松鼠等减少或放弃贮藏食物的情况，说明这些鼠类可能没有从过去食物灾难性损失中"学会"评估未来的食物损失，表现为依旧努力地贮藏食物以补偿食物损失；也可能是从过去食物灾难性损失中"意识"到未来食物损失，表现为努力贮藏更多的食物以应对未来的不确定性，但相关推测需要更精确的实验证据。在自然条件下，即使贮藏食物面临灾难性损失导致贮食努力可能得不到回报，贮食动物依旧会持续努力贮藏更多的食物，以应对将来可能发生的变化，这可能更符合自然选择规律。因为贮食动物必须依赖贮藏食物越冬，环境中食物资源有限、分布不均且存在时间短暂，种内、种间竞争十分激烈，放弃对现有食物资源的竞争，也难以在其他地方找到可替代的食物资源，只有加强对现有资源的竞争、努力增加食物贮藏量以弥补食物损失，才能保留成功越冬的希望。因此，自然选择倾向于不断贮藏食物，即使这些食物在将来可能损失，贮食努力无以回报。由于实验围栏空间有限、生境单一，实验鼠难以通过改变贮藏点、转移贮藏食物等策略降低食物损失风险，因此，该实验结果还不足以反映野外情况。在自然条件下，实验鼠遭遇贮藏食物反复灾难性损失的概率不大，除了增加贮藏，还可以采用转移贮藏食物、选择更合适的贮藏点、驱赶盗食者等行为策略减少或补偿食物损失。

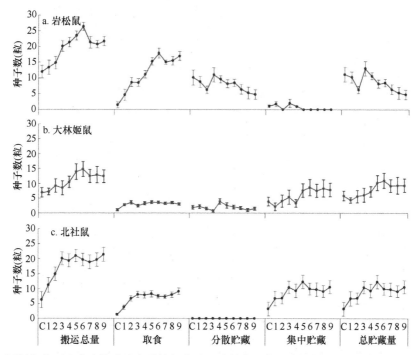

图 5-18　围栏条件下贮藏食物连续灾难性损失对 3 种鼠类贮食行为的影响（改自 Luo et al.，2014）
　　C. 对照组，即未经历灾难性食物损失；1～9 代表连续经历 9 次贮藏食物灾难性损失。数据为平均数±SE。

　　一种动物或一个个体可以盗取另一种动物或个体贮藏的食物，但后者却不能或难以盗取前者的食物，二者相互盗取的食物量是不对等的，这种现象称为不对称盗食（asymmetrical pilferage）。在种群和群落层面，贮食动物的种内、种间盗食的非对称性十分常见。同域分布的贮食动物，很多种类具有相似的生境需求、食物组成和活动节律，在食物资源利用上形成竞争关系。但是，它们在食物收集、贮藏，以及贮藏后的保护、利用等方面存在较大差异，优势个体（种）和从属个体（种）之间的食物分配有较大差异，保护贮藏食物和补偿食物损失的策略及能力也各有不同，所以，自然界中种内、种间非对称盗食现象应该十分常见。问题的关键在于从属个体（种）在非对称盗食关系中如何保护和补充食物损失，以保证自身的生存和繁殖，这也是非对称盗食关系进化的核心问题。因此，研究种间不对称盗食关系，除了不对称盗食现象的描述外，关键问题在于探讨竞争弱势种类如何应对优势种类的盗食而得以共存。

　　我们在北京东灵山地区研究了北社鼠和大林姬鼠间的不对称盗食关系。北社鼠个体较大（45～150 g），集中贮藏植物种子；大林姬鼠个体较小（15～30 g），集中或分散贮藏植物种子。在野外条件下，北社鼠、大林姬鼠主要栖息于灌丛和次生林，夜行性，取食和贮藏常见的植物种子，二者在植物种子的收集、贮藏和后期贮藏种子的利用等环节均形成竞争关系。贮藏后期，北社鼠可能盗取大林姬鼠分散贮藏在土壤浅层或枯枝叶中的种子，但大林姬鼠却难以盗取北社鼠集中贮藏在巢穴中的种子，即二者可能形成不对称盗食关系。北社鼠、大林姬鼠间的不对称盗食关系在实验围栏内得到了验证：大林姬鼠 12.8%分散埋藏的种子、50%置于地表的种子被北社鼠盗取；相反，北社鼠贮藏在巢箱中的种子不能被大林姬鼠盗取（表 5-3）。当北社鼠作为盗食者存在时，大林姬鼠会增

表 5-3　围栏条件下大林姬鼠、北社鼠间的非对称盗食

| 鼠种 | 种子命运 | 项目 | 总计（粒） | A. pe 重新处理（粒） | | | N. co 盗食（粒） |
| --- | --- | --- | --- | --- | --- | --- | --- |
| | | | | E | Re-SH | Re-LH | |
| A. pe (n=13) | SH | 数量（百分比） | 78（100.0%） | 9（11.5%） | 1（1.3%） | 14（17.9%） | 10（12.8%） |
| | | 平均数±SD | 6.0±6.0 | 0.7±0.9 | 0.1±0.3 | 1.2±1.6 | 0.8±1.2 |
| | | 范围 | 0～21 | 0～3 | 0～1 | 0～4 | 0～3 |
| | LH | 数量（百分比） | 99（100.0%） | 29（29.3%） | 0 | — | 0 |
| | | 平均数±SD | 7.6±8.8 | 2.2±2.1 | 0 | — | 0 |
| | | 范围 | 0～28 | 0～7 | 0 | — | 0 |
| | IAR | 数量（百分比） | 12（100.0%） | 0 | 0 | 0 | 6（50.0） |
| | | 平均数±SD | 0.9±1.0 | 0 | 0 | 0 | 0.5±1.0 |
| | | 范围 | 0～3 | 0 | 0 | 0 | 0～3 |

| 鼠种 | 种子命运 | 项目 | 总计（粒） | N. co 重新处理（粒） | | | A. pe 盗食（粒） |
| --- | --- | --- | --- | --- | --- | --- | --- |
| | | | | E | Re-SH | Re-LH | |
| N. co (n=10) | LH | 数量（百分比） | 93（100.0%） | 37（39.8%） | 0 | — | 0 |
| | | 平均数±SD | 9.3±8.9 | 3.7±3.5 | 0 | — | 0 |
| | | 范围 | 1～30 | 0～11 | 0 | — | 0 |
| | IAR | 数量（百分比） | 2（100.0%） | 0 | 0 | 0 | 0 |
| | | 平均数±SD | 0.2±0.6 | 0 | 0 | 0 | 0 |
| | | 范围 | 0～2 | 0 | 0 | 0 | 0 |

　　注：A. pe, Apodemus peninsulae，大林姬鼠；N. co. Niviventer confucianus，北社鼠；种子命运：SH. 分散贮藏，LH. 集中贮藏，IAR. 弃置地表，E. 取食，Re-SH. 重新分散贮藏，Re-LH. 重新集中贮藏。SD. 标准差，—表示不适用此项（改自 Zhang et al.，2014b）

加种子搬运量、取食量和集中贮藏量，并将原来分散贮藏的种子中的 11.5%取食，17.9%转移到巢箱中集中贮藏，仅有 1.3%改变贮藏位点重新分散贮藏，同时，它们还将取食原来集中贮藏的种子中的 29.3%，没有发现将原有集中贮藏于巢箱的种子搬出巢箱分散贮藏（图 5-14，表 5-3）。此外，北社鼠搜寻埋藏种子的能力分别随埋藏深度增加和埋藏密度的降低而减少，当埋藏深度大于 20 mm，或埋藏点间距大于 50 cm 时，北社鼠找到山杏种子的比例会显著下降（图 5-15）。这些结果说明，北社鼠、大林姬鼠间存在不对称盗食关系，增加取食量和贮藏量，将分散贮藏的种子转移到巢穴集中贮藏，或者以一定深度和密度埋藏种子可能是大林姬鼠保护贮藏食物、应对北社鼠盗食的一些策略（Zhang *et al.*，2014b）。在野外条件下，大林姬鼠和北社鼠在食物组成、微生境利用、活动节律，以及取食和贮食行为等方面有一定分化，这也有利于大林姬鼠减少贮藏食物的损失，弱化二者间的不对称盗食关系，有利于二者共存。

互惠盗食（reciprocal pilferage）可能是高盗食风险条件下，贮食动物在种群乃至群落层面补偿贮藏食物损失、实现食物资源共享的一种机制。很多动物生活在高盗食风险环境中，分散贮藏的食物大部分都会在短时间内被其他动物盗取，但它们依旧不断分散贮藏食物。互惠盗食理论最先用于解释倾向于单独活动、领域互相重叠的贮食动物在高盗食风险条件下分散贮食行为的进化问题（Vander Wall and Jenkins，2003）。即在很多情况下，分散贮藏的食物往往面临严重的盗食损失（30%～70%盗食损失率），为什么贮食动物依旧会分散贮藏食物？互惠盗食理论认为，种群中的各个个体既是盗食者，也是贮食者，它们贮藏食物，"容忍"其他个体盗食，同时又盗取其他个体的食物以补偿盗食损失，通过这种相互盗食机制维持食物拥有量的相对平衡，实现种群水平的食物共享和总体资源稳定。各个个体既是贮食者又是盗食者，是互惠盗食理论的前提，也符合进化稳定对策（evolutionarily stable strategy）理论的预测。之后互惠盗食理论被扩展到群落水平，以相似方式利用资源的贮食动物，如取食和贮藏植物种子的鼠类之间也可能通过互惠盗食分配食物资源和共存。我们以岩松鼠为研究对象对互惠盗食理论进行了验证。在半自然围栏内（40 m×50 m），利用红外相机跟踪两只岩松鼠对核桃种子的取食和贮藏，记录每只实验鼠对每一粒种子贮藏、盗取、再贮藏的全过程，经过 10 天观察，直到实验鼠不再频繁搬动种子，贮藏种子处于稳定状态时为止，计算每只实验鼠最终所拥有的种子量，并比较每一天的盗取获得数量和盗食损失数量（比例）。对 14 对岩松鼠观察的结果表明，各实验鼠的平均盗取量和盗食损失量间没有明显差异，支持互惠盗食假说的预测（图 5-19）。此外，实验早期，当种子供应站的种子数量较多时，岩松鼠倾向于在种子供应站收集更多的种子，以快速占有资源，实验后期当种子供应站的种子数减少时，才转向盗取其他个体贮藏的种子，直到食物资源分配达到相对稳定的格局（图 5-19）。

## 四、食物资源量对鼠类贮食行为的影响

食物资源量对动物贮食行为及种内、种间竞争有重要影响。食物资源短缺和季节性波动是动物贮藏食物的重要原因之一，也是影响种内、种间竞争关系的重要因素。一般认为，高食物资源量可能弱化种内、种间竞争，使动物的贮食和盗食强度减弱。当动物贮藏植物种子时，种子结实大年（mast year），大量种子在短时间内涌现，可以通过捕

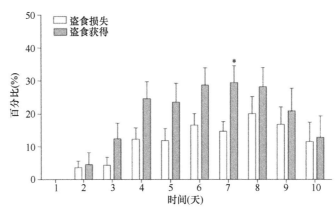

图 5-19　围栏条件下岩松鼠贮藏核桃种子时盗食损失率与盗食获得率的比较
（改自王志勇，2018，硕士学位论文）
数据为平均数± SD，$n$=14。* $P \leq 0.05$

食者饱和效应（predator satiation）增加种子存活率，有利于植物种子扩散和种群更新。在低食物资源量条件下，动物会努力取食和贮藏食物以尽力占有资源，贮藏后期盗食损失率非常高，如果贮藏植物种子，过度捕食（over predation）会造成大量种子损失而使植物更新困难。因此，动物的贮食、取食强度，种内、种间竞争可能会随食物资源量的增加而减弱。但是，也有低食物资源量可能弱化种内竞争、促进合作的观点。资源压力是动物个体间合作捕食的重要原因，当食物资源贫乏，个体单独活动难以捕捉和处理食物，或者难以和其他种群或物种竞争时，个体间可能通过合作觅食提高觅食效率，获取更多的食物，然后通过食物分享保证其生存。当食物资源短缺时，贮食动物是否也会合作贮食，然后通过食物分享度过食物短缺期？在实验围栏条件下，为两只大林姬鼠分别提供 30 粒、60 粒和 90 粒山杏种子，分别代表低、中、高等级食物资源量，用视频监控系统监控两只鼠的取食和贮食行为，探讨两只实验鼠在不同食物资源量等级条件下的行为响应。结果发现，在不同资源等级下，优势个体（体重较大的个体）和从属个体（体重较小的个体）种子取食量、搬运量和贮藏量均随食物资源量等级增加而增加，但在低、中食物资源量等级条件下，优势个体搬运和贮藏的种子量均显著大于从属个体，而在高食物资源量等级条件下，二者差异不显著。结果说明在高食物资源量条件下，种内竞争减弱，优势个体和从属个体均能获取足够的食物资源。一些树种周期性地结实大量种子的特性称为大年结实（masting）。种子大年结实是食种子动物食物资源波动的重要原因之一，种子结实大年意味着食物资源丰富，鼠类对种子的取食和贮食行为会有相应的变化。对北京东灵山地区山杏种子的结实及其与鼠类的关系近 15 年的监测结果显示，种子结实大年有更多的种子存留，同时鼠类也分散贮藏更多的种子，搬运种子速度较慢，但距离更远，说明种子结实大年会因捕食者饱和效应增加种子存留，同时也会刺激鼠类的贮食行为，促进植物种子扩散和种群更新。

## 五、野外经历及年龄对鼠类贮食行为的影响

动物贮食行为的形成通常由遗传和环境条件共同决定，个体发育早期的学习和实践经验应该对贮食行为的发育非常重要。为探讨个体发育早期野外经历是否影响鼠类贮食

行为的发育，我们将在野外捕捉的怀孕的北社鼠和大林姬鼠带回实验室饲养，将新生幼鼠于 20 日龄大小分窝单独饲养至 45～50 日龄（亚成体），然后在野外捕捉野生同龄鼠（亚成体）和野生成年鼠（越冬鼠）。在实验围栏内分别研究 3 组实验鼠对山杏种子的贮食行为。结果发现，没有野外经历的亚成体实验鼠对山杏种子的取食量、搬运量和贮藏量均显著小于野生同龄鼠和野生成年鼠，但相应指标在野生亚成体和野生成年鼠之间没有显著差异，此外，无野外经历的亚成年鼠未表现出分散贮食行为。结果说明缺乏野外经历的大林姬鼠、北社鼠的贮食行为发育受到一定影响，暗示野外经历和早期学习对动物贮食行为的发育有一定影响（图 5-20）（Zhang and Wang，2011）。

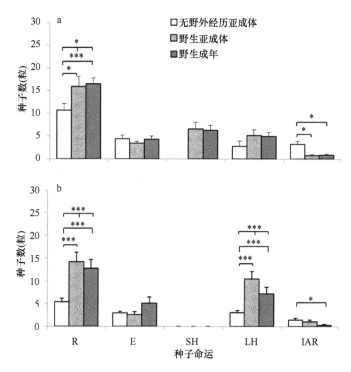

图 5-20　缺乏野外经历的大林姬鼠（a）和北社鼠（b）亚成体与野生亚成体鼠和野生成年鼠的种子贮食行为比较（改自 Zhang and Wang，2011）

种子命运：R. 搬运总量，E. 取食，SH. 分散贮藏，LH. 集中贮藏，IAR. 弃置地表。数据为平均数± SD。

$*P < 0.05$，$***P < 0.001$

# 第五节　植物结实特征

## 一、种子雨及种子产量

种子或果实成熟季节，种子从母树上散落进入地表种子库的过程称为种子雨（seed rain）。进入地面土壤浅层的种子形成土壤种子库（seed bank）。种子在生物或非生物因素作用下远离母树，进入适宜萌发和幼苗生长的位点的运动过程称为种子扩散（种子传播）。扩散后的种子遇到合适的水热环境条件而萌发并生成幼苗，进而长成成树，从而完成植物的自然更新过程。种子扩散是影响植物种子存活、幼苗建成、种群扩散和种群自然分布的关键阶段，也是影响植物群落结构和功能的重要因素之一。有关植物种子雨和种子库动态研究主要涉及种子生产结实特征、种子产量及年间变化；种子形态与营养特征与种子扩散方式、种子雨大小等的关系；动物对种子的捕食、贮藏和扩散，以及其对植物种子扩散和种群更新的影响；土壤种子库动态及其影响因素；种子萌发和幼苗建成及其影响因素；种子与动物互作网络及其对植物种子扩散和种群更新的影响等。

在北京东灵山地区，我们选择典型次生林样地，选取 20～40 棵样树，每一棵样树下架设 1～3 个 0.5 m² 的种子雨收集筐，同时以 0.5～1.0 m² 地面样方为对照，对辽东栎、山杏、山桃等常见树种的种子雨、种子特征、鼠类对种子的取食和搬运等进行了监测。样树及样方间间距 10～20 m，每 2～4 天检查一次种子收集筐和地面样方，记录种子下落数量，并分别统计完好种子、虫蛀种子、败育种子，以及壳斗（果肉，即果皮）数量，同时记录鼠类对种子的取食量和搬运量。目的在于了解常见树种的种子散落动态、种子产量、种子形态与营养特征，以及鼠类对种子的取食和搬运。

## （一）辽东栎的种子雨

在北京东灵山梨园岭地区，选取辽东栎为主要建群种之一的次生林为监测样地（约为 3.0 hm²），在样地内选取 40 棵辽东栎树为监测对象[树高（505±91）cm，范围 345～750 cm；胸径（8±3）cm，范围 4.0～18.0 cm；$n=40$，平均数±SD]，对其种子雨进行了监测。现以 2004～2006 年监测结果为例，说明辽东栎的种子雨特征（张洪茂，2007）。

辽东栎种子（坚果，常称为种子）成熟散落高峰期为 9 月中上旬，前后延续到 8 月底和 10 月初。完好种子较虫蛀种子、败育种子下落的时间略晚、散落时间更短，高峰期在 9 月中旬。2004～2006 年，完好种子比例非常低，分别为 14.0%、6.0% 和 0.2%；虫蛀率比较高，分别为 10.0%、33.0% 和 32.0%；败育率亦较高，分别为 13.0%、14.0% 和 43.0%；壳斗的比例最高，分别高达 63.0%、47.0% 和 25.0%。壳斗对应早期散落种子，绝大多数为败育种子或虫蛀种子，因此，辽东栎种子的败育率和虫蛀率可能比统计的结果更高。换算成种子密度，完好种子的密度小于 4 粒/m²，虫蛀种子和败育种子的密度均小于 10 粒/m²，可见，梨园岭地区辽东栎次生林的种子产量比较低，种子资源不足，可能是辽东栎次生林更新率较低的重要原因。种子产量年间变化较大，2004～2006 年完好种子密度分别为（3.7±0.5）粒/m²、（1.1±0.2）粒/m² 和 0。超过 85.0% 的完好种子和虫蛀种子被鼠类取食或搬离地面样方，完好种子较虫蛀种子的搬运率更高、取食率更低、消失速度更快。种子被鼠类取食和搬运的高峰期为 9 月中上旬，与种子散落高峰期基本一致。2004～2006 年地面样方内种子的平均存留时间，完好种子分别为（1.2±0.5）天、（2.3±2.1）天和 2 天，虫蛀种子分别为（8.6±1.4）天、（11.2±2.6）天和（9.3±2.2）天。取食和搬运辽东栎种子的动物较多，除岩松鼠、北社鼠、大林姬鼠、花鼠等常见鼠类，以及松鸦、红嘴蓝鹊等食种子鸟类外，猪獾、野猪、山羊等也会取食辽东栎种子，造成种子损失。鼠类中大林姬鼠和岩松鼠是主要的种子扩散者，对辽东栎的种子扩散和种群更新具有一定的积极意义。东灵山梨园岭地区，辽东栎次生林的自然更新率非常低，新生幼苗多数为萌生苗，通过种子萌发建成的幼苗十分稀少，2005～2007 年春季（5 月）在种子雨样地调查辽东栎由种子萌发建成的实生苗，其密度分别为（0.0017±0.0029）株/m²、

（0.0013±0.0019）株/m$^2$ 和（0.0003±0.0008）株/m$^2$，实生苗生成率仅为0.1%～0.3%。

辽东栎有大年结实的现象，即每3～4年出现一次结实大年，产生大量种子。其中，2004年为种子结实大年，完好种子密度为（3.7±0.5）粒/m$^2$，2006年为种子结实小年，完好种子密度为0。辽东栎大年结实周期与同域分布的其他树种如山杏、山桃等基本一致。

（二）山杏的种子雨

在北京东灵山梨园岭地区，选取山杏为主要建群树种的次生林及高灌丛作为监测样地（约为3.0 hm$^2$），选取50棵山杏树作为监测对象[树高（370±89）cm，范围235～610 cm；胸径（10±5）cm，范围4.5～25.5 cm]。自2000年以来，对山杏种子的产量及结实特征进行了监测。以2005年为例，山杏种子散落高峰期为7月中下旬，持续10～15天，种子雨可从6月底延续到8月初（张洪茂，2007）。完好种子的比例较高，虫蛀和败育种子数较少。虫蛀多发生在果肉上，在果核表面留下虫蛀痕迹，基本不影响种仁，对种子萌发和幼苗生长基本没有影响。7月17～27日为散落高峰期，其中7月23日散落量较大，完好种子达（21.2±25.2）粒/m$^2$。败育种子散落的时间略早于完好种子，虫蛀种子、果肉与完好种子散落同步。种子雨收集筐中，果肉占55%，完好种子占35%，平均密度为（39.1±32.8）粒/m$^2$，虫蛀和败育种子比例分别占3%和7%。种子消失动态和散落动态基本一致，但高峰期常推迟2～3天，种子散落于地面后绝大多数被鼠类搬离原地，完好种子被鼠类搬运、取食和存留的比例分别为95.4%、2.6%和2.0%，平均存留时间为（2.9±2.3）天。7月中下旬也是山杏种子进入地面种子库的高峰期。在2005年的地面样方散落物中，果肉占65%，完好种子占25%，平均密度为（13.2±15.1）粒/m$^2$，虫蛀和败育种子分别占4%和6%。完好种子被鼠类搬运、取食和存留的比例分别为78.0%、13.3%和8.7%，平均存留时间为（2.4±2.1）天；虫蛀种子被鼠类搬运、取食的比例分别为89.1%和10.9%，平均存留时间为（2.5±2.3）天；败育种子被鼠类搬运、取食和原地存留的比例分别为69.2%、13.8%和16.9%，平均存留时间为（2.2±1.8）天。

根据种壳（外果皮）上的咬痕判断，取食和搬运山杏种子的主要鼠种为岩松鼠、北社鼠、大仓鼠和大林姬鼠（Lu and Zhang，2004；Zhang and Wang，2009）。作为主要的分散贮食鼠类，岩松鼠、大林姬鼠是山杏种子的重要扩散者，对山杏的种子扩散和种群更新具有重要意义。岩松鼠也直接从树上摘取山杏果实，去掉果肉后将种子取食或搬走，掉落于地面或种子雨收集筐内的果肉，是岩松鼠在树上剥掉果肉、取食或搬走种子的结果。种子雨收集筐中果肉高达55%，说明很大一部分种子被岩松鼠直接从母树上采摘搬走。利用种子雨收集筐收集的种子量估计的种子产量可能比实际产量低。

山杏幼苗生成率比较高，2005年为种子结实大年，2006年春季在种子雨样地内共统计到幼苗51株，幼苗生成率约为2%。

山杏具有种子结实大小年现象，每3～4年出现一次结实大年，且与同域分布的其他树种如山桃、辽东栎等的大小年结实节律基本一致。2005～2014年、2007年和2011年为种子结实大年，2006年和2014年为种子结实小年，大小年种子产量相差10余倍，极端小年如2006年，7月中下旬已经收集不到成熟的种子。种子结实大年有更多的种子存留、扩散，来年春天有更多的种子存留和幼苗生成（图5-21），说明大年结实有利于山杏种子扩散和种群更新，其机制可能是通过捕食者饱和效应使更多的种子存留，同时通过捕食者扩散效应使更多的种子被扩散。

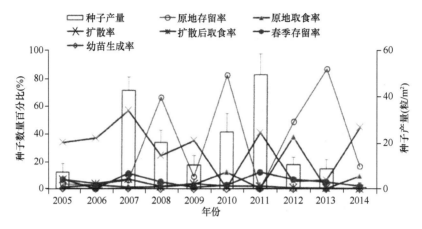

图 5-21　北京东灵山梨园岭地区山杏种子产量，以及鼠类影响下种子扩散和幼苗生成的年间变化

（三）山桃的种子雨

山桃是北京东灵山地区常见树种之一，多零散分布或呈斑块状分布在较阴湿的沟谷地。在北京东灵山梨园岭地区，选择山桃为主要建群树种之一的次生林作为样地（约为 3.0 hm²），选择 50 棵样树对山桃的种子雨进行了监测，样树高（415±55）cm（范围 310～550 cm，$n$=50），胸径（5.8±1.3）cm（范围 3.2～9.2 cm）。山桃种子集中在 7 月下旬至 8 月上旬散落，高峰期在 8 月上旬，较山杏种子晚 1～2 周，种子产量较山杏略低。败育种子散落的时间早于完好种子和虫蛀种子。败育种子（果核）表现为种壳（内果皮）完整，但无种子或种子发育不全；虫蛀种子（果核）一般为种壳上留有虫蛀痕迹，虫蛀部位为果肉，对种子没有损坏。以 2005 年为例，在种子雨收集筐中，果肉占 72%，完好种子占 24%，平均密度为（13.9±8.9）粒/m²，虫蛀和败育种子分别仅占 1%和 3%。完好种子被鼠类搬运、取食和存留的比例高，分别为 72.7%、23.0%和 4.3%；虫蛀种子仅 8 粒，全部被鼠类搬运；败育种子共 18 粒，8 粒搬运、2 粒被取食、8 粒存留，所占比例分别为 44.4%、11.1%和 44.4%。

7 月底至 8 月初也是山桃种子进入地面种子库的高峰期，以 2005 年为例，在地面样方散落物中，果肉占 80%，完好种子占 17%，虫蛀和败育种子分别为 1%和 2%，完好种子的平均密度为（7.8±5.9）粒/m²。种子散落后迅速被鼠类取食和搬运，完好种子被搬运、取食和存留的比例高，分别为 46.8%、50.6%和 2.6%；虫蛀种子仅 7 粒，6 粒被搬运，1 粒存留；败育种子共 21 粒，15 粒被搬运、2 粒被取食、4 粒存留，所占比例分别为 71.4%、9.5%和 19.0%。

根据残留种壳上的咬痕判断，岩松鼠是山桃种子的主要取食和搬运鼠种，大林姬鼠、北社鼠、大仓鼠等也可能从地面收集部分种子。2016 年用红外相机监测的结果显示，岩松鼠的访问频次最高，占总数的 70%，其次为大林姬鼠和北社鼠，一共约占 25%，其余鼠种或难以鉴定的个体约占 5%。大量山桃果实掉落前被岩松鼠采摘，剥去果肉，搬走果核，这也是种子雨收集筐和地面样方收集物中果肉占较大比例的原因。岩松鼠在山桃的种子扩散和种群更新中具有更重要的意义。

山桃的幼苗生成率非常低，2005 年为种子产量较高的年份，2006 年春天在山桃种子雨样地内共统计到幼苗仅 6 株，幼苗生成率仅为 0.007%。种子产量较低、坚硬木质内果皮的限制导致扩散者不足、种子扩散率较低等，可能是山桃更新率低、种群数量较少的原因。

山桃种子结实大小年节律和山杏、辽东栎等同域分布的树种相似，大年结实周期为 3 或 4 年，大小年种子产量相差 10 余倍。种子结实小年果实会提前凋落（6 月中下旬），到果期几乎收集不到成熟果实。例如，2006 年为种子结实小年，6 月下旬统计 100 棵山桃树的果实数量为（4.0±9.88）枚/株，7 月下旬为 0。种子结实大年种子产量较高。例如，2016 年，山桃种子 7 月中下旬开始散落，持续时间约为 30 天，8 月中上旬为高峰期，种子产量达 139.2 粒/m$^2$，其中种子完好率为 77.1%、虫蛀率为 19.0%、败育率为 3.9%。

## 二、种子的形态和营养特征

种子的形态和营养特征指植物种子的大小、形状、种子外壳硬度、附属结构等物理性状，以及种子营养成分及其含量、次生化合物的成分及其含量等化学性状。种子特征通常与种子扩散方式相关。依赖鼠类扩散的植物种子通常具有个体较大、营养丰富、物理或化学防御较高的特点。为了吸引扩散者，又避免过度取食、提高种子扩散适合度，依赖鼠类扩散的植物种子一般具有营养吸引和物理化学防御均衡的特点，一方面，植物必须给扩散者足够的营养回报以吸引鼠类，依赖鼠类扩散的种子一般富含蛋白质、脂肪、淀粉等营养物质，以吸引鼠类取食和贮藏；另一方面，植物又必须防御种子被动物过度取食，提高种子存留和扩散比例。依赖鼠类扩散的种子通常具有坚硬的，或者带刺的外壳（如木质内果皮，物理防御），或者种仁含有毒次生化合物（如单宁，化学防御），以增加种子处理和取食成本，促使动物搬运和贮藏这些种子，而不是原地取食，提高种子扩散适合度，有利于植物种群扩散和更新（Vander Wall，2010）。

辽东栎、山杏、山桃、核桃和胡桃楸为北京东灵山地区常见树种，种子几乎完全依赖鼠类扩散（松鸦等会传播少量辽东栎种子）。这些树种的种子均具有营养吸引和防御均衡的特点，高物理防御的种子如胡桃楸、山桃，因个体大，内果皮坚硬而被多数中小型鼠类拒绝，被鼠类取食、搬运和贮藏的比例均较低，种子扩散适合度相对较低；高营养吸引的种子如核桃，因营养丰富而吸引大量的岩松鼠取食和贮藏，通常面临过度取食，扩散适合度也较低；低物理防御的种子如辽东栎（果皮薄而脆），即使含较高浓度的单宁，亦面临被动物过度取食，造成种子资源严重不足而影响更新，扩散适合度也较低；营养吸引和防御特征相对均衡的种子如山杏种子，富含蛋白质和脂肪，单宁含量低，内果皮外壳坚硬，但相对较薄，种子大小适中，扁平形，比较适合鼠类搬运和取食，因此，山杏种子几乎成为北京东灵山地区所有鼠种喜好取食或贮藏的对象，众多的种子扩散者，导致较高的种子扩散率和幼苗生成率，扩散适合度高，野外种群数量大，更新能力较强（表 5-4）（Zhang and Zhang，2008）。但是在种子结实小年，依然面临种子被过度取食、更新率较低等问题。

表5-4 北京东灵山地区常见树种种子的形态及营养特征

| 种子特征 | 辽东栎 | 山杏 | 山桃 | 核桃 | 胡桃楸 |
|---|---|---|---|---|---|
| 长度（mm） | 17.8±2.8[a] | 22.1±1.6 | 21.2±2.0 | 30.5±2.8 | 34.1±2.4 |
| 宽度（mm） | 13.3±2.1 | 9.8±0.8 | 17.2±2.0 | 29.6±2.0 | 23.8±2.0 |
| 壳厚（mm） | 0.3±0.1 | 1.1±0.2 | 3.9±0.6 | 1.2±0.3 | 2.7±0.5 |
| 鲜重（g） | 2.0±0.9 | 1.2±0.2 | 3.6±0.6 | 9.1±1.7 | 6.1±1.0 |
| 壳重（g） | 0.3±0.1 | 0.8±0.1 | 3.2±0.6 | 4.8±1.0 | 5.1±0.9 |
| 仁重（g） | 1.7±0.9 | 0.4±0.1 | 0.4±0.1 | 4.3±0.9 | 1.0±0.2 |
| 仁重/壳重 | 5.7 | 0.5 | 0.1 | 0.9 | 0.2 |
| 粗蛋白质（g/100 g） | 11.5 | 25.1 | 29.0 | 15.4 | 28.1 |
| 粗脂肪（g/100 g） | 1.5 | 53.1 | 52.7 | 70.7 | 62.3 |
| 粗淀粉（g/100 g） | 34.1 | — | — | — | — |
| 粗纤维（g/100 g） | 4.1 | 2.9 | 3.0 | 1.4 | 1.0 |
| 单宁（g/100 g） | 8.6 | 0.1 | 0.1 | 0.6 | 0.5 |
| 热值（kJ/g） | 8.4 | 25.5 | 26.0 | 30.4 | 29.2 |
| 单粒种子热值（kJ） | 14.2 | 10.4 | 9.9 | 131.8 | 29.2 |

注：a表示数据为平均数±SD，$n$=50；—表示未检测出（改自 Zhang and Zhang，2008）

　　植物种子特征影响鼠类对种子扩散，进而影响植物种群更新和种间竞争。山杏、山桃同是北京东灵山地区常见树种，分布在灌丛、次生林等生境中，物候特征接近（表5-2）。山杏种子扁平形，鲜重约为1.2 g，种仁鲜重约为0.4 g，内果皮厚度约为1.1 mm，内果皮鲜重约为0.8 g，种仁富含蛋白质和脂肪，单宁及粗纤维含量较低（表5-4）。山桃种子为圆球形，鲜重约为3.6 g，种仁鲜重约为0.4 g，内果皮厚度约为3.9 mm，内果皮鲜重约为3.2 g，种仁富含蛋白质和脂肪，单宁及粗纤维含量较低（表5-4）。山杏、山桃种子的主要区别在于内果皮厚度，"种仁重/内果皮重"能反映其吸引和防御特征的均衡情况，也能反映种子对鼠类的吸引力。"仁重/壳重"山杏约为0.5，山桃约为0.1，相差近5倍。因此山杏种子对鼠类的吸引力更强，更多的鼠类会取食和贮藏山杏种子，促使山杏种子扩散更成功，更新率更高，野外山杏种群数量较山桃占优势。通过跟踪野外释放的山杏、山桃种子的扩散过程，也证明了岩松鼠、大林姬鼠、北社鼠等常见鼠类都取食和贮藏山杏种子，仅个体较大的岩松鼠贮藏山桃种子，有更多的山杏种子被鼠类扩散，野外山杏幼苗和成树明显占优势。内果皮的厚度是影响二者扩散差异的主要原因，过度的物理防御导致种子扩散者缺失，种子扩散率低，进而导致种群更新率低。种子特征差异导致鼠类介导的种子扩散差异，可以在一定程度上解释北京东灵山地区山杏、山桃种群密度和空间分布的差异（Zhang et al.，2016a）。

　　除了吸引和防御特征均衡外，依赖鼠类扩散的植物种子通常还具有以下特征：①高脂肪、高蛋白质含量、高物理防御（坚硬种壳）、高扩散率、低取食率相关联。例如，北京东灵山地区的核桃、胡桃楸、山杏、山桃等种子，种仁富含脂肪、蛋白质等高热量的营养物质，同时具有坚硬的木质内果皮，鼠类偏好搬运和贮藏，而非就地取食这些种子，所以种子扩散率相对较高，取食率相对较低。②高淀粉含量、高化学防御（单宁）、高取食率、低扩散率相关联。例如，辽东栎、栓皮栎、蒙古栎等壳斗科植物种仁富含淀粉，单宁含量高，种子外壳（果皮）薄而脆，容易打开，鼠类取食率高、扩散率低，动物过度捕食造成种子源不足，是很多壳斗科植物种子更新率低的重要原因，次生幼林在种子结实小年尤其严重（Li and Zhang，2003；Zhang *et al.*，2016b）。

不同种子特征导致鼠类不同的取食和贮藏偏好，是北京东灵山地区常见树种种子扩散和种群更新差异的原因之一。低物理防御的辽东栎种子被常见鼠类取食或贮藏，常面临过度捕食风险，造成东灵山梨园岭地区辽东栎次生林通过种子更新困难；营养吸引和物理防御相对均衡的山杏种子也被常见鼠类取食和贮藏，并有大量种子被分散埋藏而得以扩散，扩散适合度较高；个体较大且有木质内果皮保护的核桃和胡桃楸种子通常被中小型鼠类拒绝，扩散适合度较低，个体较大的岩松鼠几乎是它们唯一的扩散者，对其更新有重要影响；具有厚而坚硬种壳的山桃、胡桃楸种子，过度的物理防御使其被多数鼠类拒绝，岩松鼠成为其唯一的扩散者，扩散率低，进而导致自然更新率低；营养物质含量非常高的核桃种子，通常面临岩松鼠的大量取食，扩散适合度也较低（Zhang and Zhang，2008；Zhang *et al.*，2015）。因此，在动物介导的植物种子传播系统中，营养吸引和物理、化学防御均衡的种子具有更高的扩散适合度。

# 第六节　鼠类对植物种子的取食、贮藏和扩散

## 一、鼠类对植物种子的取食和贮藏选择

鼠类对植物种子的取食和贮藏选择主要关注鼠类贮藏种子前的决策，是就地取食还是搬离种子源贮藏。鼠类的取食和贮藏选择反映了鼠类的投资和收益权衡。影响鼠类种子取食和贮藏决策的主要因素为种子处理成本（取食成本），即鼠类取食种子所花费的时间和能量投入，通常用取食时间衡量。处理成本既受种子的营养吸引和物理化学防御均衡的综合特征影响，也受外界环境条件影响。一般，当种子的取食成本大于贮藏成本时，鼠类会优先选择贮藏，相反则优先选择取食。因为高取食成本意味着投入更长的时间和更多的能量、丧失竞争其他食物资源的机会和增加被天敌捕食的风险。就种子本身而言，处理成本与种子大小、种壳厚度与硬度、次生化合物含量等有关。鼠类一般倾向于取食个体较小、种壳薄而脆、容易打开、单宁含量低、不耐贮藏、易腐烂变质的种子或营养物质含量相对较低的种子；搬运和贮藏个体较大、种壳坚硬、不易打开、单宁含量较高、耐贮藏的种子或营养物质含量相对较高的种子（Vander Wall，2010）。种子资源量及其存在方式影响鼠类的取食和贮藏选择，种子资源丰富时，种内、种间竞争均会减弱，单粒种子对鼠类的相对价值会降低，鼠类对种子的取食和贮藏欲望会减弱，在资源丰富的情况下，鼠类可以贮藏更多的种子，保证有足够的资源越冬；当种子资源波动幅度较大、优势资源出现时间短暂且分布不均匀时，鼠类会倾向于贮藏更多的种子，即鼠类会快速将种子贮藏在种子源周围以尽快占有更多的资源，同时可以有更多的时间和机会竞争优势资源或转移到别的资源斑块。捕食风险也影响鼠类种子取食和贮藏选择，高风险条件下鼠类倾向于将种子搬运到安全的地方取食或贮藏，捕食风险低时则倾向于就地取食。此外，鼠类本身的身体条件对其种子取食和贮藏选择起重要作用，个体较大、咬肌发达的鼠种可能取食和贮藏更多种类的种子，个体小、咬肌不发达的鼠种可能仅取

食或贮藏小种子或种壳薄的种子；处于饥饿状态的鼠类，可能会首先取食，然后搬运和贮藏，相反，非饥饿状态的个体倾向于优先贮藏。

北京东灵山地区大林姬鼠、北社鼠、岩松鼠、大仓鼠、花鼠、黑线姬鼠等常见鼠类对辽东栎、山杏、山桃、核桃、胡桃楸等种子取食和贮藏选择的研究结果验证了上述部分观点（Zhang and Zhang，2008；Zhang et al.，2015）。首先，植物种子及鼠类的综合特征共同决定了不同鼠种针对不同种子的取食和贮藏选择。在实验围栏内，6种鼠类对5种种子的选择偏好都有显著差异。岩松鼠对5种种子的选择顺序为辽东栎、核桃、山杏、胡桃楸和山桃，主要贮藏核桃和胡桃楸种子；大仓鼠、北社鼠、大林姬鼠、黑线姬鼠、花鼠选择5种种子的顺序为辽东栎、山杏、山桃、核桃和胡桃楸；岩松鼠和大仓鼠个体较大，选择全部5种种子；北社鼠、花鼠体形中等，主要选择辽东栎和山杏种子，也选择少量核桃、山桃种子；大林姬鼠、黑线姬鼠个体较小，主要选择辽东栎和山杏种子，不选择山桃、核桃和胡桃楸种子。种子半存留时间可以反映鼠类对种子的选择偏好，种子半存留时间越短，被鼠类选择的强度越大，表明鼠类越喜好。无论哪一种鼠类，种子半存留时间与种子内果皮厚度都呈显著或极显著正相关关系，说明种壳在6种鼠类的种子选择中起主要作用。此外，对于不同鼠种，种子半存留时间也与内果皮重、种仁重、粗蛋白质含量、热值、种子大小（长、宽）等显著相关，对相应鼠种的种子选择有显著或极显著影响。除岩松鼠外，其他鼠种对种子的选择与单宁含量的相关性均不显著，说明单宁对常见鼠种的种子选择没有明显影响，这可能是这些种子的单宁含量较低的原因。由此可见，6种鼠类分别对5种种子的选择有明显偏好，内果皮厚度是影响种子选择的主要因素，种子大小、营养物质含量等也分别影响不同鼠类对种子的选择（表5-5）。同域分布的鼠种对同域分布的植物种子的取食和贮藏选择有差异，反映了它们在能力投入和回报间的权衡，追求最大净收益，可能是各种鼠类进行种子选择的终极目标，也符合觅食的经济学原理和最适觅食理论的预测。北京东灵山地区的常见鼠类，通常优先取食种壳薄而脆、营养价值相对较低的辽东栎种子，虽然这种种子含有较高的单宁，但

**表 5-5　北京东灵山地区 6 种鼠类对 5 种种子的取食和贮藏选择与种子特征间的相关系数**

| 鼠种 | 种子命运 | 种子重 | 种仁重 | 壳厚度 | 粗蛋白质 | 粗脂肪 | 粗纤维 | 单宁 | 热值 |
|---|---|---|---|---|---|---|---|---|---|
| 岩松鼠 | 扩散 | 0.916* | 0.930* | −0.212 | −0.378 | 0.921* | −0.649 | −0.266 | 0.898* |
| | 取食 | −0.364 | 0.164 | −0.878* | −0.836 | −0.903* | 0.723 | 0.949* | −0.930* |
| 大仓鼠 | 扩散 | / | / | / | / | / | / | / | / |
| | 取食 | −0.638 | −0.181 | −0.803 | −0.490 | −0.753 | 0.729 | 0.663 | −0.767 |
| 花鼠 | 扩散 | −0.588 | −0.280 | −0.511 | −0.039 | −0.207 | 0.471 | 0.028 | −0.219 |
| | 取食 | −0.704 | −0.243 | −0.887* | −0.446 | −0.766 | 0.783 | 0.648 | −0.777 |
| 北社鼠 | 扩散 | / | / | / | / | / | / | / | / |
| | 取食 | −0.868* | −0.151 | −0.871* | −0.531 | −0.777 | 0.782 | 0.686 | −0.795 |
| 黑线姬鼠 | 扩散 | −0.718 | −0.305 | −0.688 | −0.293 | −0.605 | 0.709 | 0.451 | −0.615 |
| | 取食 | −0.691 | −0.226 | −0.769 | −0.473 | −0.787 | 0.786 | 0.679 | −0.799 |
| 大林姬鼠 | 扩散 | −0.659 | −0.261 | −0.701 | −0.280 | −0.530 | 0.638 | 0.387 | −0.542 |
| | 取食 | −0.667 | −0.192 | −0.890* | −0.500 | −0.784 | 0.776 | 0.686 | −0.798 |

注：* $P < 0.05$，/表示不适用此项（改自 Zhang et al.，2015）

是处理成本低；个体较小的大林姬鼠、黑线姬鼠等通常优先贮藏个体较小、扁平形状、营养丰富、防御适中的山杏种子，因为营养回报较高，且搬运成本相对较低；个体较大的岩松鼠能轻松搬运和打开较大种子（如核桃）的外壳，所以优先贮藏核桃种子，以获取更高的营养回报，其次才贮藏辽东栎、山杏等个体较小且营养回报较低的种子；大仓鼠个体较大，咬肌发达，啃咬能力强，能处理大而坚硬的种子，集中贮藏量大，能贮藏多种种子。在自然条件下，鼠类对 5 种种子的收获量（取食+搬运）依次为辽东栎、山杏、核桃、胡桃楸、山桃。鼠种身体大小、咬肌发达程度、种子处理成本和营养回报的关系等共同影响鼠类对种子的选择顺序。此外，鼠类选择种子的顺序存在季节性差异，搬运速度依次为秋季快于夏季、夏季快于春季。鼠类种群密度较高，贮食行为强烈，是秋季种子被鼠类快速搬运的主要原因。

种子大小代表营养物质和处理成本的差异，鼠类通常喜欢贮藏大种子，取食小种子，鼠类的选择偏好是植物结实大、小种子的选择压力之一。贮食动物影响的种子扩散可以分为种子贮藏前和贮藏后两个阶段，大、小种子在各阶段的扩散适合度可能不一样。对辽东栎大、小种子的研究结果表明，鼠类倾向于将大种子搬离种子源后贮藏，原地取食小种子，说明贮藏前阶段，大种子具有较高的扩散适合度；但是，当种子被鼠类分散埋藏于土壤或枯枝叶后，小种子的存留率更高，说明贮藏后阶段，小种子具有较高的扩散适合度；综合贮藏前和贮藏后两个阶段，辽东栎大、小种子的扩散适合度没有明显差异，自然选择对大、小种子的作用不明显（图 5-22）（Zhang *et al.*, 2008a）。此外，大种子被鼠类扩散的距离更远，更可能逃脱动物捕食，减少密度制约性死亡，并到达合适的萌发和生长环境。Cao 等（2016）在西双版纳热带雨林中针对假海桐（*Pittosporopsis kerrii*）种子的研究发现，鼠类影响下，中等大小的种子具有更大的适合度，自然选择对中等大小的种子有利。可见，在鼠类-植物种子扩散系统中，种子大小与扩散适合度的关系值得深入研究。我们的研究还发现，辽东栎大种子有更高的萌发率和胚根生长率，胚根更粗壮，说明在萌发和幼苗生长早期，自然选择有利于大种子进化。大、小种子意味着不同的处理成本和营养回报，对常见鼠种而言，辽东栎大、小种子的处理成本（时间投入）差异不明显，但营养回报差异明显，处理成本的差异远远小于营养回报的差异，鼠类贮藏大种子可以获得更多的净收益，因此，鼠类倾向于搬运、贮藏和利用大种子。此外，大种子营养价值高，挥发物浓度更高，可能为鼠类提供更强的嗅觉线索，使其更容易被鼠类找到。

北京东灵山地区常见鼠类对山杏、山桃种子的选择也反映了鼠类对成本投入和营养回报的权衡。山杏、山桃种仁的大小、营养成分及含量、热值、单宁含量均没有明显差异，主要差别在于种子的外形和内果皮的厚度。鼠类取食一粒山杏种子和取食一粒山桃种子获取的能量收益相近，但处理山桃种子的成本约为山杏种子的 5 倍（表 5-4）。山杏种子扁平形，内果皮相对较薄，适宜鼠类搬运和取食，山桃种子圆球形、较大、外果皮厚度是山杏种子的近 5 倍，鼠类不容易搬运和取食。所以，鼠类取食和贮藏山杏种子可以获取更高的能量净收益。在实验围栏内，北京东灵山地区常见鼠种均偏好取食和贮藏山杏种子，仅个体较大的岩松鼠、大仓鼠取食和贮藏山桃种子。在野外条件下，鼠类搬运山杏种子的速度更快，分散贮藏比例更高。在鼠类介导的种子扩散系统中，山杏与更多鼠种形成基于种子取食和扩散的互惠关系，在种子扩散阶段具有更大的适合度，这是山杏种群扩散和更新较山桃占优势的原因之一（Zhang *et al.*，2016a）。

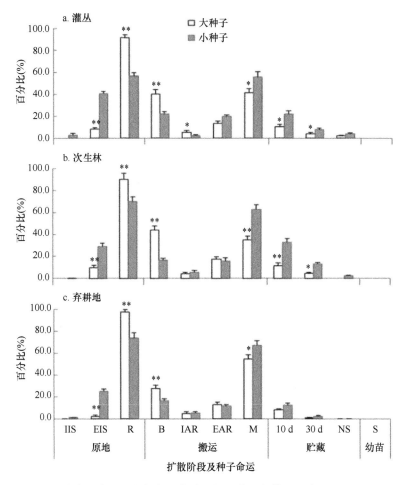

图 5-22　不同生境中鼠类对辽东栎大、小种子的取食和扩散（改自 Zhang *et al.*，2008a）
种子扩散各阶段的种子命运，原地（种子四分位点）：IIS. 原地存留，EIS. 原地取食，R. 搬运。搬运：B. 分散埋藏，IAR. 弃置地表，EAR. 取食，M. 丢失。贮藏：10 d. 10 天内存留率，30 d. 30 天内存留率，NS. 来年春天存留率。幼苗：S. 来年春天幼苗生成率。数据为平均数±SE。*$P<0.05$，**$P<0.01$

核桃和胡桃楸均隶属于胡桃属植物，亲缘关系较近。鼠类对核桃、胡桃楸种子的选择也反映了鼠类在能量投入和收益间的权衡。在北京东灵山地区，胡桃楸主要分布在水分充足、土壤肥沃的沟谷，形成斑块状纯林或混交林；核桃主要分布在农田及弃耕地内，为重要的经济树种，多数种子被居民采收，二者在沟谷区域形成一定的交错区。核桃种子和胡桃楸种子的营养成分及含量、热值、单宁含量接近，但核桃种子及种仁重量均明显大于胡桃楸种子，内果皮厚度及重量明显小于胡桃楸种子，种仁与内果皮的重量比核桃种子是胡桃楸种子的 4～5 倍，即鼠类选择一粒核桃种子获取的净收益是选择一粒胡桃楸种子的 4～5 倍（表 5-4）。因此，鼠类会偏好取食和贮藏核桃种子。那么，鼠类选择核桃种子的偏好会不会影响胡桃楸种子的扩散？围栏实验结果显示，取食和贮藏核桃及胡桃楸种子的鼠类主要为岩松鼠和大仓鼠，岩松鼠以分散贮藏为主，大仓鼠以集中贮藏为主，两种鼠类均优先搬运和贮藏核桃种子，在自然条件下，核桃种子被鼠类搬运的速度更快（存留时间更短）、分散贮藏的比例更高、搬运的距离更远（Zhang *et al.*，2017）。可见，核桃种子有更高的扩散适合度。但是，由于营养物质含量更高且内果皮较薄，核桃种子的取食比例更高，鼠类高种群密度年份，研究区域内核桃种子会因为岩松鼠的过度取食而荡然无存。此外，大部分核桃种子会被居民采收，岩松鼠会转向取食和贮藏胡桃楸种子。因此，我们认为，在北京东灵山地区鼠类-植物种子扩散系统中，核桃对胡桃楸的种子扩散不会有太大的影响。岩松鼠对核桃和胡桃楸种子的取食及贮藏选择反映了岩松鼠在处理成本和营养收益间的权衡（表5-5）。

## 二、鼠类对常见树种种子的贮藏和扩散

鼠类贮藏种子分为集中贮藏和分散贮藏两种方式。集中贮藏指鼠类将种子堆积在洞穴、石缝、树洞等处，绝大多数集中贮藏的种子最终会被鼠类取食，一般对植物的种子扩散和种群更新不具有积极意义。分散贮藏指鼠类将种子搬离母树后，分散埋藏在土壤浅层、枯枝叶、草丛等多个位点，每个位点仅含少量种子，部分种子会被埋藏在适宜萌发和幼苗生长的地方，并最终逃脱动物取食，有机会萌发并生成幼苗，进而长成成树，完成植物更新。所以，分散贮藏种子的鼠类充当了植物种子的扩散者，对植物更新和种群扩散具有积极意义（Zhang *et al.*，2005）。

（一）鼠类对辽东栎种子的贮藏和扩散

在北京东灵山地区，鼠类取食会造成辽东栎种子大量损失，种子产量较小的年份，如果鼠类数量偏高，鼠类过度取食种子会成为辽东栎通过种子更新的主要限制因子。Li和Zhang（2003）利用金属片标记法对鼠类介导下辽东栎的种子扩散过程进行了研究，结果发现，1999年种子原地取食率高达74.0%，原地存留率仅为1.61%，种子搬运率为24.4%，被搬离种子释放点的种子中，60.8%被重新找到，其中77.0%的种子被取食，16.6%被弃置地表，仅6.4%被埋藏在土壤浅层、草丛或枯枝叶中；2000年原地取食率达51.2%，原地存留率仅为0.15%，48.6%的种子被搬离原地，其中31.5%的种子被重新找到，这部分种子的最终命运分别为90.1%被取食、5.9%被弃置地表、4.0%被埋藏。埋藏种子的扩散距离绝大多数<20 m，平均扩散距离1999年为6.8 m、2000年为9.8 m。多数种子被埋藏在浓密灌丛中，仅少量种子被埋藏在草丛和灌丛边缘，没有种子被埋藏在裸地。1999年种子埋藏点周围（1.0 m² 范围）灌丛的平均高度为73.7 cm、灌丛的平均盖度为56.1%、草本的平均高度为13.2 cm、草本的平均盖度为49.2%；2000年种子埋藏点周围灌丛的平均高度为152.5 cm、灌丛的平均盖度为78.8%，没有种子被埋藏于其他生境。种子被埋藏于浓密灌丛下方，水分充足，有利于种子萌发，但因为缺乏阳光和竞争激烈而不利于幼苗生长，同时灌丛中有更多的鼠类聚集，种子面临更大的捕食压力，因此埋藏于灌丛下方的种子对辽东栎的更新意义并不大。1999年、2000年分别有超过70%的种子被搬运到平坡位或下坡位方向，鼠类对种子的这种定向搬运可能有利于节约能量。辽东栎种子通常被鼠类单粒贮藏，偶尔有2或3粒种子位于一个贮藏点的现象。埋藏种子存留率和幼苗生成率非常低，1999年释放的1994粒种子，在10天内几乎全部被鼠类取食，

仅 1 粒埋藏种子萌发并生成幼苗，但幼苗在第二年死亡，幼苗生成率仅为 0.05%；2000 年释放的 660 粒种子，原地存留率仅为 0.15%，没有幼苗生成。2000 年采用笼捕法在种子释放样地中捕获的鼠类主要有大林姬鼠（28.6%）、北社鼠（28.6%）、黑线姬鼠（42.8%），可能是处理释放的辽东栎种子的主要鼠种。马杰等（2004）于 2000 年在北京小龙门地区利用扣网实验研究鼠类对辽东栎种子的捕食，结果发现，鼠类对完好种子的搬运率为 20%～41%，对虫蛀种子的搬运率为 8%～14%，样地中的鼠类主要为大林姬鼠（74.4%），另外有少量北社鼠、花鼠和棕背䶄，说明鼠类取食是造成辽东栎地面种子库种子丢失的主要原因。路纪琪和张知彬（2004）于 2002 年和 2003 年在高灌丛和矮灌丛两类生境中研究了鼠类对辽东栎种子的扩散过程，发现大林姬鼠、北社鼠、岩松鼠等鼠类对辽东栎种子的取食非常强烈，分散贮藏量相对较少，贮藏距离矮灌丛内大于高灌丛内，多数种子被搬运到灌丛下方或灌丛边缘取食或埋藏。2002 年，矮灌丛内人为释放的辽东栎种子的半存留时间为 5.4 天、取食率为 72%，高灌丛内释放的种子的半存留时间为 9.1 天、取食率为 52.7%；2003 年，矮灌丛内释放的种子的半存留时间为 15 天、取食率为 11.2%，高灌丛内释放的种子的半存留时间为 9.6 天、取食率为 6.3%，高灌丛内种子的取食率低于矮灌丛内。种子被鼠类搬运的速度年际差异较大，2002 年矮灌丛内更快，2003 年则是高灌丛内更快。种子被鼠类搬离种子释放点后，2002 年，高灌丛内 23.5%被取食、2.1%被置于地表，矮灌丛内 30.3%被取食、3.5%被置于地表；2003 年，高灌丛内 53.8%被取食、3.6%被置于地表，矮灌丛内 14.3%被取食、6.5%被置于地表。2002 年有 21 粒种子被埋藏于高灌丛的下方或边缘，2003 年仅 2 粒种子被埋藏在高灌丛的下方。高灌丛内，大部分埋藏种子的搬运距离小于 3.0 m；矮灌丛内，大部分种子埋藏在距离种子释放点 9.0 m 范围之内。两年中均没有发现由人工释放的种子生成的幼苗。Zhang 等（2008a）于 2005 年在东灵山梨园岭地区，对鼠类影响下辽东栎种子的扩散过程进行跟踪监测的结果发现，所释放的 2400 粒辽东栎种子在 5 天内被鼠类取食或搬走，大种子被鼠类搬运的速度较小种子快，近 20%的大种子和 40%的小种子被原地取食，超过 80%的大种子和 60%的小种子被搬离种子释放点。在被搬离释放点的种子中，有 20%～40%被分散埋藏，10%～15%被取食，60%～70%没有被研究者找到，其命运不清楚。超过 90%的种子扩散距离小于 15.0 m，大种子的平均扩散距离更远。10 天内有 10%～30%的埋藏种子存留，30 天时降低至 10%以下，来年春天存留率小于 3%，没有幼苗生成（图 5-22）。

上述研究结果表明，在北京东灵山地区，种子产量不足，以及鼠类对种子的过度取食是辽东栎幼林及次生林更新率低的重要原因。但是，鼠类依旧是辽东栎重要的种子扩散者，在辽东栎的种群扩散和更新中具有重要意义。与东灵山梨园岭地区相比，东灵山小龙门林场区域辽东栎次生林发育时间更长，树木高大，形成纯林，种子产量较大，种子被捕食率较低，种子存活率和幼苗生成率相对较高，鼠类在辽东栎林更新中起的作用更大。

（二）鼠类对山杏种子的取食和扩散

山杏是北京市周边山区的优势树种之一，广泛分布在次生林和灌丛中，也是弃耕地向灌草丛演替的先锋树种之一。山杏种子依赖鼠类扩散，是常见鼠类重要的食物资源。

在北京东灵山地区，大林姬鼠、北社鼠、岩松鼠、大仓鼠等是山杏种子的主要取食者，其中具有分散贮藏种子习性的大林姬鼠、岩松鼠是山杏种子的主要扩散者。此外，花鼠也取食和贮藏山杏种子，但因为种群数量不大，对山杏的种子扩散和种群更新影响不大。人工释放于次生林和灌丛内的山杏种子，绝大部分会被鼠类搬走。搬离释放点的种子，大部分可能被搬入洞穴或监测样地以外，难以被研究人员找回，命运无法确定；一部分被分散贮藏在土壤浅层或枯枝叶中；一部分被搬运到灌丛下方或者林下隐蔽处取食；还有少量种子被直接置于地表，随后被取食或重新贮藏。被分散贮藏的山杏种子的扩散距离一般小于 20.0 m，埋藏深度多为 10～30 mm，贮藏点大小一般为 1 粒种子，偶尔可见 2～4 粒种子，最多可达 5 粒种子，埋藏点间的距离一般小于 3.0 m，埋藏点的微生境因环境条件而异，灌丛生境内，埋藏种子多数位于灌丛下方，少数位于灌丛边缘和开阔草地；次生林内，多数种子被埋藏在林下空地、草丛或灌丛，仅少量种子被埋藏在林间空地、林缘或林外开阔地；埋藏点的基质多选择土壤、草丛和枯枝叶。埋藏种子会被鼠类找到吃掉或搬运到其他地方重新贮藏，有的种子会经历 3～5 次重复搬运和贮藏，最多可达 7 次。随着搬运次数增加，种子扩散距离逐渐增大，贮藏密度降低，使种子有更多的机会逃脱捕食，并向林缘、开阔地、林间空地等适合萌发和幼苗生长的位置运动，减少种子及幼苗密度制约性死亡，最终有利于山杏的更新。在自然条件下，山杏的幼苗数量较多，更新率较高，种群扩散速度较快，常成为弃耕地向灌丛演替过程的先锋种（张洪茂，2007）。与结实小年（如 2001 年）相比，结实大年（如 2000 年）山杏种子被鼠类搬运的速度更慢、被分散贮藏的比例更高、种子扩散距离更远（Li and Zhang，2007）。种子搬运比例常与鼠类密度呈正相关关系，种子结实大年通常为鼠类种群密度较低年份，大量种子可以通过捕食者饱和效应得以存留，有利于山杏种群更新。

Lu 和 Zhang（2004）于 2002 年在北京东灵山梨园岭地区研究了鼠类对山杏种子的扩散，发现鼠类对山杏种子的贮藏在秋季最强烈；生境类型和季节对鼠类搬运及贮藏山杏种子有显著影响，秋季搬运速度最快，矮灌丛内搬运速度比高灌丛内快；矮灌丛内种子搬运距离更远，多数种子的搬运距离小于 21.0 m。鼠类喜好将种子搬运到灌丛下方或边缘取食或贮藏，贮藏点大小多数仅为 1 粒种子，少数为 2 或 3 粒种子，多粒种子被贮藏在一起的比例在秋季更高。幼苗生成率较低，仅高灌丛内有 3 株幼苗源于鼠类埋藏的种子。通过咬痕判断，取食和搬运山杏种子的鼠类主要为大林姬鼠和岩松鼠。

Zhang 等（2013）对鼠类贮藏山杏种子时的微生境选择进行了研究。结果发现，次生林内，鼠类喜好的种子贮藏点的微生境条件为林下空地（裸地）、乔木盖度中等（31%～60%）、枯枝落叶基质；灌丛内鼠类喜好的种子贮藏点的微生境为灌丛下方、灌丛盖度较大（>60%）、土壤及枯枝叶基质（图 5-23）。在上述微生境条件下，埋藏种子被鼠类取食的比例较高，萌发生成的幼苗因缺乏阳光和激烈的水、肥竞争难以成活，难以完成更新。少部分种子被鼠类埋藏在灌丛边缘、林缘及林间空地的土壤浅层或开阔草地，适宜种子存活、萌发和幼苗生长，有利于山杏更新。在自然条件下，山杏幼苗多生长于以土壤为基质的林间空地、林灌丛边缘、开阔草地等处，以及郁闭度较低（<30%）的灌丛或弃耕地。可见，鼠类贮藏山杏种子时偏好的生境条件和山杏幼苗野外生长的微生境条件有较大差异，说明被鼠类贮藏的种子大部分难以转化为幼苗，山杏更新主要依赖少量被鼠类贮藏在适宜萌发和幼苗生长生境中的种子，鼠类在山杏种子扩散和种群更新中

具有重要意义，但其所起的作用没有之前评估的作用大。

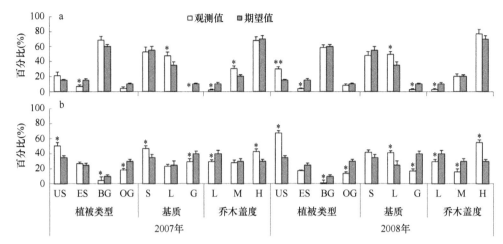

图 5-23　鼠类在次生林（a）和灌丛（b）内贮藏山杏种子时的微生境选择（改自 Zhang *et al.*, 2013）
植被类型：US. 灌丛下方，ES. 灌丛边缘，BG. 裸地，OG. 开阔草地。基质：S. 土壤，L. 枯枝叶，G. 草丛。乔木盖度：L. 低，盖度＜30%，M. 中，盖度为 30%～60%，H. 高，盖度＞60%。数据为平均数±SE。* $P < 0.05$，** $P < 0.01$

## 三、鼠类对近缘树种种子扩散和种群更新的影响

同域分布的同科或同属树种，通常具有相似的生境需求和物候特征、相近的种子形态和营养特征、相似的种子扩散方式、共同的种子取食者和扩散者，更新过程中，在种子扩散环节形成竞争关系，并最终影响种群密度和群落结构。依赖鼠类扩散种子的树种，种子扩散和种群更新的差异与其对扩散者的竞争具有一定关系，与更多的种子扩散者形成互惠关系的物种，可能具有较高的种子扩散率和幼苗生成率，具有较高的扩散适合度，在竞争中占据优势，因而可能具有较大的自然种群和更广的分布范围，更可能称为优势种。

### （一）鼠类对山杏、山桃种子扩散的影响

山杏属于杏属，山桃属于桃属，均隶属于蔷薇科，是北京市周边山区常见树种。山杏、山桃的花期、果期，种仁的重量、营养成分及含量、单宁含量、热值等均相近，但山杏种子较山桃种子重量轻，内果皮薄，二者的种群密度、分布范围及更新能力有较大差异（表 5-4）。在北京东灵山地区，山杏的种群数量大，分布范围广，种群扩散和更新能力强，是弃耕地、林间空地、裸地等处的先锋植物；内果皮较薄，厚度仅约为山桃种子的 1/3；山桃零散或呈斑块状分布在沟谷或阴坡，种群数量较少，种子为卵圆形，木质内果皮厚而坚硬，更新率较低。山杏、山桃种群密度和更新能力的差异，很可能与鼠类介导的种子扩散过程相关。与山桃种子相比，山杏种子营养吸引和物理防御更趋于均衡，种子扁平形，大小适中，营养丰富，鼠类取食和贮藏山杏种子能够获得更大的能量净收益。因此，山杏比山桃有更多的种子扩散者，能与多种鼠类形成更复杂的互惠关系，致使种子扩散率高、扩散和更新能力强，所以种群数量大，分布范围广。张洪茂（2007）于 2005～2006 年在北京东灵山地区研究了鼠类对山杏、山桃种子的取食、贮藏和扩散，

结果支持上述推测，即更多的种子扩散者使山杏种子的扩散率高于山桃种子，可能是两种植物种群数量及分布范围差异的重要原因。

　　围栏条件下，体形较大的岩松鼠和大仓鼠取食、贮藏、弃置地表或搬入巢箱集中贮藏的山杏种子比例均高于山桃种子；体形较小的大林姬鼠和黑线姬鼠取食、贮藏山杏种子，拒绝山桃种子；体形中等的北社鼠和花鼠，主要取食和集中贮藏山杏种子，以及少量的山桃种子（<2.0%）。当仅用种仁喂养鼠类时，岩松鼠、北社鼠和大林姬鼠均偏好取食山桃仁，这与3种鼠类对山杏、山桃种子的选择偏好刚好相反，可见，种壳（内果皮）是影响3种鼠类对山杏、山桃种子选择偏好的主要因素。围栏实验结果表明，山杏与多种分散贮藏鼠类如大林姬鼠、岩松鼠、黑线姬鼠、花鼠等形成取食和扩散的互惠关系，而山桃仅能与岩松鼠形成取食和扩散的互惠关系，山杏种子可能有更高的扩散适合度，这可能是山杏更新更成功的重要原因（图5-24）（Zhang *et al.*，2016a）。

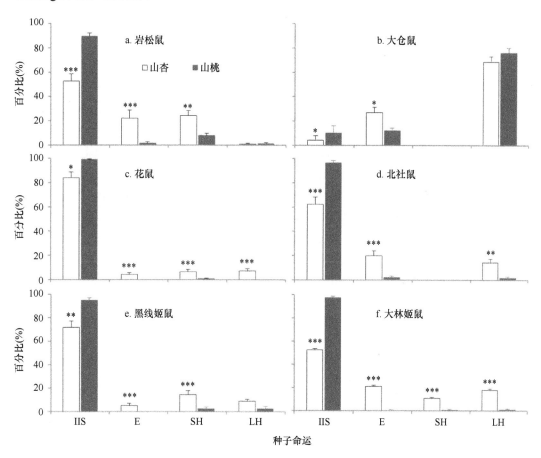

图 5-24　围栏条件下6种鼠类对山杏、山桃种子的取食和贮藏选择（改自 Zhang *et al.*，2016a）
种子命运：IIS. 原地取食，E. 取食，SH. 分散贮藏，LH. 集中贮藏。数据为平均数±SE。* $P<0.05$，** $P<0.01$，
*** $P<0.001$

　　在野外条件下，山杏、山桃种子在释放点的半存留时间在不同年份、生境或季节间差异显著，且分别受生境与季节、生境与种子类别、种子类别与季节之间的交互作用影

响。但无论在何种生境和季节中，山杏种子被鼠类搬运的速度均大于山桃种子，即鼠类偏好搬运山杏种子（表5-6）。种子在释放点的消失速度在不同生境、年份或季节间差异显著，通常是灌丛大于次生林，种子结实小年（如2006年）大于种子结实大年（如2005年），秋季大于夏季大于春季（张洪茂，2007）。结果说明，在自然条件下，山杏种子较山桃种子可能有更高的扩散适合度，但种子扩散效率受种子产量、生境类型、年份及季节等因素的影响。

表5-6　不同生境和季节山杏、山桃种子在释放点的半存留时间　　　　（单位：天）

| 年份 | 季节 | 灌丛 | | 次生林 | |
|---|---|---|---|---|---|
| | | 山杏 | 山桃 | 山杏 | 山桃 |
| 2005 | 春季 | 13.3 | 30.0* | 20.0 | 30.0* |
| | 夏季 | 7.7 | 30.1* | 18.0 | 30.1* |
| | 秋季 | 5.0 | 6.8 | 14.4 | 30.0* |
| 2006 | 春季 | 1.9 | 9.4 | 15.5 | 20.0 |
| | 夏季 | 2.7 | 4.5 | 5.2 | 6.5 |
| | 秋季 | 2.5 | 3.4 | 1.5 | 1.7 |

* $P < 0.05$ 表示山杏、山桃间差异显著（改自张洪茂，2007）

　　在各个季节和生境中，山杏种子被鼠类取食、搬运、贮藏，以及丢失的比例均高于山桃种子，鼠类喜好搬运和贮藏山杏种子，但二者的命运差异与鼠类密度直接相关（图5-25）。鼠类低种群密度年（如2005年），山杏种子被搬运和贮藏的比例较山桃种子高，但扩散速度较慢；鼠类高种群密度年（如2006年），两种种子被鼠类贮藏和扩散比例没有显著差异。结果说明，在鼠类种群密度低、扩散者不足的年份，山杏在种子扩散者竞争中优势更明显，在鼠类种群密度大、扩散者充足的年份，具有坚硬种壳的山桃种子也能够被鼠类扩散，虽然扩散速度没有山杏种子快。但是当鼠类高种群密度年份亦为种子结实小年时（如2006年），会因为过度捕食造成种子被大量消耗，种子库种源不足，植物更新困难（张洪茂，2007）。

　　种子扩散距离一般小于15 m，并受种子种类、生境类型，以及生境与种子、生境与季节、季节与种子之间交互作用的显著影响（表5-7）。通常，平均扩散距离山杏种子大于山桃种子，灌丛内大于次生林内，种子结实小年（如2006年）大于种子结实大年（如2005年），秋季大于春季大于夏季（张洪茂，2007）。说明，自然条件下，山杏种子被鼠类扩散的距离更远，存留的概率更大，但种子扩散距离受年份、季节、种子产量及生境类型等影响。

　　在不同生境和季节，分散埋藏的种子在各种微生境中均为非随机分布，且差异显著。灌丛样地内，分散埋藏的种子主要位于灌丛下方、灌丛边缘和草丛；次生林样地内，分散埋藏的种子主要位于林下裸地、灌丛下方。埋藏种子微生境分布比例在山杏、山桃种子间没有显著差异，说明鼠类埋藏山杏、山桃种子时主要受栖息地特点和季节变化影响，相同季节和栖息地内，鼠类埋藏山杏、山桃种子时微生境选择没有显著差异。

　　种子埋藏点的基质类型为非随机分布。种子主要被埋藏于土壤和枯枝叶，且受生境类型、生境与季节的交互作用影响，但在山杏、山桃种子间没有显著差异。

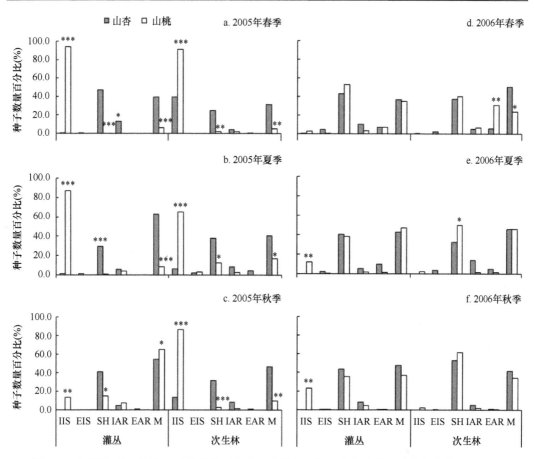

图 5-25 不同年份、生境和季节鼠类对山杏、山桃种子的取食和贮藏（改自张洪茂，2007）
种子命运：IIS. 原地存留，EIS. 原地取食，SH. 分散贮藏，IAR. 扩散后弃置，EAR. 扩散后取食，M. 丢失。* $P < 0.05$，
** $P < 0.01$，*** $P < 0.001$

表 5-7 不同年份、生境和季节鼠类分散贮藏山杏、山桃种子的平均扩散距离（单位：m）

| 年份 | 季节 | 灌丛 | | 次生林 | |
|---|---|---|---|---|---|
| | | 山杏 | 山桃 | 山杏 | 山桃 |
| 2005 | 春季 | 5.8±4.4 (0.2~22.7, $n$=187) | 0 ($n$=0) | 4.2±6.6 (0.5~55.0, $n$=99) | 8.3±5.5 (0.5~17.0, $n$=7) |
| | 夏季 | 4.6±2.6 (0.8~13.7, $n$=118) | 1.0 (0.7~1.2, $n$=2) | 3.2±5.1 (0.5~55.0, $n$=152) | 2.0±2.3** (0.5~10.0, $n$=50) |
| | 秋季 | 9.0±5.7 (1.1~30.1, $n$=163) | 8.1±6.2** (0.9~35.0, $n$=59) | 5.7±6.3 (0.6~52.0, $n$=125) | 3.1±3.1* (0.7~10.5, $n$=11) |
| 2006 | 春季 | 11.3±10.5 (1.0~47.0, $n$=191) | 14.2±11.9** (1.6~70.0, $n$=236) | 8.2±8.3 (0.2~62.0, $n$=166) | 8.9±9.1** (0.5~50.0, $n$=178) |
| | 夏季 | 7.9±5.5 (1.0~32.0, $n$=182) | 5.4±4.3** (0.5~26.0, $n$=172) | 5.4±4.4 (0.5~29.0, $n$=145) | 5.1±4.0** (0.5~29.0, $n$=224) |
| | 秋季 | 7.5±5.5 (0.5~31.5, $n$=196) | 7.1±5.8** (0.7~30.0, $n$=159) | 7.2±5.5 (0.2~34.0, $n$=236) | 5.6±4.7** (0.3~35.0, $n$=277) |

注：数据为平均数±SD，括号内数据为平均数分布范围及样本数（贮藏种子数，$n$）。* $P < 0.05$，** $P < 0.01$（改自张洪茂，2007）

　　种子贮藏点的大小多为 1 粒种子（>70%），少数贮藏点含 2 粒（<20%）或多于 2 粒种子（<10%），埋藏点大小在年份、生境、季节及种子之间均没有显著差异。

种子埋藏深度一般小于 30 mm，通常次生林内的种子埋藏深度大于灌丛，原因可能是次生林内土质较疏松，枯落物层较厚，鼠类容易挖掘。种子埋藏深度在山杏、山桃种子间无显著差异。

多数贮藏种子在 10～30 天内，经过 1 或 2 次搬运和贮藏后消失，可能被鼠类搬入洞穴或者搬离到监测样地之外，没有再被研究者找到。种子再次被研究者找回的概率随搬运次数的增加而减少，搬运距离随搬运次数的增加而增加。30 天内，首次埋藏的种子存留率均小于 10%，来年春季样地内种子存留率均小于 5%（表 5-8）。种子存留率受年份、季节、生境类型、种子产量及种子类别等因素影响，通常山杏种子大于山桃种子，灌丛内大于次生林内，种子结实大年（如 2005 年）大于种子结实小年（如 2006 年），春季大于夏季大于秋季。说明，自然条件下，鼠类扩散的山杏种子的存留率较山桃种子高，同时种子存留率在年份、季节、生境类型间有一定差异。

幼苗建成率非常低，春季仅数株幼苗建成。通常，幼苗数山杏大于山桃，次生林内大于灌丛内，种子结实大年（如 2005 年）大于种子结实小年（如 2006 年），夏季释放的种子量大于秋季释放的种子量，春季释放的种子没有幼苗生成（表 5-8）。

表5-8 不同年份、生境和季节释放的山杏和山桃种子来年春季的种子存留与幼苗生成统计

| 季节 | 生境 | 种子 | 2005 年 | | | 2006 年 | | |
|---|---|---|---|---|---|---|---|---|
| | | | 释放种子（粒） | 2006 年春季调查 | | 释放种子（粒） | 2007 年春季调查 | |
| | | | | 存留种子 $n$（%）（粒） | 幼苗 $n$（%）（株） | | 存留种子 $n$（%）（粒） | 幼苗 $n$（%）（株） |
| 春季 | 灌丛 | 山杏 | 400 | 25（6.3） | 0（0.0） | 450 | 2（0.4） | 0（0.0） |
| | | 山桃 | 400 | 1（0.3） | 0（0.0） | 450 | 0（0.0） | 0（0.0） |
| | 次生林 | 山杏 | 400 | 9（2.3） | 0（0.0） | 450 | 2（0.4） | 0（0.0） |
| | | 山桃 | 400 | 2（0.5） | 0（0.0） | 450 | 0（0.0） | 0（0.0） |
| 夏季 | 灌丛 | 山杏 | 400 | 19（4.8） | 2（0.5） | 450 | 2（0.4） | 0（0.0） |
| | | 山桃 | 400 | 4（1.0） | 0（0.0） | 450 | 0（0.0） | 0（0.0） |
| | 次生林 | 山杏 | 400 | 10（2.5） | 0（0.0） | 450 | 0（0.0） | 0（0.0） |
| | | 山桃 | 400 | 4（1.0） | 4（1.0） | 450 | 0（0.0） | 0（0.0） |
| 秋季 | 灌丛 | 山杏 | 400 | 9（2.3） | 1（0.3） | 450 | 4（0.9） | 1（0.2） |
| | | 山桃 | 400 | 7（1.8） | 0（0.0） | 450 | 3（0.7） | 0（0.0） |
| | 次生林 | 山杏 | 400 | 7（1.8） | 4（1.0） | 450 | 0（0.0） | 0（0.0） |
| | | 山桃 | 400 | 7（1.8） | 2（0.5） | 450 | 0（0.0） | 0（0.0） |

注：数据为种子或幼苗数量（$n$）及其百分比（括号内数据）（改自张洪茂，2007）

上述结果表明，山杏、山桃依赖鼠类扩散种子。鼠类影响的山杏、山桃种子扩散差异主要体现在扩散早期，即种子被鼠类搬运和贮藏阶段。大小适中、营养吸引与物理防御相对均衡的山杏种子具有更多的种子扩散者，种子被扩散的比例高，而内果皮厚而坚硬、过度物理防御的山桃种子会被中小型鼠类拒绝，仅主要依赖岩松鼠扩散，种子扩散的比例低（张洪茂，2007；Zhang et al.，2016a）。鼠类对种子扩散的差异，可能是北京东灵山地区山杏、山桃种群数量和分布差异的原因之一。可见，植物与种子扩散动物间的互惠关系会影响种子扩散适合度，进而影响植物种群的扩散、更新、优势度及群落结构。

（二）鼠类与核桃、胡桃楸种子扩散

种子营养吸引和物理、化学防御均衡可以使植物在吸引动物扩散种子的同时，避免种子被动物过度取食。过度防御将导致种子扩散者缺乏，种子扩散率低，过度营养吸引会导致种子被动物过度取食，二者都会降低种子的扩散适合度。同域分布的近缘种植物，通常种子结实特征相似，共享种子扩散者，种子吸引和防御动物的策略差异会通过影响动物的种子取食和贮食行为，进而影响植物的种子扩散和种群更新（Vander Wall，2010；Vander Wall and Beck，2012）。

核桃和胡桃楸同为胡桃科胡桃属物种，是东灵山地区常见树种。核桃多为栽培的经济树种，主要分布在村舍附近的耕地、弃耕地；胡桃楸为次生林的建群树种之一，主要分布在土壤肥沃的沟谷。核桃和胡桃楸具有相近的花期、果期，种仁营养成分和含量、热值、单宁含量等相近，其主要区别在于核桃种子内果皮较薄、种仁的重量更重（表 5-4）。如果用单粒种子的热值与种壳厚度的比值粗略地反映鼠类取食种子的收益与投资比（核桃种子为 108 kJ/mm，胡桃楸种子为 11 kJ/mm），二者相差近 10 倍，说明鼠类选择一粒核桃种子所获取的能量收益是选择一粒胡桃楸种子的近 10 倍。所以，核桃种子被视为高营养吸引型种子，胡桃楸种子被视为高物理防御型种子，这种吸引和防御特征的差异会影响鼠类的取食及贮食行为，进而影响两种植物的种子扩散和种群更新。

在北京东灵山地区，首先在围栏条件下研究了常见鼠类对核桃和胡桃楸种子的取食及贮藏选择，以明确哪些鼠类分别与核桃和胡桃楸种子形成取食及扩散关系，然后在次生林和灌丛内跟踪了核桃和胡桃楸种子被鼠类扩散的过程，以了解鼠类影响下两种种子的扩散差异。结合野外和围栏实验结果，分析核桃和胡桃楸与鼠类的取食和互惠关系，及其对种子扩散和种群更新的潜在影响。

围栏条件下，岩松鼠分散贮藏较多的种子，取食和集中贮藏少量种子，原地存留种子的比例核桃极显著小于胡桃楸，但取食及分散贮藏的种子比例核桃均极显著大于胡桃楸，说明岩松鼠偏好取食和贮藏核桃种子；大仓鼠集中贮藏大量种子，取食少量种子，取食种子的比例核桃显著大于胡桃楸，说明大仓鼠偏好取食核桃种子；其余鼠种极少取食或贮藏这两种种子（图 5-26）（Zhang et al.，2017）。在实验室内，用胡桃楸仁和核桃仁投喂岩松鼠、北社鼠和大林姬鼠，3 种鼠类的日均取食量均为核桃仁显著大于胡桃楸仁，说明 3 种鼠类均偏好取食核桃仁（张洪茂，2007）。结果说明，岩松鼠、大仓鼠是核桃、胡桃楸种子的主要取食者，岩松鼠是主要扩散者，对两种树的种子扩散和种群更新具有重要影响。高营养吸引的核桃种子为岩松鼠、大仓鼠偏好取食和贮藏的食物，可能具有较大的扩散适合度，同时也会面临过度捕食而影响种子存留。

野外条件下，人工释放的核桃和胡桃楸种子在释放点的存留时间受生境类型及生境类型和种子种类交互作用的影响。以 2006 年秋季为例，灌丛内，核桃种子在 8 天内全部被鼠类搬离种子释放点，半存留时间为 2.9 天，胡桃楸种子在 17 天内大部分被鼠类搬离种子释放点，半存留时间为 10.4 天，差异极显著；次生林内，核桃种子在 2 天内全部被鼠类搬离种子释放点，半存留时间为 1.5 天，胡桃楸种子在 8 天内全部被鼠类搬离种子释放点，半存留时间为 7.1 天，差异显著。种子被鼠类搬运的速度核桃大于胡桃楸，次生林内大于灌丛内（图 5-27），说明鼠类偏好搬运核桃种子，这可能使其有更高的扩散率（Zhang et al.，2017）。

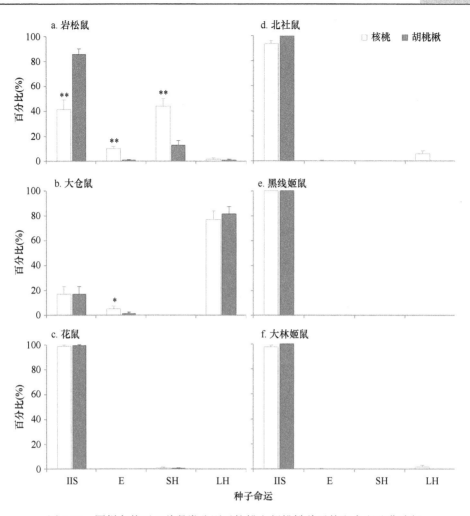

图 5-26　围栏条件下 6 种鼠类分别对核桃和胡桃楸种子的取食和贮藏选择
（改自 Zhang *et al.*，2017）

种子命运：IIS. 原地存留，E. 取食，SH. 分散贮藏，LH. 集中贮藏。数据为平均数±SE。* $P < 0.05$，** $P < 0.01$

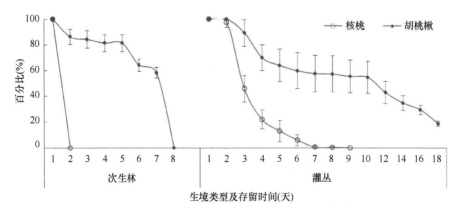

图 5-27　不同生境内鼠类对核桃和胡桃楸种子搬运动态（改自 Zhang *et al.*，2017）
数据为平均数±SD

　　在 20 天内，除了灌丛样地内还有少量胡桃楸种子（85 粒，18.9%）存留在种子释放点外，其余种子全部被鼠类搬离释放点，没有种子被原地取食。种子被搬离释放点后，53.6%~80.2%的种子丢失、18.2%~32.7%的种子被分散埋藏、1.1%~8.4%的种子被弃置地表，被取食的种子小于2.0%。

近90.0%分散埋藏的种子在5~6天内被鼠类重新搬运或贮藏。在20天内，灌丛样地内首次埋藏的核桃种子仅剩2粒（2.4%），胡桃楸种子仅剩29粒（33.7%）；次生林样地内核桃和胡桃楸种子存留数分别为0和25粒（17.0%）（表5-9）。埋藏种子的半存留时间灌丛样地核桃为5.0天，胡桃楸为6.5天，次生林样地核桃为2.5天，胡桃楸为4.5天，在种子种类、生境类型间差异显著，核桃种子的消失速度较胡桃楸种子快，次生林内种子消失速度较灌丛快。

表 5-9 不同生境内鼠类对核桃和胡桃楸种子的扩散

| 扩散阶段 | 种子命运 | 灌丛 | | 次生林 | |
| --- | --- | --- | --- | --- | --- |
| | | 核桃 | 胡桃楸 | 核桃 | 胡桃楸 |
| | 释放种子数 | 450（100） | 450（100） | 450（100） | 450（100） |
| 种子释放点 | 存留 | 0（0.0） | 85（18.9） | 0（0.0） | 0（0.0） |
| | 取食 | 0（0.0） | 0（0.0） | 0（0.0） | 0（0.0） |
| | 搬运 | 450（100） | 365（81.1） | 450（100） | 450（100） |
| 扩散后 | 埋藏 | 82（18.2） | 86（19.1） | 84（18.7） | 147（32.7） |
| | 取食 | 8（1.8） | 0（0.0） | 0（0.0） | 1（0.2） |
| | 弃置 | 29（6.4） | 38（8.4） | 5（1.1） | 7（1.6） |
| | 丢失 | 331（73.6） | 241（53.6） | 362（80.2） | 295（65.6） |
| 埋藏种子存留时间 | 1~2天 | 19（23.2） | 10（11.6） | 78（92.9） | 24（16.3） |
| | 3~4天 | 22（26.8） | 24（27.9） | 5（6.0） | 17（11.6） |
| | 5~6天 | 30（36.6） | 19（22.1） | 1（1.1） | 61（41.5） |
| | 7~8天 | 9（11.0） | 4（4.7） | 0（0.0） | 16（10.9） |
| | 9~10天 | 0（0.0） | 0（0.0） | 0（0.0） | 4（2.7） |
| | >10天 | 2（2.4） | 29（33.7） | 0（0.0） | 25（17.0） |
| 来年春天 | 种子存留 | 0（0.0） | 3（0.7） | 0（0.0） | 1（0.2） |
| | 幼苗 | 0（0.0） | 0（0.0） | 0（0.0） | 1（0.2） |

注：数据为种子数（粒）及百分比（括号内数据，%）（改自张洪茂，2007）

2007年5月，胡桃楸种子存留数量灌丛样地为3粒（0.7%），次生林样地仅有1粒（0.2%），仅在次生林样地附近发现1株胡桃楸幼苗；核桃种子无存留，也无幼苗生成。

大于80%的分散贮藏种子的扩散距离小于15.0 m，核桃种子的扩散距离比胡桃楸种子略远，但在生境间无显著差异（表5-10）。

表 5-10 鼠类分散贮藏核桃和胡桃楸种子的平均搬运距离

| 生境 | 种子 | 贮藏种子数（粒） | 扩散距离（m） | 范围（m） |
| --- | --- | --- | --- | --- |
| 灌丛 | 核桃 | 82 | 10.9±7.7 | 0.9~45.0 |
| | 胡桃楸 | 86 | 7.3±7.8 | 1.0~60.0 |
| 次生林 | 核桃 | 84 | 9.8±6.9 | 0.4~40.0 |
| | 胡桃楸 | 147 | 5.8±3.7 | 0.9~21.0 |

注：扩散距离数据为平均数±SD（改自张洪茂，2007）

埋藏种子非随机地分布在各种微生境中，分布比例受生境类型的显著影响，但在种子种类间无显著差异。灌丛内，分散贮藏种子主要位于灌丛下方（核桃78.0%，胡桃楸74.4%，期望值35.0%）和草丛（核桃14.6%，胡桃楸15.1%，期望值20.0%）；次生林内，分散贮藏的种子主要位于林下裸地（核桃88.1%，胡桃楸92.5%，期望值60.0%）。

埋藏种子在各基质类型中非随机地分布，受生境显著影响，但不受种子种类影响。灌丛样地内，分散贮藏种子主要被埋藏在草丛（核桃46.3%，胡桃楸45.3%，期望值20.0%）、枯枝叶（核桃36.6%，胡桃楸43.0%，期望值35.0%）中。次生林内，多数种子被埋藏在土壤（核桃64.3%，胡桃楸74.8%，期望值50.0%）、枯枝叶（核桃29.8%，胡桃楸24.5%，期望值40%）中。所有埋藏点均仅含1粒种子。

次生林内核桃种子被埋藏的深度大于胡桃楸种子。核桃种子被鼠类埋藏的深度灌丛内小于次生林，胡桃楸种子则相反，灌丛内的种子埋藏深度大于次生林（表5-11）。

**表5-11 被鼠类分散贮藏的核桃和胡桃楸种子的埋藏深度**

| 生境 | 种子 | 贮藏种子数（粒） | 埋藏深度（cm） | 范围（cm） |
| --- | --- | --- | --- | --- |
| 灌丛 | 核桃 | 82 | $1.4 \pm 0.8$ | 0.5～4.0 |
| | 胡桃楸 | 86 | $1.3 \pm 0.7$ | 0.5～3.0 |
| 次生林 | 核桃 | 84 | $2.3 \pm 1.3$ | 0.5～5.0 |
| | 胡桃楸 | 147 | $1.1 \pm 0.8$ | 0.5～4.5 |

注：埋藏深度数据为平均数±SD（改自张洪茂，2007）

绝大多数贮藏种子在20天内经2或3次搬运后消失。随着搬运次数增多，搬运距离越远，被找回的种子数越少。

以上结果表明，岩松鼠是核桃、胡桃楸种子的主要取食者和扩散者。岩松鼠偏好取食和贮藏营养价值更高的核桃种子，并将核桃种子扩散得更远。扩散早期，核桃种子较胡桃楸种子有更高的扩散适合度，但是扩散后期（种子被埋藏后）则相反，核桃种子被找到取食的比例更高，核桃种子较胡桃楸种子的扩散适合度更低。核桃种子过高的营养吸引会导致过度捕食，降低适合度。作为重要的经济树种，村舍附近、耕地及弃耕地内的核桃种子绝大部分会被居民收走，岩松鼠难以贮藏足够的核桃种子，会转而贮藏胡桃楸种子。因此，在北京东灵山地区，营养价值相对较低、内果皮坚硬的胡桃楸种子依旧能被岩松鼠扩散，对胡桃楸的更新起重要作用。在岩松鼠低种群密度年份，扩散者缺乏可能成为胡桃楸更新的限制因子之一。

# 第七节　总结与展望

北京东灵山地区位于太行山北段，为典型的暖温带气候，四季分明，植被以次生林、灌丛，以及灌草丛等为主。在这一地区，鼠类食物资源的季节性波动明显，尤其是以植物种子为食的鼠类，夏、秋季食物资源较丰富，冬、春季食物资源贫乏。为适应食物的季节性变化，鼠类一般都具有贮藏食物的习性。取食和贮藏植物种子的鼠类，会将植物的种子埋藏在土壤、枯枝叶、草丛等处，以备食物短缺的冬季和春季利用。部分埋藏种子会逃过动物取食，遇到合适的条件而萌发生成幼苗，并最终可能长成成树，由此帮助植物实现了更新。在此过程中，分散贮藏植物种子的鼠类作为种子扩散者，在植物更新、种群扩散、群落结构形成与维持中均具有重要作用。在鼠类-植物种子取食和扩散互作系统中，鼠类取食种子获取食物资源，植物借助鼠类扩散种子，二者形成了互惠关系。这种互惠关系是自然界中重要的种间互作关系之一，也是研究物种互作网络与群落稳定性维持机制的热点问题之一，对了解群落结构形成、种间互作与群落稳定性维持机制，以及生态恢复与生物多样性保护等方面均具有重要的理论或实践意义。

北京东灵山地区鼠类-植物种子取食和扩散互作系统涉及岩松鼠、北社鼠、大林姬鼠、大仓鼠、黑线姬鼠、花鼠等常见鼠种与山杏、山桃、辽东栎、核桃、胡桃楸等常见树种间的互作关系，具有分散贮藏种子习性的岩松鼠、大林姬鼠、黑线姬鼠和花鼠与常见树种间形成种子取食和扩散的互惠关系，其中种群数量较大的岩松鼠、大林姬鼠的作用更重要，尤其是岩松鼠，几乎是山桃、胡桃楸、核桃等唯一的种子扩散者，在这些树种的种子扩散和种群更新中起着不可替代的作用。大仓鼠、北社鼠仅具有集中贮藏种子习性，为重要的种子消耗者，一般对植物种子扩散和种群更新不起积极作用。黑线姬鼠、花鼠也可能扩散植物种子，但由于其种群数量小，对植物种子扩散和种群更新的影响不大。同域分布的鼠类针对不同植物种子的取食和贮藏分化，反映了它们不同的行为策略和对植物种子扩散的不同作用。

种子及鼠类的特征是决定鼠类-植物种子取食和扩散互惠网络的重要因素。植物需要利用营养回报吸引扩散者，通过物理或化学防御避免过度捕食，高营养吸引意味着过度捕食，高防御则会导致低扩散率，均不利于植物种子扩散，营养吸引与物理化学防御均衡代表植物种子进化的趋势。种壳厚度、营养价值是影响东灵山地区常见鼠种对常见种子的取食和贮藏选择的主要因素，高物理防御（种壳厚而坚硬）的胡桃楸和山桃种子会被中小型鼠类拒绝，仅依赖岩松鼠扩散；低物理防御（种壳薄而脆）的辽东栎种子，富含蛋白质、脂肪的核桃种子会因为过度捕食而更新困难；大小适中、形状扁平、营养吸引与物理防御相对趋于均衡的山杏种子则和所有鼠种形成取食或扩散关系，种子扩散率较高，更新更成功、野外种群数量大、分布广、向弃耕地扩散迅速，成为该区域的优势树种，以及弃耕地向灌、草丛演替的先锋树种。种子形态及营养特征通过影响鼠类的种子取食和贮食行为，进而影响种子存活和扩散效率，并最终影响不同树种的种子扩散、种群更新，以及群落结构和生态系统功能。与更多的鼠类形成种子取食和扩散互惠关系，是山杏较近缘种山桃种子扩散和更新更成功的重要原因之一。个体较大、活动能力强的岩松鼠与所有种子形成取食和扩散关系，在鼠类-植物种子取食和扩散互作网络中具有重要影响，在植物种子扩散和种群更新中也扮演着重要角色；个体较小、分散贮食，但种群数量较大的大林姬鼠，在山杏、辽东栎等相对较小的种子扩散和种群更新中也发挥着重要作用，也是鼠类-植物种子取食和扩散互惠网络的重要构建者；集中贮食且种群数量较大的北社鼠，是对植物种子负作用最大的类群，与山杏、辽东栎等相对较小的种子形成取食关系；个体较大、集中贮食的大仓鼠与所有种子形成取食关系，如果种群持续增长并向次生林和灌丛扩散，将成为植物种子的重要消耗者，对植物种子存留、扩散以及种群更新产生不利影响；黑线姬鼠、花鼠等因种群数量较小，对植物种子命运及种群更新的影响不大。种子形态与营养特征、鼠类形态与行为特征是决定鼠类-植物种子取食和扩散互惠网络结构的主要因素。

鼠类影响下大、小种子进化依旧是一个研究热点问题。在鼠类-植物种子扩散系统中，鼠类的取食和贮藏偏好会影响大、小种子的扩散适合度，并成为植物结实大、小种子的进化选择压力之一。对鼠类影响下辽东栎大、小种子扩散过程的跟踪结果显示，扩散早期，大种子有更大的扩散适合度，因为鼠类喜好贮藏大种子，而扩散后期，小种子则占有优势，因为小种子被鼠类找到取食的概率更低，在鼠类介导的从种子到幼苗的过程中，大种子和小种子的扩散适合度可能没有明显差异。从动物介导的种子扩散的角度看，自然选择可能更有利于中等大小的种子进化。植物结实大、小种子的进化研究有待从长期监测种子扩散的各个环节方面深入。

增加取食或贮藏是同域分布鼠种应对竞争者、盗食者的共有策略。动物增加贮藏努力以应对食物短缺，即使这些食物可能损失，符合食物剧烈波动条件下的贮食行为的进化稳定对策，也反映了同域分布的鼠种贮食行为的趋同性。北京东灵山地区的常见鼠种均表现为增加取食量或贮藏量以应对潜在的竞争者或盗食者，即使贮藏的食物被反复盗取。具有分散和集中贮食习性的鼠类会转变贮藏方式或将食物贮藏在巢域附近以便更好地保护食物。例如，大林姬鼠会将分散贮藏的食物转移到巢穴中集中贮藏，岩松鼠也会将分散贮藏的种子逐渐向巢穴周围转移，说明集中贮藏可能比分散贮藏能更有效地保护食物，这可能是因为，在自然条件下，盗食者要进入贮食者的家域或巢穴会十分困难。集中贮藏更有利于食物保护的观点与"分散贮藏有利于防止食物灾难性损失，高竞争或盗食风险压力下，贮食动物倾向于增加分散贮藏以避免贮藏食物灾难性损失"这一传统观点不一致。此外，种间不对称盗食关系在北社鼠与大林姬鼠间存在，北社鼠能盗取大林姬鼠分散贮藏的种子，但大林姬鼠不能盗取北社鼠集中贮藏的种子，大林姬鼠将种子埋藏在土壤浅层、降低种子埋藏密度或者将种子转移到巢穴中集中贮藏可以在一定程度上降低被北社鼠盗取的概率。种间不对称盗食在贮食鼠类间可能普遍存在，不对称盗食鼠种间，尤其是处于竞争弱势的物种，如何保护食物是值得深入研究的一个问题。互惠盗食理论是解释高种内盗食压力下，动物分散贮藏食物行为进化的重要理论之一，强调种群中各个个体既是贮食者又是盗食者，可以通过相互盗食对方的食物弥补自己的盗食损失，并最终可能维持食物总量的相对稳定。实验围栏内，对岩松鼠的观察结果在一定程度上支持这一理论。北京东灵山地区常见鼠种间的盗食与反盗食关系值得深入研究。

食物资源量对鼠类的贮食行为和种内、种间竞争关系有一定的调节作用。高食物资源量意味着食物资源丰富，鼠类可以贮藏更多的食物，种内、种间竞争关系会被弱化。北社鼠与大林姬鼠表现出类似的行为特征，高食物资源量能刺激它们的贮食行为，使其增加食物贮藏量，对植物而言，这意味着种子结实大年会有更多的种子被鼠类扩散，有利于植物更新。食物资源贫乏时，处于竞争弱势的北社鼠、大林姬鼠个体的食物贮藏量会明显小于优势个体，食物资源丰富时，优势个体和弱势个体间没有明显差异，说明高食物资源量会在一定程度上弱化种内竞争关系。食物资源量对北社鼠与大林姬鼠之间的贮食与盗食关系的影响也表现出类似的现象。食物资源量在鼠类群落层面上的影响尚需深入研究。

在今后的研究中，对于暖温带地区鼠类-植物种子取食和扩散系统可以关注以下问题。

（1）大尺度范围内鼠类-植物种子取食和扩散互作网络研究。按一定的纬度梯度，选择有代表性的研究区域，长期监测鼠类种群动态、群落结构、迁移扩散，植物种子结实、形态及营养特征，以及鼠类与植物间基于种子取食和扩散的相互关系，长期监测鼠类影响下常见植物的种子扩散和种群更新过程，监测种子生产、取食、扩散、存留、萌发及幼苗生成等各个环节。在大时间、空间尺度上研究鼠类-植物种子取食和扩散互作网络，探讨种间互作关系与群落演替及稳定性维持之间的关系，为植被恢复与生物多样性保护提供基础参考资料。

（2）定量研究植物种子特征、鼠类取食和贮食行为、种子扩散与种群更新之间的关系。通过人为调控种子形态及营养特征，研究特定种子特征，如特定的营养成分、微量元素或单宁等对鼠类种子取食和贮食行为的影响，鼠类对特定种子特征的功能性反应和对特定营养成分处理的结构基础与生理、分子、遗传机制，以及对植物种子扩散和种群更新过程的潜在影响，定量评估种子扩散过程及幼苗生成情况，探讨鼠类影响下种子扩散过程的关键因素及作用机制。从分子、遗传与生理等微观层面探讨鼠类-植物种子互作关系及其关键过程。

（3）植物种子结实、形态营养特征变化对鼠类种群动态及群落结构的影响。以往研究多强调鼠类对植物种子命运及种群更新的影响，强调鼠类在森林生态系统恢复与稳定性维持中的生态作用，以及种子特征对鼠类取食和贮食行为的影响。在鼠类-植物互作系统中对鼠类种群动态、群落结构等方面影响的研究不够深入。构建同域分布的鼠种间基于植物种子取食和贮藏、种间竞争、盗食与反盗食关系的互作网络，对于了解鼠类共存机制、鼠类种群或群落针对植物种子特征的功能反应，以及探讨大尺度范围内鼠类-植物互作关系及适应性进化有重要意义。

**致谢：**以各种方式参与或提供帮助的人员有王福生、仪垂贵、李玉秋、尚显印、曹小平、李宏俊、王昱、黄志远、罗阳、杨正、高海洋、王真真、曾庆欢、张杰、司俊杰、王志勇、黄广传、彭超、陈宇、王威、蒙新等。在此一并致谢。

# 参 考 文 献

李宏俊. 2002. 小型鼠类对森林种子更新的影响. 北京: 中国科学院研究生院博士学位论文.

李宏俊, 张知彬. 2001a. 动物与植物种子更新的关系 I: 对象、方法与意义. 生物多样性, 8: 405-412.

李宏俊, 张知彬. 2001b. 动物与植物种子更新的关系 II: 动物对种子的捕食、扩散、贮藏及与幼苗建成的关系. 生物多样性, 9: 25-37.

李宏俊, 张知彬, 王玉山, 等. 2004. 东灵山地区啮齿动物群落组成及优势种群的季节变动. 兽类学报, 24: 215-221.

路纪琪. 2004. 小型啮齿动物对东灵山地区森林种子的贮藏和扩散. 北京: 中国科学院研究生院博士学位论文.

路纪琪, 李宏俊, 张知彬. 2005. 山杏的种子雨及鼠类的捕食作用. 生态学杂志, 24(5): 528-532.

路纪琪, 张知彬. 2004. 鼠类对山杏和辽东栎种子的贮藏. 兽类学报, 24: 132-138.

马杰, 李庆芬, 孙儒泳, 等. 2003. 东灵山辽东栎林啮齿动物群落组成及其优势种大林姬鼠的繁殖特征. 动物学报, 49(2): 262-265.

马杰, 李庆芬, 孙儒泳, 等. 2004. 啮齿动物和鸟类对东灵山地区辽东栎种子丢失的影响. 生态学杂志, 23: 107-110.

马克平, 陈灵芝, 于顺利, 等. 1997. 北京东灵山地区植物群落的基本类型//陈灵芝. 暖温带森林生态系统结构与功能的研究. 北京: 科学出版社.

王威, 张洪茂, 张知彬. 2007. 围栏条件下捕食风险对岩松鼠贮藏核桃种子行为的影响. 兽类学报, 27(4): 358-364.

王昱. 2013. 北京东灵山森林生态系统啮齿动物与植物种子相互关系研究. 北京: 中国科学院研究生院博士学位论文.

王志勇. 2018. 岩松鼠个体间的盗食与反盗食行为研究. 武汉: 华中师范大学硕士学位论文.

张洪茂. 2007. 北京东灵山地区啮齿动物与森林种子间相互关系研究. 北京: 中国科学院研究生院博士学位论文.

张洁, 康景贵, 赵欣如, 等. 1990. 京津地区动物区系及变化//中国科学院植物研究所, 中国科学院动物研究所. 京津地区生物生态学研究. 北京: 海洋出版社: 91-130.

张知彬. 2001. 埋藏和环境因子对辽东栎(*Quercus liaotungensis* Kiodz)种子更新的影响. 生态学报, 21(3): 374-384.

张知彬, 王福生. 2001a. 鼠类对山杏(*Prunus armeniaca*)种子扩散及存活作用研究. 生态学报, 21(5): 839-845.

张知彬, 王福生. 2001b. 鼠类对山杏种子存活和萌发的影响. 生态学报, 21(11): 1761-1768.

Cao L, Wang Z, Yan C, et al. 2016. Differential foraging preferences on seed size by rodents result in higher dispersal success of medium-sized seeds. Ecology, 97: 3070-3078.

Huang Z, Wang Y, Zhang H, et al. 2011. Behavioral responses of sympatric rodents to complete pilferage. Animal Behaviour, 81: 831-836.

Li H, Zhang Z. 2003. Effect of rodents on acorn dispersal and survival of the Liaodong oak (*Quercus liaotungensis* Koidz.). Forest Ecology and Management, 176: 387-396.

Li H, Zhang Z. 2007. Effects of mast seeding and rodent abundance on seed predation and dispersal by rodents in *Prunus armeniaca* (Rosaceae). Forest Ecology and Management, 242: 511-517.

Lu J, Zhang Z. 2004. Effects of habitat and season on removal and hoarding of seeds of wild apricot (*Prunus armeniaca*)by small rodents. Acta Oecologica, 26: 247-254.

Lu J, Zhang Z. 2005. Effects of high and low shrubs on acorn hoarding and dispersal of Liaodong oak *Quercus liaotungensis* by small rodents. Acta Zoologica Sinica, 51: 195-204.

Luo Y, Yang Z, Steele M A, et al. 2014. Hoarding without reward: rodent responses to repeated episodes of complete cache loss. Behavioural Processes, 106: 36-43.

Nathan R, Muller-Landau H C. 2000. Spatial patterns of seed dispersal, their determinants and consequences of recruitment. Trends in Ecology and Evolution, 15: 278-285.

Vander Wall S B. 1990. Food Hoarding in Animals. Chicago: University of Chicago Press.

Vander Wall S B. 2010. How plants manipulate the scatter-hoarding behaviour of seed-dispersing animals. Philosophical Transactions of the Royal Society B: Biological Sciences, 365: 989-997.

Vander Wall S B, Beck M J. 2012. A comparison of frugivory and scatter-hoarding seed-dispersal syndromes. Botanical Review, 78: 10-31.

Vander Wall S B, Jenkins S H. 2003. Reciprocal pilferage and the evolution of food-hoarding behavior. Behavioral Ecology, 14: 656-667.

Yi X, Steele M A, Zhang Z. 2012. Acorn pericarp removal as a cache management strategy of the Siberian chipmunk, *Tamias sibiricus*. Ethology, 118: 87-94.

Zhang H, Chen Y, Zhang Z. 2008a. Differences of dispersal fitness of large and small acorns of Liaodong oak (*Quercus liaotungensis*) before and after seed caching by small rodents in a warm temperate forest, China. Forest Ecology and Management, 255: 1243-1250.

Zhang H, Cheng J, Xiao Z, et al. 2008b. Effects of seed abundance on seed scatter-hoarding of Edward's rat (*Leopoldamys edwardsi* Muridae) at individual level. Oecologia, 158: 57-63.

Zhang H, Chu W, Zhang Z, et al. 2017. Cultivated walnut trees showed earlier but not final advantage over its wild relatives in competing for seed dispersers. Integrative Zoology, 12: 12-25.

Zhang H, Gao H, Yang Z, et al. 2014b. Effects of interspecific competition on food hoarding and pilferage in two sympatric rodents. Behaviour, 151: 1579-1596.

Zhang H, Luo Y, Steele M A, et al. 2013. Rodent-favored cache sites do not favor seedling establishment of shade-intolerant wild apricot (*Prunus armeniaca* Linn.) in northern China. Plant Ecology, 214(4):

531-543.

Zhang H, Steele M A, Zhang Z, *et al*. 2014a. Rapid sequestration and recaching by a scatter-hoarding rodent (*Sciurotamias davidianus*). Journal of Mammalogy, 95(3): 480-490.

Zhang H, Wang W. 2009. Using endocarp-remains of seeds of wild apricot *Prunus armeniaca* to identify rodent seed predators. Current Zoology, 55(6): 396-400.

Zhang H, Wang Y. 2011. Differences in hoarding behavior between captive and wild sympatric rodent species. Current Zoology, 57: 725-730.

Zhang H, Wang Y, Zhang Z. 2009. Domestic goat grazing disturbance enhances tree seed removal and caching by small rodents in a warm-temperate deciduous forest in China. Wildlife Research, 36: 610-616.

Zhang H, Wang Y, Zhang Z. 2011. Responses of seed-hoarding behaviour to conspecific audiences in scatter- and/or larder-hoarding rodents. Behaviour, 148: 825-842.

Zhang H, Wang Z, Zeng Q, *et al*. 2015. Mutualistic and predatory interactions are driven by rodent body size and seed traits in a rodent-seed system in warm-temperate forest in northern China. Wildlife Research, 42: 149-157.

Zhang H, Yan C, Chang G, *et al*. 2016a. Seed trait-mediated selection by rodents affects mutualistic interactions and seedling recruitment of co-occurring tree species. Oecologia, 180(2): 475-484.

Zhang H, Zhang Z. 2008. Endocarp thickness affects seed removal speed by small rodents in a warm-temperate broad-leafed deciduous forest, China. Acta Oecologica, 34: 285-293.

Zhang Z, Wang Z, Chang G, *et al*. 2016b. Trade-off between seed defensive traits and impacts on interaction patterns between seeds and rodents in forest ecosystems. Plant Ecology, 217: 253-265.

Zhang Z, Xiao Z, Li H. 2005. Impact of small rodents on tree seeds in temperate and subtropical forests, China. *In*: Forget P M, Lambert J E, Hulme P E, *et al*. Seed Fate: Predation, Dispersal and Seedling Establishment. Wallingford: CABI Publishing: 269-282.

# 第六章 河南太行山区森林鼠类
# 与植物种子相互关系研究

## 第一节 概　　述

鼠类是森林生态系统中的主要成员之一,对森林生态系统的稳定起着重要作用。因此,对鼠类-植物之间的相互关系、鼠类行为及其生态学意义的研究长期以来都受到国内外学者的极大关注。食物贮藏行为是鼠类的基本行为之一,是鼠类为应对食物短缺而进化出来的适应性行为,在食物(种子或果实)丰富季节,鼠类除了取食部分食物以满足当前能量需要外,会将大部分食物贮藏起来。当面临食物缺乏、不利环境胁迫等条件时,再将这部分贮藏食物重新找回并取食。鼠类的食物贮藏行为分为集中贮藏和分散贮藏,前者是指鼠类将大量种子贮藏在巢内或某个或少数几个贮藏点;分散贮藏则是指鼠类将一粒或数粒种子分散地浅埋于多个贮藏点(Howe and Smallwood,1982;Vander Wall,1990)。

在森林生态系统中,鼠类贮藏林木种子是为了在以后食物短缺时取食,其贮藏方式与种子的命运息息相关。研究表明,当鼠类集中贮藏种子时,大量种子被贮藏在巢内或同一个贮藏点,大部分种子最终将被贮藏者取食,且此类贮藏点也不利于种子的萌发与幼苗建成。因此,集中贮藏被认为不利于种子的扩散和生存;而分散贮藏时,鼠类将种子搬运至远离种子源处,埋藏于有利于种子萌发的生境中,并且由于埋藏点较多,一些埋藏的种子最终会被鼠类遗忘,而这一部分种子一旦逃脱鼠类的取食,在适宜的水分、温度等条件下,最终会发芽并建成幼苗。因此,分散贮藏被认为有利于种子的发芽和森林更新(Brodin,2010;Vander Wall,1990)。

鼠类对林木种子的贮藏受到多种因素的影响,种子特征、种子丰度、捕食风险、气候因子、年份、生境、季节、种间竞争等都会对鼠类的食物贮藏行为产生影响。为了深刻理解鼠类-林木种子之间的相互作用途径、影响因素等,分析鼠类对种子的贮藏模式及其对种子命运的影响,我们在2007~2017年,选择济源太行山区(国有济源市愚公林场)的次生林、灌丛和退耕地生境,在其中标记、释放栓皮栎(*Quercus variabilis*)种子,并跟踪种子命运,调查幼苗建成率,重点研究了鼠类与植物区系及构成、栓皮栎种子雨进程及构成、栓皮栎种子萌发生态学、昆虫对栓皮栎种子的蛀食及其对鼠类扩散与贮食行为的影响、栓皮栎种子单宁含量及其与鼠类种子贮藏的关系等内容,以期丰富动物-植物相互作用的生态学理论,并为森林退化地区的植被恢复与重建提供依据。

## 第二节 研究地区概况

在研究期间,我们调查了研究地区森林生态系统的植物群落组成、结构及季节动态、植物群落地上生物量季节动态等，分析本地区物种多样性指数；调查了研究地区的鼠类数量、种类、季节变化、年际变化等，分析研究地区鼠类的多样性及丰度。通过调查生态系统中植被多样性和鼠类物种多样性，为进一步探讨太行山区森林生态系统中植物与鼠类之间的互作关系奠定基础。

## 一、自然地理

研究地区为河南省国有济源市愚公林场（35°11′N～35°17′N，112°02′E～112°45′E），位于济源市西北约 40 km 处。该区地处太行山南麓、王屋山主脉，地势北高南低。海拔 550～630 m，坡度 0°～30°。属于大陆性季风气候，夏季炎热多雨，冬季寒冷干燥，气温季节变化明显，四季分明，年平均气温为 14.3℃，年平均降水量约为 650 mm。

## 二、植物区系

研究地区的植被类型可分为针叶林、阔叶林和灌丛及灌草丛 3 种。针叶林植被类型有常绿针叶林侧柏（*Platycladus orientalis*）林一种。阔叶林植被类型有山地落叶阔叶林栓皮栎（*Quercus variabilis*）林和平川落叶阔叶林刺槐（*Robinia pseudoacacia*）林两种。灌丛及灌草丛植被类型有中生落叶灌丛和灌草丛两种，其中中生落叶灌丛主要有胡枝子（*Lespedeza bicolor*）灌丛、毛黄栌（*Cotinus coggygria*）灌丛和酸枣（*Ziziphus jujuba* var. *spinosa*）灌丛等，灌草丛主要有荆条-酸枣-黄背草灌草丛（*Vitex negundo* var. *heterophylla*，*Zizyphus jujuba*，*Themeda triandra*）、荆条-酸枣-白羊草灌草丛（*Vitex negundo* var. *heterophylla*，*Zizyphus jujuba*，*Bothriochloa ischaemum*）等（魏珍，2011）。

### （一）森林生态系统结构

在研究地区，选择次生林设置样地，对样地进行调查，详细记录植被类型、植物种类、多度、生活型、高度、密度、盖度、频度、优势度（胸高断面积）、海拔、坡向、坡度、坡位等。其中，乔木树种高度<3 m 的归入灌木层中，草本层中的木本植物幼苗归入草本。根据调查结果，参照中国植被分类方案，为植物群落命名。

研究地区的森林植被类型为落叶阔叶林，植物群落垂直结构明显，可分为乔木层、灌木层和草本层 3 层。栓皮栎林群系在本区分布非常广泛，多生长在海拔 800～1500 m 处，呈现大面积森林。乔木层高度为 10 m，总盖度为 50%～80%，优势种为栓皮栎，重要值为 61.7%（表 6-1），次优势种为刺槐，重要值为 29.2%；此外还有少量的胡桃（*Juglans regia*），重要值为 6.9%。部分地区伴生有锐齿槲栎（*Quercus aliena*）、柞栎（*Quercus dentata*）、栾树（*Koelreuteria paniculata*）等乔木（魏珍，2011）。

林下灌木层稀疏，灌木层高度为 0.2～2.5 m，盖度为 10%～30%，优势种为荆条（表 6-2），重要值为 34.8%。草本层高度为 0.01～0.2 m，盖度为 0～10%，优势种为白羊草，重要值为 100%。草本层以黄背草、白羊草等草本为主。

表 6-1  本地区森林生态系统乔木层植物重要值

| 物种 | RA | RH | RP | IV |
|---|---|---|---|---|
| 栓皮栎 *Quercus variabilis* | 92.9 | 64.3 | 27.8 | 61.7 |
| 刺槐 *Robinia pseudoacacia* | 5.3 | 33.3 | 48.9 | 29.2 |
| 胡桃 *Juglans regia* | 1.4 | 2.3 | 17.1 | 6.9 |
| 辽宁山楂 *Crataegus sanguinea* | 0.4 | 0.1 | 6.2 | 2.2 |

注：RA 为相对多度（%）；RH 为相对高度（%）；RP 为相对优势度（%）；IV 为重要值（%）。乔木重要值计算方法为：重要值 IV=（相对多度+相对高度+相对优势度）/3×100%

表 6-2  本地区森林生态系统林下灌木层植物重要值

| 物种 | RA | RH | RP | IV |
|---|---|---|---|---|
| 荆条 *Vitex negundo* var. *heterophylla* | 57.2 | 17.4 | 52.2 | 34.8 |
| 黄刺玫 *Rosa xanthina* | 16.6 | 21.7 | 14.1 | 17.9 |
| 卵叶鼠李 *Rhamnus bungeana* | 5.4 | 18.5 | 8.7 | 13.6 |
| 栓皮栎 *Quercus variabilis* | 11.4 | 8.5 | 13.7 | 11.1 |
| 毛黄栌 *Cotinus coggygria* | 5.2 | 11.1 | 8.6 | 9.9 |
| 刺槐 *Robinia pseudoacacia* | 1.6 | 8.2 | 2.2 | 5.2 |
| 辽宁山楂 *Crataegus sanguinea* | 1 | 7 | 0.2 | 3.6 |
| 草木樨状黄耆 *Astragalus melilotoides* | 1.1 | 4.6 | 0.2 | 2.4 |
| 胡枝子 *Lespedeza bicolor* | 0.5 | 3 | 0.1 | 1.5 |

注：RA 为相对多度（%）；RH 为相对高度（%）；RP 为相对优势度（%）；IV 为重要值（%）。灌木重要值计算方法为：重要值 IV =（相对高度+相对优势度）/2×100%

## （二）森林生态系统物种多样性

在研究地区，植物群落种类组成丰富度较低，但科、属组成仍具有一定的复杂性。物种多样性指数如图 6-1 所示，两个年份的物种多样性指数的趋势基本一致，且物种多样性指数随着季节变化没有出现较大的波动，表明该群丛的结构随着季节变化波动不大，结构趋于稳定。

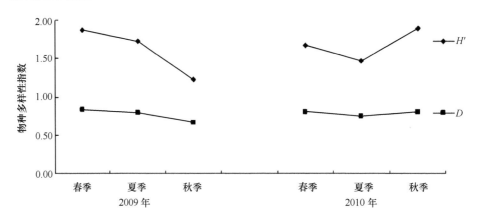

图 6-1  栓皮栎林植物多样性季节动态

采用物种多样性指数计算方法（马克平，1994）：Shannon-Wiener 指数 $H'=-\sum P_i \ln P_i$；Simpson 指数 $D=1-\sum P_i^2$

## 三、动物区系

从动物区系成分来看，研究地区位于古北界和东洋界成分的过渡地带，啮齿动物种类较为丰富。以往研究表明该地区的啮齿动物共有 13 种，隶属于 2 目 5 科，其中古北界成分有黑线姬鼠（*Apodemus agrarius*）、大仓鼠（*Cricetulus triton*）、大林姬鼠（*Apodemus peninsulae*）、花鼠（*Tamias sibiricus*）、岩松鼠（*Sciurotamias davidianus*）、复齿鼯鼠（*Trogopterus xanthipes*）、小飞鼠（*Pteromys volans*）等，约占总数的 53.8%；东洋界成分有隐纹花松鼠（*Tamiops swinhoei*）、黄胸鼠（*Rattus tanezumi*）、北社鼠（*Niviventer confucianus*），约占总数的 23.1%；广布种有草兔（*Lepus capensis*）、小家鼠（*Mus musculus*）、褐家鼠（*Rattus norvegicus*），约占总数的 23.1%（路纪琪和王振龙，2012）。

**（一）林栖鼠类物种**

在研究样地内，共捕获鼠类 4 种，以岩松鼠的体重最大，大林姬鼠体重最小，岩松鼠、花鼠、北社鼠、大林姬鼠的体重依次为（289.50 ± 5.01）g、（71.18 ± 1.83）g、（76.62 ± 5.58）g、（22.12 ± 2.59）g。这 4 种鼠体重的种间差异极为显著（张义锋，2014）。

**（二）林栖鼠类年际变化**

本地区鼠类在 2011～2013 年捕获率的年际差异较大，2012 年最低，2013 年最高，2011～2013 年的捕获率分别为 2.67%、1.33%、4.00%（图 6-2）。年际差异受多种因素影响，可能与食物丰度、捕食风险等有关。

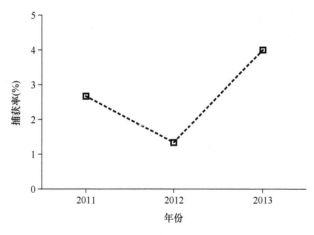

图 6-2　研究地区鼠类捕获率的年际变化

# 第三节　栓皮栎的种子雨和萌发

种子是绝大多数种子植物实现更新的重要载体。种子雨是指成熟植物的有性繁殖体（种子或果实）从下落开始到下落结束的动态过程，种子雨具有时间异质性和空间异质性。通过对种子雨季节间和年际差异性的研究有利于揭示植物群落间的竞争和演替。与此同时，通过对种子雨的进程和周期性变化与捕食者相互关系的研究，如动物对种子的扩散与森林更新的关系、昆虫种群动态及传粉与林木结实的关系、昆虫捕食对种子命运及种子扩散的影响等，能有效地探索动植物互作规律。探讨种子雨和种子扩散之间的关系具有重要的生态学意义，有利于阐明植物繁殖的效率和植物扩张的机制（孙明洋，2011）。

## 一、栓皮栎种子雨的时间动态

在种子成熟季节，种子下落过程往往具有较长的时间跨度，种子下落的时间顺序往往与种子的命运具有一定关系，适宜的温度是种子发芽的必要条件，尤其对于温带地区而言，秋季温度变化较大，早期成熟的种子具有较好的温度条件，可以在适宜条件下发芽建苗，但晚期成熟的种子则由于温度较低而失去发芽的机会，被鼠类取食的概率也相应增加。因此，分析种子雨动态对研究森林生态系统中植物幼苗的更新具有重要意义。本研究调查了本地区栓皮栎种子雨的时间动态，以期为进一步探讨栓皮栎的幼苗建成奠定基础。

栓皮栎种子雨的下落过程可分为前期、中期和后期（图6-3），在9月初前后，种子下落进入高峰期。2009年的种子雨从8月2日开始，至9月28日结束，历时58天，2010年持续时间为67天，2011年栓皮栎种子雨的持续时间为71天。在这3年中，种子雨的开始时间基本一致，但结束时间存在一定的差异，一般在9月末或10月中上旬。种子雨降落过程在3年中均有一个明显的峰值，但不同年份间种子雨的降落高峰期略有差异，2009年集中在8月中下旬至9月上旬之间，2010年在9月下旬，2011年在8月上旬。由此可见，种子雨进程存在明显的年际差异，而这种差异可能与种子的大小年有关，也可能会对鼠类的繁殖和种子扩散及种子命运产生一定的影响。

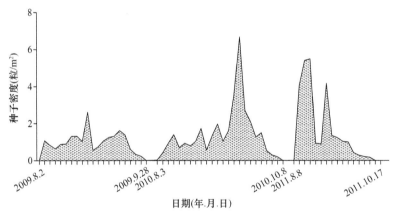

图6-3　2009～2011年栓皮栎种子雨进程

## 二、栓皮栎种子雨的组成

植物种子在成熟过程中受到多种因素影响，如气候条件、昆虫的蛀食等，往往造成特定年份种子的状态差异较大，不同状态的种子被鼠类取食和扩散的倾向性不同，其发芽、建苗能力不同，鼠类往往倾向于优先取食虫蛀种子而贮藏完好种子，且完好种子的发芽和建苗能力均显著高于虫蛀种子。因此，调查种子雨的组成对理解种子的扩散和森林更新具有重要意义。本研究调查了2008～2011年栓皮栎种子雨的组成，旨在为进一步探讨栓皮栎种子的扩散奠定基础。

在整个种子雨过程中，在种子雨前期，以败育种子为主，中期完好种子比例逐渐上升，到种子雨后期，各个状态种子量均趋于减少。2008~2011年栓皮栎种子雨的组成见表6-3。4年中种子雨的总产量差异较大，2008年产量最低，仅为（10.63±0.22）粒/m²，2010年产量最高，达（33.30±0.29）粒/m²。种子雨的总产量中，败育的栓皮栎种子占了很大比例，2011年栓皮栎种子败育率高达95.94%，其次是2009年，为85.32%，2010年较低，为57.46%，2008年最低，为23.20%。非败育的栓皮栎种子年际差异明显（表6-3）。2010年非败育种子产量最高[（14.17±0.27）粒/m²]，和2011年非败育种子产量[（1.08±0.02）粒/m²]差异显著，与2009年的产量[（2.90±0.04）粒/m²]差异明显，和2008年的种子产量[（8.17±0.17）粒/m²]差异不明显。

表6-3　栓皮栎种子雨的组成

| 年份 | 产量（粒/m²） | 不同状态种子占总数比例（%） | |
| --- | --- | --- | --- |
| | | 完好 | 败育 |
| 2008 | 10.63±0.22 | 76.80 | 23.20 |
| 2009 | 19.75±0.13 | 14.68 | 85.32 |
| 2010 | 33.30±0.29 | 42.54 | 57.46 |
| 2011 | 26.67±0.48 | 4.06 | 95.94 |

栎属（*Quercus*）植物的种子产量往往存在大小年现象。本研究发现，2008~2011年，研究地区的栓皮栎种子产量交替变化，栓皮栎的种子产量年际存在明显波动性，且差异较大，存在明显的大小年现象。在栓皮栎种子雨下落的整个过程中，败育种子一直存在，且败育率较高，败育种子比例年际差异巨大。因此，造成可供动物利用的种子数量年际差异显著。例如，在2009年和2011年，栓皮栎种子的总产量虽然高于2008年，但是败育率较高，能给动物提供的有效食物资源低于2008年。因此，在调查鼠类的食物贮藏行为及其对种子扩散的影响时，应同时考虑种子产量和种子有效产量的效应。

## 三、埋藏深度对栓皮栎种子发芽及建苗的影响

适当埋藏能够提高种子的保存率、萌发率并促进萌发后幼苗的生长，在种子成熟季节，鼠类通常将部分种子埋藏在土壤或其他基质中，深度适宜、微环境有利，且有助于逃脱动物的取食和微生物的破坏，最终有利于种子的萌发和幼苗建成（郭彩茹，2009）。因此，鼠类在促进植物种子扩散、幼苗建成及种群扩张方面有重要作用。但鼠类在埋藏种子时，往往将种子埋藏于不同的（0~10 cm）深度范围内，从发育特征来看，不同种类的植物种子需要在各自适宜的埋藏深度下才有利于萌芽生长。而鼠类对种子埋藏的最适深度可能是动植物在协同进化过程中形成的既有利于种子萌发又有利于动物贮食的深度。种子埋藏地点的气候特征、土壤特性、坡向、光照强度、水分条件、周围植被类型等环境因素都会不同程度地影响种子的萌发和幼苗的生长发育。本研究模拟鼠类的食物贮藏行为，把栓皮栎种子分别埋藏在不同深度的土壤中，研究埋藏深度对植物种子萌发、幼苗生长发育的影响，探讨鼠类分散贮食行为对种子萌发及幼苗建成的作用，为进一步研究贮食动物与植物协同进化奠定基础。

## （一）不同埋藏深度下栓皮栎种子的萌发情况

收集成熟的栓皮栎种子，分别按 0 cm（置于表面）、4 cm、8 cm 和 12 cm 深度种植，定期浇水、观察并记录幼苗出土、生长发育情况。测量每棵出土幼苗的苗高、地上茎、叶片数、地下茎、主根长度及生物量。

结果表明，埋藏深度对幼苗的建成率有显著的影响（表 6-4）。埋藏深度为 4 cm 时，幼苗建成率最高，达 92%；埋藏深度为 8 cm 和 12 cm 时，随着埋藏深度的增加，幼苗建成率渐次降低；当种子被直接置于地表时，建成幼苗的比例只有 30%，另有 56% 的种子虽然萌发并长出胚根，但逐渐枯萎。在埋藏深度为 8 cm（3 粒）和 12 cm（10 粒）时均有少量种子霉烂。除了置于地表的种子，埋藏于 4 cm、8 cm、12 cm 的种子当年幼苗建成数量分别是 33 棵、11 棵、3 棵，而翌年建成幼苗数量分别是 13 棵、26 棵、28 棵。可见，栓皮栎种子在埋藏深度为 4 cm 时幼苗建成率最高。

**表 6-4　栓皮栎坚果的萌发结果**　　　　　　　（单位：棵）

| 萌发结果 | 埋藏深度 | | | |
| --- | --- | --- | --- | --- |
| | 0 cm | 4 cm | 8 cm | 12 cm |
| 霉烂 | 0 | 0 | 3 | 10 |
| 未萌发 | 7 | 3 | 3 | 4 |
| 萌发不完全 | 28 | 1 | 7 | 5 |
| 当年建成幼苗 | 2 | 33 | 11 | 3 |
| 翌年建成幼苗 | 13 | 13 | 26 | 28 |

## （二）埋藏深度对栓皮栎幼苗出土时间的影响

栓皮栎幼苗的出土时间出现两个高峰，分别是埋藏当年的秋季和次年春末（图 6-4）。除了置于地表的种子，幼苗出土时间随埋藏深度的增加而推迟，埋藏深度 4 cm 的种子第一棵幼苗出土时间最早，埋藏后第 3 周即出土；而埋藏深度 8 cm 和 12 cm 的种子第一棵幼苗出土时间分别在第 4 周和第 6 周。在翌年春天，除了前一年的幼苗长出叶子，另有一部分新的幼苗出土。埋藏后第 27 周，各个深度的幼苗逐渐有新的幼苗出土；幼苗出土时间持续约 10 周。可见，在埋藏深度 4 cm 条件下，最有利于栓皮栎种子出苗。

## （三）埋藏深度对栓皮栎幼苗高度的影响

栓皮栎种子从萌发到幼苗出土经历了两个生长高峰期，第一个生长高峰期为当年幼苗出土至冬季落叶为止，第二个生长高峰期见于第二年春末夏初，幼苗进入快速生长期。来自不同埋藏深度的幼苗在这两个时期的幼苗生长量见图 6-5。埋藏深度对幼苗生长的高度没有明显影响。

## （四）埋藏深度对栓皮栎幼苗叶片数量的影响

栓皮栎幼苗的叶片数量在当年秋季各深度间增加不明显，各播种深度之间并无显著差异，且至落叶时各深度叶片数均在 2 片左右。各种植深度下叶片数量在第二年春季快速增加，均达 10 片以上，但各深度之间差异不显著。可见，埋藏深度与幼苗的叶片数量无明显相关性。

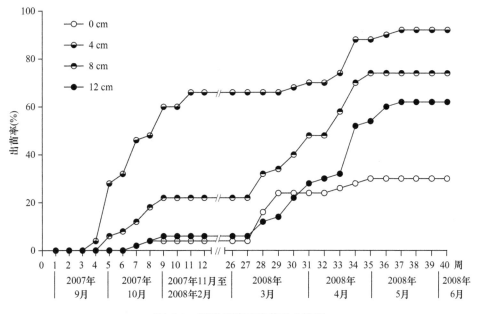

图 6-4　埋藏后种子幼苗出土情况

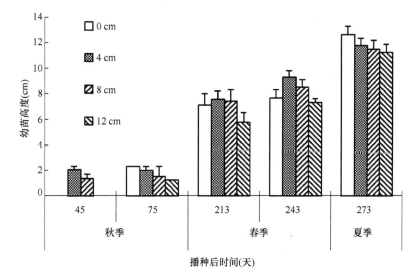

图 6-5　不同埋藏深度的幼苗高度比较

（五）埋藏深度对栓皮栎幼苗茎生长发育的影响

在种植 0 cm、4 cm、8 cm、12 cm 深度条件下，幼苗茎高分别为（12.58±0.67）cm、（12.20±0.49）cm、（11.74±0.68）cm 和（12.65±0.50）cm，差异不明显（图 6-6）。可见，埋藏深度对栓皮栎幼苗茎的生长无明显影响。

（六）埋藏深度对栓皮栎幼苗生物量的影响

埋藏深度影响栓皮栎幼苗的生物量，随着埋藏深度的增加，幼苗的生物量有所下降（图 6-7）。0 cm 深度下，幼苗生物量为 2.91 g；4 cm 深度下，幼苗生物量为 3.03 g；8 cm 深度下，幼苗生物量为 2.18 g；12 cm 深度下，幼苗生物量为 2.05 g。除此之外，埋藏深度

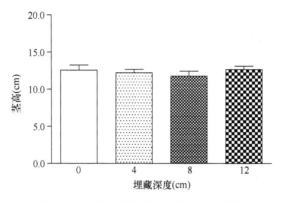

图 6-6　不同埋藏深度的茎的高度比较

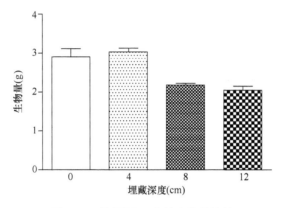

图 6-7　不同埋藏深度的生物量比较

影响幼苗叶片干重、茎的干重和根的干重，在 0 cm、4 cm、8 cm 和 12 cm 埋藏深度，幼苗叶片的生物量分别为 964 mg、844 mg、629 mg 和 476 mg，幼苗茎的生物量分别为 207 mg、165 mg、136 mg 和 141 mg，幼苗根的生物量分别为 1739 mg、1846 mg、1076 mg 和 1023 mg。

# 第四节　昆虫与栓皮栎种子互作研究

栓皮栎分布较为广泛，其种子营养较为丰富，能够为昆虫幼虫发育提供充足的营养。食种子昆虫的危害，主要是其幼虫蛀食种子，造成种子失去发芽能力，最终影响森林内幼苗的更新（张义锋，2014）。因此，研究昆虫与种子的互作关系，对于全面理解林木种子的发芽和森林更新具有重要价值。本研究调查了昆虫蛀食对栓皮栎种子特征及其发芽和幼苗发育的影响，旨在为深入揭示森林更新规律提供证据。

## 一、昆虫对栓皮栎种子的蛀食

壳斗科植物在世界范围内广泛分布，其种子营养丰富，是林区内食种子动物的主要食物来源，也是极易遭受昆虫寄生的植物类群，其寄生害虫种类主要为象甲，且寄生率极高，达 90% 以上（曹令立等，2013；王学等，2008）。因此，调查种子的虫蛀率对于理解昆虫-植物相互关系以及昆虫-鼠类-植物之间的相互关系具有重要意义。

2007～2009 年，栓皮栎种子虫蛀率呈现出较大的波动，2007 年虫蛀率高达 58.8%，2008 年虫蛀率相对较低，为 47.68%，2009 年虫蛀率为 53%。可见，栓皮栎是较易受到昆虫寄生的种子植物，每年的虫蛀率高达 50% 左右。虫蛀可影响到种子的发芽率，也会影响鼠类对种子的选择，改变鼠类对种子的贮藏和扩散习性。因此，昆虫对种子的蛀食，对于种子命运和幼苗建成具有直接及间接效应。

## 二、虫蛀对种子理化特征的影响

栎属植物种子由于富含淀粉等营养物质，往往成为动物优先取食的对象。因此，昆虫寄生和取食在栎属植物中非常普遍，在植物的茎、叶、花及果实上很容易发现昆虫的取食痕迹，在种子萌发、生长、开花和结果的各个阶段均有昆虫的危害（郭彩茹，2009）。同时，栎树对昆虫可能产生防御机制，如栎树种子受昆虫破坏后会增加种子内次生化合物的含量，并提前下落。昆虫对栎实的寄生会降低种子的发芽率，但仍有相当数量被昆虫寄生的种子能够发芽。本研究以栓皮栎为研究对象，调查种子虫蛀率，探讨昆虫寄生对种子大小、重量、单宁含量等的影响。通过分析昆虫蛀食栓皮栎理化特征的影响，有利于探讨昆虫与植物之间的相互关系，并为深入研究森林生态系统中不同物种间错综复杂的进化关系奠定基础。

### （一）昆虫寄生对栓皮栎种子中单宁含量的影响

被昆虫寄生的栓皮栎种子单宁含量显著高于完好栓皮栎种子，如图 6-8 所示，完好的栓皮栎种子单宁含量为（7.36 ± 1.31）%，而被昆虫寄生的栓皮栎种子的单宁含量为（11.54 ± 1.36）%。种子单宁含量的变化直接影响鼠类对种子的选择和扩散，进而影响种子的命运。

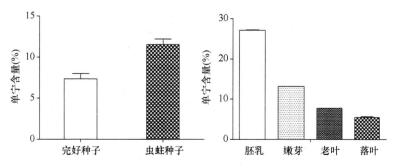

图 6-8　栓皮栎种子和幼苗单宁含量对比

在萌发过程中，栓皮栎种子中单宁含量升高，在种子埋藏 3 个月后，胚乳中单宁的含量为（27.15 ± 1.73）%。在萌发的幼苗中嫩叶的单宁含量显著高于老叶中单宁含量，而老叶中单宁含量高于落叶。嫩芽中单宁含量为（13.15 ± 0.31）%，而老叶中单宁含量为（7.77 ± 0.38）%，落叶中单宁含量为（5.48 ± 0.18）%。单宁的这种变化模式可能是植物利用次生化合物影响动物取食行为的一种途径。

### （二）昆虫寄生对栓皮栎种子鲜重的影响

昆虫寄生的种子鲜重显著小于完好种子的鲜重。2007 年，昆虫寄生的种子鲜重显著小于完好种子的鲜重，完好种子的平均鲜重为（5.98 ± 0.81）g，而虫蛀种子的平均鲜重为（3.62 ± 1.12）g，虫蛀种子和完好种子的鲜重频度分布如图 6-9a 所示。2008 年，昆虫寄生的种子鲜重也显著小于完好种子的鲜重，完好种子的平均鲜重为（4.12 ± 1.20）g，而虫蛀种子的平均鲜重为（3.20 ± 1.19）g，虫蛀种子和完好种子的鲜重频度分布如图 6-9b 所示。虫蛀造成种子重量发生显著变化，而种子重量的变化将对鼠类扩散种子产生影响。

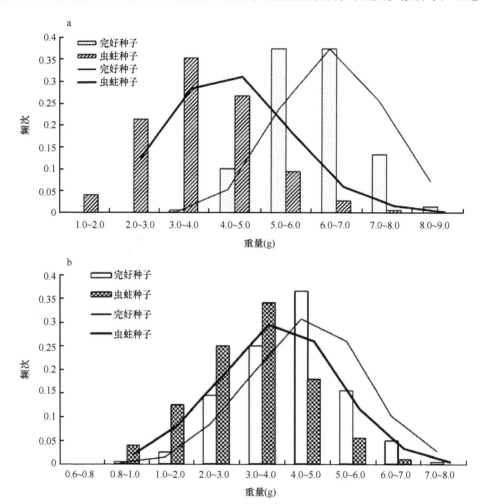

图 6-9　2007 年（a）和 2008 年（b）栓皮栎种子重量频度分布

（三）昆虫寄生对栓皮栎种子直径的影响

昆虫寄生的种子直径显著小于完好种子的直径。2007 年，昆虫寄生的种子直径显著小于完好种子的直径，完好种子的平均直径为（22.5 ± 7.6）mm，而虫蛀种子的平均直径为（20.2 ± 2.7）mm，虫蛀种子和完好种子的直径频度分布如图 6-10a 所示。2008 年，昆虫寄生的种子直径显著小于完好种子的直径，完好种子的平均直径为（21.3 ± 2.1）mm，而虫蛀种子的平均直径为（20.5 ± 1.9）mm。虫蛀种子和完好种子的直径频度分布如图 6-10b 所示。虫蛀后种子直径频度差异不大，但显著降低直径较大种子的频度，这可能会对鼠类的贮食行为造成一定的影响。

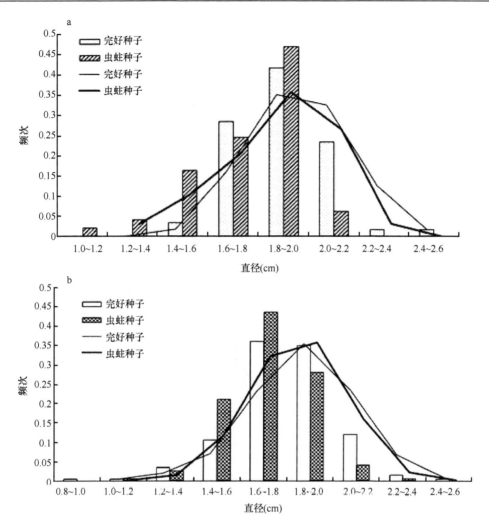

图 6-10 2007 年（a）和 2008 年（b）栓皮栎种子直径频度分布

（四）昆虫寄生对栓皮栎种子长度的影响

昆虫寄生的种子长度显著小于完好种子的长度。2007 年，昆虫寄生的种子长度显著小于完好种子的长度，完好种子的平均长度为（17.9 ± 2.1）mm，而虫蛀种子的平均长度为（17.0 ± 1.8）mm，虫蛀种子和完好种子的长度频度分布如图 6-11a 所示。2008 年，昆虫寄生的种子长度显著小于完好种子的长度，完好种子的平均长度为（18.9 ± 9.8）mm，而虫蛀种子的平均长度为（17.5 ± 1.98）mm。虫蛀种子和完好种子的长度频度分布如图 6-11b 所示。虫蛀对中等长度种子的频次影响不大，但显著增加长度较小种子的频次，减少长度较大种子的频次，不可避免地会影响鼠类对种子的选择和扩散。

## 三、虫蛀与种子发芽

虽然栓皮栎种子的产量很大，但自然状况下的实生幼苗数量非常少，昆虫的寄生危害是重要原因之一，昆虫对种子的危害，主要是虫蛀造成胚芽损伤，使种子失去发芽能

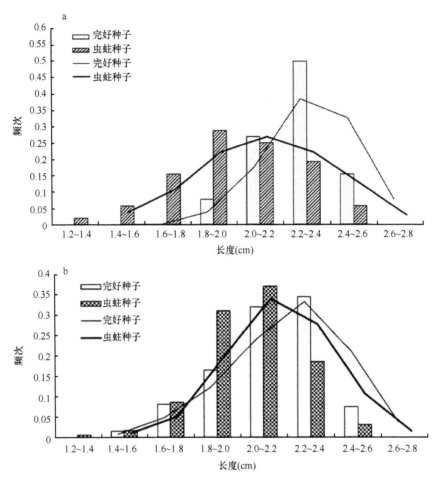

图6-11　2007年（a）和2008年（b）栓皮栎种子长度频度分布

力，最终影响森林内幼苗的更新。蛀果昆虫能对种子造成极大的危害，昆虫蛀食种子胚芽时，可直接导致种子失去发芽能力，当蛀食子叶时，由于种子完整性被破坏，蛀果孔明显可见，且种子内存在大量虫粪，被蛀食后的种子极易被真菌、霉菌等感染，最终腐烂，失去发芽能力。昆虫寄生引起的种子死亡率达30%～90%，但不同植物物种之间差异较大，虫蛀能给栎类种子造成较大影响，使其发芽能力大大降低，导致林内幼苗更新率大大下降。除直接危害以外，昆虫蛀食直接影响种子扩散者对种子的选择和扩散模式，鼠类往往倾向于分散贮藏完好种子，而取食或丢弃虫蛀种子，因而对种子命运产生一定的影响（郭彩茹，2009）。调查昆虫蛀食后栓皮栎种子的发芽率、发芽动态、幼苗生长发育等，能揭示昆虫蛀食对种子及林木更新的影响，也能为探讨鼠类-昆虫-植物之间的互作奠定基础，为荒山绿化和人工直播造林提供参考。

（一）昆虫寄生对栓皮栎种子萌发及幼苗建成的影响

昆虫寄生影响种子的萌发，昆虫寄生增加栓皮栎种子霉烂的比例，降低幼苗的建成率。完好及虫蛀种子的萌发结果见表 6-5，昆虫寄生增加种子霉烂、未萌发的比例，降低幼苗的建成率。昆虫寄生的种子霉烂的总数（58 粒）显著多于完好种子霉烂的总数（13

粒），昆虫寄生后未萌发的种子（21 粒）也多于完好种子（17 粒）。昆虫寄生后萌发不完全的种子数（53 粒）也多于完好种子萌发不完全的数量（41 粒）。昆虫寄生的种子建成幼苗78 棵，而完好种子建成幼苗129 棵，二者幼苗建成率具有显著差异。

表 6-5　栓皮栎种子萌发结果　　　　　　（单位：粒）

| 初始状态 | 萌发结果 | 埋藏深度 | | | | 总计 |
| --- | --- | --- | --- | --- | --- | --- |
| | | 0 cm | 4 cm | 8 cm | 12 cm | |
| 完好种子 | 霉烂 | 0 | 0 | 3 | 10 | 13 |
| | 未萌发 | 7 | 3 | 3 | 4 | 17 |
| | 萌发不完全 | 28 | 1 | 7 | 5 | 41 |
| | 建成幼苗 | 15 | 46 | 37 | 31 | 129 棵 |
| 虫蛀种子 | 霉烂 | 0 | 14 | 17 | 27 | 58 |
| | 未萌发 | 21 | 0 | 0 | 0 | 21 |
| | 萌发不完全 | 16 | 14 | 13 | 10 | 53 |
| | 建成幼苗 | 13 | 32 | 20 | 13 | 78 棵 |

在 0 cm 埋藏深度，昆虫寄生的种子和完好种子的幼苗建成率没有显著性差异。在其他深度昆虫寄生的种子幼苗建成率小于完好种子的幼苗建成率，在 4 cm 深度，完好种子幼苗建成率为92%，虫蛀种子幼苗建成率为56%。由此可见，虫蛀可显著影响种子的萌发能力和幼苗建成能力，对森林幼苗更新具有直接影响。

（二）昆虫寄生对栓皮栎种子萌发时间的影响

完好和昆虫寄生的栓皮栎种子埋藏后，幼苗出土时间都出现两个出苗高峰，分别是埋藏当年的秋季和翌年春末夏初。但二者亦有不同之处，完好种子幼苗出土持续的时间更长。完好种子埋藏后第 4 周（当年 10 月 2 日）有幼苗出土，幼苗出土时间持续至第11 周（当年 11 月 20 日）。翌年春季，埋藏的第 27 周（翌年 3 月 10 日）即有幼苗出土，幼苗出土时间持续至埋藏后第 37 周（翌年 5 月 20 日）。而虫蛀种子埋藏后第 5 周（当年 10 月 10 日）才有幼苗出土，幼苗出土时间持续至第 9 周（当年 11 月 5 日）。翌年春季，埋藏的第 27 周（翌年 3 月 10 日）也有幼苗出土，但埋藏后第 35 周（翌年 5 月 5日）后无幼苗出土。

（三）昆虫寄生对栓皮栎幼苗高度和叶片数量的影响

在出土幼苗的生长发育过程中，当年冬季虫蛀种子长出的幼苗和完好种子长出的幼苗的平均高度没有显著差异。在 4 cm 埋藏深度，在翌年 5 月 5 日虫蛀种子的幼苗高度显著低于完好种子长出的幼苗高度，至 6 月 5 日，二者高度无显著差异（图 6-12）。

在幼苗生长发育过程中，当年冬季虫蛀种子长出的幼苗和完好种子长出的幼苗的平均叶片数量没有显著差异。在 4 cm 埋藏深度，翌年 5 月 5 日，虫蛀种子的幼苗叶片数量显著低于完好种子的幼苗叶片数量，至 6 月 5 日，二者叶片数量差异仍然显著。可见，虫蛀对幼苗高度的影响不大，但对幼苗的叶片数量有显著影响，可能与完好种子胚乳提供的营养较多有关。

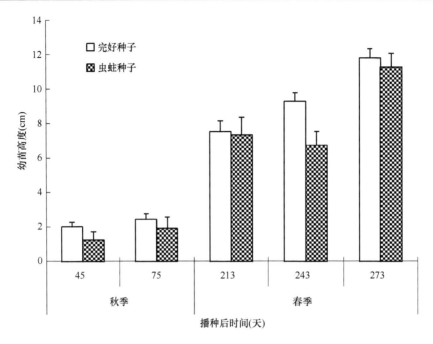

图 6-12　完好和虫蛀种子萌发出的幼苗高度的比较

## （四）昆虫寄生对幼苗生长发育的影响

幼苗的生长发育包括地下部分和地上部分。实验结束时，对幼苗相关指标进行了统计，结果见表 6-6（以 4 cm 深度的幼苗为例）。由昆虫寄生种子长出的幼苗根的长度、根的干重和总的生物量均显著低于完好种子长出的幼苗。而叶片数、茎长、叶片干重、茎的干重在二者间没有显著差异。可见，虫蛀可对幼苗一个生长周期内的部分生长指标产生显著影响，而长期影响有待进一步研究。

表 6-6　栓皮栎坚果萌发幼苗的生长状况

| 项目 | 类型 | | $P$ 值 |
|---|---|---|---|
| | 完好种子 | 虫蛀种子 | |
| 叶片数（片） | 14.3±6.3 | 12.34±4.1 | 0.141 |
| 茎长（cm） | 14.87±4.1 | 14.18±5.2 | 0.664 |
| 根长（cm） | 21.07±11 | 14.14±5.4 | <0.001 |
| 叶片干重（mg） | 850±92 | 715±113 | 0.109 |
| 茎的干重（mg） | 444±96 | 395±101 | 0.105 |
| 根的干重（mg） | 1627±199 | 861±193 | <0.001 |
| 总生物量（mg） | 2919±523 | 1969±450 | <0.001 |

# 第五节　鼠类-林木种子的相互作用

鼠类是森林生态系统中林木种子重要的捕食者和传播者，有些鼠种倾向于分散贮藏种子，如岩松鼠、大林姬鼠等（Zhang and Wang，2011），而有些鼠种则倾向于集中贮藏种子，如大仓鼠、黄胸鼠等。研究表明，集中贮藏方式对种子扩散和林木更新是不利的，而分散贮藏则有利于种子的扩散和幼苗建成（Vander Wall，1990）。因此，鼠类对种子的取食策略和贮藏方式直接影响林木种子的存活及命运。在自然条件下，鼠类寻找、取食和扩散种子的策略不尽相同，大型鼠类体格强健，牙齿的咬合力也较大，其处理和取食种子的能力强于小型鼠类。不同鼠类进化出了不同的生理、形态及结构特征，导致其取食种子的部位和特征也不尽相同，有些倾向于从种子胚乳部位取食，而有些则倾向于从种子胚芽部位取食。因此，鼠类对种子的取食特征亦对种子命运具有重大影响。

## 一、鼠类对栓皮栎种子的扩散

在森林生态系统中，鼠类贮藏林木种子是为了在食物短缺时取食，其贮藏方式与种子的命运息息相关。当鼠类集中贮藏种子时，大量种子被贮藏在巢内或同一个贮藏点，大部分种子最终将被贮藏者取食，且贮藏点也不利于种子的萌发与幼苗建成。而分散贮藏时，鼠类将种子搬运至远处并埋藏于有利于种子萌发的生境中，有利于种子的扩散和幼苗建成（Vander Wall，1990）。通过调查鼠类对栓皮栎种子的贮藏习性及方式，能更好地理解鼠类对栓皮栎种子的扩散，有助于揭示鼠类在森林更新及植被恢复中的作用。

### （一）栓皮栎种子的扩散速率

在种子成熟季节，栓皮栎种子在次生林中扩散较慢，前期几乎不被扩散，种子释放30天后才被缓慢扩散，其中位存活时间较长，达62天。栓皮栎种子的扩散速率较慢，可能是因为种子成熟季节有大量种子存在，为鼠类提供了丰富的食物，食物的供给远远超过鼠类的需求，也可能与鼠类的种群数量较低有关。因此，优势物种种子的扩散与种子产量和扩散者种群数量紧密相关。

### （二）栓皮栎种子的命运

在自然条件下，当鼠类遇到林木种子时，通常会直接取食一部分种子，另一部分则进行贮藏从而在未来进行取食；而被贮藏的种子，一些会被鼠类遗忘，这一部分被遗忘的种子则有可能会发芽、建成幼苗。鼠类扩散种子后，种子的命运通常包括存留、原地取食、扩散后取食、弃置地表、分散贮藏、集中贮藏或丢失。在研究地区，种子释放后，大部分种子被存留原地，仅少数种子被取食、分散贮藏等，这与调查年度的种子产量和鼠类种群数量有关，当环境中种子数量多于鼠类食物需求时，仅有少量种子被鼠类取食或贮藏。而在种子产量较低的年份，种子往往被快速扩散、取食或贮藏（图6-13）。鼠类对种子的处理方式直接影响到扩散后种子的命运，因此与幼苗建成和森林更新息息相关。

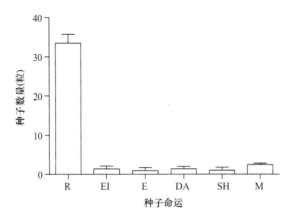

图 6-13　释放的栓皮栎种子被鼠类扩散后的命运

R. 存留，种子存留在释放点未动；EI. 原地取食，种子在释放点被鼠类取食，仅留下带有标志牌的种子外壳；E. 扩散后取食，种子被鼠类取食，带有标志牌的种皮被弃置于地表；DA. 弃置地表，种子被搬离释放点后弃置于地表，种子完好；SH. 分散贮藏，种子被搬离释放点后被埋藏于土壤、草叶、树叶等基质中；M. 集中贮藏或丢失，种子被搬运后没有被找到

## （三）扩散距离

鼠类通过分散贮藏将种子扩散至距母树一定距离的生境中，使种子能够脱离母树，减少种子及建成幼苗之间的资源竞争，有利于植物幼苗的存活和建成，鼠类对种子的扩散也是很多植物实现种群扩张的重要途径，对森林生态系统的稳定和植被恢复具有重要意义。在研究地区，超过 95%被分散贮藏的栓皮栎种子的扩散距离小于 15 m，随着距离增加，贮藏种子的比例逐渐减少，60%被分散贮藏的种子的扩散距离在 3 m 以内，近10%的栓皮栎种子被分散贮藏在释放点 3～6 m 范围内，20%的栓皮栎种子被分散贮藏于释放点 6～9 m 范围内（图 6-14）。可见，鼠类对栓皮栎种子的扩散倾向于近距离，可能与扩散者找回和保护食物的能力有关。

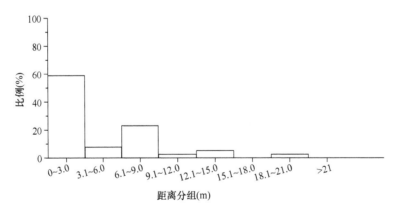

图 6-14　鼠类分散贮藏栓皮栎种子的距离频次分布

## 二、鼠类对栓皮栎种子的贮藏前处理

在种子成熟季节，大量种子被鼠类贮藏，在自然条件下，伴随时间变化，被贮藏的种子尤其是被分散贮藏的种子会发生生理或形态上的变化，如腐烂或发芽，种子变质后其营养价值和适口性均发生较大变化（Guo *et al.*, 2009）。栓皮栎种子是一类休眠期较

短的种子，在适宜的温度和湿度条件下，通常会较快发芽，而发芽后种子子叶中的能量会快速下降，这意味着鼠类贮藏单位数量种子的能量收益将降低；除此之外，发芽后种子中的单宁含量会快速增加，单宁是一种常见的植物次生化合物，不但能降低种子的适口性，影响动物对种子的取食和选择，还能与蛋白质结合，造成动物内源性氮流失，具有一定的生理毒性。可见，种子发芽对鼠类来说具有较大的负面效应。因此，面对易发芽种子，鼠类通常会采取一定的措施，阻止或延迟种子的发芽过程（Zhang et al.，2018）。研究鼠类对种子的贮藏前处理，对理解鼠类贮食行为和鼠类与植物之间的协同进化具有重要意义。

## （一）鼠类贮藏前处理种子的方式

在自然条件下，林木种子成熟下落，进入土壤种子库后，将受到复杂的土壤微环境的影响，在特定的条件下，种子的理化性质会发生一系列变化，如发芽（图 6-15b）、霉变等，因此鼠类往往通过一些行为来判断和延迟种子的变化，以便取食或贮藏。鼠类对栓皮栎种子贮藏前的处理方式可分为两种：①去除根部（图 6-15c），鼠类在贮藏发芽种子前，会将种子的幼芽或根咬掉；②去除种子外壳（图 6-15d），鼠类在贮藏栓皮栎种子前，会将种子的外壳（外果皮）去除。

图 6-15 栓皮栎种子状态及鼠类对栓皮栎种子的处理方式
a. 未发芽种子；b. 发芽种子；c. 去除根部种子；d. 去除外壳种子

## （二）鼠类贮藏前去除种子幼芽或根

北社鼠在贮藏发芽栓皮栎种子前，将大部分已发芽种子的幼芽咬掉（图 6-16），会将 17.92%的栓皮栎种子直接取食，58.75%种子的幼芽咬掉，而仅有 23.33%的种子被带芽贮藏。雌性和雄性北社鼠对发芽种子的去除幼芽行为不存在差异。鼠类在贮藏前去除幼芽可能与种子发芽造成的种子理化性质改变有关，栓皮栎种子休眠期较短，进入土壤种子库后，在合适的温度和湿度条件下，会在较短时间内发芽，而发芽会造成营养的快速流失，对食物贮藏者来说是一种能量损失；除此之外，栓皮栎种子发芽后，种子的单宁含量大幅上升，而单宁对动物来说是一种负面物质，会增加种子的涩味，影响种子的可食性，取食后还会对动物的部分器官（如肝、肾、小肠）造成伤害；单宁容易与蛋白质形成络合物，因此动物取食后，会造成动物内源性氮流失，不利于动物的营养平衡。

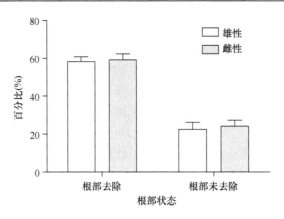

图 6-16　北社鼠对发芽栓皮栎种子的根部去除行为

（三）鼠类贮藏前去除种子外壳

　　鼠类贮藏栓皮栎种子时，对发芽种子和未发芽种子均有去壳现象（图 6-17），但仅对少数未发芽种子进行去壳处理，而对大多数发芽种子进行贮藏前去壳处理，且雌性和雄性表现出的行为模式一致，雌雄间无明显差异。研究表明，去壳种子被埋藏后更容易发芽，阻止发芽并不是鼠类对栓皮栎种子去壳的原因；去壳种子也更易腐烂变质，鼠类去壳贮藏的原因也并非为了延长贮藏时间；北社鼠倾向于对发芽种子进行贮藏前去壳处理，可能是为了判断种子的状态和利用价值，鼠类会把去壳后营养价值低或已腐烂变质的种子丢弃，而仅将完好、利用价值较高的种子去壳后贮藏。这种行为可能是鼠类对种子营养价值和耐贮藏性的权衡性选择。

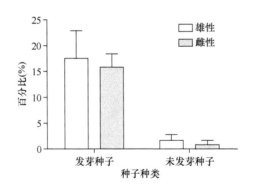

图 6-17　北社鼠对栓皮栎种子的外壳去除行为

（四）鼠类对发芽和未发芽种子的贮藏策略

　　北社鼠优先选择扩散未发芽种子，66.67%的发芽栓皮栎种子被扩散，而未发芽栓皮栎种子被扩散的比例高达 88.33%。北社鼠贮藏栓皮栎种子不存在性别间差异，北社鼠对发芽栓皮栎种子和未发芽栓皮栎种子表现出不同的贮藏策略，倾向于分散贮藏发芽栓皮栎种子，对发芽栓皮栎种子的分散贮藏比例达 30.42%，而对未发芽种子的分散贮藏比例为 19.58%。北社鼠集中贮藏 34.17%的未发芽种子，但仅集中贮藏 2.92%的发芽栓皮栎种子。北社鼠选择取食的发芽栓皮栎种子比例为 28.33%，而更多地选择取食未发芽栓皮栎种子，比例达 33.33%（图 6-18）。北社鼠优先选择扩散未发芽种子，优先分散贮藏发芽种子，优先集中贮藏和取食未发芽种子，可能与种子发芽后理化性质改变有关，发芽后种子营养物质降低，且次生物质含量增加；发芽种子被鼠类去除幼芽后，能有效阻止部分种子继续发芽，有利于种子的长期贮藏，这可能也是鼠类分散贮藏更多已发芽种子的原因之一。种子发芽后单宁含量增加，而单宁能降低食物的适口性，且对动物具有一定的生理毒性，这可能是鼠类倾向于即时取食和集中贮藏更多的完好栓皮栎种子的原因之一。

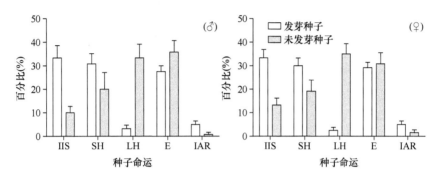

图6-18　北社鼠对发芽栓皮栎种子和未发芽栓皮栎种子的贮藏策略差异性
IIS. 原地存留；SH. 分散贮藏；LH. 集中贮藏；E. 取食；IAR. 扩散后弃置地表

## 三、鼠类去根对栓皮栎种子建苗的影响

在自然条件下，栓皮栎作为白栎的一种，能够在适宜的条件下快速发芽，将子叶中的营养快速地转移到根部，并且增加子叶中有害次生物质的含量，以减少动物的取食（Zhang et al.，2016a）。然而，食种子动物为了阻止或推迟种子发芽，会采取一系列的行为策略来管理种子（Zhang et al.，2018），如去根行为。在本研究中，希望通过收集被鼠类切根处理过的种子进行发芽和建苗实验，最终验证鼠类去根行为和种子发芽之间的互作机制。

### （一）大林姬鼠的去根行为

当发芽种子处于根部未木质化阶段时，33.33%的种子被大林姬鼠去根并贮藏，仅6.67%的发芽种子未去根贮藏（图6-19a）；26.67%的发芽种子被去根后弃置地表，6.67%的发芽种子未去根被弃置地表（图 6-19a）。在发芽种子处于根部木质化时，27.00%的发芽种子被大林姬鼠去根后贮藏，8.57%的种子未去根贮藏（图6-19b）；33.00%的发芽栓皮栎种子被去根后弃置地表，5.71%的发芽种子未去根被弃置地表（图6-19b）。去除幼芽或根部后，可阻止种子营养的进一步流失，有利于鼠类食物的贮藏，但对种子的生存是不利的。

### （二）完好和去根种子发芽率的差异

完好栓皮栎种子的发芽率为79.63%（43/54），而根部未木质化的去根种子发芽率为72.73%（32/44），二者间差异不显著，但根部已木质化去根的栓皮栎种子发芽率为 0（0/48）。可见，去根后，仍有一部分种子会重新发芽，主要取决于种子根部的发育阶段。

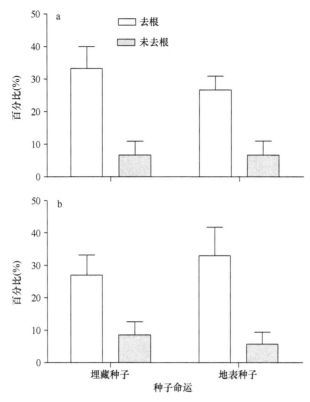

图 6-19　鼠类对两种类型种子处理的比较
a. 根部未木质化种子；b. 根部木质化种子

## （三）完好和去根种子的发芽动态

完好种子的出苗高峰期在种植后第 21 天至第 33 天，而去根种子的出苗高峰期为种植后第 33 天至第 45 天，二者没有显著性差异（图 6-20）。可见，在未木质化阶段，去根后种子发芽有所延迟，短期内有利于鼠类贮藏食物，长期来看对种子的发芽影响有限，这可能是植物应对鼠类捕食种子的一种策略。

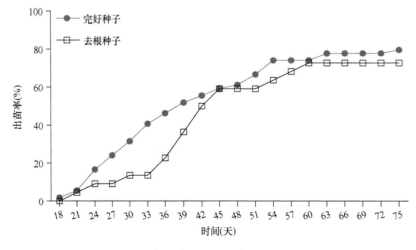

图 6-20　完好种子和去根种子的出苗动态

（四）完好种子和去根种子茎的生长速率

完好种子幼苗茎的生长速率为（0.640±0.029）mm/d，去根后种子幼苗茎的生长速率为（0.581±0.067）mm/d，二者没有显著性差异。可见，在发芽种子根部木质化前，种子发芽建成幼苗，茎的生长速率并未显著降低，这有利于幼苗的建生和森林更新。

（五）完好种子和去根种子幼苗干物质

完好种子幼苗的干物质量为（2.412±0.138）g，去根后种子幼苗干物质的量为（2.074±0.237）g，二者没有显著性差异。从最终生物量来看，未木质化根部被切除后，重新建成的幼苗生长发育并未见显著降低。

（六）完好种子和去根种子幼苗根部的发育

两种类型种子侧根的发育差异较明显（表6-7），41.46%完好种子幼苗产生侧根，而有68.75%的去根种子幼苗产生侧根，尤其是产生1根侧根和3根侧根较多。可见，未木质化发芽种子被去除根部后，重新发芽的幼苗根部发育出更多的侧根，可能是根部去除阻断了主根的正常生长。

表6-7 完好种子幼苗和去根种子幼苗侧根的发育差异

| 种子类型 | 侧根数（数量/百分比） | | |
| --- | --- | --- | --- |
| | 1根侧根 | 两根侧根 | 3根侧根 |
| 完好种子 | 11/26.83% | 5/12.20% | 1/2.44% |
| 去根种子 | 14/43.75% | 2/6.25% | 6/18.75% |

## 四、林木间伐对种子扩散的影响

间伐是指从幼林郁闭后到林分成熟前这段时间内，在未成熟林分中按照一定的标准对部分病、弱林木进行采伐，为林木的生长创造良好环境的一种常用的森林管理方法。通过对森林林木的间伐，从而获得一部分木材，尤其是对小木材的加工利用，所以该措施又称为"中间利用采伐"，简称为"间伐"。间伐旨在改善林地内的水、气、热等状况，增加土壤中的有效成分、空间上的有效利用，以此来促进林木更好地生长，在不影响生态平衡的前提下获得经济利益。但是，在现实操作中，经济价值较高的大树和树种往往被优先采伐，以获得更高的经济效益，因此林木间伐往往导致植物群落组成、物种多样性、林分空间结构、植被覆盖度等发生较大改变（Zhang *et al.*，2016b）。栖息地的改变使以植物叶、种子、果实等为食的林栖鼠类的多样性和种群密度显著降低，进而影响到森林种子的扩散及植物群落的演替进程（王魏瑞，2014）。本研究在王屋山地区的次生林内选择间伐和对照样地，通过调查种子的命运，研究间伐对次生林生境中种子命运的影响，从而为该地区的林木管理和物种保护提供技术指导及理论依据。

（一）鼠类和植被调查

林木间伐是常见的林业生产活动，间伐过程不可避免地会对林区植物和动物造成影响。在未间伐样地中，共捕获岩松鼠、北社鼠和大林姬鼠3种，总捕获率为6.7%；在间伐样地中仅捕获大林姬鼠，捕获率为2.7%。可见，间伐对林栖鼠类的多样性和数量造成较大影响，而物种及鼠类变化可能对林区种子扩散造成影响。

未间伐样地中的乔木种类为栓皮栎和刺槐 2 种，灌丛的组成主要包括荆条、毛黄栌及黄刺玫 3 种；间伐样地中乔木只有栓皮栎，灌丛只有荆条。在未间伐样地中，乔木的密度为（0.5±1.2）棵/m²，而在间伐样地中，乔木的密度为（0.2±0.9）棵/m²，减少了 56.3%；未间伐样地中，灌丛密度为（0.2±1.2）簇/m²，而间伐样地中，灌丛密度为（0.1±1.7）簇/m²，减少了 72.7%。可见，间伐直接改变了局部地区的植物群落结构和物种多样性。

（二）种子扩散

至调查结束时，未间伐样地中仅有 0.3%（2/600）的种子原地存留，在间伐样地中有 50.0%（300/600）的种子原地存留。山杏种子在未间伐样地和间伐样地的半存留时间分别为 2 天和 10 天，差异极显著（图 6-21）。可见，间伐干扰了鼠类对种子的扩散，导致种子扩散减弱。

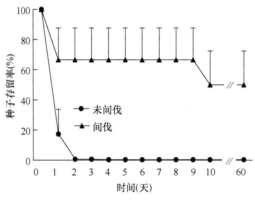

图 6-21　种子的存留动态

（三）种子命运

在未间伐样地 7.3% 的种子被鼠类取食，而在间伐样地为 3.0%（图 6-22），二者差异显著。在未间伐和间伐样地，分别有 1.0% 和 1.3% 的种子被扩散后弃置地表，二者差异不显著（图 6-22）。在未间伐和间伐样地，分别有 60.7% 和 31.7% 的种子被鼠类分散贮藏，二者差异不显著（图 6-22）。可见，间伐极大地影响了鼠类的贮食行为，导致分散贮藏减弱，取食增加，这将对林区的幼苗更新产生不利影响。

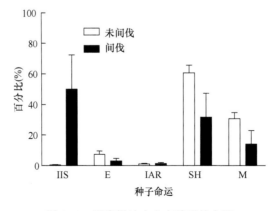

图 6-22　两类样地内山杏种子的命运
IIS. 原地存留；E. 取食；IAR. 弃置地表；SH. 分散贮藏；M. 丢失

（四）埋藏深度

在未间伐样地和间伐样地，鼠类分散贮藏种子的深度均小于 9 cm，且两种样地内均有 65.9%的种子被埋藏在 3～5 cm 深处（图 6-23）。在未间伐样地内，鼠类对种子的平均埋藏深度为（$4.3 \pm 0.1$）cm（$n=364$），而在间伐样地内，平均埋藏深度为（$3.9 \pm 0.2$）cm（$n=190$），二者差异极显著。可见，间伐导致埋藏深度有所降低，而埋藏深度对种子的发芽率具有重要影响。

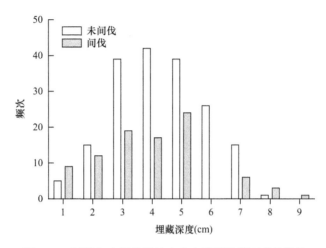

图 6-23　间伐和未间伐样地内山杏种子埋藏深度的差异

（五）种子的多次扩散

未间伐样地内种子被多次扩散的比例（20.3%，$n=74$）显著大于间伐样地（4.4%，$n=8$）。多次扩散与区域内的种了丰度和竞争程度有关，间伐区内多次扩散比例降低，可能与间伐区域内鼠类种类减少和密度降低所引起的种间及种内竞争降低有关。

## 五、鼠类对多种种子的选择与扩散

在同一地区往往存在多种可食性、营养价值等方面有较大差异的林木种子供鼠类利用，鼠类通常会对不同种子采取不同的取食和贮藏策略，这对其生存和繁殖会产生重要影响（Zhang *et al.*，2014）。关于鼠类对同域分布的不同物种种子的取食和贮藏已有一些研究报道，但结果不尽相同。例如，在相对寒冷的北温带地区森林中，同域分布种子的差异性扩散与种皮厚度、种子大小、营养物质含量等密切相关，但也有研究认为是种子的多种特征综合影响的结果，而与种子大小、单宁含量等并无显著相关性；而另一些研究则表明，在相对炎热的亚热带地区，种子的差异性扩散与种皮硬度并无显著的相关性，且在不同的地区，鼠类对同一特征种子表现出不同的选择性和扩散策略（王冲，2013）。因此，关于鼠类对同域分布的种子的选择、取食、贮藏及其对种子扩散的影响尚需进一步探讨。本研究通过调查温带地区（济源太行山区）鼠类对同域分布种子的扩散与贮藏，进一步说明了鼠类对同域分布的种子的取食和贮藏策略及其对植物种子扩散的影响。

## （一）种子存留动态

在同一森林生境内，往往存在多种植物，即有多种种子共存，而这些种子的理化特征往往不同，因此，生境内的鼠类将不得不进行选择性取食和贮藏。本研究采用区域内的桃、山杏和栓皮栎3种种子。至野外调查结束时，仅有7粒山杏种子和3粒栓皮栎种子原地存留，而桃种子几乎全部存留于释放点（仅丢失1粒）（图6-24）。种子消失速率：栓皮栎（中位存留时间8.6天）>山杏（中位存留时间20.9天）>桃（中位存留时间37.5天），3种种子间差异极显著（图6-24）。可见，鼠类对同域内的种子存在明显的取食偏好和选择性。

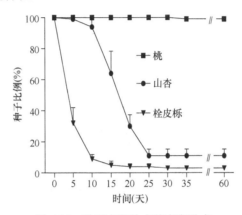

图6-24　种子在释放点的存留动态

## （二）种子命运

原地取食的种子比例：栓皮栎（35.0%）>山杏（0），2种种子间差异显著。扩散后取食的种子比例：栓皮栎（20.0%）>山杏（4.0%），2种种子间差异显著（图6-25）。扩散后被弃置地表的种子比例：山杏（5.0%）>栓皮栎（3.0%），2种种子间没有显著性差异（图6-25）。扩散后贮藏的种子比例：山杏（62.0%）>栓皮栎（36.0%），2种种子间差异显著（图6-25）。可见，鼠类对不同种子表现出不同的贮藏偏好，而贮藏模式的不同将直接影响种子的命运和幼苗建成，长远来看将影响物种的扩张和在区域内的优势度。

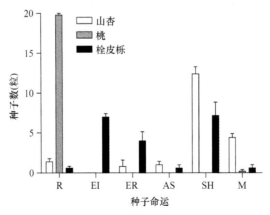

图6-25　被鼠类扩散后种子的命运

R. 原地存留；EI. 就地取食；ER. 扩散后取食；AS. 弃置地表；SH. 分散贮藏；M. 丢失

（三）贮藏点的微生境

统计与分析结果表明，有 88.6%的山杏种子和 78.8%的栓皮栎种子被贮藏在灌丛下方、树干基部周围和石块旁边，有 11.4%的山杏和 21.2%的栓皮栎种子被贮藏在石洞、裸地及灌丛边缘，但差异均未达到显著水平（图 6-26）。可见，鼠类对不同种子贮藏的微生境并未表现出差异。

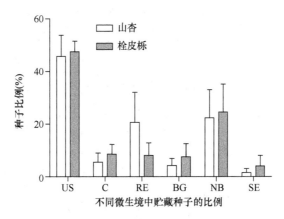

图 6-26　贮藏点的微生境种子比例

US. 灌丛下方；C. 石洞；RE. 石块旁；BG. 裸地；NB. 树干基部周围；SE. 灌丛边缘

（四）种子扩散距离

绝大多数种子（＞95%）的扩散距离小于 9.0 m。扩散距离：山杏 [（3.4±2.1）m，$n$=63] ＞栓皮栎 [（2.5±2.4）m，$n$=57]，两种种子间差异显著（图 6-27）。可见，鼠类对不同种子的扩散距离不同，这可能与特定种子的扩散价值有关。

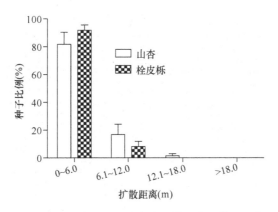

图 6-27　秋季次生林生境中种子被鼠类扩散的距离

（五）种子贮藏点大小

统计发现，有 89.3%的山杏种子贮藏点含有 1 粒种子，10.7%的贮藏点包含 2 或 3 粒种子，栓皮栎的每个贮藏点均含有 1 粒种子，二者差异不显著（表 6-8）。鼠类对不同种子贮藏点表现出一定差异，可能与种子的大小有关，山杏种子存在多种子贮藏点，可能是由于山杏种子较小，适合一次携带多粒种子。

表 6-8　鼠类分散贮藏种子后的不同种子贮藏点大小的频次

| 种类 | 贮藏点大小 | | | |
|---|---|---|---|---|
| | 1 粒 | 2 粒 | 3 粒 | >3 粒 |
| 山杏 | 50 | 5 | 1 | 0 |
| 栓皮栎 | 34 | 0 | 0 | 0 |

## 六、种子产量大小年与种子扩散的关系

大年结实是多年生植物中普遍存在的一种现象，被认为是植物种群的一种繁殖策略。学者提出了许多假说，试图解释种子产量的大小年现象，主要有捕食者饱和假说、资源匹配假说等。捕食者饱和假说被认为可以有效地解释大年结实现象，该假说认为，植物种群在大年时通过产生大量的种子充分满足捕食者的取食，进而增加种子存活的机会；而在种子小年，捕食者种群数量随着食物（种子）数量的减少而减少。在长期应对年际食物资源波动的过程中，作为种子取食者的动物形成了适应性的对策，如许多动物（尤其是鼠类）在不同产量年份表现出不同的贮食行为（孙明洋，2011）。种子产量是影响种子扩散（主要是动物的扩散）的主要因素，开展此类研究，对阐明种子产量与鼠类贮食行为及森林更新的关系具有重要意义。

### （一）栓皮栎的种子雨及其年际变化

2008 年和 2009 年栓皮栎的种子产量分别为（9.23±7.80）粒/m$^2$ 和（9.56±11.52）粒/m$^2$，种子雨的动态变化如图 6-28 所示。两者之间差异不显著。但是，2008 年的完好种子比例显著大于 2009 年，而败育的种子比例则显著低于 2009 年。在同一年中，各种状态的种子所占的比例也存在显著性差异。说明在种子大年种子数量较多，而且完好种子较多，而在种子小年则以败育种子为主。完好种子的数量直接影响鼠类的食物丰度，因此会影响鼠类的食物贮藏策略和模式。

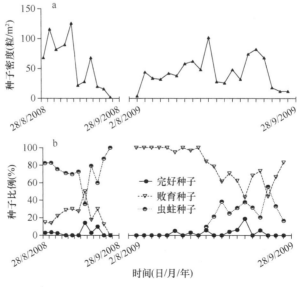

图 6-28　栓皮栎种子雨的变化
a. 种子产量；b. 种子雨构成

从图 6-28 可以看出，栓皮栎种子雨的下落过程分为 3 个阶段，前期、中期和后期，在种子雨下落前期以败育种子和虫蛀种子为主，从 8 月末进入下落高峰期，成熟而完好的种子数量增加，高峰期持续时间约 2 周；随后进入末期，各种状态种子的数量均趋于减少。

（二）取食栓皮栎种子的鼠类及其相对密度

调查结果显示，大林姬鼠和北社鼠是研究地区次生林中的常见鼠种，2009 年的捕获率（8%）高于 2008 年（2%）（表 6-9），差异未达到显著水平。

**表 6-9　研究地区啮齿动物种类和相对密度**

| 年份 | 鼠种 | 捕获数（只） | 捕获率（%） |
|---|---|---|---|
| 2008 | 大林姬鼠 *A. peninsulae* | 1 | 2 |
| | 北社鼠 *N. confucianus* | 0 | 0 |
| 2009 | 大林姬鼠 *A. peninsulae* | 4 | 8 |
| | 北社鼠 *N. confucianus* | 1 | 2 |

（三）不同种子产量年份栓皮栎种子的扩散速率

栓皮栎种子存留动态的分析结果表明，栓皮栎在 2008 年和 2009 年的中位存留时间分别为 22.700 天和 8.825 天，表明鼠类在 2009 年对栓皮栎的搬运速率高于 2008 年，差异性达到显著水平，即鼠类在（完好）种子产量较高的年份对栓皮栎的扩散速率要显著低于种子小年。可能的原因是，种子小年的食物资源缺乏，鼠类间竞争激烈，因此扩散速率较快。

（四）不同产量年份栓皮栎种子的命运差异

两年间被鼠类搬运后取食、弃置地表和分散贮藏的栓皮栎种子数量存在显著性差异，2008 年分散贮藏的种子比例高于 2009 年，两者之间的差异达到显著水平，表明鼠类在种子大年增加了对种子的分散贮藏。同时，在种子产量较高的 2008 年，鼠类对栓皮栎种子的取食（包括原地取食和搬运后取食）比例显著高于种子产量较低的 2009 年。可见，种子产量对鼠类贮藏种子的策略具有较大影响，对种子的命运和林木更新将产生直接影响。

（五）不同种子产量年份栓皮栎种子的扩散距离

统计与分析结果表明，2008 年鼠类对栓皮栎坚果的平均扩散距离 [（3.59 ± 0.23）m，$n = 266$] 显著小于 2009 年 [（4.45 ± 0.39）m，$n = 191$]；2008 年和 2009 年搬运距离在 12 m 以内的坚果分别占 96.99% 和 92.64%。说明在产量较低的年份鼠类倾向于将种子贮藏在较远的地方，以减少分散贮藏种子被盗食的风险。

（六）不同产量年份下分散贮藏种子的幼苗建成

2009 年春季，调查了 2008 年秋季被鼠类分散贮藏的栓皮栎种子的幼苗建成情况，发现 2 株由贮藏种子建成的幼苗。2010 年春季调查发现，2009 年鼠类分散贮藏的种子被全部取食，未建成幼苗。可见，在种子产量较高的年份更有利于幼苗建成，可能是因为种子产量较高的年份鼠类分散贮藏了更多的种子。

## 七、单宁对鼠类扩散种子的影响

在进化过程中，植物种子产生了一些能够危害动物生理和代谢的化学物质，如高浓度的单宁（普遍存在于植物及种子中的一种次生化合物）会对植食动物造成一系列危害（Barbehenn and Peter，2011）。这类化合物苦涩的味道变成一种防止动物取食的屏障。如果动物取食了含有单宁的食物，单宁能和食物中的蛋白质以及动物体内的消化酶结合沉降，从而降低蛋白质的消化和吸收效率。单宁含量与鼠类的蛋白质消化率之间呈现明显的负相关。高浓度的单宁能破坏肠道上皮细胞、肝和肾组织（Fleck and Layne，1990）。且食用高单宁含量的食物增加了动物的解毒消耗，所以增加了动物额外的代谢消耗（Chung-MacCoubrey *et al.*，1997；Smallwood *et al.*，2001）。因此，许多食种子动物不会优先选择高单宁含量的种子为食，从而降低了种子的即时食用价值，使动物更倾向于贮藏这些种子，进而增加了种子在食物缺乏时期的潜在价值。太行山区存在的多种种子均含有一定的单宁，尤其是栎类种子。调查本地区鼠类对不同单宁含量食物的贮藏行为，有助于阐明鼠类与栖息地内种子的互作机制和模式（张子建，2015）。

在野外释放不同单宁含量的种子，观察鼠类对不同单宁处理种子的扩散，结果表明，鼠类对高浓度单宁含量的种子具有明显的回避行为，在种子释放后第 1 天，高浓度（15%、25%）单宁含量的种子存留率分别为 90%和 95%，其他浓度（0 %、0.1%、0.5%、1%、5%、10%）单宁含量的种子存留率相近，为 73%左右；在第 3 天，高浓度单宁处理的种子的存留率为 70%左右，10%浓度单宁处理的种子存留量为 10%，其他浓度单宁含量的种子均无存留；中、低浓度单宁（0%、0.1%、0.5%、1%、5%、10%）含量种子的扩散速率从第 2 天开始加快，到第 5 天原地没有存留，而高浓度（15%、25%）单宁种子仅被扩散约 50%。

总体来看，在相同的时间内，高浓度单宁的种子的丢失率远小于中、低浓度单宁及无单宁的种子，这可能与单宁造成种子适口性下降有关，也可能与单宁的生理毒性有关。因此，种子的单宁含量会影响鼠类的贮食行为，进而影响种子的扩散和命运。

## 八、鼠类对不同单宁含量种子的选择与贮藏

鼠类对不同种子的选择是由多种因素共同决定的，为了更加清晰地分析鼠类食物选择的影响因素，人工种子体系被应用于相关研究，利用人工种子进行研究，可以更好地对各种因素进行控制，更加直观地了解种子形状、大小、营养和次生物质等单因素或多因素相互作用对鼠类种子选择的影响（Wang and Chen，2009）。本研究利用人工种子模拟含有不同浓度单宁的自然种子，通过围栏实验探究鼠类对不同单宁含量种子的选择和贮藏特征，进而了解当地种子植物应对鼠类捕食的防御措施和鼠类对含有不同单宁含量种子的取食及贮藏状况，阐明植物次生物质的进化动态和植食性动物的适应性对策，最终探讨动植物之间的协同进化（张子建，2015）。

（一）鼠类对不同单宁含量种子的选择

在实验室条件下，制作不同单宁含量的人工种子，进而在围栏内观察鼠类对不同单宁含量种子的选择与取食差异。结果表明，大林姬鼠对不含单宁的人工种子的处理比例最高，达91.7%；对低单宁含量（0.1%、0.5%、1%）人工种子的处理比例分别为75%、41.7%和33.3%，处理比例随单宁含量升高而下降，且下降趋势很明显；中等单宁含量（5%、10%）人工种子的处理比例（41.7%、8.3%）也随着单宁含量的增加而减少，其中5%单宁含量种子的处理比例和0.5%的相同，并且高于1%单宁含量的处理比例；鼠类对高单宁含量（15%、25%）种子的处理比例分别为8.33%和16.7%（图6-29a）。总体来说，大林姬鼠对不同单宁含量人工种子的选择性处理比例随着单宁含量的增加而呈下降趋势，大林姬鼠对种子的处理比例与单宁含量之间存在显著的负相关。

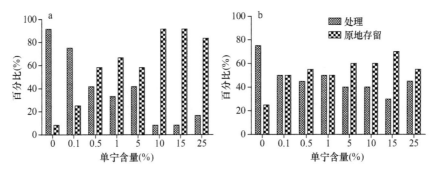

图6-29　围栏条件下鼠类对不同单宁含量种子的选择
a. 大林姬鼠；b. 北社鼠

北社鼠对不同单宁含量人工种子的处理比例随单宁含量的增加呈现下降趋势。在8个不同单宁含量梯度中，北社鼠对不含单宁的人工种子的处理比例为75%；对低浓度（0.1%、0.5%、1%）单宁含量的人工种子的处理比例（45%～50%）差别不大，但远低于不含单宁人工种子的处理比例；对中等浓度（5%、10%）单宁含量的人工种子的处理比例均为40%；对高单宁含量（15%、25%）人工种子的处理比例分别为30%和45%（图6-29b）。总之，北社鼠对种子的处理比例也随着单宁含量的增加而减少，北社鼠对种子的处理比例与单宁含量之间存在显著的负相关。

（二）鼠类对不同单宁含量种子的取食

大林姬鼠对不含单宁人工种子的取食比例最高，为91.67%，对0.1%、0.5%和1%单宁含量的人工种子的取食比例分别为66.7%、33.3%和33.3%，取食量随单宁含量的升高而下降；大林姬鼠对5%单宁含量的人工种子的取食比例为41.7%，相对于1%单宁含量的取食比例有小幅度上升，但对10%单宁含量的人工种子的取食比例为8.3%，下降明显；对高单宁含量（15%、25%）种子的取食比例分别为0和8.3%（图6-30a）。可见，大林姬鼠对不同单宁含量的人工种子的取食比例整体上呈现梯度性变化，伴随单宁含量的增加其取食量呈现出明显的下降趋势，且大林姬鼠对种子的取食比例与单宁含量之间存在显著的负相关。

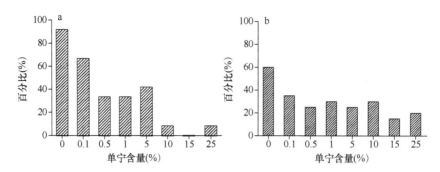

图 6-30　鼠类对不同单宁含量种子的选择性取食
a. 大林姬鼠；b. 北社鼠

　　北社鼠对不同单宁含量人工种子的取食比例总体上小于大林姬鼠。北社鼠同样偏向于优先取食不含单宁的人工种子，取食量达 60%；而对 0.1% 单宁含量种子的取食比例（35%）略高于 0.5% 和 1% 单宁含量的种子（25% 和 30%）；对 5% 和 10% 单宁含量种子的取食比例与 0.5% 和 1% 相差不多；北社鼠对高单宁含量种子（15%、25%）的取食比例分别为 15% 和 20%，低于中、低单宁含量种子的取食比例（图 6-30b）。结果显示，北社鼠对于含单宁食物的选择与大林姬鼠类似，伴随单宁含量的增加呈现下降趋势，北社鼠对种子的取食比例与单宁含量之间存在显著的负相关。

（三）鼠类对不同单宁含量种子的贮藏

　　在围栏条件下，大林姬鼠对不含单宁的人工种子未表现出贮食行为，而对含单宁的人工种子表现出贮食行为。大林姬鼠对低单宁含量人工种子（0.1% 和 0.5%）表现出贮食行为，比例均为 8.3%。大林姬鼠对高单宁含量人工种子（15% 和 25%）也表现出贮藏倾向，对两种种子的贮藏比率均为 8.3%（图 6-31a）。在本研究中大林姬鼠对于低单宁含量和高单宁含量的人工种子均表现出贮食行为，但对两种种子的贮藏量都不大。

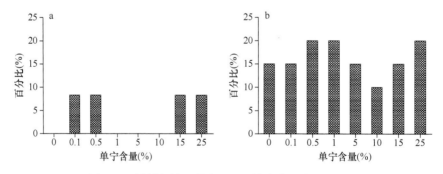

图 6-31　围栏条件下鼠类对不同单宁含量种子的贮藏
a. 大林姬鼠；b. 北社鼠

　　在围栏条件下，北社鼠对种子贮食行为比大林姬鼠明显，贮藏比例也比大林姬鼠高。北社鼠也表现出和大林姬鼠相似的贮藏策略，对低单宁含量和高单宁人工种子的贮藏量要高于不含单宁及中单宁含量的人工种子的贮藏量。其中对不含单宁的人工种子的贮藏比例为 15%，对低单宁含量（0.1%、0.5%、1%）种子的贮藏比例分别为 15%、20% 和 20%，差异不明显；对高单宁含量（25% 和 30%）种子的贮藏比例分别为 15% 和 20%；

对5%单宁含量人工种子的贮藏比例为15%,高于10%的单宁含量种子(10%)(图6-31b)。总体显示北社鼠对不同单宁水平的种子的贮藏比大林姬鼠更为明显。

## 九、生境对种子扩散的影响

不同的生境意味着环境因子存在较大差异,不同生境的空间格局不同,动植物群落组成和结构不同,隐蔽条件和食物资源也不同,捕食风险大小也不同(赵雪峰等,2009)。植被盖度不同,微生境差异较大,而微生境与鼠类行为发生具有直接关系,如鼠类倾向于在灌丛中贮藏和取食种子,在草丛和裸地中则较少贮藏种子。生境可为鼠类提供食物资源、栖息场所及躲避其他动物捕食的隐蔽条件等。因此,生境可以影响鼠类的觅食活动,导致分布于生境中的鼠类种类和密度差异较大,进而影响种子的扩散和最终命运。在王屋山区大面积存在3种典型生境,即次生林、灌丛和退耕地,3种生境交替毗邻存在,景观生态差异巨大,生境中的鼠类优势栖息物种不同,生活习性不同,食物贮藏策略亦有差异,通过调查生境间鼠类贮食行为的差异,探讨生境间种子扩散模式的不同,有助于揭示鼠类在植被恢复中的作用,有助于深刻理解植被恢复进程和森林扩张过程,进而探索植物群落演替机制(张义锋,2014)。

### (一)不同生境下种子扩散速率的差异

栓皮栎种子在释放点的存留时间受生境类型的影响,在次生林、灌丛、退耕地3种生境中,栓皮栎种子在释放样点处的存留动态不同,其中位存活时间分别为62天、37天、28天,生境间有显著性差异。栓皮栎种子在次生林内的扩散速率最慢,种子释放60天后只有少数种子被扩散,而在灌丛中则扩散较快,种子释放一周后即被快速扩散,在退耕地中的种子扩散速率最快(图6-32)。栓皮栎种子在次生林内扩散较慢,在灌丛和退耕地中扩散较快,可能是因为秋季次生林中存在大量种子,鼠类有充足的食物资源。

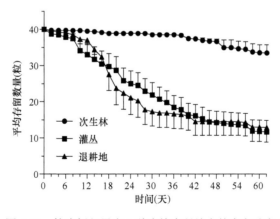

图6-32　栓皮栎坚果在3种生境中释放点的存留动态

### (二)不同生境下种子命运的差异

原地存留种子的平均数量(图6-33)在3类生境间有显著性差异,次生林生境中原地存留种子的平均数量显著大于灌丛中的数量，亦大于退耕地中的数量，而灌丛和退耕地生境中的原地存留数量无显著性差异。释放的栓皮栎种子被鼠类原地取食的数量在3类生境之间有显著性差异。在次生林生境中，原地取食的平均数量低于灌丛，亦低于退耕地生境，其差异均达到显著水平。而灌丛中被鼠类原地取食的平均数量高于退耕地，但差异不显著。结果表明原地存留数量次生林高于退耕地和灌丛，而原地取食的栓皮栎种子，灌丛高于退耕地和次生林。

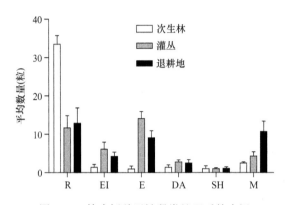

图 6-33　栓皮栎种子被鼠类处理后的命运

R. 原地存留；EI. 原地取食；E. 扩散后取食；DA. 弃置地表；SH. 分散贮藏；M. 丢失

栓皮栎种子被鼠类扩散后的命运见图 6-33，栓皮栎种子被鼠类扩散后取食的平均数量3个生境间有显著性差异。次生林中释放的栓皮栎种子被鼠类扩散后取食的数量低于灌丛，亦低于退耕地，其差异均达到显著水平。灌丛生境中释放的栓皮栎种子被取食的数量大于退耕地中的数量，但差异不显著。

栓皮栎种子被贮藏的数量在3个生境之间有显著性差异。在次生林中被鼠类贮藏的栓皮栎种子的数量低于灌丛，其差异达到显著水平，亦低于退耕地中被贮藏的数量，但差异不显著。灌丛、退耕地中被贮藏的数量无显著差异。结果表明鼠类在灌丛中，扩散后被取食的数量和贮藏的数量均高于退耕地和次生林中的数量。

（三）不同生境下扩散距离的差异

在3个不同生境中，50%左右种子的扩散距离在3 m 内，>95%种子的扩散距离小于15 m（图 6-34）。栓皮栎种子被鼠类贮藏后扩散距离在3个生境中没有差异。但鼠类取食栓皮栎种子的扩散距离有显著性差异，在次生林中，栓皮栎种子被取食的扩散距离大于灌丛生境中的距离，亦大于退耕地生境中的距离，而灌丛和退耕地生境中鼠类取食栓皮栎种子的扩散距离没有差异。因此，鼠类对栓皮栎种子的贮藏距离在3个生境间无显著性差异。

## 十、种子扩散的季节间差异

在不同季节，同一生境内生态因子的差异巨大，在春、夏、秋季温度相对较高，冬季寒冷，因此鼠类在冬季的活动和觅食时间往往少于其他季节，且食物的组成和数量随季节变化而呈现出较大变化，一般夏季和秋季种子开始成熟，食物资源丰富，而在春季

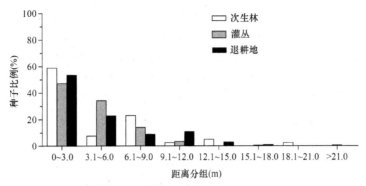

图 6-34　不同生境中栓皮栎种子的扩散距离频次分布

和冬季食物缺乏，因此鼠类的贮食行为和数量亦受到季节的影响。在温带地区，鼠类对种子的取食有显著的季节性差异，秋季鼠类表现出了强烈的贮食行为（马庆亮等，2010）。另外，温带地区，从春季到秋季由于温度和食物资源的不断增加，鼠类的数量也不断增加，但当鼠类在面对有限的食物资源时，个体间存在激烈竞争，因而种子所面临的捕食、扩散更加强烈；不同季节间植被差异较大，直接影响动物的庇护效应，如在冬季，在各生境中，植被的盖度相对较低，造成捕食风险较高。而鼠类取食和贮藏种子取决于对净收益和捕食风险的权衡。另外，林栖鼠类一般具有明显的繁殖期，春、夏季是繁殖高峰期，因此在秋季鼠类种群数量达到最高峰，而种群的增加直接影响鼠类对食物的竞争，种间和种内竞争均会改变鼠类的食物贮藏习性，进而影响种子命运和森林更新。通过研究鼠类对种子扩散的季节差异，有助于揭示季节对鼠类食物贮藏和种子命运的影响，进而探讨鼠类取食、扩散种子与幼苗建成和森林更新的关系，最终为植树造林、荒山绿化的季节选择提供理论依据（马庆亮，2010）。

（一）种子扩散后取食的季节差异

在不同季节，鼠类对种子的扩散后取食存在较大差异，其中夏季取食量最高，为（8.00±1.64）粒，秋季最低，为（0.33±0.19）粒，而春季居中，为（2.73±1.52）粒（图6-35）。秋季之所以取食比例最低，可能是因为秋季食物资源丰度较高，降低了种子被取食的概率，且秋季为鼠类食物贮藏的主要季节，贮食者往往表现出更强烈的贮食行为；夏季取食比例最高，可能是因为经过春、夏繁殖季节后，鼠类种群数量较高，对食物的需求较大，而夏季种子尚未成熟，食物资源有限，因此，取食比例较高；春季取食数量高于秋季而低于夏季，可能是因为春季食物资源极度缺乏，而鼠类种群数量较低。

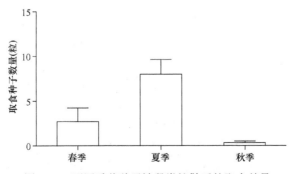

图 6-35　不同季节种子被鼠类扩散后的取食差异

## （二）种子扩散后弃置地表的季节差异

在不同季节，鼠类对种子扩散后弃置地表的差异不明显，其中春季为（2.93±0.75）粒，夏季为（2.67±0.90）粒，秋季为（2.40±0.51）粒。鼠类将扩散后的种子弃置地表通常是由捕食风险、其他动物影响、环境因素、间间竞争、种内竞争等外界干扰造成的，并非鼠类的主动行为。因此，弃置地表的种子数量在季节间无明显差异（图6-36）。

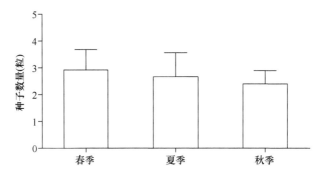

图6-36　不同生境和季节种子被鼠类扩散后弃置地表的平均数量

## （三）鼠类分散贮食行为的季节差异

鼠类对种子的分散贮藏，在春、夏、秋季差异较大，春季分散贮藏最少，秋季贮藏最多，夏季介于春、秋季之间。鼠类在春、夏、秋季分散贮藏的种子数量分别为（6.87±2.14）粒、（13.07±2.13）粒、（20.93±2.52）粒（图6-37）。鼠类在春季贮藏的种子最少，可能是因为春季食物资源极度缺乏，且鼠类处于繁殖高峰期，以即时取食为主，鼠类种群数量处于最低水平，相对而言分散贮食行为发生的频率较低；夏季分散贮藏种子相对较多，可能是因为夏季食物资源相对于春季有所增加，鼠类种群经过春季的繁殖，种群数量在一定程度上得到恢复。秋季鼠类分散贮藏的种子最多，可能主要是因为秋季种子大量成熟，鼠类拥有丰富的食物资源，除了满足即时取食需求外，也有大量种子可供贮藏，且冬季即将到来，刺激鼠类为应对冬季的食物缺乏而贮备更多的食物。

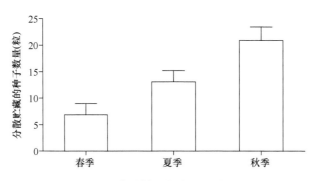

图6-37　鼠类分散贮藏种子的季节差异

## （四）扩散速率

种子的扩散速率在春、夏、秋季之间的差异较大，春季扩散最慢，夏季和秋季差异不大。春季种子释放后，扩散缓慢，在释放后第 42 天才开始较快扩散，可能是因为经过冬季和春季的食物缺乏期，鼠类数量急剧减少，造成扩散者数量不足。夏季种子扩散最快，释放后种子被快速扩散，12 天后基本扩散完毕，33 天全部扩散完，这可能是因为经过春季的繁殖期鼠类种群得到一定程度的恢复。秋季扩散较快，释放 12 天后基本扩散完毕，与秋季鼠类种群数量增加有关，也可能是因为当年是种子小年，食物缺乏（图 6-38）。

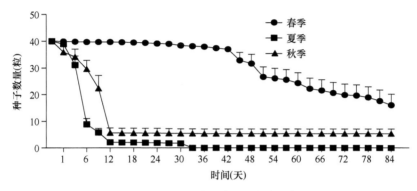

图 6-38　不同季节种子的存留动态

（五）扩散距离

鼠类对种子扩散后取食的距离以夏季最远，为（7.16 ± 0.65）m，其次为春季，为（5.78 ± 0.61）m，秋季的取食距离最近，为（4.92 ± 1.23）m。鼠类对种子扩散后弃置地表的距离，在夏季最远，为（5.86 ± 1.01）m，其次为秋季，为（4.29 ± 0.65）m，春季最近，为（3.49 ± 0.67）m。鼠类对种子的分散贮藏距离与扩散后取食类似，均为夏季最远，其次为春季，而秋季最近，春、夏、秋季分散贮藏的距离分别为（4.88 ± 0.43）m、（7.02 ± 0.48）m 和（4.56 ± 0.19）m（图 6-39）。鼠类对种子的扩散距离在夏季最远，可能是因为夏季经过了繁殖期，鼠类种群数量较大，种间、种内竞争激烈，但食物数量相对缺乏，因此鼠类为了保护有限的食物资源，将种子搬运至较远的地方。秋季扩散距离相对较近，可能是因为秋季食物资源丰富，鼠类往往以快速占有食物为目的，因此将食物贮藏在离食物源较近的地方，以提高对食物的占有效率。

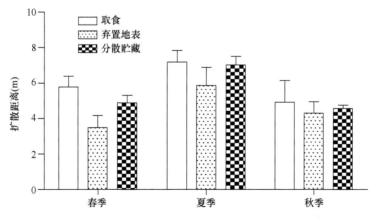

图 6-39　不同季节鼠类对种子的扩散距离

## （六）埋藏点大小

贮藏点的大小和贮藏者对食物保护能力的强弱有关，如体形较大的松鼠会为了保护贮藏点而驱逐其领域入侵者，因此，多采用大的贮藏点贮藏食物，而小型鼠类保护贮藏点的能力较弱，往往会采取更为分散的食物贮藏方式，即每个贮藏点贮藏少量的食物，而将食物贮藏在尽可能多的贮藏点。

在研究地区，不同季节埋藏点大小主要是 1 粒，2 粒和 3 粒埋藏点较少，埋藏点大小存在一定的季节差异，春季和夏季埋藏点显著小于秋季。春季埋藏点总数为103 个，1 粒种子埋藏点为 101 个，占比为 98.1%，2 粒种子和 ≥3 粒种子的埋藏点均只有 1 个，占比分别为 0.97%。夏季埋藏点较少，为 31 个，且 1 粒种子埋藏点为 30个，占比为 96.8%，2 粒种子埋藏点仅有 1 个，占比为 3.2%，未发现 ≥3 粒种子的埋藏点。秋季埋藏点较多，为 235 个，其中 1 粒种子埋藏点为 174 个，占比为 74.1%，2 粒种子埋藏点为 52 个，占比为 22.1%，≥3 粒种子的埋藏点为 9 个，占比为 3.8%（表6-10）。可见秋季鼠类倾向于将更多的种子埋藏于同一个埋藏点，可能跟鼠类的贮食习性及季节分布有关，秋季为种子成熟期，食物资源丰富，为了度过冬季食物缺乏期，鼠类往往在秋季贮藏大量食物，但食物资源是有限的，鼠类在贮藏食物时往往采取一定的策略，提高对食物的占有率，这种将多粒种子贮藏于同一贮藏点的方式，可以减少鼠类寻找合适埋藏点的时间成本，同时一次埋藏多粒种子可以减少每粒种子的埋藏时间，提高食物贮藏效率。

表 6-10　不同季节鼠类食物贮藏点大小的差异

| 季节 | 总数（个） | 1 粒种子 | | 2 粒种子 | | ≥3 粒种子 | |
|---|---|---|---|---|---|---|---|
| | | 数量（个） | 百分比（%） | 数量（个） | 百分比（%） | 数量（个） | 百分比（%） |
| 春季 | 103 | 101 | 98.1 | 1 | 0.97 | 1 | 0.97 |
| 夏季 | 31 | 30 | 96.8 | 1 | 3.2 | 0 | 0 |
| 秋季 | 235 | 174 | 74.1 | 52 | 22.1 | 9 | 3.8 |

## （七）二次扩散

二次扩散可以反映鼠类对食物资源的竞争程度。鼠类可以通过嗅觉和随机探索寻找食物，当鼠类找到其他个体的贮藏点后会将种子挖出来搬运到另外的地方贮藏；在鼠类数量较多、食物资源匮乏时，贮藏者为了避免其他个体的盗食也会把埋藏的食物挖出来重新埋藏，因此，对食物资源的竞争越激烈，鼠类对食物的二次扩散就越多。

在研究地区，春季未发现二次扩散，夏季有 17 粒种子被二次扩散，1 粒种子被三次扩散，秋季有 6 粒种子被二次扩散，因此二次扩散有显著的季节差异。春季未发生二次扩散，可能是因为食物过于缺乏，鼠类优先将种子用于即时取食，获取能量。二次扩散多发生于夏季，可能是因为夏季食物具有一定的丰富度，但鼠类数量较春季多，竞争较为激烈，为了避免有限的食物被种间或种内个体盗食，鼠类往往倾向于将食物多次贮藏。秋季二次扩散相对较少，可能是因为秋季食物资源丰富，可以满足鼠类的取食和贮藏需要，发生盗食的概率相对较低，而冬季和春季食物缺乏季节即将到来，充足的食物贮备是鼠类度过食物缺乏季节的关键，因此，鼠类往往会快速地将尽可能多的种子贮藏在附近的环境中，而不是选择最优的食物贮藏点。

# 第六节　总结与展望

动物对种子的扩散和森林更新是一个复杂的过程，动物与动物之间既存在相互影响，又存在相互竞争，动物与植物之间既是竞争拮抗的过程，又是互惠互利的过程。本研究以太行山森林生态系统为基础，以建群种栓皮栎为研究对象，以栓皮栎种子与鼠类关系为出发点，调查了栓皮栎从种子结实到幼苗建成的复杂过程，揭示出种子结实、种子特征、种间互作、环境因子、人为干扰等对鼠类扩散种子和幼苗建成的影响，结果如下。

（1）栓皮栎种子具有较强的发芽能力，在适宜条件下发芽率可达90%以上，这对栓皮栎林的更新是有利的。但本研究地区地处温带，相对干旱，且降水不均，这决定了种子只有被埋藏才更有利于幼苗建成。因此，鼠类的分散贮藏对于栓皮栎的扩散和建苗将起到重要作用。

（2）在本研究地区，鼠类对区域内的种子表现出明显的分散贮食行为，一定的扩散距离有利于植物群落的扩张，且在鼠类分散贮藏种子的适当深度，种子具有最佳的发芽率和建苗率。

（3）同一区域内往往共存多种植物种子，鼠类对本地区几种种子表现出不同的贮藏模式，贮藏模式的差异与种子本身的理化性质密切相关，因此，植物可以通过种子的特征调控鼠类对种子的扩散，但鼠类对种子表现出了一定的选择能力和适应性。

（4）鼠类对种子扩散的过程受到多种因素的影响，人为干扰对鼠类的食物贮藏行为具有重要影响，而林木采伐是最强烈的一种。本地区林木间伐对林区植被的多样性和群落组成产生了显著影响，也对鼠类的多样性和数量产生了直接影响，鼠类的贮食行为也发生了明显改变。

（5）林木种子一般均含有一定的次生物质，如单宁，栓皮栎种子含有较高的单宁，尤其是发芽种子。本研究表明，单宁可对鼠类的贮食行为产生直接影响，鼠类倾向于取食和扩散中、低单宁含量的种子，而回避高单宁含量的种子。

（6）栓皮栎种子休眠期短，但发芽后种子的营养价值降低，单宁含量升高，这对鼠类是不利的，因此鼠类在贮藏种子前，往往会采取一定的方式对种子进行贮藏前处理，如去除已发芽种子根部，以延缓种子的进一步发芽和营养流失，延长种子的贮藏期。这种现象是动物相互拮抗的结果。

（7）栓皮栎结实存在明显的大小年现象，不同种子产量决定了鼠类的食物资源丰度，而这种产量的波动明显影响了本地区鼠类的贮食行为和种子扩散，在种子产量高的年份更有利于种子的扩散和幼苗更新。而种子产量的波动对鼠类的种群数量也有一定的调节作用。

（8）鼠类是种子的主要消费者，尤其在种子小年，大部分种子被鼠类取食，因此，植物种子本身的生存能力对林区幼苗的更新具有重要影响，本地区研究表明，发芽种子被鼠类去除根部后，一部分种子仍具有再次发芽和建苗的能力，这对于种子逃避鼠类的过度捕食起到一定的作用。

鼠类对林木种子的扩散和森林更新不仅是一个纵向的过程，也是一个复杂的网络，前期研究多关注于纵向问题，对复杂网络关系下的研究较少，如同域内多个植物物种和多个动物物种之间的复杂关系对种子扩散及幼苗更新的影响，未来应探索采用更先进的方法和手段，加强对复杂网络关系下森林更新的研究，这将更有利于揭示森林更新、种群消长、群落演替等的规律和机制，丰富和完善动植物相互作用的生态学理论。

# 参 考 文 献

曹令立, 董钟, 刘文静, 等. 2013. 栓皮栎橡子虫蛀特征与种子雨进程的关系. 河南农业科学, 42(1): 77-81.

郭彩茹. 2009. 林木种子萌发行为及单宁酸对鼠类取食的影响. 郑州: 郑州大学硕士学位论文.

路纪琪, 王振龙. 2012. 河南啮齿动物区系与生态. 郑州: 郑州大学出版社.

马克平. 1994. 生物群落多样性的测度方法: Ⅰα多样性的测度方法(上). 生物多样性, 3: 162-168.

马庆亮. 2010. 王屋山地区啮齿动物对林木种子的扩散与贮藏. 郑州: 郑州大学硕士学位论文.

马庆亮, 赵雪峰, 刘金栋, 等. 2010. 啮齿动物对山杏种子命运影响的季节格局. 郑州大学学报(理学版), 42: 102-107.

孙明洋. 2011. 愚公地区鼠类种子贮藏行为影响因素研究. 郑州: 郑州大学硕士学位论文.

王冲. 2013. 次生林生境中鼠类对不同林木种子命运的影响. 郑州: 郑州大学硕士学位论文.

王魏瑞. 2014. 间伐对次生林生境啮齿动物种子扩散行为的影响. 郑州: 郑州大学硕士学位论文.

王学, 肖治术, 张知彬, 等. 2008. 昆虫种子捕食与蒙古栎种子产量和种子大小的关系. 昆虫学报, 51: 161-165.

魏珍. 2011. 济源浅山区植物群落特征与鼠类食物组成研究. 郑州: 郑州大学硕士学位论文.

张义锋. 2014. 太行山区林木种子-鼠类-昆虫的相互作用研究. 郑州: 郑州大学博士学位论文.

张子建. 2015. 单宁对鼠类种子贮藏行为的影响. 郑州: 郑州大学硕士学位论文.

赵雪峰, 路纪琪, 乔王铁, 等. 2009. 生境类型对啮齿动物扩散和贮藏栓皮栎坚果的影响. 兽类学报, 29: 160-166.

Barbehenn R V, Peter C C. 2011. Tannins in plant-herbivore interactions. Phytochemistry, 72: 1551-1565.

Brodin A. 2010. The history of scatter hoarding studies. Philosophical Transactions of the Royal Society B: Biological Sciences, 365: 869-881.

Chung-MacCoubrey A L, Hagerman A E, Kirkpatrick R L. 1997. Effects of tannins on digestion and detoxification activity in gray squirrels (*Sciurus carolinensis*). Physiological Zoology, 70: 270-277.

Fleck D C, Layne J N. 1990. Variation in tannin activity of acorns of seven species of central Florida oaks. Journal of Chemical Ecology, 16: 2925-2934.

Guo C, Lu J, Yang D, *et al.* 2009. Impacts of burial and insect infection on germination and seedling growth of acorns of *Quercus variabilis*. Forest Ecology and Management, 258: 1497-1502.

Howe H F, Smallwood J. 1982. Ecology of seed dispersal. Annual Review of Ecology and Systematics, 13: 201-228.

Rusch U D, Midgley J J, Anderson B. 2013. Rodent consumption and caching behaviour selects for specific seed traits. South African Journal of Botany, 84: 83-87.

Smallwood P D, Steele M A, Faeth S H. 2001. The ultimate basis of the caching preferences of rodents, and the oak-dispersal syndrome: tannins, insects, and seed germination. American Zoologist, 41: 840-851.

Tong L, Zhang Y, Wang Z, *et al.* 2012. Influence of intra-and inter-specific competitions on food hoarding behaviour of buff-breasted rat (*Rattus flavipectus*). Ethology Ecology & Evolution, 24: 62-73.

Vander Wall S B. 1990. Food Hoarding in Animals. Chicago: University of Chicago Press.

Wang B, Chen J. 2009. Seed size, more than nutrient or tannin content, affects seed caching behavior of a common genus of old world rodents. Ecology, 90: 3023-3032.

Zhang H, Wang Y. 2011. Differences in hoarding behavior between captive and wild sympatric rodent species. Current Zoology, 57: 725-730.

Zhang Y, Li W, Sichilima A M, *et al*. 2018. Discriminatory pre-hoarding handling and hoarding behaviour towards germinated acorns by *Niviventer confucianus*. Ethology Ecology & Evolution, 30: 1-11.

Zhang Y, Shi Y, Sichilima A M, *et al*. 2016a. Evidence on the adaptive recruitment of Chinese cork oak (*Quercus variabilis* Bl.): influence on repeated germination and constraint germination by food-hoarding animals. Forests, 7: 47.

Zhang Y, Wang C, Tian S, *et al*. 2014. Dispersal and hoarding of sympatric forest seeds by rodents in a temperate forest from northern China. iForest-Biogeosciences and Forestry, 7: 70-74.

Zhang Y, Yu J, Sichilima A M, *et al*. 2016b. Effects of thinning on scatter-hoarding by rodents in temperate forest. Integrative Zoology, 11: 182-190.

# 第七章　秦岭地区森林鼠类与植物种子
# 相互关系研究

## 第一节　概　　述

种子贮藏是森林鼠类利用资源的一种适应性行为。国内外的研究提示，不同地区鼠类的贮食行为存在着明显差异，其原因可能是不同地区生态系统之间土壤、气候、植被等地理环境因素及鼠类群落结构的巨大差异。例如，Vander Wall（1990）认为，鼠类的贮藏活动在温带更明显，而在低纬度的热带和亚热带地区则不明显。究竟哪些因素造成不同地区鼠类贮食行为的差异，这方面的比较研究尚不够充分。因此，在不同地域进行相关的比较研究十分必要。

秦岭位于 32°N～34°N，是贯穿在中国中部东西走向的山脉，地理位置特殊，是"南方"和"北方"气候的自然分界线，以南属于亚热带气候，以北属于暖温带气候。这一地区内的动植物种类十分丰富，因此，该地区森林鼠类与植物种子的相互关系具有独特的地理特殊性，值得深入研究。

近年来，我们选取的研究区域位于秦岭南坡佛坪国家级自然保护区，以该地区的森林鼠类及相关植物的种子（主要为壳斗科植物）为研究对象，采用野外种子释放和围栏行为观察等方法，系统研究了鼠类对植物种子的捕食、搬运和贮藏的行为生态与策略。主要研究内容如下。

（1）秦岭地区壳斗科 4 种常见植物的种子雨组成及其动态变化。旨在揭示壳斗科植物群落自然更新与演替的规律。

（2）秦岭南北坡森林鼠类对植物种子扩散的差异。旨在探讨环境因素、种子特征及其他因素（食物丰富度、鼠类密度等）对种子扩散的影响，为森林的自然更新和生态系统恢复提供科学依据。

（3）秦岭南坡昆虫捕食与壳斗科植物种子产量和种子大小间关系的研究。以锐齿槲栎和短柄枹栎为研究对象，研究这 2 种壳斗科植物种子产量及昆虫对其种子的蛀食情况，旨在了解昆虫寄生在这 2 种植物种群更新中的作用。

（4）秦岭南坡同域分布的鼠类对特定植物种子的贮食行为差异及种子特征对鼠类贮食行为分化的影响。本项研究在半自然围栏条件下进行，旨在了解同域分布的鼠类取食和贮食行为的差异，以及森林鼠类对完好和虫蛀种子的鉴别能力。

## 第二节　研究地区概况

### 一、自然地理

佛坪国家级自然保护区（图 7-1）位于秦岭中段佛坪县（33°33′N～33°46′N，

107°41′E～107°55′E），保护区区划面积约为 350 km²，目前实际管辖面积约为 292.4 km²。该地区处于亚热带向暖温带过渡区域，森林生态系统保存完整，森林覆盖率为 95% 以上，动植物资源非常丰富（刘诗峰和张坚，2003）。

图 7-1　秦岭南坡佛坪国家级自然保护区概貌

## （一）地质与地貌

保护区属于汉江支流金水河上游地区，被西河、东河、小金水河等几条南北向河流深切。其地质基础是秦岭褶皱带，岩性有花岗岩、贝岩、砂岩和片麻岩等。整个保护区属于中起伏至大起伏花岗岩中山地貌，其中北界为秦岭主脊，整体地势是西北走向高，南北走向低，海拔为 980～2904 m，相对高差为 1924 m。

保护区的主要山脊山峰一般会超过 2000 m。通常海拔在 2500 m 以上，高峰主要以变质砂岩和石灰岩为主，岩壁陡峭，地面坡度主要集中在 35°～60°。北部主脊一带，冰缘地貌十分明显。海拔 2000 m 以下为本区的主体，山脊狭长平缓，地面坡度为 25°～45°。

## （二）气候

该保护区气候属于亚热带与暖温带的过渡地带，年平均气温为 13.6℃，年降水量为 943 mm，雨季集中在 7 月、8 月、9 月。由于大气环流形势具有明显的季节变化，因此具有季风性气候，表现为冬季干冷，夏季温度和降水量高，而春季降水量少，秋季阴雨较多，气温下降速度快。该区因受海拔高差的影响，表现为垂直差异明显的山地气候，其中海拔 2000 m 以下属于温暖湿润气候，海拔 2000 m 以上属于凉温湿润气候。

佛坪国家级自然保护区基本气候要素大致如下：海拔在 1000～2000 m 的广大中山区，气候温暖且较湿润，年均气温为 6～11℃，1 月平均气温为 -0.1～4℃，7 月平均气温为 16.5～23℃，无霜期 210 天左右，年均降水量为 780～950 mm，降水主要集中在 7 月、8 月、9 月（占全年降水量的 50% 以上）。海拔 2000 m 以上，气候凉温湿润，年均气温为 1～6℃，1 月平均气温 <-4℃，7 月平均气温 >16℃，无霜期 180 天左右，年均降水量为 1000～1200 mm。

从保护区垂直自然带上看，海拔 1000～1350 m 为暖温带气候，1350～2500 m 为中温带气候，2500 m 以上为寒温带气候。各垂直带植被发育的气候特征为：栓皮栎（*Quercus variabilis*）亚带属于暖燥（海拔 1000～1350 m），锐齿槲栎（*Quercus aliena*）亚带属于温润（海拔 1350～2000 m），桦树林带属于凉润（海拔 2000～2500 m），针叶林带属于冷湿（海拔 2500 m 以上）。

## （三）土壤

佛坪国家级自然保护区属于亚热带北缘生物气候区，地带性土壤为黄棕壤，因海拔不同，土壤也表现出明显的垂直差异。主要土壤类型如下。

### 1. 亚高山草甸土

海拔在 2700 m 以上，植被以亚高山灌丛草甸为主。在此高度处，冰缘现象比较常见，表现为以亚高山草甸土与裸岩、倒石堆相间为特色。

### 2. 山地暗棕壤

海拔在 2200～2700 m，植被为以冷杉为主的针叶林带，可见混生的红桦（*Betula albosinensis*）、牛皮桦（*Betula utilis*）等阔叶树种。山地暗棕壤分布于陡坡，土层薄、发育不完全。

### 3. 山地棕壤

海拔在 1300～2200 m，植被为落叶阔叶与针叶混交林，其上部为松桦林亚带，下部为松栎林亚带。其中，普通棕壤多分布于坡度较缓的梁顶及坡地，山地棕壤分布于陡坡，在有滞水条件的缓坡有零星分布的山地漂洗棕壤。

### 4. 山地黄棕壤

海拔在 1300 m 以下，植被以壳斗科的落叶阔叶林为主，气候温暖湿润。黄棕壤主要分布于植被覆盖度较高、坡度较小的地区。

## 二、植物区系

保护区内植物种类丰富，高等植物约为 1478 种，其中种子植物约为 1271 种，隶属于 132 科 560 属。种数较多的科有菊科（105 种）、蔷薇科（71 种）、禾本科（62 种）等（刘诗峰和张坚，2003）。

### （一）地理特征

森林植被占保护区面积的 85% 以上，其建群种所在的属多数为北温带分布属，主要有栎属（*Quercus*）、桦属（*Betula*）、松属（*Pinus*）、冷杉属（*Abies*）等。热带-亚热带分布类型的属也很常见，但多为伴生植物，如黄檀属（*Dalbergia*）、卫矛属（*Euonymus*）、柿属（*Diospyros*）、朴属（*Celtis*）等。

从植被优势植物种的地理成分来看，在海拔 2000 m 以下，建群种以华北成分为主，如栓皮栎、锐齿槲栎、油松（*Pinus tabuliformis*）等。

在海拔 2000 m 以上，森林群落建群种则以华中成分为主，如红桦、牛皮桦、铁杉（*Tsuga chinensis*）、巴山冷杉（*Abies fargesii*）、太白红杉（*Larix chinensis*）等。

在海拔 2600 m 以上，优势植物主要为唐古特成分，如头花杜鹃（*Rhododendron capita-*

*tum*）、紫苞风毛菊（*Saussurea purpurascens*）、中国-喜马拉雅成分如川康苔草（*Carex schneideri*）及北极高山成分如圆穗蓼（*Polygonum sphaerostachyum*）等。

因为本区处于暖温带与亚热带过渡区域，植被和地理成分复杂，致使不同地理位置的植物在植物群落中混居。如短柄枹栎树林中，还混有热带性质的黄檀（*Dalbergia hupeana*）、化香与温带性质的胡枝子属（*Lespedeza*）等的植物；另外，热带成分求米草属（*Oplismenus*）与典型的北温带成分鹿蹄草属（*Pyrola*）、水晶兰属（*Monotropa*）等也在同一个群落中混居。

近缘种在垂直方向上有明显的替代现象，如在海拔 1350 m 以下，栓皮栎树种占有优势，1300～1500 m 则为短柄枹栎所取代。1500～2000 m 锐齿槲栎占据了绝对优势；松属的油松分布于海拔 1000～1750 m，1750m 以上则为华山松替代。

上述结果说明了本区域内植被具有过渡性质，其温带性质明显，但又与其他各种类型的热带植被分布有广泛的联系。

（二）垂直分布规律

本区植被可分为 3 个垂直自然带：中低山落叶阔叶林带（栎林带），分布于海拔 2000 m 以下；中山落叶阔叶小叶林带（桦林带），分布于海拔 2000～2500 m；亚高山针叶林带（巴山冷杉林带），分布于海拔 2500 m 以上。

**1. 中低山落叶阔叶林带**

分布于海拔 2000 m 以下，山地气候属于暖温带至中温带，其上部温和湿润，土壤类型主要为棕壤，而下部偏干暖，土壤类型主要为黄棕壤。低山落叶阔叶林带的植被类型丰富，除了栓皮栎林和锐齿槲栎林这两类栎林外，还有许多其他群落类型，但栎林在该带内群落类型最多，占据的空间范围最大，为本带最具代表性的显域植被类型。其中栓皮栎林多分布于海拔 1400 m 以下，锐齿槲栎林往往分布于海拔 1300 m 以上，而短柄枹栎林则介于二者之间，但在垂直带中的位置与锐齿槲栎林更接近一些，主要分布于海拔 1400～1700 m 的阳坡上。本研究主要在此林带内开展（图 7-2）。

图 7-2　秦岭南坡佛坪国家级自然保护区中低山落叶阔叶林带

## 2. 中山落叶阔叶小叶林带

分布于海拔 2000～2500 m，气候温凉湿润，土壤为棕壤，植被类型主要以红桦林和牛皮桦林为主，此外，华山松林、铁杉针阔叶混交林也主要分布于桦林带，形成了混交林。

## 3. 亚高山针叶林带

分布于海拔 2500 m 以上，气候湿冷，植被类型以巴山冷杉林为主，也可称为巴山冷杉林带。山脊或峰顶多强风处还分布有亚高山灌丛和草甸。

## 三、啮齿动物区系

佛坪国家级自然保护区分布有啮齿类动物（包括兔形目）32 种（亚种），占陕西省啮齿动物总数 55 种的 58.2%，占秦岭啮齿类动物总种数 37 种的 86.5%（刘诗峰和张坚，2003）。

32 种啮齿类动物中属东洋界者 14 种，占总种数的 43.8%，以珀氏长吻松鼠（*Dremomys pernyi*）、红白鼯鼠（*Petaurista alborufus*）、黑腹绒鼠（*Eothenomys melanogaster*）、中华竹鼠（*Rhizomys sinensis*）、猪尾鼠（*Typhlomys cinereus*）等为代表；属古北界者 15 种，占总数的 46.9%，以藏鼠兔（*Ochotona thibetana*）、花鼠（*Tamias sibiricus*）、甘肃仓鼠（*Cansumys canus*）、大林姬鼠（*Apodemus peninsulae*）等为代表；广布种 3 种，占总数的 9.4%，以草兔（*Lepus capensis*）、小家鼠（*Mus musculus*）、褐家鼠（*Rattus norvegicus*）为代表。区系成分显示出南北动物区系混杂现象，但以古北界成分略占优势，说明秦岭起着重要的屏障作用。

佛坪国家级自然保护区的长吻松鼠、隐纹花松鼠（*Tamiops swinhoei*）、红白鼯鼠、中华竹鼠、猪尾鼠、巢鼠（*Micromys minutus*）等，均属于亚热带地区种类，但整体具有东洋界动物区系特征，古北与东洋两界的种类在这里又形成一种均势状态，形成一个过渡地带，从而反映出秦岭是古北、东洋两大界动物类群在我国中东部的分界线。

值得注意的是，北社鼠（*Niviventer confucianus*）有两个亚种在该保护区为同域分布，亚种垂直替代现象明显。在两年的重复调查中发现，海拔 1800 m 以上多为北社鼠山东亚种（*N. c. sacer*），其背毛沙黄色显著，尾末 1/3～1/2 处为白色；而海拔 1800 m 以下多为北社鼠指名亚种（*N. c. confucianus*），其背毛赭黄色深浓，仅尾尖白色。这一现象在佛坪国家级自然保护区的出现证明本区生态环境的多样性，有待今后进一步研究。

佛坪国家级自然保护区啮齿动物的生态类型较为复杂，其中树栖生活的类型主要有鼯鼠、长吻松鼠和隐纹花松鼠 3 种；半树栖半地栖生活的类型主要有岩松鼠（*Sciurotamias davidianus*）、花鼠和攀鼠（*Vernaya fulva*）3 种；地下生活的类型主要有秦岭鼢鼠（*Myospalax rufescens*）和中华竹鼠 2 种；地面上生活的类型主要有 22 种，如巢鼠、甘肃仓鼠、北社鼠、中华姬鼠（*Apodemus draco*）等。

# 第三节　鼠类群落结构

鼠类在森林生态系统中起着非常重要的作用，是植物种子的重要传播者（Vander Wall，1990）。在鼠类扩散种子过程中，一方面鼠类会取食植物种子或果实，来满足自身营养和能量的需求，另一方面鼠类通常会将植物种子或果实贮藏至落叶层中、土壤表层或洞穴等处，为冬眠期、哺乳期、食物短缺期等特殊时期贮备食物。尽管鼠类最终会取食大部分贮藏的种子或果实，但仍有少量分散贮藏的种子或果实最终逃脱捕食，有可能在利于其萌发的环境中萌发，并成功建成幼苗，实现植物的更新。因此，森林鼠类对植物种子的扩散和更新有着非常重要的影响（Vander Wall and Beck，2012）。为此，我们在2011～2016年对秦岭南坡佛坪国家级自然保护区内的森林鼠类群落结构进行调查，以便了解该地区鼠类群落组成和年际动态变化，为深入研究该地区鼠类对植物更新的影响提供基础数据。

在2011～2016年春季（4～5月）和秋季（8～10月），分别以花生米为诱饵，利用活捕笼（27 cm × 14 cm × 14 cm）捕获森林鼠类，记录所捕获的种类、数量、性别、体重等参数。结果发现：2011～2016年共捕获鼠类374只，分别为中华姬鼠、北社鼠、甘肃仓鼠、绒鼠、岩松鼠、褐家鼠和家鼠。从每年总的捕获数量和捕获率来看，以2012年最高，捕获数量和捕获率分别为140只和20.03%；2011年最低，捕获数量和捕获率分别为12只和1.70%；其他年份的捕获率差异不明显（表7-1）。在捕获的鼠类中，中华姬鼠和北社鼠数量最多，说明这两种鼠是该区域内分布的优势鼠种（图7-3）。有研究表明，分布于该地区内的其他鼠类还有大林姬鼠、黑线姬鼠、花鼠等，但本研究未捕获到以上鼠种，可能是人为扰动或气候变化导致这些种类离开该研究地区。

表7-1　2011～2016年森林鼠类捕获种类及数量

| 年份 | 捕获总数量（只） | 总捕获率（%） | 捕获种类（只） | | | | | | |
|---|---|---|---|---|---|---|---|---|---|
| | | | 中华姬鼠 | 北社鼠 | 甘肃仓鼠 | 绒鼠 | 岩松鼠 | 褐家鼠 | 家鼠 |
| 2011 | 12 | 1.70 | 9 | 2 | 0 | 1 | 0 | 0 | 0 |
| 2012 | 140 | 20.03 | 101 | 35 | 1 | 0 | 2 | 0 | 1 |
| 2013 | 75 | 4.00 | 41 | 19 | 6 | 3 | 5 | 0 | 1 |
| 2014 | 63 | 3.47 | 13 | 49 | 1 | 0 | 0 | 0 | 0 |
| 2015 | 23 | 2.06 | 7 | 10 | 3 | 1 | 0 | 1 | 1 |
| 2016 | 61 | 2.74 | 4 | 49 | 0 | 0 | 5 | 3 | 0 |

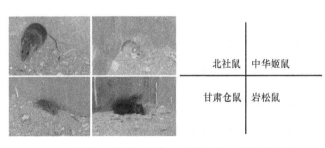

图7-3　秦岭南坡佛坪国家级自然保护区的优势鼠种

# 第四节　4种壳斗科植物种子雨的动态变化

种子是种子植物的有性繁殖器官，它对植物个体、种群及群落的更新具有非常重要的作用。种子雨是在植物生活史过程中非常关键的阶段之一，是指在特定时间和空间内，种子依靠自身的重力和外界的力量从母树上掉落的种子数量，是种群繁殖体的主要来源。种子雨是研究植物种群生态学和群落生态学的重要内容之一，一方面有助于了解植物更新情况，另一方面也可以预测森林更新趋势。壳斗科植物通常是温带和亚热带的重要优势种或建群种，在生态环境保护、减少水土流失等方面发挥着非常重要的作用。因此，我们选取秦岭南坡佛坪国家级自然保护区为研究地点，选取分布在该区内的 4 种常见壳斗科植物为研究对象，分别是板栗（*Castanea mollissima*）、锐齿槲栎（*Quercus aliena*）、栓皮栎（*Quercus variabilis*）和短柄枹栎（*Quercus glandulifera*）（图 7-4），2011～2016年对其种子雨进行调查研究，以期为揭示秦岭壳斗科植物群落自然更新与演替的规律提供科学依据。

图 7-4　秦岭南坡佛坪国家级自然保护区的主要壳斗科树种

2011～2016 年，分别选取板栗、锐齿槲栎、栓皮栎和短柄枹栎各 8 棵样树（共计32 棵），采用种子雨收集筐进行种子雨监测，在每棵样树下方分别设置一个 1 m² 的种子雨收集筐，调查时间为每年的 8 月 20 日至 11 月 24 日，其间每隔 7 天调查 1 次。种子雨组成类型主要有 4 类，分别是完好种子、败育种子、虫蛀种子和壳斗 4 种类型。结果发现，这 4 种植物种子雨的动态变化相似，种子雨下落过程持续 3 个月左右，主要包括起始期、高峰期和末期 3 个阶段，其中板栗种子雨起始于 9 月初，结束于 11 月初，其他 3 种植物种子雨起始于 8 月中旬，结束于 11 月中下旬。此外，板栗种子雨起始期晚于其他 3 种植物，但高峰期早于其他 3 种植物。6 年间，4 种植物种子雨密度差异明显，表明这 4 种植物也存在种子产量大小年现象。根据种子雨密度大小的变化情况，我们认为 2011 年和 2013 年是板栗种子产量大年，2014 年和 2016 年是种子产量小年，2012 年和 2015 年是种子产量平年；2011 年和 2013 年是锐齿槲栎种子产量大年，2014 年和 2015年是种子产量小年，2012 年和 2016 年是种子产量平年；2013 年是栓皮栎种子产量大年，2014 年是种子产量小年，其他年份是种子产量平年；2011 年和 2013 年是短柄枹栎种子产量大年，2012 年是种子产量平年，其他年份是种子产量小年（表 7-2）。

表 7-2　2011～2016 年 4 种壳斗科植物种子雨密度　　　　（单位：粒/m²）

| 树种 | 年份 | | | | | |
|---|---|---|---|---|---|---|
| | 2011 | 2012 | 2013 | 2014 | 2015 | 2016 |
| 板栗 | 48.58±3.23 | 20.47±0.60 | 47.88±3.87 | 2.80±0.20 | 29.71±2.49 | 8.79±0.79 |
| 锐齿槲栎 | 238.88±21.98 | 112.00±9.60 | 277.88±23.64 | 89.21±9.05 | 70.00±6.22 | 110.28±12.07 |
| 栓皮栎 | 46.12±3.81 | 49.48±4.55 | 74.63±5.48 | 20.00±2.42 | 51.21±4.79 | 63.14±6.21 |
| 短柄枹栎 | 145.76±12.28 | 64.09±4.81 | 138.75±12.19 | 38.64±3.16 | 39.24±3.25 | 41.93±3.29 |

研究表明,许多多年生植物均存在种子产量大小年现象(Xiao *et al.*,2013;Cao *et al.*,2017)。目前,有几种假说来解释种子产量大小年现象,主要包括授粉效率假说、物候同步假说、捕食者饱和假说、捕食者扩散假说等。其中,捕食者饱和假说被普遍认为可以有效地解释种子产量大小年现象,即捕食者种群会随着种子产量大小而波动(Linhart *et al.*,2014)。在种子产量小年,捕食者往往会因食物资源不足而维持小种群,在随后出现的种子产量大年,由于通过植物产生大量种子,远远超过捕食者消耗量,进而使得更多的种子成功存活下来。

种子产量也是影响种子扩散的重要因素。有研究表明,种子产量小年会增加鼠类对种子的扩散速率,而种子产量大年会增加鼠类对种子的贮藏数量和扩散距离(Fletcher *et al.*,2010)。

# 第五节　围栏条件下鼠类对壳斗科植物种子的贮食行为

## 一、同域分布的鼠类对种子的贮食行为差异

鼠类贮藏食物的方式主要有两种类型:集中贮藏和分散贮藏(Vander Wall,1990)。不同植物种子具有不同的大小、种壳厚度、营养物质、次生物质、微量元素等特征,这些特征可能会影响鼠类对种子的选择行为,如取食、分散贮藏和集中贮藏等(Vander Wall,2003;Wang *et al.*,2012;Zhang *et al.*,2016a),从而导致同域分布的不同鼠类在贮食行为上产生分化(Chang and Zhang,2014)。高斯竞争理论认为,生态位相同的两个物种不可能在同一生境共存,而对食物的获取和利用又是动物生存的最基本条件之一。因此,贮食行为的分化或许是促进同域分布的鼠类共存的主要因素(Chang and Zhang,2011)。

将同域分布的北社鼠、中华姬鼠和甘肃仓鼠分别放入半自然围栏中,提供板栗和锐齿栎栎种子各 20 粒(实验一,图 7-5),以及锐齿栎栎、短柄枹栎和栓皮栎种子各 20 粒(实验二,图 7-6)。结果发现,同域分布的 3 种鼠具有明显的贮食行为差异。鼠类喜欢搬运和取食营养价值较高的种子,但中华姬鼠则较喜好搬运单宁含量较高的种子。鼠类在巢外对种子的取食均较低,北社鼠和甘肃仓鼠主要集中贮藏种子,且甘肃仓鼠的集中贮食行为更明显,北社鼠主要集中贮藏营养价值中、高等的种子(实验一中的板栗种子,实验二中的锐齿栎栎种子),甘肃仓鼠主要集中贮藏营养价值高的种子(实验一中的板栗,实验二中的栓皮栎)。中华姬鼠也表现出集中贮食行为,主要集中贮藏营养价值中、低等的种子(实验一中的锐齿栎栎,实验二中的短柄枹栎)。仅一只中华姬鼠(实验一)和一只北社鼠(实验二)表现出分散贮食行为,主要贮藏营养价值低、单宁含量较高的锐齿栎栎种子。鼠类的贮藏喜好分化可能源自长期的竞争适应和进化,也可能是它们同域共存的主要原因。仓鼠属的动物善于挖掘洞道,领域行为较强,因此集中贮藏食物对它们来说可能更为有效。而姬鼠属的动物个体较小,领域行为较弱,分散贮藏则可以避免食物被大量盗食(侯祥等,2016)。鼠类和植物种子之间的捕食-互惠关系非常复杂,既存在二者间的互惠(分散贮藏),又存在单一的捕食(取食或集中贮藏)。北社鼠和中华姬鼠对种子表现出分散贮食行为,而甘肃仓鼠对种子只表现出取食和集中贮食行为。因此,同域分布的北社鼠和中华姬鼠对种子的扩散和更新起到一定的作用,而甘肃仓鼠对种子的扩散和更新可能不具有积极意义。

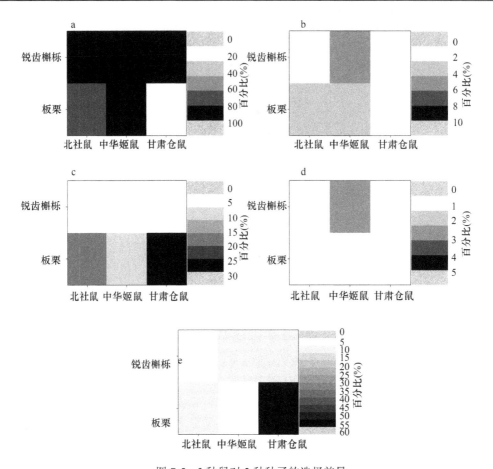

图 7-5　3 种鼠对 2 种种子的选择差异

明暗变化代表鼠类对种子选择的强弱差异。a. 原地完好；b. 巢外取食；c. 巢内取食；d. 分散贮藏；e. 集中贮藏

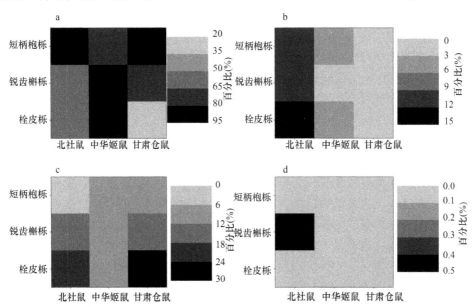

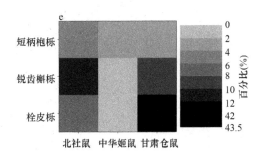

图 7-6　3 种鼠对 3 种种子的选择差异

明暗变化代表鼠类对种子选择的强弱差异。a. 原地完好；b. 巢外取食；c. 巢内取食；d. 分散贮藏；e. 集中贮藏

## 二、食物源与巢穴间距离对中华姬鼠贮食行为的影响

贮食动物的贮藏策略会受到捕食风险和处理成本的影响。在觅食过程中，处理时间和捕食风险或许是影响动物觅食策略的主要因素。当捕食风险上升时，贮食动物为权衡捕食风险和觅食效益会采取应对策略来改变种子的取食和贮食行为（Leaver，2004）。食物资源点与巢穴间距离的远近意味着食物处理时间的不同，即动物从远离巢穴的资源点将种子搬运回巢穴需要更长的时间和更多的体能消耗，并且承担更大的捕食风险。

将中华姬鼠放入半自然围栏中，在围栏内距离巢穴 1 m、5 m 和 13 m 处分别设立 3 个种子释放点（以下称 1 m、5 m 和 13 m 种子释放位点），在 3 个释放点分别放入栓皮栎种子各 20 粒。结果发现，总贮藏量和总取食量随着食物源远离巢穴而逐渐减少，说明中华姬鼠面临高风险时选择减少投入的策略，即中华姬鼠对贮藏和取食风险升高的应对策略是降低取食量和贮藏量。快速隔离是贮藏者为减少竞争者对食物的利用而采取的贮藏策略，这种策略使得贮藏者能够迅速地占有大量食物资源。本研究发现释放点无论距离远近，种子均先被大量分散贮藏在各个释放点周围（图 7-7），但是随着释放点远离巢穴，种子被集中贮藏的比例下降。此外，本研究发现 3 个释放点之间存在极显著差异，这个差异主要表现在 1 m 点与 5 m 点以及 5 m 点与 13 m 点之间。5 m 点种子被分散贮藏的距离最小，而 1 m 和 13 m 点种子被分散贮藏的距离差异不大，这可能是由于围栏的空间大小限制了中华姬鼠的活动范围。中华姬鼠的搬运能力较强，许多种子都被搬运到墙角埋藏，所以更靠近墙角的 1 m 和 13 m 点种子被分散贮藏的距离差异不显著（陈晓宁等，2017）。

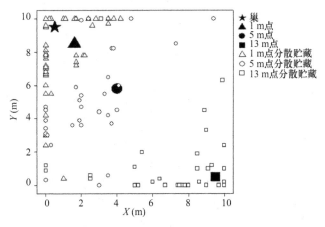

图 7-7　种子在围栏内的分散贮藏点分布

# 第六节　野外条件下鼠类对壳斗科植物种子的扩散

## 一、森林鼠类对秦岭南坡 3 种壳斗科植物种子扩散的差异

许多森林鼠类都具有贮藏植物种子的行为，贮食行为对于鼠类度过冬眠期、哺乳期、食物匮乏期等特殊时期具有决定性作用。鼠类的贮食行为可以分为集中贮食和分散贮食，其中分散贮食行为对于植物的更新和分布具有重要作用。这些被分散贮藏的种子中有部分种子会逃脱捕食，遇到适宜的萌发条件，这些种子可能会萌发并建成幼苗，最终实现植物的自然更新（Vander Wall，1994；Cao et al.，2011）。壳斗科植物是亚热带和温带地区森林群落中的优势种或建群种，在生态系统中占据着重要的地位。森林鼠类往往是这些壳斗科植物种子的重要捕食者和主要扩散者（Chang et al.，2012）。已有研究表明种子的物理和化学特征是影响鼠类对其取食和扩散的重要因素，同时，非种子自身特征的因素，如食物丰富度等也是影响鼠类扩散种子的重要因素。

2011~2012 年，每年 10 月初在实验样地内随机选取 10 个样点作为种子释放点，每个样点均放置用塑料片标签标记的 3 种种子（锐齿槲栎、栓皮栎和短柄枹栎）各 20 粒（共 60 粒），在释放后的第 1 天、第 3 天、第 5 天、第 10 天、第 17 天、第 27 天、第 50 天进行调查，调查面积为以种子释放点为中心半径为 30 m 的范围。结果表明，栓皮栎种子原地被取食率均低于其余 2 种植物，短柄枹栎的原地被取食时间均略早于其他 2 种种子，但 3 种种子扩散后被取食的动态差异均不显著。栓皮栎种子的贮藏量最大，被贮藏后的存留量也最大，表明鼠类倾向于贮藏营养价值高的种子，并且其贮藏距离也最远（2011 年：1.52 m；2012 年：4.03 m）。本研究发现在食物丰富度相对较高的年份（2011年），所有种子的消耗速率较慢，分散贮藏量较高，至实验结束仍有 29.67% 的种子被贮藏。而在食物丰富度相对较低的年份（2012 年），种子消耗速率较快，在种子释放后 10 天内所有种子均被取食或扩散，贮藏量较低。这一结果表明在食物丰富度相对较低的时期，鼠类为了保证自身能量的需求，会以取食种子为主，而在食物丰富度相对较高的时期，鼠类可以在保证其活动能量需求的情况下对种子进行较多的分散贮藏，从而使种子存活和更新的可能性增加（张博等，2016）。

## 二、秦岭南北坡森林鼠类对板栗和锐齿槲栎种子扩散的影响

季节和生境（时间和空间）的变化是影响鼠类贮食行为的两个重要因素（常罡和邰发道，2011）。多数研究证实，在温带地区，鼠类的贮食行为主要集中在种子丰富的夏、秋季。一些研究指出，生境的变化能够影响鼠类的觅食行为，继而影响被扩散的幸存种子的空间格局（Zhang et al.，2016）。如果栖息地环境不理想，鼠类偏向于将该食物搬运到更远的地方进行贮藏。不同种子的理化特征差异会对鼠类的取食和贮藏策略产生重要影响。例如，鼠类不喜好原地取食种皮硬度大的种子，因为啃食坚硬的种皮不仅增加搬运或取食种子所消耗的能量，而且会增加野外被捕食风险。

本研究于 2012 年和 2013 年在秦岭南坡（佛坪国家级自然保护区）和北坡（周至国家级自然保护区）开展。在 2 个研究地区选取地势较为平缓的落叶阔叶林带作为实验样地，在实验样地内随机选择 10 个样点作为种子释放点，每个样点同时放入标记的板栗和锐齿槲栎种子各 20 粒，调查时间为种子释放后的第 1 天至第 7 天，调查范围是以每个种子释放点为中心 30 m 以内。结果发现，秦岭南北坡的环境因素，特别是植被因素，对鼠类扩散板栗和锐齿槲栎种子具有重要的影响。南坡较为丰富的壳斗科植被，导致 2 种种子在南坡的存留时间均长于北坡，而北坡的扩散取食和丢失率均高于南坡；2 种种子在南、北坡的扩散历程在两个年份间有很大差异，在食物相对匮乏的年份（2012 年），种子被扩散的速率较快，同时丢失比率也较高，表明种子产量大小年对森林鼠类取食和贮藏种子策略有重要的影响。种子特征也会影响鼠类对种子的取食或贮藏策略，由于蛋白质和脂肪等营养含量较高，鼠类更喜好取食和搬运贮藏板栗种子。然而，低营养但高丹宁含量的锐齿槲栎种子仍然被鼠类大量贮藏。无论在南坡还是北坡，营养价值含量较高的板栗种子的取食和贮藏距离都明显大于营养价值含量较低的锐齿槲栎种子，这与最优贮藏空间分布模型的预测是一致的（陈晓宁等，2016）。

## 三、种子大小年和鼠类数量对秦岭南坡锐齿槲栎种子扩散的影响

种子产量大小年变化是多年生植物中普遍存在的一种现象，是植物的一种生殖策略。目前，有几种假说被提出来解释这一现象，如授粉效率假说、物候同步假说、捕食者饱和假说和捕食者扩散假说。其中捕食者饱和假说被普遍认为可以有效解释种子产量大小年现象（Xiao *et al.*，2013；Linhart *et al.*，2014）。该假说认为，在种子产量小年，捕食者种群数量会因食物不足不得不维持小种群，随后出现种子大年，在种子产量大年，由于产生大量的种子，可以充分满足种子捕食者的消耗量，使得更多的种子可以逃脱捕食者的捕食，进而增加种子存活下来的机会，最终实现幼苗的建立和更新。此外，鼠类数量对植物种子的捕食和扩散也有重要影响。例如，较高的鼠类数量会提高种子扩散速度和扩散距离，而较低的鼠类数量会增加种子的贮藏量。因此，种子可获得性（取决于种子年产量和鼠类数量的比率）可能是影响种子扩散的关键因素。

以锐齿槲栎为研究对象，我们调查了种子产量和鼠类数量对锐齿槲栎种子扩散差异的影响。结果显示，在种子产量小年（2012 年和 2014 年），种子消失率较种子产量大年（2011 年和 2013 年）快，这是因为在种子产量小年的种子可获得性低，鼠类为了满足日常能量需求，只能大量取食有限的种子（图 7-8）。尽管种子被原地取食和搬运后取食在这 4 年中没有显著差异，但总的种子取食数量（包括原地取食和扩散后取食）在种子产量小年高于种子产量大年（图 7-9a，图 7-9b）。种子的贮藏量在 4 年中具有显著差异，鼠类贮藏种子的数量在种子产量小年高于种子产量大年（图 7-9c）。种子初次和二次平均扩散距离（包括贮藏和取食）在种子产量小年比种子产量大年远。总之，以上结果表明具有较低的种子可获得性的种子产量小年既可提高种子的取食量，又可提高种子的贮藏量，该结果也更加支持捕食者饱和假说（Wang *et al.*，2017）。

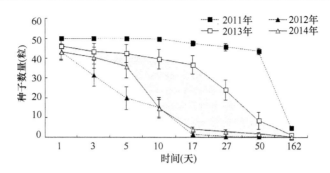

图 7-8  2011~2014 年佛坪国家级自然保护区锐齿槲栎种子原地存留的动态

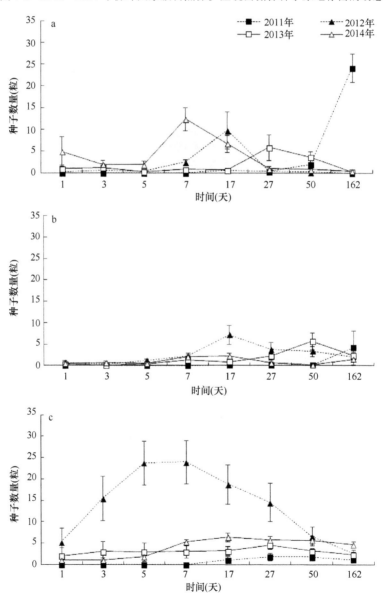

图 7-9  2011~2014 年佛坪国家级自然保护区锐齿槲栎种子被原地取食（a）、
扩散后取食（b）和贮藏（c）的动态

## 第七节 种子-昆虫-鼠类相互关系研究

### 一、野外和实验室条件下鼠类对虫蛀种子的选择策略差异

通常情况下，种子重量是影响动物觅食或贮藏的重要因素。昆虫作为种子扩散前的捕食者，常在种子成熟过程中即寄生于植物种子，导致种子胚的破坏，从而降低了种子对森林鼠类的吸引力（Steele et al., 1996；Xiao et al., 2017）。食物丰富度也是影响鼠类对种子选择的一个重要因素（Fletcher et al., 2010）。在食物匮乏时期，鼠类为了满足其日常的能量需求，只能大量取食有限的种子，减少其贮藏量；而在食物丰盛时期，鼠类在满足其日常能量需求的同时，还有大量剩余的种子供其贮藏。

研究于 2011～2013 年进行，以锐齿槲栎种子为研究对象，实验分为半自然围栏实验和野外扩散实验。半自然围栏实验结果发现，中华姬鼠取食了较多的完好种子，并将更多的完好种子搬运到巢穴进行集中贮藏，说明中华姬鼠可以区分完好和虫蛀种子（图 7-10a）。北社鼠倾向于在巢穴内取食和贮藏完好种子，其对完好和虫蛀锐齿槲栎种子在巢内取食动态方面存在显著差异（图 7-10b），表明北社鼠也可以区分完好和虫蛀种子。因此，半自然围栏实验表明鼠类可以准确区分完好和虫蛀锐齿槲栎种子，会潜在影响锐齿槲栎种子的扩散命运。野外扩散实验结果发现，3 年间虫蛀种子的原地存留时间普遍高于完好种子，表明鼠类可以准确区分完好和虫蛀种子。鼠类密度和食物丰富度会影响鼠类对于完好和虫蛀锐齿槲栎种子的选择策略，2012 年和 2013 年的食物丰富度均低于 2011 年，鼠类密度在 2012 年远高于 2011 年和 2013 年，由于这两个因素的影响，2012 年种子的原地消失速率远高于 2011 年和 2013 年。研究结果表明在食物丰富的年份鼠类倾向于取食完好种子，并会贮藏相当数量的完好种子。在食物资源匮乏年份，鼠类倾向于同时取食完好和虫蛀种子，且对种子的贮藏量减少。

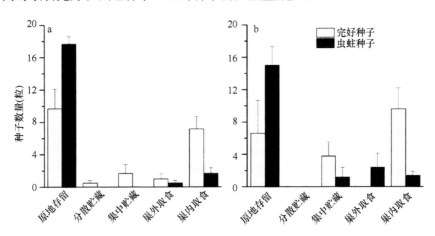

图 7-10 半自然围栏条件下的种子命运
a. 中华姬鼠；b. 北社鼠

### 二、昆虫蛀食对鼠类介导下锐齿槲栎种子扩散的影响

森林鼠类是否具有鉴别虫蛀种子的能力一直存在争议。一些研究认为森林鼠类能够

准确地识别虫蛀种子（Steele *et al.*，1996；Smallwood *et al.*，2001），Xiao 等（2003）研究表明，鼠类能准确地鉴别虫蛀种子，从而有区别地搬走并贮藏更多的完好种子。而另外一些研究则认为森林鼠类不能分辨虫蛀和完好种子。有研究表明，白足鼠（*Peromyscus leucopus*）对完好和虫蛀美洲白栎（*Quercus alba*）的取食不受昆虫寄生的影响（Semel and Andersen，1988）。由此可见，对于鼠类是否能够准确鉴别虫蛀种子还有待进一步的研究。

我们于 2011 年秋季（9～11 月，食物丰富季节）和 2012 年春季（3～5 月，食物匮乏季节），在秦岭南坡的佛坪国家级自然保护区采用种子标签法追踪森林鼠类对完好和虫蛀锐齿槲栎种子的扩散差异。结果表明，在秋季，尽管 2 种类型种子的存留动态没有显著差异，但是后期虫蛀种子在种子释放点的存留时间相对更长一些；而在春季 2 种类型种子的存留动态则极为显著，几乎所有的完好种子（99%）在释放后的第 3 天就被鼠类全部扩散，而虫蛀种子的存留时间相对较长（图 7-11，图 7-12a）。在秋季，鼠类更喜好扩散后取食完好种子；而在春季，鼠类则喜好在原地取食绝大部分的种子，并且优先取食完好种子（图 7-11a～c，图 7-12a～c）。在秋季，鼠类贮藏了更多的完好种子；而在春季，尽管完好种子在释放后第 1 天的贮藏量到达高峰，但这些种子在后期被大量取食，2 种类型种子在贮藏动态上没有显示出显著差异（图 7-11d，图 7-12d）。本研究结果提示在秦岭地区森林鼠类可以准确区分完好与虫蛀种子，但是食物丰富度会影响鼠类对种子的选择策略。在食物丰富的秋季，鼠类更多地选择贮藏完好种子；而在食物相对匮乏的春季，鼠类更倾向于同时取食 2 种类型种子（张博等，2014）。

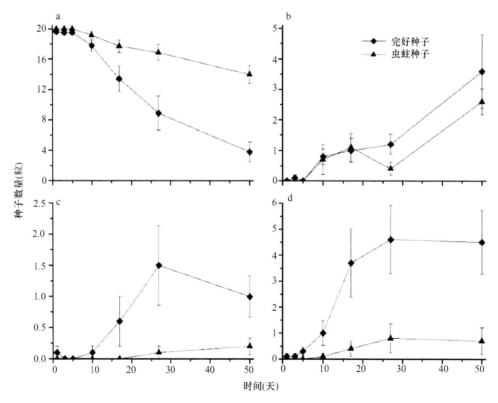

图 7-11　完好与虫蛀锐齿槲栎种子在秋季的命运动态
a. 种子在释放点的存留动态；b. 种子在释放点被取食的动态；c. 种子被搬运后取食的动态；d. 种子被贮藏的动态

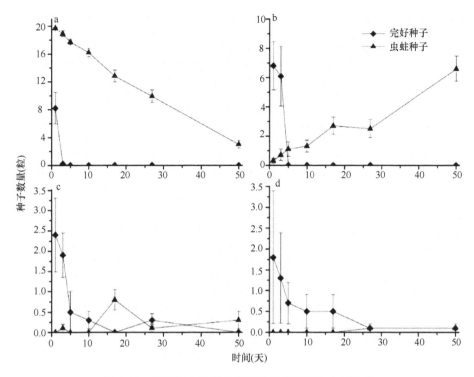

图 7-12 完好与虫蛀锐齿槲栎种子在春季的命运动态
a. 种子在释放点的存留动态；b. 种子在释放点被取食的动态；c. 种子被搬运后取食的动态；d. 种子被贮藏的动态

## 三、秦岭南坡短柄枹栎和锐齿槲栎的种子产量、种子大小及其与昆虫寄生的关系

植物种子在种子雨下落的过程通常会面临昆虫的寄生取食或捕食，尤其是栎属植物，由于其种子内含有丰富的淀粉、脂肪等营养物质，往往成为许多昆虫优先寄生取食的对象（马杰等，2008）。许多研究表明植物自身具有防御昆虫寄生的方式，其中种子产量大小年的周期变化就是栎属植物防御昆虫寄生的一种很好的机制，即植物通过种子产量大小年的周期变化来改变取食者的饥饿（种子小年）或饱足程度（种子大年）（Linhart *et al*.，2014）。此外，种子大小变化也是植物自身防御昆虫寄生的机制之一，如植物通过增加种子体积使其胚乳可以满足昆虫的取食需求，从而防止胚因昆虫捕食而失去萌发能力，使得种子即使被昆虫寄生取食，但仍然具有正常萌发的能力（于晓东等，2001）。

我们于 2011～2012 年在秦岭南坡佛坪国家级自然保护区内随机选取 8 棵短柄枹栎和锐齿槲栎母树用于种子雨调查，统计种子产量。此外，种子雨下落高峰期在每棵母树下随机收集成熟种子各约 200 粒，分别测量其直径和长度，用来计算种子体积大小。同时切开种子确认种子是否被虫蛀，若是虫蛀种子则记录昆虫种类和数量等。结果发现，2011 年短柄枹栎和锐齿槲栎的种子雨密度和种子产量均显著高于 2012 年。说明 2011 年是二者种子产量相对大年，2012 年是二者种子产量相对小年。短柄枹栎和锐齿槲栎的种子虫蛀率与其种子产量有一定的关系，即在种子产量较低年份，虫蛀率有升高趋势，反之则虫蛀率有降低趋势，该研究结果与捕食者饱和假说一致。研究发现短柄枹栎与锐齿槲栎的虫蛀种子体积均显著大于完好种子，说明昆虫有选择大种子产卵寄生的偏好。另外，回归分析表明，2011 年短柄枹栎和锐齿槲栎虫蛀种子所含幼虫数与种子大小的相关性显著，2012 年二者间相关性虽然无显著差异性，但短柄枹栎和锐齿槲栎虫蛀种子所含幼虫数为 2 头及以上的虫蛀种子体积大小明显高于含有 1 头幼虫的虫蛀种子。这表明短柄枹栎和锐齿槲栎虫蛀种子所含幼虫数与种子大小有一定的关系，即种子越大，所含昆虫幼虫数就越多，这说明昆虫选择大种子产卵寄生有较高的适应价值（图 7-13，图 7-14）（王京等，2015）。

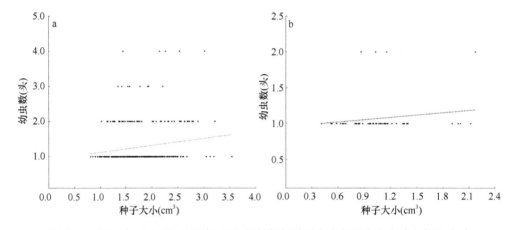

图 7-13　2011 年（a）和 2012 年（b）短柄枹栎种子大小与昆虫寄生幼虫数的关系

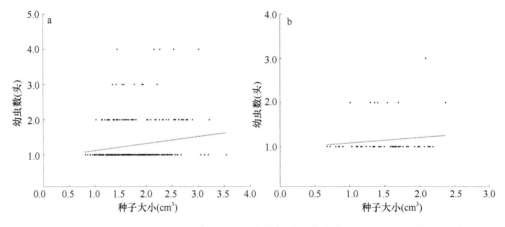

图 7-14　2011 年（a）和 2012 年（b）锐齿槲栎种子大小与昆虫寄生幼虫数的关系

# 第八节　总结与展望

动植物相互作用是生态学研究的热点话题之一。在秦岭地区，我们研究了森林鼠类与当地壳斗科优势树种板栗、锐齿槲栎、栓皮栎和短柄枹栎种子间的相互作用。主要结论如下。

（1）研究地区的鼠类主要有中华姬鼠、北社鼠、甘肃仓鼠、岩松鼠、褐家鼠、绒鼠、小家鼠等 7 种。其中，以北社鼠和中华姬鼠的捕获率最高，为该地区鼠类群落中的优势鼠种，对该地区壳斗科种子的扩散起着至关重要的作用。从每年总的捕获数量和捕获率来看，以 2012 年最高，捕获数量和捕获率分别为 140 只和 20.03%，2011 年最低，捕获数量和捕获率分别为 12 只和 1.70%，其他年份间的捕获率差异不明显。

（2）通过实验围栏研究发现，秦岭南坡同域分布的 3 种鼠具有明显的贮食行为差异。北社鼠和甘肃仓鼠主要集中贮藏种子，中华姬鼠则同时表现出集中和分散两种贮食行为。种子特征会影响鼠类取食和贮藏策略，鼠类喜欢取食和集中贮藏营养价值较高的种子，而喜欢分散贮藏单宁含量较高的种子。其中，北社鼠主要集中贮藏营养价值中、高等的种子，甘肃仓鼠主要集中贮藏营养价值高的种子，中华姬鼠主要集中贮藏营养价值中、低等的种子而分散贮藏营养价值低、单宁含量较高的种子。

在食物源与巢穴间距离对鼠类贮食行为的影响研究中，发现种子的总贮藏量和总取食量随着食物源与巢穴距离的增加而减少，说明中华姬鼠对贮藏和取食风险升高的应对策略是降低种子的取食量和贮藏量。

（3）通过连续监测秦岭南坡 4 种壳斗科植物的种子雨，发现板栗种子雨的高峰期要早于其他 3 种植物，这就造成板栗种子的捕食率较高，扩散率较低。因此，鼠类的过度捕食可能是研究地区原生板栗林不断萎缩的原因之一。

此外，4 种植物的败育和虫蛀种子的下落高峰期均略早于完好种子，这或许是植物适应动物捕食的一种自我保护机制。

（4）4 种壳斗科植物的种子产量存在较为相似的大小年现象。其中 2013 年是所有种子产量的大年，2014 年是所有种子产量的小年。然而，在其他几个年份中，4 种壳斗科植物的种子产量却存在相互消长的大小年现象，这或许是植物种群应对动物捕食和扩散而采取的种间不同的繁殖策略。

（5）通过野外释放种子扩散研究，发现同域分布的 3 种壳斗科种子的扩散模式具有明显的差异，鼠类倾向于贮藏营养价值高的种了。同时，通过种子大小年和鼠类数量对种子扩散的影响研究，发现具有较低种子可获得性的种子产量小年既提高了种子的取食量，又增加了种子的贮藏量。

通过对秦岭南、北坡鼠类扩散种子的比较发现，秦岭南北坡的环境因素，特别是植被因素，对鼠类扩散板栗和锐齿槲栎种子具有重要的影响。南坡较为丰富的壳斗科种子资源，可能是导致 2 种种子在南坡的存留时间均长于北坡，而北坡的扩散取食和丢失率均高于南坡的主要因素。

（6）通过种子-昆虫-鼠类相互关系的研究，发现种子产量的大小年结实现象与种子虫蛀率具有一定的关系，即在种子产量较低年份，虫蛀率有升高趋势，反之则有降低趋势。此外，昆虫对个体较大的种子有寄生选择偏好，即种子越大，所含的寄生昆虫幼虫数就越多。

研究表明鼠类可以准确区分完好和虫蛀种子，但同时食物丰富度也会影响鼠类对于完好和虫蛀种子的选择策略。通常在食物丰富期，鼠类喜欢贮藏完好种子，而在食物匮乏期，鼠类会改变策略，喜欢贮藏较少数量的种子，并取食更多数量的完好和虫蛀种子。

（7）本研究发现该地区原生板栗林不断萎缩，为了促进该地区板栗林的恢复，建议林业部门在 10～11 月（种子雨后期）通过飞播或人工播种，增加板栗种子的密度，有效促进板栗种子的扩散。

　　尽管本研究初步探讨了秦岭山区啮齿动物与植物种子基于捕食和互惠的相互关系，但仅停留在常规的野外观察阶段，对鼠类贮食行为的机制并不清楚。为什么同域分布的鼠类在贮食行为上有明显差别？为什么同域分布的鼠类在虫蛀种子鉴别上存在差异？环境变化如何影响种子的产量和鼠类的扩散行为？这些问题的解答并不能通过简单的行为观察来解决，需要结合神经生物学、分子生物学和大数据模型等技术方法，对鼠类与种子的相互关系进行深入的研究。因此，下一步的研究应该从以下几个方面展开：①同其他地区的鼠类与植物种子关系进行比较，通过大数据模型分析，探讨地理差异和环境变化（如气候、植被等因素）对动物贮食行为和种子扩散的影响问题；②探讨同域分布的种子贮藏者和非贮藏者的共存问题；③探讨鼠类贮食行为的空间记忆问题；④探讨贮食行为的进化问题；⑤探讨种子的化学特征对鼠类取食和扩散行为的影响机制。

# 参 考 文 献

常罡, 邰发道. 2011. 季节变化对锐齿槲栎种子扩散的影响. 生态学杂志, 30(1): 189-192.

陈晓宁, 张博, 陈雅娟, 等. 2016. 秦岭南北坡森林鼠类对板栗和锐齿槲栎种子扩散的影响. 生态学报, 36(5): 1303-1311.

陈晓宁, 张博, 王京, 等. 2017. 食物源距离对中华姬鼠贮藏策略的影响. 兽类学报, 37(2): 146-151.

侯祥, 张博, 陈晓宁, 等. 2016. 围栏条件下同域分布三种鼠对两种种子的贮藏行为差异. 兽类学报, 36(2): 207-214.

刘诗峰, 张坚. 2003. 佛坪自然保护区生物多样性研究与保护. 西安: 陕西科学技术出版社.

马杰, 阎文杰, 李庆芬, 等. 2008. 东灵山辽东栎虫损种子调查. 生态学杂志, 27(2): 282-285.

王京, 侯祥, 张博, 等. 2015. 秦岭南坡短柄枹栎和锐齿槲栎的种子产量和种子大小及其与昆虫寄生的关系. 昆虫学报, 58(12): 1307-1314.

于晓东, 周红章, 罗天宏, 等. 2001. 昆虫寄生对辽东栎种子命运的影响. 昆虫学报, 44(4): 518-524.

张博, 石子俊, 陈晓宁, 等. 2014. 昆虫蛀蚀对鼠类介导下的锐齿槲栎种子扩散的影响. 生态学报, 34(14): 3937-3943.

张博, 石子俊, 陈晓宁, 等. 2016. 森林鼠类对秦岭南坡 3 种壳斗科植物种子扩散的影响. 生态学报, 36(21): 6750-6757.

Cao L, Guo C, Chen J. 2017. Fluctuation in seed abundance has contrasting effects on the fate of seeds from two rapidly germinating tree species in an Asian tropical forest. Integrative Zoology, 12: 2-11.

Cao L, Xiao Z S, Guo C, *et al.* 2011. Scatter-hoarding rodents as secondary seed dispersers of a frugivore-dispersed tree *Scleropyrum wallichianum* in a defaunated Xishuangbanna tropical forest, China. Integrative Zoology, 67: 227-234.

Chang G, Jin T, Pei J, *et al.* 2012. Seed dispersal of three sympatric oak species by forest rodents in the Qinling Mountains, Central China. Plant Ecology, 213: 1633-1642.

Chang G, Zhang Z. 2011. Differences in hoarding behaviors among six sympatric rodent species on seeds of oil tea (*Camellia oleifera*) in Southwest China. Acta Oecologica, 37: 165-169.

Chang G, Zhang Z. 2014. Functional traits determine formation of mutualism and predation interactions in seed-rodent dispersal system of a subtropical forest. Acta Oecologica, 55: 43-50.

Fletcher Q E, Boutin S, Lane J E, *et al.* 2010. The functional response of a hoarding seed predator to mast seeding. Ecology, 91: 2673-2683.

Leaver L A. 2004. Effects of food value, predation risk, and pilferage on the caching decision of *Dipodomys merriami*. Behavioral Ecology, 15(5): 729-734.

Linhart Y B, Moreira X, Snyder M A, *et al.* 2014. Variability in seed cone production and functional response of seed predators to seed cone availability: support for the predator satiation hypothesis. Journal of Ecology, 102: 576-583.

Semel B, Andersen D C. 1988. Vulnerability of acorn weevils (*Coleoptera*: Curculionidae) and attractiveness of weevils and infested *Quercus alba* acorns to *Peromyscus leucopus* and *Blarina brevicauda*. American Midland Naturalist, 119(2): 385-393.

Smallwood P D, Steele M A, Faeth S H. 2001. The ultimate basis of the caching preferences of rodents, and the oak-dispersal syndrome: tannins, insects, and seed germination. American Zoologist, 41(4): 840-851.

Steele M A, Hadj-Chikh L Z, Hazeltine J. 1996. Caching and feeding decisions by *Sciurus carolinensis*: responses to weevil-infested acorns. Journal of Mammalogy, 77(2): 305-314.

Vander Wall S B. 1990. Food Hoarding in Animals. Chicago: University of Chicago Press.

Vander Wall S B. 1994. Seed fate pathways of antelope bitterbrush: dispersal by seed-caching yellow pine chipmunks. Ecology, 75: 1911-1926.

Vander Wall S B. 2002. Masting in animal-dispersed pines facilitates seed dispersal. Ecology, 83(12): 3508-3516.

Vander Wall S B. 2003. Effects of seed size of wind-dispersed pines (*Pinus*) on secondary seed dispersal and the caching behavior of rodents. Oikos, 100: 25-34.

Vander Wall S B, Beck M J. 2012. A comparison of frugivory and scatter-hoarding seed-dispersal syndromes. The Botanical Review, 78: 10-31.

Wang B, Wang G, Chen J. 2012. Scatter-hoarding rodents use different foraging strategies for seeds from different plant species. Plant Ecology, 213: 1329-1336.

Wang J, Zhang B, Hou X, *et al*. 2017. Effects of mast seeding and rodent abundance on seed predation and dispersal of *Quercus aliena* (Fagaceae) in Qinling Mountains, Central China. Plant Ecology, 218: 855-865.

Wang Z, Cao L, Zhang Z. 2014. Seed traits and taxonomic relationships determine the occurrence of mutualisms versus seed predation in a tropical forest rodent and seed dispersal system. Integrative Zoology, 9: 309-319.

Xiao Z, Zhang Z, Charles J K. 2013. Long-term seed survival and dispersal dynamics in a rodent-dispersed tree: testing the predator satiation hypothesis and the predator dispersal hypothesis. Journal of Ecology, 101: 1256-1264.

Xiao Z, Zhang Z, Wang Y. 2003. Rodent's ability to discriminate weevil-infested acorns: potential effects on regeneration of nut-bearing plants. Acta Theriologica Sinica, 23(4): 312-320.

Zhang H, Yan C, Chang G, *et al*. 2016a. Seed trait-mediated selection by rodents affects mutualistic interactions and seedling recruitment of co-occurring tree species. Oecologia, 180: 475-484.

Zhang Y, Yu J, Sichilima A M, *et al*. 2016b. Effects of thinning on scatter-hoarding by rodents in temperate forest. Integrative Zoology, 11: 182-190.

# 第八章  四川都江堰地区森林鼠类
# 与植物种子相互关系研究

## 第一节  概  述

　　森林种子命运——种子在何时、何地以及如何存活或死亡，仍然是困扰森林更新研究的关键问题。一般认为，鼠类是森林种子的主要捕食者，因为它们消耗了部分甚至所有产生的种子或果实。许多鼠类分散贮藏种子和果实，而部分未被发现的贮藏种子最后可能萌发，并成功建成幼苗，实现种群更新。在这种情况下，种子捕食是有效种子扩散的代价。因此，鼠类与植物种子之间既有捕食关系，又有互惠关系。研究表明，许多坚果植物的自然更新依赖小型兽类（特别是鼠类）将其种子分散埋藏在远离母树的"安全地点"，而这些植物以部分甚至绝大部分的种子产量作为对扩散其种子的动物的回报。同时，植物种子与鼠类之间的这种互惠/捕食关系可能促进了它们彼此在行为和特征方面的协同进化或协同适应。然而，由于种子扩散过程极为复杂，以及森林更新过程在时间和空间上存在很大差异，人们对鼠类传播种子的认识仍然十分有限。因此，深入阐明鼠类在种子扩散和森林更新中的地位及作用是一个非常重要的研究课题。

　　本研究通过以鼠类与森林种子为研究系统探讨了亚热带常绿阔叶林中鼠类的贮食行为及其在种子扩散和森林更新中的作用机制。主要研究内容涉及如下 3 个方面。

　　（1）通过实验围栏和野外调查相结合的方法比较研究了同域分布的鼠种之间的贮食行为及其影响因素，如食物偏好选择、分散贮藏与盗食代价等，以阐明动物的行为决策机制及其生态功能。

　　（2）通过研究松鼠对橡子的利用机制，以及橡子对松鼠的防御策略，探讨了松鼠与栎类之间的博弈对策，进而阐明松鼠与栎类植物之间的弥散协同进化机制。

　　（3）通过长期种子命运跟踪和综合分析，系统评估了鼠类贮藏种子介导的种子扩散的代价和利益，探讨了鼠类取食和贮藏种子对种子命运及森林更新的影响，以阐明鼠类在种子命运和森林更新中的重要贡献及相关机制。

　　自 2000 年以来，我们在四川省都江堰市般若寺国营实验林场（蒲阳镇）和青城山景区以森林动物和植物果实（种子）之间的相互关系为核心开展长期定位研究。在般若寺国营实验林场，对鼠类种群、群落动态以及主要树种的种子产量、种子命运和幼苗调查等方面进行了长期定点监测与研究。在青城山景区，对优势建群树种（壳斗科植物）的种群更新及其与鼠类之间的相互关系以及兽类、地栖性鸟类多样性资源等开展了定位监测和研究。此外，在陕西佛坪、四川青城山和云南哀牢山等区域，对多种松鼠的觅食行为及其与栎类橡子之间的相互作用进行了深入研究。目前，我们在鼠类贮食行为、松鼠与栎类间的弥散协同进化机制以及鼠类在森林更新中的作用等方面取得了重要研究进展。这些研究进展可为我国亚热带森林生物多样性保护和生态环境评价等提供重要科学依据。

# 第二节 研究地区概况

都江堰地区位于四川盆地西缘山地，是从青藏高原的第一阶梯向位于第二阶梯的成都平原过渡的地区，是我国生物多样性保护的关键区域"岷山—横断山北段"的一个重要组成部分。北面有岷山山系，西面是邛崃山系，东北有龙门山系。多种地理要素在都江堰附近地区交汇，使其成为大尺度复合型生态过渡带。在植物区系上，该区域属于"横断山脉植物区系地区"向"华中植物区系地区"的过渡区。植被上它靠近中亚热带常绿阔叶林、北亚热带常绿落叶林、阔叶混交林、暖温带南部落叶栎林、山地寒温性针叶林和高寒灌丛草甸。在动物地理上，该区域属于西南山地亚区、西部山地高原亚区、黄土高原亚区和青海藏南亚区等几个动物地理区的过渡。

都江堰地区的气候属于中亚热带，是来自太平洋的东南季风和青藏高原高空西风环流南支两股气流的交汇地区。11月至翌年4月在西风环流控制下，天气晴朗，寒冷干燥；5~10月在东南季风影响下多阴雨天气。其坝区年均温为15.2 ℃左右，1月均温为4.6℃，极端最低为-5.0℃。≥10℃的年积温为4677.1℃。夏季由于迎接来自太平洋的东南暖湿气流与"盆地效应"形成的沿盆周山地下沉的冷湿复合气流在山坡相遇，形成降水，地形雨十分丰富，是著名的"华西雨屏带"的一部分。年降水量为1200~1800 mm，云雾多，日照少（年日照时数只有800~1000 h），湿度大（年平均相对湿度为80%以上）。都江堰地区气候的另一个特点是垂直变化显著。降水量在海拔2200~2800 m形成高峰，由此向上、向下都逐渐减少。根据2000~2014年以来的气候记录，可以看到该区域年内可分成明显的旱季（10月到翌年4月）和雨季（5~9月）（图8-1）。

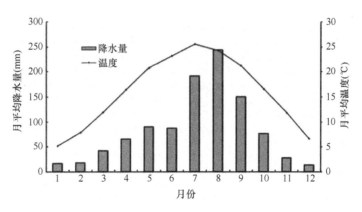

图8-1 都江堰地区的月平均气温和月平均降水量

长期以来由于人类对土地、野生动植物等自然资源的过度开发和利用，环境污染、土壤退化、生境破碎化、大量动植物物种消失、外来物种入侵、气候变化等已成为全球性问题，严重威胁着人类和野生动植物生存的共同家园。随着都江堰旅游资源开发和经济快速发展，如何有效地保护和合理利用该区域的生物多样性资源及野生动植物的栖息环境是一项长期的重要研究课题。龙溪—虹口国家级自然保护区设立于1997年，以大熊猫等珍稀野生动植物及其栖息地为保护目的。保护区位于青藏高原东缘，横断山北段，属于著名的生物多样性富集区。保护区是典型的高山峡谷地貌，最高峰光光山海拔4582 m，最低海拔820 m，总面积为310 km$^2$，外围保护带面积为117 km$^2$，区内森林覆盖率为84.5%。保护区内国家重点保护植物有13种，国家重点保护动物有45种，其中国家一级重点保护动物有9种。龙溪—虹口国家级自然保护区是岷山种群分布的西南区域，直接联系着岷山山系和邛崃山系两个最大的大熊猫野生种群，是大熊猫生存繁衍的关键区域和"天然走廊"，地理位置尤为重要。

2008年"5·12"汶川特大地震使都江堰市生态环境遭受严重破坏。龙溪—虹口国家级自然保护区是地震灾区受灾最严重的地区，地震引起的山体崩塌、滑坡、泥石流等造成了大面积的裸地、裸岩、陡壁和堰塞湖等，原始植被受损面积达7170 hm$^2$，占保护区总面积的23.1%。综合科学考察对深入了解都江堰地区生物多样性资源现状和灾后自然生态恢复进程具有重要意义，将为都江堰市生物多样性保护、自然保护区建设管理、生态环境建设及生态旅游发展提供科学依据（肖治术等，2014a）。

## 一、般若寺样地概况

四川都江堰市般若寺林场是本研究调查的重点区域，隶属于向峨乡和蒲阳镇。该林场的植被基带为横断山北段典型性完整垂直带系列中的中亚热带常绿阔叶林带。由于村庄建设、农业发展、道路交通等人类活动影响，原始状况已不复存在，耕地将森林分隔，使之呈现典型的斑块状分布，是森林片断化较为严重的地带。根据植被类型和人类干扰活动的强烈程度，该林场的生境类型可大致分为原生林、次生林、灌丛、人工柳杉林、农田和退耕还林地。

原生次生林（80～90年，简称原生林），位于般若寺附近，面积约为38 hm$^2$，是植被保存较为完好的林分。乔木层以壳斗科、樟科、杜英科等为主，灌木层以山茶科、蔷薇科、山矾科等为主，草本层仅有零星分布，以蕨类为主。

次生林（20～50年）是该林场内的主要生境类型。当地百姓的农事活动，如伐木、捡柴和放牧等，对次生林内的植被造成了程度不等的破坏或干扰。多数次生林的树种组成与原生次生林大致相同，但其草本层和灌木层较原生次生林更为茂盛，覆盖度也较高。近年来禁止砍伐等护林措施使多数次生林林分内的植被得到了较快的恢复。

灌丛，一些次生林也常被当地百姓大面积砍伐而形成临时性灌丛，林龄常在10年以内。当所受的破坏和干扰减少时，灌丛植被恢复很快，地面覆盖度较大，在80%以上，比较适合小型兽类的栖息和活动。灌丛内木本植物丰富，草本层以蕨类占有绝对优势。

人工柳杉林，位于般若寺附近的多个森林斑块，是1996年由都江堰市林业局和当地村民去除次生植被后而人工栽种的。在柳杉林早期，以芒萁和其他草本类植物发育较好；当前生长近20年后已经成林，乔木和灌木树种仍有少量分布。

退耕还林地，主要是由旱耕地所形成的暂时性荒地。退耕还林工程实施后，当地村民在这些弃耕地和部分旱耕地内种植了一些经济林木，如银杏、核桃、板栗和柳杉等。退耕还林地周围有森林环抱，对缓解该区域破碎化生境有一定的作用，有利于一些大中型动物的迁移、觅食和栖息。

农田包括旱耕地和水田。旱耕地在山坡，主要种植小麦、玉米、油菜和其他粮食作物；水田在沟底，种植水稻和油菜等。

2008 年的汶川地震对般若寺附近森林的主要影响包括以下 3 个方面：①森林植被没有受到地质灾害的严重影响，但在原生次生林（也包括青城山景区）造成了大量倒木；②来自地震灾后恢复重建的间接影响更为严重，如大面积的次生林和原生次生林遭受不同程度的砍伐，部分树种的个体（包括倒木）被砍伐或被挖走，部分森林斑块甚至在去除全部植被后而栽种了猕猴桃等经济作物和其他树种；③地震后在般若寺周围修建了高等级公路，毁掉了部分森林植被，对该区域动植物栖息地形成了新的隔离，其长远影响有待调查评估。此外，灾后的恢复重建让分散居住的农户集中到了少数的居民点，从长远来看可减缓对该区域森林植被和生物多样性的直接影响，有助于当地生物多样性的保护与恢复。

## 二、都江堰亚热带森林植被及果实特征

般若寺林场和青城山景区的植被属于中亚热带常绿阔叶林。在般若寺林场，通过对 25 个森林斑块的木本植物进行调查，鉴定常见的木本植物共有 43 科 71 属 95 种，其中裸子植物 2 科 2 属 2 种（表 8-1）。从每科所含属数上看，包括 4 个属的科共有 4 个，分别是壳斗科（Fagaceae）、樟科（Lauraceae）、漆树科（Anacardiaceae）和蔷薇科（Rosaceae）。从优势的特征科来看，都江堰地区的优势科依次是壳斗科（10 种）、樟科（6 种）、桑科（Moraceae，5 种）和报春花科（Primulaceae，5 种），其中含 4 种的科包括山茶科（Theaceae）、漆树科、蔷薇科、山矾科（Symplocaceae）和芸香科（Rutaceae）。从种的多度上看，常见种包括黄牛奶树（*Symplocos cochinchinensis* var. *laurina*）、枹栎（*Quercus serrata*）、漆树（*Toxicodendron succedaneum*）、灯台树（*Cornus controversa*）、冬青（*Ilex chinensis*）、栲树（*Castanopsis fargesii*）、栓皮栎（*Quercus variabilis*）、木果海桐（*Pittosporum xylocarpum*）、山矾（*Symplocos sumuntia*）、微毛柃（*Eurya hebeclados*）、润楠（*Machilus nanmu*）、油茶（*Camellia oleifera*）、火棘（*Pyracantha fortuneana*）和老鼠矢（*Symplocos stellaris*）。

表 8-1　都江堰般若寺样地常见木本植物各科所含属和种的数目

| 科名 | 科拉丁名 | 属数 | 物种数 |
| --- | --- | --- | --- |
| 松科 | Pinaceae | 1 | 1 |
| 红豆杉科 | Taxaceae | 1 | 1 |
| 壳斗科 | Fagaceae | 4 | 10 |
| 樟科 | Lauraceae | 4 | 6 |
| 漆树科 | Anacardiaceae | 4 | 4 |
| 蔷薇科 | Rosaceae | 4 | 4 |
| 桑科 | Moraceae | 3 | 5 |
| 报春花科（紫金牛科） | Primulaceae (Myrsinaceae) | 3 | 5 |
| 芸香科 | Rutaceae | 3 | 4 |
| 大戟科 | Euphorbiaceae | 3 | 3 |
| 山茶科 | Theaceae | 2 | 4 |
| 木犀科 | Oleaceae | 2 | 3 |
| 杨柳科 | Salicaceae | 3 | 3 |

| 科名 | 科拉丁名 | 属数 | 物种数 |
|---|---|---|---|
| 豆科 | Leguminosae | 3 | 3 |
| 茜草科 | Rubiaceae | 2 | 2 |
| 鼠李科 | Rhamnaceae | 2 | 2 |
| 五加科 | Araliaceae | 2 | 2 |
| 大麻科 | Cannabaceae | 2 | 2 |
| 山矾科 | Symplocaceae | 1 | 4 |
| 冬青科 | Aquifoliaceae | 1 | 2 |
| 杜英科 | Elaeocarpaceae | 1 | 2 |
| 唇形科 | Lamiaceae | 1 | 2 |
| 柿科 | Ebenaceae | 1 | 2 |
| 卫矛科 | Celastraceae | 1 | 2 |
| 安息香科 | Styracaceae | 1 | 1 |
| 杜鹃花科 | Ericaceae | 1 | 1 |
| 海桐花科 | Pittosporaceae | 1 | 1 |
| 胡桃科 | Juglandaceae | 1 | 1 |
| 胡颓子科 | Elaeagnaceae | 1 | 1 |
| 绣球花科 | Hydrangeaceae | 1 | 1 |
| 桦木科 | Betulaceae | 1 | 1 |
| 旌节花科 | Stachyuraceae | 1 | 1 |
| 菊科 | Compositae | 1 | 1 |
| 苦木科 | Simaroubaceae | 1 | 1 |
| 楝科 | Meliaceae | 1 | 1 |
| 槭树科 | Aceraceae | 1 | 1 |
| 五福花科 | Adoxaceae | 1 | 1 |
| 山茱萸科 | Cornaceae | 1 | 1 |
| 省沽油科 | Staphyleaceae | 1 | 1 |
| 青皮木科 | Schoepfiaceae | 1 | 1 |
| 荨麻科 | Urticaceae | 1 | 1 |

## 三、果实组成及种子扩散特征

我们在般若寺林场 10 个森林斑块设置了 240 个种子雨收集器，研究了该区域常见木本植物的果实组成、果期物候和果实特征与其种子扩散策略之间的关系（李娟等，2013）（图 8-2）。从 2009 年 4 月至 2010 年 12 月，共收集到成熟果实 10 542 颗，分属 24 科 36 属 42 种（表 8-2，图 8-3）。物种数和果实数在秋季（9～12 月）达到高峰，以壳斗科（17%）、樟科（12%）、蔷薇科（9%）在物种数量上占优势。种子扩散模式以食果鸟类扩散的种类最多（52.4%），其次为鼠类贮藏扩散的种类（19.0%）和食果鸟兽共同扩散的种类（16.7%），以风扩散的种类最少（11.9%）。果实类型以核果（48%）、坚果（19%）和球果（10%）较为常见，而果实颜色以黑色（39%）最为常见，其次是褐色（29%）和红色（21%）。果实直径在 10 mm 以下的种类较多（64.3%），且以食果鸟类扩散为主，但 10 mm 以上的果实多以风和啮齿动物扩散的种类为主。因此，在该区域，果实高峰出现在秋季（雨季末和旱季早期），且木本植物的果实特征适合相关动物来传播其种子，并成为该区域的主要种子扩散模式，且不同树种在年份间和生境之间的种子产量亦表现较大的波动（图 8-4）。

表 8-2　都江堰常绿阔叶林常见木本植物的果实特征、果实物候和扩散模式（李娟等，2013）

| 学名 | 科名 | 生活型 | 果实类型 | 果实颜色 | 扩散模式 | 果期（月） | 果实直径（mm） | 单果种子数（粒） | 扩散单元 |
|---|---|---|---|---|---|---|---|---|---|
| 八角枫 Alangium chinense | 八角枫科 Alangiaceae | S | 核果 | 黑色 | B | 9~10 | 5.0~8.0 | 1 | S |
| 柏木 Cupressus funebris | 柏科 Cupressaceae | T | 球果 | 深褐色 | W | 8~11 | 8.0~12.0 | 20~30 | F |
| 冬青 Ilex chinensis | 冬青科 Aquifoliaceae | T | 核果 | 红色 | B+M | 11~12 | 6.0~8.0 | 4~5 | F |
| 江南越橘 Vaccinium mandarinorum | 杜鹃花科 Ericaceae | S | 浆果 | 紫黑色 | B | 8~9 | 4.0~5.0 | 10 以上 | S |
| 日本杜英 Elaeocarpus japonicus | 杜英科 Elaeocarpaceae | T | 核果 | 黑色 | B+M | 8~10 | 7.0~9.0 | 1 | F |
| 海桐 Pittosporum tobira | 海桐花科 Pittosporaceae | S | 蒴果 | 绿色 | B | 10~11 | 10.0~16.0 | 8~16 | S |
| 亮叶桦 Betula luminifera | 桦木科 Betulaceae | T | 翅果 | 褐色 | W | 11~12 | 5.0~6.0 | 80~90 | S |
| 板栗 Castanea mollissima | 壳斗科 Fagaceae | T | 坚果 | 深褐色 | R | 9~10 | 40.0~65.0 | 1~3 | S |
| 栲 Castanopsis fargesii | 壳斗科 Fagaceae | T | 坚果 | 黑色 | R | 10~11 | 25.0~30.0 | 1 | S |
| 短刺米槠 Castanopsis carlesii var. spinulosa | 壳斗科 Fagaceae | T | 坚果 | 黑色 | R | 10~11 | 10.0~15.0 | 1 | F |
| 港柯 Lithocarpus harlandii | 壳斗科 Fagaceae | T | 坚果 | 褐色 | R | 10~11 | 19.00 | 1 | S |
| 槲栎 Quercus serrata | 壳斗科 Fagaceae | T | 坚果 | 褐色 | R | 9~11 | 9.20 | 1 | R |
| 青冈 Cyclobalanopsis glauca | 壳斗科 Fagaceae | T | 坚果 | 褐色 | R | 9~11 | 10.30 | 1 | S |
| 栓皮栎 Quercus variabilis | 壳斗科 Fagaceae | T | 坚果 | 褐色 | R | 9~11 | 14.00 | 1 | S |
| 苦树 Picrasma quassioides | 苦木科 Simaroubaceae | T | 核果 | 蓝绿色 | B | 7 | 5.0~7.0 | 1 | F |
| 漆树 Toxicodendron verniciffluum | 漆树科 Anacardiaceae | T | 核果 | 灰色 | B+M | 9~11 | 8.0~10 | 1 | F |
| 盐肤木 Rhus chinensis | 漆树科 Anacardiaceae | S | 核果 | 红色 | B | 11 月至翌年 2 月 | 4.0~5.0 | 1 | F |
| 火棘 Pyracantha fortuneana | 蔷薇科 Rosaceae | S | 梨果 | 红色 | B+M | 11 月至翌年 2 月 | 8.0~10 | 5 | F |
| 七姊妹 Rosa multiflora var. carnea | 蔷薇科 Rosaceae | S | 蔷薇果 | 褐红色 | B | 11 月至翌年 2 月 | 6.0 | 4 | F |
| 小果蔷薇 Rosa cymosa | 蔷薇科 Rosaceae | S | 蔷薇果 | 红色 | B | 11 月至翌年 2 月 | 5.0 | 4 | F |
| 樱桃 Cerasus pseudocerasus | 蔷薇科 Rosaceae | T | 核果 | 红色 | B | 5~6 | 10.0~15.0 | 1 | F |
| 异叶榕 Ficus heteromorpha | 桑科 Moraceae | S | 瘦果 | 紫黑色 | B | 9~11 | 6.0~10.0 | 12~15 | F |
| 细齿叶柃 Eurya nitida | 五列木科 Pentaphylacaceae | S | 浆果 | 蓝黑色 | B | 10~12 | 3.0~4.0 | 20~30 | S |
| 油茶 Camellia oleifera | 山茶科 Theaceae | S | 蒴果 | 绿色 | R | 9~12 | 20.0~40.0 | 1~8 | S |

续表

| 学名 | 科名 | 生活型 | 果实类型 | 果实颜色 | 扩散模式 | 果期（月） | 果实直径（mm） | 单果种子数（粒） | 扩散单元 |
|---|---|---|---|---|---|---|---|---|---|
| 黄牛奶树 Symplocos cochinchinensis var. laurina | 山矾科 Symplocaceae | T | 核果 | 褐色 | B+M | 10~12 | 4.0~6.0 | 1 | F |
| 老鼠矢 Symplocos stellaris | 山矾科 Symplocaceae | S | 核果 | 黑色 | B | 8~9 | 6.0~8.0 | 1 | F |
| 山矾 Symplocos sumuntia | 山矾科 Symplocaceae | T | 核果 | 褐色 | B | 7~8 | 7.0~8.0 | 1 | F |
| 灯台树 Cornus controversa | 山茱萸科 Cornaceae | T | 核果 | 紫黑色 | B+M | 9~10 | 7.0 | 1 | F |
| 柳杉 Cryptomeria japonica | 柏科 Cupressaceae | T | 球果 | 深褐色 | W | 8月至翌年2月 | 15.0~18.0 | 40~60 | S |
| 杉木 Cunninghamia lanceolata | 柏科 Cupressaceae | T | 球果 | 深褐色 | W | 8月至翌年2月 | 30.0~40.0 | 60~70 | S |
| 野鸦椿 Euscaphis japonica | 省沽油科 Staphyleaceae | S | 蓇葖果 | 紫红色 | B | 10 | 10.0~15.0 | 2 | F |
| 野柿 Diospyros kaki var. silvestris | 柿科 Ebenaceae | S | 浆果 | 黄色 | B+M | 9~10 | 20.0~50.0 | 4 | F |
| 薄叶鼠李 Rhamnus leptophylla | 鼠李科 Rhamnaceae | S | 核果 | 黑色 | B | 11~12 | 4.0~6.0 | 12~15 | F |
| 马尾松 Pinus massoniana | 松科 Pinaceae | T | 球果 | 深褐色 | W | 11~12 | 25.0~40.0 | 150~300 | S |
| 菁皮木 Schoepfia jasminodora | 菁皮木科 Schoepfiaceae | T | 核果 | 红色 | B | 5~6 | 5.0~8.0 | 1 | F |
| 糙叶树 Aphananthe aspera | 大麻科 Cannabaceae | T | 核果 | 紫黑色 | B | 10~11 | 6.0~9.0 | 4~6 | S |
| 川钓樟 Lindera pulcherrima var. hemsleyana | 樟科 Lauranceae | T | 核果 | 黑色 | B | 10~11 | 7.0 | 1 | F |
| 润楠 Machilus nanmu | 樟科 Lauranceae | T | 核果 | 黑色 | B | 7~8 | 7.0~8.0 | 1 | F |
| 楠木 Phoebe zhennan | 樟科 Lauranceae | T | 核果 | 黑色 | B | 10~11 | 6.0~8.0 | 1 | F |
| 香叶树 Lindera communis | 樟科 Lauranceae | S | 核果 | 红色 | B | 10~11 | 7.0~8.0 | 1 | F |
| 油樟 Cinnamomum longepaniculatum | 樟科 Lauranceae | T | 核果 | 黑色 | B | 9~10 | 8.0 | 1 | F |
| 紫金牛 Ardisia japonica | 报春花科 Primulaceae | S | 核果 | 黑色 | B | 2~9 | 5.0~6.0 | 1 | F |

注：生活型：S. 灌木；T. 乔木。扩散模式：B+M. 食果鸟类和兽类；R. 鼠类；B. 食果鸟类；W. 风。扩散单元：F. 果实；S. 种子；下同

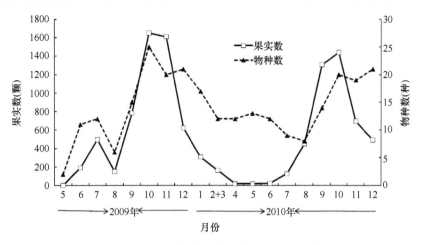

图 8-2　研究期间每月果实数和物种数（改自李娟等，2013）

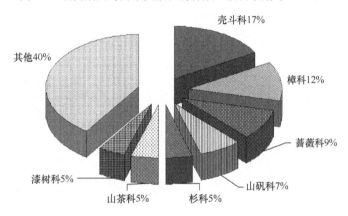

图 8-3　所有木本树种各科所占的比例（改自李娟等，2013）

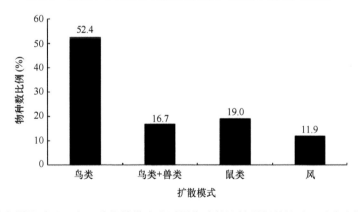

图 8-4　般若寺样地种子雨中 4 种扩散模式分别用物种数计算所得的比重（改自李娟等，2013）

## 四、中小型兽类群落组成

在般若寺和青城山样地，采用夹捕（DT）、笼捕（LT）、陷阱（PT）和红外相机（CT）等技术方法对小型兽类群落进行了多年调查（肖治术等，2002，2014b；肖治术和张知彬，2004a，2004b，未发表的数据；杨锡福等，2014，2015）。共捕获中小型兽类 4 目 8 科 20 种，以啮齿目 12 种和食肉目 5 种为多，不同调查方法对掌握该区域的兽类本底资源有一定的互补性（表 8-3，图 8-4）。

表 8-3　般若寺和青城山样地所捕获的中小型兽类物种情况

| 种类 | 凭证依据 | 般若寺 | 青城山 |
|---|---|---|---|
| 啮齿目 Rodentia | | | |
| 鼠科 Muridae | | | |
| 　小泡巨鼠 *Leopoldamys edwardsi* | CT、DT、LT、PT | 常见 | 常见 |
| 　针毛鼠 *Niviventer fulvescens* | DT、LT、PT | 常见 | 常见 |
| 　北社鼠 *N. confucianus* | DT、LT、PT | 常见 | 常见 |
| 　大足鼠 *Rattus nitidus* | DT、LT、PT | 常见 | 未见 |
| 　褐家鼠 *R. norvegicus* | DT、LT、PT | 常见 | 未见 |
| 　巢鼠 *Micromys minutus* | DT、LT、PT | 常见 | 未见 |
| 　高山姬鼠 *Apodemus chevrieri* | DT、LT、PT | 常见 | 常见 |
| 　中华姬鼠 *A. draco* | DT、LT、PT | 常见 | 常见 |
| 　大耳姬鼠 *A. latronum* | DT、LT、PT | 常见 | 常见 |
| 　黑线姬鼠 *A. agrarius* | DT | 极少 | 未见 |
| 仓鼠科 Cricetidae | | | |
| 　黑腹绒鼠 *Eothenomys melanogaster* | DT、PT | 常见 | 未见 |
| 松鼠科 Sciuridae | | | |
| 　赤腹松鼠 *Callosciurus erythraeus* | CT | 极少 | 常见 |
| 食虫目 Insectivora | | | |
| 鼩鼱科 Soricidae | | | |
| 　灰麝鼩 *Crocidura attenuata* | DT、LT、PT | 常见 | 常见 |
| 　四川短尾鼩 *Anourosorex squamipes* | DT、LT、PT | 常见 | 未见 |
| 食肉目 Carnivora | | | |
| 鼬科 Mustelidae | | | |
| 　鼬獾 *Melogale moschata* | CT、LT | 常见 | 常见 |
| 　猪獾 *Arctonyx collaris* | CT | 常见 | 常见 |
| 　黄鼬 *Mustela sibirica* | CT | 少见 | 少见 |
| 猫科 Felidae | | | |
| 　豹猫 *Prionailurus bengalensis* | CT | 常见 | 常见 |
| 灵猫科 Viverridae | | | |
| 　花面狸 *Paguma larvata* | CT | 常见 | 常见 |
| 偶蹄目 Artiodactyla | | | |
| 鹿科 Cervidae | | | |
| 　毛冠鹿 *Elaphodus cephalophus* | CT | 极少 | 常见 |

注：凭证依据，夹捕（DT）、笼捕（LT）、陷阱（PT）和红外相机（CT）

## 五、森林演替对小型兽类多样性的影响

为深入了解森林演替对啮齿动物群落结构和多样性格局的影响，我们于 2012 年和 2013 年在四川省都江堰市般若寺林场选择 5 个森林演替类型（0～5 年、6～10 年、11～20 年、21～30 年和 100 年生原生次生林为对照斑块，共计 21 个样地）对小型兽类多

样性进行调查（杨锡福等，2015）。累计捕获小型兽类 9 种（仓鼠科 1 种，鼠科 8 种），其中 5 个森林演替类型的共有物种为针毛鼠（*Niviventer fulvescens*）、北社鼠（*N. confucianus*）、中华姬鼠（*Apodemus draco*）、高山姬鼠（*A. chevrieri*）和大耳姬鼠（*A. latronum*）。不同森林演替类型之间的小型兽类物种丰富度不存在显著差异，但原生次生林中的小型兽类个体数略高于其他近期演替的森林。NMDS 和 CCA 排序等多元统计分析表明小型兽类群落组成在不同森林演替类型之间的相似性较高，小型兽类的物种丰富度主要受灌木层和草本层盖度等环境因子的影响（图 8-5）。除高山姬鼠、针毛鼠和中华姬鼠等分布较广的种类外，其他种类对微生境有一定的选择倾向。小泡巨鼠（*Leopoldamys edwardsi*）主要在演替期长的原生次生林中分布，北社鼠和大耳姬鼠主要在灌木层盖度较高的生境中分布，巢鼠（*Micromys minutus*）和黑腹绒鼠（*Eothenomys melanogaster*）主要生活在草本层盖度较高的生境，大足鼠（*Rattus nitidus*）适于生活在草本层和灌木层盖度均适中的生境，以农林交错区分布较多（肖治术等，2002）。综上所述，小型兽类多样性受森林演替类型的影响较小，但小型兽类物种的分布和多样性格局受森林演替所造成的微生境变化的影响。

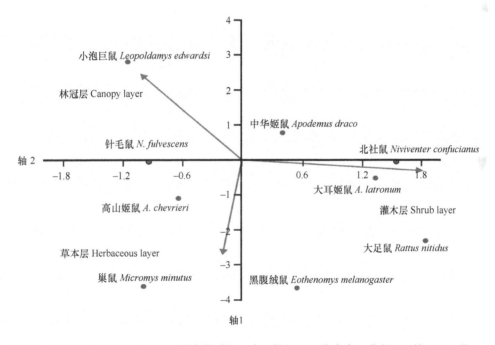

图 8-5　都江堰市般若寺林区小型兽类物种与 3 个环境因子（草本本、灌木层和林冠层）的 CCA 排序（改自杨锡福等，2015）

# 第三节　鼠类的贮食行为及其影响因素

动物如何选择取食或贮藏的食物类型对其生存和成功繁殖极为重要。因此，鼠类对其生境内所提供的多种林木种子应有一定的选择性，以确保获得充分的食物和能量供应。在都江堰森林内，壳斗科种类（如栓皮栎、枹栎、栲树、青冈、港柯）和油茶等每年秋季都会产生大量的种子。这些林木种子的个体较大且营养丰富（表 8-4），无疑是当地啮齿动物的重要食物来源。对上述 6 种林木种子进行了测量和化学成分分析（肖治术等，2003），发现栲树种子最小，但富含淀粉，且单宁含量极低；油茶则富含脂肪，单宁含量也非常低，热值最高；枹栎、青冈和栓皮栎等 3 种种子的热值以及蛋白质、脂肪和淀粉含量与栲树、港柯种子相差不大，但是单宁含量却比它们高 10 倍以上（肖治术和张知彬，2004a）。这些种子在大小、萌发和种子营养成分方面的差异对鼠类取食和贮食行为有非常重要的影响（肖治术和张知彬，2004a，2004b），从而影响这些树种的种子命运和种群更新。

表 8-4　般若寺样地 6 种常见树种的种子特征参数（肖治术等，2003）

| 树种 | 直径<br>(n = 40, mm) | 长度<br>(n = 40, mm) | 鲜重<br>(n = 40, g) | 蛋白质<br>(%) | 脂肪<br>(%) | 淀粉<br>(%) | 粗纤维<br>(%) | 单宁<br>(%) | 热值<br>(J/g) | 种皮硬度 |
|---|---|---|---|---|---|---|---|---|---|---|
| 栓皮栎 Quercus variabilis | 1.40±0.15 | 1.88±0.22 | 2.42±0.60 | 5.92 | 3.94 | 54.17 | 2.87 | 11.68 | 17.63 | 不坚硬 |
| 枹栎 Quercus serrata | 0.92±0.11 | 1.77±0.24 | 0.97±0.26 | 6.07 | 3.02 | 54.01 | 3.41 | 10.62 | 17.29 | 不坚硬 |
| 港柯 Lithocarpus harlandii | 1.90±0.19 | 2.11±0.15 | 4.56±1.22 | 5.80 | 0.91 | 37.66 | 1.80 | 1.34 | 17.11 | 坚硬 |
| 青冈 Cyclobalanopsis glauca | 1.03±0.07 | 1.49±0.13 | 0.95±0.19 | 4.80 | 1.88 | 55.42 | 2.24 | 11.05 | 17.00 | 不坚硬 |
| 栲树 Castanopsis fargesii | 0.86±0.09 | 0.94±0.07 | 0.46±0.13 | 4.90 | 1.22 | 67.65 | 1.48 | 0.24 | 17.03 | 不坚硬 |
| 油茶 Camellia oleifera | 1.18±0.27 | 1.51±0.22 | 0.87±0.34 | 10.91 | 51.79 | 11.74 | 9.61 | 0.10 | 29.56 | 不坚硬 |

由于种子大小、营养成分及防御特征等的不同，同域分布的不同鼠种在取食和贮藏这些种子时表现出一定的选择差异。一方面，体形大小不同的鼠类对种子的选择和利用与其个体大小有一定的关系。个体较大（体重，200～500 g）的小泡巨鼠取食了放置在笼内的大部分种子；个体相对较小（体重，不足 200 g）的针毛鼠、大足鼠、褐家鼠和北社鼠等也有相似的种子选择指数，但很少取食港柯种子（肖治术等，2003）。此外，鼠类对这些林木种子的选择差异可能与种子重量有直接关系。尽管栲树种子最小（均值，0.46 g），总热值较低，但单宁含量偏低（0.24%），因而所捕获的鼠类对其均有较高的选择指数，显然栲树种子是这些鼠类喜好的食物。枹栎和青冈种子较大（分别为 0.97 g 和 0.95 g），但单宁含量很高（分别为 10.62% 和 11.05%），鼠类，特别是小泡巨鼠、大足鼠和褐家鼠等，对这些种子也有较高的选择指数。尽管油茶种子较小（0.87 g），但富含脂肪（51.79%），热值也很高（29.56 J/g），小泡巨鼠也乐于取食这种种子。总体来看，小泡巨鼠对 6 种林木种子具有很强的选择性。从对 6 种林木种子的选择次序来看，小泡巨鼠依次选择了栲树、油茶、青冈、枹栎、栓皮栎和港柯；而从围栏实验来看，小泡巨鼠取食或贮藏了几乎所有的栲树、石栎和油茶种子，而很少取食或贮藏枹栎、青冈和栓皮栎种子。两个实验的结果都支持小泡巨鼠喜好栲树和油茶种子，而不喜好枹栎、青冈和栓皮栎种子。其原因可能与种子本身的营养价值有很大关系。此外，次生物质（如单宁含量）既影响种子的营养价值，又影响鼠类对种子营养成分（特别是蛋白质）的吸收，因此其也是影响鼠类选择种子的一个重要因素。围栏行为研究表明，小泡巨鼠为研究区域分散贮藏种子的关键鼠种，另外有 3 种姬鼠（大耳姬鼠、高山姬鼠和中华姬鼠）兼有分散贮食和集中贮食行为，针毛鼠和北社鼠虽然也分散和集中贮藏种子，但是它们的贮食行为并不明显，大足鼠仅是种子捕食者（Chang and Zhang，2011，2014）。因此，不同鼠种对不同种子的取食和贮藏偏好差异明显，种子取食和贮藏选择既分化又重叠，可能

是同域分布的鼠类竞争共存格局形成的重要原因。

## 一、同域分布的鼠类的贮食行为分化

高斯竞争理论认为，两个物种不可能在同一地区享有相同的生态位，而对食物的获取和利用又是动物生存的最基本条件之一。因此，贮食行为的分化或许是促进同域分布的鼠种共存的主要因素。然而，目前多数的研究主要集中在单一种或少数几种鼠类的贮食行为方面，对某一地区内同域分布的多个鼠种的贮食行为分化的研究还十分匮乏，仅在北美地区有少数的相关研究。Hollander 和 Vander Wall（2004）在野外围栏内研究了 6 种同域分布的鼠类的贮食行为分化。结果显示 6 种鼠类在贮藏方式、贮藏点大小、贮藏点微环境等一系列贮食行为上存在明显差异。

研究分别将 25 只小泡巨鼠、14 只针毛鼠、11 只北社鼠、5 只高山姬鼠、7 只中华姬鼠和 9 只大足鼠放入半自然状态围栏内，提供油茶种子供实验鼠取食或贮藏。结果显示，尽管同域分布的鼠类都取食油茶种子，但是它们在贮食行为上具有明显的差异：小泡巨鼠以分散贮藏为主，大多分散贮藏单粒种子，并且将这些种子埋藏在草丛或灌丛下，兼有少量的集中贮食行为；针毛鼠和北社鼠尽管也兼有分散和集中两种贮食行为，却并不明显，仅少数个体贮藏种子，基本上属于种子的捕食者；同样，中华姬鼠也表现出较弱的分散或集中贮食行为；高山姬鼠和大足鼠在本实验中并不贮藏油茶种子，它们仅仅是种子的捕食者（Chang and Zhang，2011）。由此可见，小泡巨鼠在油茶种子的扩散中起到关键性作用。研究结果同时发现，只有小泡巨鼠在雌雄间对油茶种子的分散贮藏表现出显著的差异，雄性的分散贮藏量大于雌性。这种差异性可能与雌、雄鼠类的生理和记忆性差异有关。例如，雄性梅氏更格卢鼠（*Dipodomys merriami*）的贮藏能力远远低于雌性鼠（Barkley and Jacobs，2007）；雌性拉布拉多白足鼠的空间记忆能力在繁殖季节降低，但是雄性反而增加（Galea et al.，1996）。贮藏点大小和鼠类对微环境的选择对幼苗生成至关重要。在种子生成幼苗的过程中，由于种子间存在资源和空间的竞争，多数种子的分散贮藏点存在较高的死亡率。同时，较多的种子贮藏点很容易被捕食者取食。因此，单粒种子的分散贮藏点更有利于种子的萌发和存活。本研究结果发现，鼠类在贮藏点大小和微生境的选择上均无显著差异，鼠类在大部分贮藏点只埋藏 1 粒种子（图 8-6），并且都主要将种子埋藏在草丛或灌丛下方（图 8-7）。这种贮藏策略符合自然界中的幼苗生成规律，有益于幼苗的生成和存活。

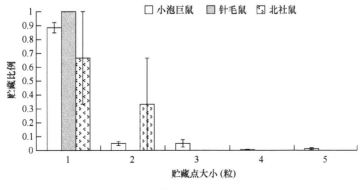

图 8-6　分散贮藏点大小的分布

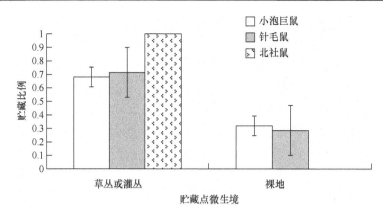

图 8-7 贮藏点微生境的差异

## 二、同种竞争者的存在对鼠类贮食行为的影响

多数学者认为，贮食动物会在食物充足时将未取食完的食物贮藏起来，以便在食物短缺时期再次利用所贮藏的食物。实际上，进化过程中形成的贮食行为，也可能帮助贮食动物在竞争中取得优势地位，即使其有更强的适应食物短缺期的能力。种群密度高，表明有更多的个体参与对食物资源的竞争，在食物资源量有限的条件下，每个个体能获得的食物就会相应减少。因此，为了在食物资源的竞争中取得优势，动物会尽可能多地贮藏食物。Mappes（1998）研究发现，在繁殖季节末期，如果发现同种个体的气味，更多的欧䶮（Clethrionomys glareolus）会增加食物的贮藏。这一结果支持了高密度刺激动物的贮食行为假说。然而，在竞争者存在的情况下，除了增加种子贮藏数量外，是否影响扩散距离、贮藏点的微生境等，尚无相关报道。为了检验"竞争者的存在刺激动物贮食行为"的假说，将小泡巨鼠放入半自然围栏中，提供油茶种子供其贮藏。实验分为两种处理。一种是对照处理，让实验鼠单独在围栏内不受干扰地贮藏种子；另一种是竞争处理，即在围栏内放置另一只小泡巨鼠作为潜在的竞争者。结果发现，小泡巨鼠在有竞争者存在时贮藏种子的数量显著高于没有竞争者存在时的数量，这一结果与 Mappes（1998）、Sanchez 和 Reichman（1987）等的结果相似，支持了竞争者的存在刺激鼠类贮食行为的假说。小泡巨鼠在有竞争者存在的条件下增加了贮藏搬运距离，并改变了贮藏点微生境的选择（图 8-8）。小泡巨鼠的多数贮藏点仅埋藏一粒种子，少部分贮藏点埋藏 2~4 粒种子。贮藏点大小在一定程度上反映出小泡巨鼠一次搬运种子的量。大部分贮藏点大小为 1，说明小泡巨鼠通常一次只搬运 1 粒种子。小泡巨鼠在有竞争者存在时，其贮藏点大小比无竞争者存在时要大，表明在有竞争者存在时小泡巨鼠增加了每次搬运种子的数量。这种行为带来的直接利益就是更快地将地表的食物真正地据为己有，从而使贮食动物能够占有更多的食物资源，有利于有贮食行为的个体度过食物缺乏期，增加它们的适合度。

当有竞争者存在时，动物不仅要贮藏更多的食物，而且必须尽快地将这些食物转移并隐藏起来，使之真正地为贮藏者所占有。否则，散布于地表的种子可能会被其他个体搬走。结果显示，贮藏距离上两种处理之间差异极显著，竞争处理下贮藏种子的搬运距离大于对照处理下的搬运距离。尽管两种处理间小泡巨鼠埋藏种子的微生境选择无显著

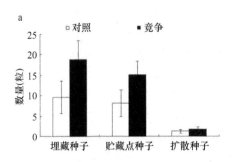 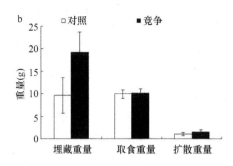

图 8-8　竞争处理对小泡巨鼠取食（a）、埋藏行为（b）的影响（改自程瑾瑞等，2005）

差异，但是当有竞争者存在时，鼠类更倾向于在有遮蔽的草丛底层或灌丛下层埋藏种子。有竞争者存在时，贮藏距离增加及微生境选择的改变表明小泡巨鼠在埋藏时要付出更多的能量和时间。这个研究结果提示，视觉记忆在夜行性鼠类中可能起一定的作用，否则小泡巨鼠消耗更多的能量将种子埋藏得更远的行为意义不大；同时，视觉记忆在夜行性鼠类中所起的作用不会是决定性的，否则小泡巨鼠可能会像鸟类一样减少埋藏。这方面的进一步研究，将为探究鼠类找寻埋藏种子的机制及鼠类贮食行为的进化方面提供重要帮助。

## 三、食物资源量对鼠类贮食行为的影响

贮食动物在遇到食物时，选择立即取食是获得短期利益，满足其当前的能量需求；选择将食物贮藏起来，则动物获得的是长期利益，这将保证动物在食物短缺期有更大的存活概率。而对于动物来说，首要的是使自己能够生存下去，因此，当它们遇到食物资源时，通常它们首先满足自己当前的能量需求，只有这一需求得到满足之后，它们才可能考虑为将来贮藏食物。种子产量大小年现象是指某一植物种群种子产量丰收与歉收交替出现的现象，它对动物的觅食行为有着重要的影响。有研究发现，种子的消失速率与种子的可获得性成反比，即种子的量越大，种子消失的速度越慢。Montiel 和 Montana（2000）的研究证实果实被移走的强度与食物资源的可获得性呈负相关。但是，也有相反的结论。例如，Vander Wall（2002）发现对于模拟风力传播的杰弗里松（*Pinus jeffreyi*）和兰伯氏松（*P. lambertiana*）的种子，鼠类在其种子产量大年的收获速率要明显高于种子产量小年，并且初次贮藏的种子在种子产量大年的平均扩散距离也比种子产量小年的平均扩散距离要远。

将小泡巨鼠放入半自然围栏中，依次提供 10 粒油茶种子（低资源量水平）、20 粒油茶种子（中资源量水平）、50 粒油茶种子（高资源量水平）。模拟实验鼠在自然环境中将会面临的不同的食物资源量。低资源量水平模拟种子产量的歉收年，即种子量还不足以维持实验鼠的日常消耗；中资源量水平模拟种子产量的适中年份，即种子量足以满足实验鼠的日常消耗并有少量剩余；高资源量水平模拟种子产量的丰收年（种子产量大年），即种子量十分充足。研究发现，小泡巨鼠对油茶种子的收获数量随着为其提供的食物量的增加而增加（图 8-9）。而从收获比例来看（图 8-10），小泡巨鼠在低资源量组对油茶种子的收获比例是最高的，在高资源量组中对油茶种子的收获比例最低。当食物资源十

分缺乏时，小泡巨鼠必然充分取食所遇到的种子。随着食物供给量的增加，小泡巨鼠不仅取食所遇到的种子资源，还可以埋藏一些种子，因此导致种子收获数量随着种子供给量的增加而增加。在高资源量组，小泡巨鼠对油茶种子的埋藏要多于中资源量组和低资源量组（图 8-11），表明小泡巨鼠在种子产量大年会贮藏更多的种子。更多的种子被搬运埋藏，则其消失的速率必然随之加快，也表明在种子产量大年种子的消失速率比种子产量小年要高，这一结果支持 Vander Wall（2002）的研究结果，但是与 Sork（1983）及 Montiel 和 Montana（2000）的研究结果不一致。虽然食物缺乏假说得到一些研究者的支持，但是，通过我们的研究结果和一些其他研究者的研究结果，我们认为食物缺乏假说可能并不普遍适用。

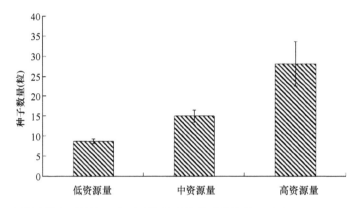

图 8-9　小泡巨鼠在不同处理水平下收获油茶种子的数量（改自 zhang *et al.*，2008）

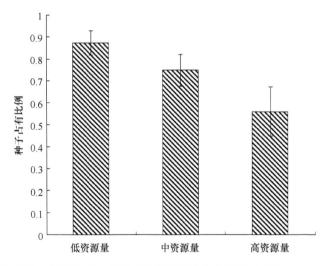

图 8-10　小泡巨鼠在不同处理水平下对油茶种子的收获比例（改自 zhang *et al.*，2008）

如果贮食动物在种子产量大年比在种子产量小年埋藏更多的种子，则这些被埋藏的种子将会在种子产量大年获得利益。种子产量高，意味着有更多的种子能够逃脱捕食者的捕食，这样就有更多的种子有机会建成幼苗。小泡巨鼠在种子供给量增加的条件下增加对油茶种子的埋藏，可以给油茶种子带来更新方面的利益。这些被分散埋藏的种子，相比那些被留在地表的种子来说，由于在土壤浅层的温度、湿度等方面的条件都要更加

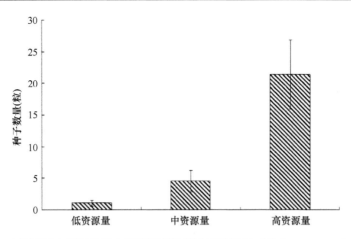

图 8-11　小泡巨鼠在不同处理水平下埋藏油茶种子的数量（改自 zhang *et al.*，2008）

适合种子的萌发，将会具有更大的发芽概率。此外，种子由于被贮藏在土壤中，更难被发现，也就不容易被其他捕食者发现并取食。

## 四、巢的位置对鼠类贮食行为的影响

巢内贮藏是一种典型的集中贮食行为，将食物贮藏在自己的巢穴内不仅可以减少被其他动物发现的概率，而且可以节约以后用于找回分散贮藏食物所需花费的额外能量和时间（Chang *et al.*，2010）。然而，巢内贮藏也具有较大的风险性，如果贮藏者的巢穴被竞争者发现，那么将面临大量食物被盗取的风险，造成的影响对贮藏者来说是致命的。因此，巢穴的安全性对贮藏者来说是相当重要的，隐蔽、安全的巢穴有助于提高动物集中贮藏的适合度。Hurly 和 Robertson（1990）的研究发现当额外提供隐蔽的人工草堆时，红松鼠在草堆内明显增加了集中贮藏的比例。小泡巨鼠是都江堰亚热带林区内主要的分散贮藏者，兼有集中贮食行为。我们通过地面和地下两种不同设计的人工巢，来探讨小泡巨鼠的贮食行为变化。

将小泡巨鼠放入半自然围栏中，分别提供油茶和港柯种子各 50 粒，实验共分为两个部分：第一部分为单一巢实验，围栏内关闭地下巢，仅开启地上巢。第二部分为两种巢实验，围栏内同时开启地上巢和地下巢。结果发现，巢的选择对小泡巨鼠的贮食行为有着非常重要的影响。在单一地上巢实验条件下，仅有个别的实验鼠集中贮藏了少量的种子；而在开启地上和地下两种巢的实验条件下，鼠类明显喜好将隐蔽的人工地下巢作为自己的巢穴，而且显著地在地下巢内集中贮藏了更多的种子。温度、湿度等气候的波动对鼠类的筑巢行为有非常重要的选择压力，凉爽而潮湿的气候环境更适合鼠类的生活。研究表明巢深度的增加会引起巢内温度的降低和湿度的增加，较高的湿度可以减少巢内水汽的蒸发（Fleming and Brown，1975）。因此，相比地上巢始终暴露于不稳定的外界气候条件下，相对稳定的地下巢气候环境更易获得鼠类的青睐。此外，捕食压力或许也是鼠类喜好地下巢的原因之一。开阔的巢环境必然会遭受更大的捕食风险，因此鼠类生活在隐蔽的地下巢比开阔的地上巢更为安全（Chang *et al.*，2010）。

本研究结果表明，种子特征对鼠类的巢选择和贮藏策略有着非常重要的影响。油茶种子个体小而轻，种皮薄，脂肪含量高；港柯种子个体大而重，种皮厚而坚硬，脂肪含量低。就取食行为而言，油茶种子（图8-12）主要在巢外被取食，而港柯种子（图8-13）主要在巢内被取食，这或许因为油茶种皮薄而易于取食（处理时间短），并且含有高的脂肪含量，立即取食能够满足鼠类觅食的能量需求；港柯种子种皮厚而坚硬，如果在巢外取食港柯种子会花费鼠类相当长的时间（处理时间长），而长时间暴露在巢外就意味着具有更高的捕食风险，因此鼠类选择将多数的港柯种子搬运回巢穴内取食。

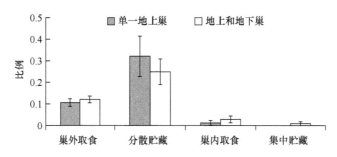

图8-12　鼠类在单一巢和两种巢实验条件下取食及贮藏油茶种子的差异（改自Chang *et al.*，2010）

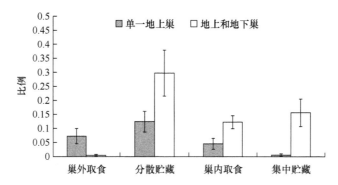

图8-13　鼠类在单一巢和两种巢实验条件下取食及贮藏港柯种子的差异（改自Chang *et al.*，2010）

## 五、捕食压力对鼠类贮食行为的影响

捕食风险或捕食压力是指在一定时间内猎物被杀死的概率。在影响动物觅食策略的许多环境因素中，捕食风险无疑起着至关重要的作用，因为在动物的觅食过程中捕食危险无处不在。动物的觅食行为涉及许多方面，如动物的觅食时间（王振龙和刘季科，2001；Abramsky *et al.*，2002）、食谱组成的变化（Brown and Morgan，1995）、觅食生境上的变化（Morris and Davidson，2000）、能量调节（Lucas *et al.*，2001）、体内激素水平反应（Eilam *et al.*，1999）等。当捕食风险存在时，动物在觅食过程中必然要在收益与风险间权衡，并最终作出行为上的改变。

将小泡巨鼠放入半自然围栏中，提供栓皮栎10粒、枹栎20粒、油茶20粒。实验分为对照和捕食风险两种处理。对照处理让实验鼠在没有任何捕食风险的情况下取食、埋藏一晚。捕食风险处理让实验鼠在有捕食风险源的存在下取食、埋藏一晚。将围栏人为地划分为4个区域，将捕食风险源（封闭于笼中的活猫）放置在远离巢箱的Ⅲ区（图8-14），则Ⅲ区是高捕食风险区，Ⅱ区和Ⅳ区属于中度捕食风险区，Ⅰ区是捕食风险

相对最低的区域。结果发现，小泡巨鼠在有捕食风险条件下对栓皮栎、枹栎和油茶这 3
种种子的取食并没有显著的变化（图 8-15）。满足自身当前的能量需求是小泡巨鼠迫切需
要解决的生存问题，当小泡巨鼠处于饥饿状态时，逃避捕食风险的需求要低于获取食物
满足自身生存的需求。此时小泡巨鼠会降低对防御天敌捕食上的投资。因此在有捕食风
险条件下，小泡巨鼠并没有显著减少对 3 种种子的取食。但是在取食区域选择上，小泡
巨鼠则明显选择相对比较安全的 I 区，而减少了在捕食压力最大的III区活动，这是对存
在捕食风险的行为上的反应。I 区离实验鼠的巢箱最近，一旦真正的危险出现，实验鼠
可以最快地进入巢箱躲避风险，而III区离捕食风险源最近，最危险。对 3 种种子的贮藏
则是为其将来更加容易地获取食物所进行的预期行为投资，这种行为投资相对于满足自
身当前的能量需求来说，显然并不十分迫切。在明显感受到捕食风险存在时，如果动物
投入大量时间为将来储备食物显然不符合最优觅食理论。减少对种子的埋藏，既降低了
被捕食的可能性，也并没有增加自身在取食行为上的压力。研究结果发现两种处理之间
小泡巨鼠对 3 种种子的贮藏差异显著（图 8-16）。在捕食风险下，小泡巨鼠贮藏的种子
数量明显减少。

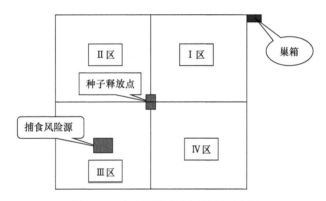

图 8-14　实验围栏内布局情况示意图

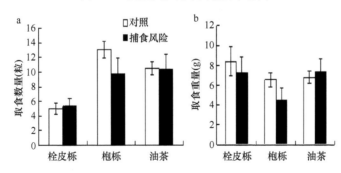

图 8-15　捕食风险下小泡巨鼠取食策略的变化
a. 取食数量的比较；b. 取食重量的比较

在有捕食风险条件下，小泡巨鼠对 3 种种子取食时的搬运距离几乎没有改变（图 8-17），
但对 3 种种子贮藏时都增加了种子的搬运距离（图 8-18）。小泡巨鼠在有、无捕食风险
条件下对栓皮栎和油茶的贮藏微生境选择有极显著的差异，而对枹栎的贮藏微生境选择
差异并不显著。小泡巨鼠在有捕食风险条件下对贮藏种子的微生境选择更加倾向于开阔

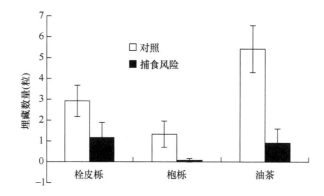

图 8-16　捕食风险下小泡巨鼠对 3 种种子埋藏数量的变化

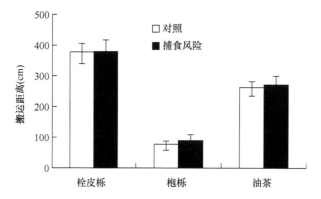

图 8-17　小泡巨鼠在有捕食风险下搬运取食种子的距离

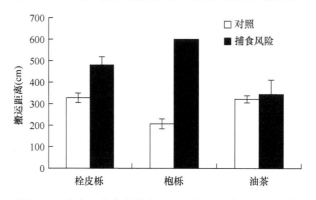

图 8-18　小泡巨鼠在有捕食风险下搬运埋藏种子的距离

地带的裸地生境，这可能是由于开阔地带小泡巨鼠能更加清楚地观察到捕食者的活动，从而能够快速地作出反应。小泡巨鼠在捕食压力下都降低了 3 种种子的贮藏深度（图 8-19），而且在捕食风险处理中，小泡巨鼠降低了平均贮藏点大小，所有的种子都被单个埋藏在贮藏点中。动物在捕食风险存在的条件下要尽可能地减少暴露在外界环境中的时间，因此它们会在外界环境中用最快的速度完成各种活动。其贮藏种子的行为也同样如此。如果鼠类降低贮藏种子的埋藏深度，就会相应地减少挖掘的时间，从而降低其被捕食的风险。

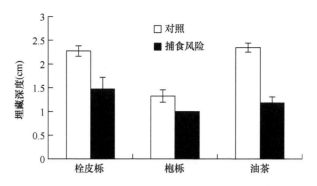

图 8-19　小泡巨鼠在有捕食风险下对 3 种种子埋藏深度的变化

## 六、种子大小和萌发时间对鼠类贮食行为的影响

　　食物的特征（如种子特征）通常被认为是影响动物取食和贮藏决策的一个关键因素。目前，有 3 个相互关联的假说来预测贮食动物对橡子的贮藏喜好。第一，高单宁假说指出贮食动物倾向于贮藏单宁含量高的橡子，而首先取食单宁含量低的橡子。第二，种子大小（处理时间）假说指出贮食动物更倾向于收集并贮藏大的种子。第三，萌发时间（食物易损）假说指出贮食动物更倾向于贮藏那些萌发期较晚的橡子。一些研究发现大种子更容易被鼠类扩散和贮藏（种子大小假说），而种子萌发时间对鼠类的贮食行为却没有太大的影响（Xiao *et al.*，2008）。北美的研究结果表明相对于种子大小（处理时间）和单宁含量，萌发时间才是决定鼠类贮藏喜好的首要因素（Hadj-Chikh *et al.*，1996；Steele *et al.*，2006）。因此，由不同种子特征而引起的鼠类贮藏喜好在不同研究地区是存在一定分歧的。

　　通过采用不同大小和萌发时间种子的配对组合实验，检验了种子大小和萌发时间对两种鼠类取食及贮藏喜好的相对影响，对每一个实验都基于两种假说进行了预测（表 8-5）。选择小泡巨鼠和中华姬鼠放入半自然围栏中，分别提供栓皮栎、枹栎和青冈种子。共设计了 5 个实验来检验两种鼠类对种子大小和萌发时间的取食及贮藏喜好。在每一个实验中，我们都提供各 20 粒成对的种子供实验鼠选择。在实验Ⅰ中，我们提供萌发时间相似的栓皮栎和枹栎种子来检验种子大小假说；在实验Ⅱ中，我们提供大小相似的枹栎和青冈种子来检验萌发时间假说；在实验Ⅲ和Ⅳ中，我们提供同种萌发与未萌发的栓皮栎和枹栎种子来检验萌发时间假说；在实验Ⅴ中，我们提供栓皮栎和青冈种子来同时检验种子大小和萌发时间的相对重要性。结果发现，当同时提供大小相似的同种或异种种子时，鼠类明显选择未萌发的种子贮藏，该结果支持萌发时间假说。但是当不同大小和萌发时间的种子组合时，两种鼠类都喜好取食小种子而贮藏大种子，并不考虑种子的萌发时间长短。该结果表明在鼠类的贮藏决策过程中，种子大小比萌发时间更重要（图 8-20）。种子大小不仅与种子价值有关，而且和种子处理时间也成正比。研究表明鼠类喜好搬运和贮藏高价值（如大种子）食物。无论是栓皮栎和枹栎还是栓皮栎和青冈种子配对，鼠类都明显更多地贮藏栓皮栎种子，而并不考虑种子的萌发时间。然而 Hadj-Chikh 等（1996）的研究结果并不支持种子大小假说，他们通过同种或异种沼生栎（*Q. palustris*）和白栎（*Q. alba*）种子的配对实验，表明萌发时间是影响鼠类贮藏决策的最关键因素。该研究与北美地区研究结果的不一致或许是由研究鼠种和实验种子营养成分的差异所造成的。研究结果发现萌发时间对鼠类的贮藏喜好也存在一定的影响，但是这种影响是建立在种子大小相似的基础上的，一旦种子大小不同，鼠类明显地表现出对大小的喜好而不考虑萌发时间。除了种子大小，不同种子的其他特征也是不相同的。栓皮栎和枹栎种子的萌发时间都早于青冈种子，但是这3种种子却具有相似的单宁含量和其他营养成分。因此，相比北美地区的白栎和红栎种子的多个共变化的种子特征，实验所采用的3种种子只在种子大小和萌发时间上存在显著差异。结果表明种子单宁含量、种子大小和萌发时间这3个因素都对鼠类的贮藏喜好有着非常重要的影响。在北美，萌发时间显然是影响松鼠贮食行为的最关键因素，而本研究发现单宁含量和种子大小在鼠类的贮藏喜好中起着主要的决定作用。研究地区降水量大，湿度高，栓皮栎和枹栎种子在成熟落地不久后就会萌发，因此该地区鼠类或许已经适应了种子的这个特点，萌发时间对鼠类贮藏喜好的影响并不明显（Chang et al.，2009）。

表8-5　种子大小、萌发时间等影响啮齿动物贮藏策略的假说预测

| 实验 | 种子类型 | | 假说预测 | | | |
|---|---|---|---|---|---|---|
| | A | B | 种子大小 | | 萌发时间 | |
| I | 非萌发枹栎（小） | 非萌发栓皮栎（大） | 贮藏少 | 贮藏多 | — | — |
| II | 非萌发青冈 | 非萌发枹栎 | — | — | 贮藏多 | 贮藏少 |
| II | 非萌发栓皮栎 | 萌发栓皮栎 | — | — | 贮藏多 | 贮藏少 |
| IV | 非萌发枹栎 | 萌发枹栎 | — | — | 贮藏多 | 贮藏少 |
| V | 非萌发青冈（小） | 非萌发栓皮栎（大） | 贮藏少 | 贮藏多 | 贮藏多 | 贮藏少 |

注：改自Chang et al.，2009；灰色部分为本研究支持的结果

我们用实验操纵和野外调查相结合的方法验证了高单宁假说，采用了2种常见鼠种小泡巨鼠和针毛鼠，以及2种种子锥栗和栓皮栎（二者仅单宁水平相差很大，分别为0.6%和11.7%）。根据高单宁假说，预测2种鼠种均更多地取食单宁含量低的锥栗种子，而很少取食单宁含量高的栓皮栎种子。同时，鼠类会贮藏更多的栓皮栎种子，而贮藏较少的锥栗种子。研究结果支持第1个预测，在所有条件下，小泡巨鼠和针毛鼠取食的锥栗种子比栓皮栎种子要显著多。仅野外调查支持第2个预测（图8-21）。相对于仅1天完成的围栏实验，野外调查持续了数月。研究发现，在野外条件下，单宁含量高的栓皮栎种子比单宁含量低的锥栗种子有更高的概率被贮藏，并最终存活到建成幼苗。这表明单宁含量高的种子可能有较大的概率确保长期存活。研究表明实验条件对实验动物的取食喜好影响很小，而贮藏喜好的影响因素较为复杂，但高单宁假说得到了野外调查研究的有力支持（Xiao et al.，2008）。

## 七、分散贮藏与盗食收益比较

森林生态系统中，鼠类是典型的种子捕食者，但与此同时，鼠类分散贮藏种子的行为在一定程度上也有助于种子的扩散，因此鼠类也是重要的种子扩散者（Chambers and MacMahon，1994；Howe and Smallwood，1982）。鼠类与种子间既存在对抗性的捕食关系，也存在种子为鼠类提供食物、鼠类促进种子扩散的互惠关系。鼠类对种子的分散贮

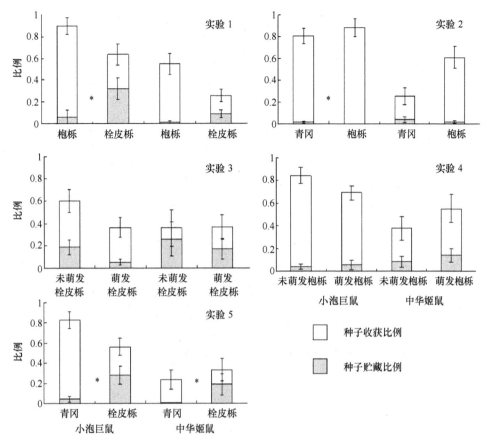

图 8-20　种子大小、萌发时间等对小泡巨鼠和中华姬鼠贮藏策略的影响（改自 Chang *et al.*，2009）
*表示组间比较有显著差别（$P<0.05$）

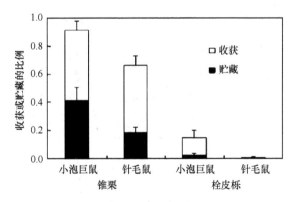

图 8-21　小泡巨鼠（*Leopoldamys edwardsi*）和针毛鼠（*Niviventer fulvescens*）对高单宁栓皮栎（*Quercus variabilis*）和低单宁锥栗（*Castanea henryi*）的收获及贮藏差异比较
（均值±标准误，$n=8$）（改自 Xiao *et al.*，2008）

食行为是二者复杂相互关系的核心环节（Zhang *et al.*，2015）。分散贮食行为不但使种子远离了母树，有效避免了种子和幼苗受到 Janzen-Connell 效应的影响，更可使种子在定向扩散作用下到达灌丛等利于其萌发生长的适宜环境，因此对于植物种子扩散、幼苗更新乃至植物的空间分布与森林更新都具有重要意义。

　　然而，从适合度收益的角度评估分散贮食行为对于鼠类的适应性意义，一直存在不同的观点，可统分为符合 Andersson 和 Krebs（1978）理论模型的广义"避免盗食假说"（pilferage avoidance hypothesis），以及由 Vander Wall 和 Jenkins（2003）提出的"交互盗食假说"（reciprocal pilferage hypothesis）。前者认为盗食者对种子贮藏点的盗食率应该维持在较低的水平，这样才能保证种子贮藏者分散贮食行为的收益，从而使分散贮食行为成为进化稳定策略；后者则认为只要作为贮藏点盗食者的鼠类同时也是种子贮藏者，通过相互盗食贮藏点，即使贮藏点盗食率很高，鼠类依然可以保证分散贮食行为的适合度收益，从而使该行为成为进化稳定策略。我们试图对这两种假说进行定量检验，找出鼠类进行分散贮食行为的适应性意义。

　　定量地检验这两种假说需要在自然条件下对个体水平上的鼠类-种子互作进行监测。然而，传统的动植物标记、监测等研究方法往往无法在自然条件下辨识种子贮藏者与盗食者的身份，少数如 Hirsch 等（2012）进行的研究虽然利用无线电标签辨识了部分鼠类的身份，然而受到现有技术的限制，较大且重的无线电标签并不适宜研究自然界大量存在的小型鼠类对小型种子的扩散，这使得研究者一直无法将单粒种子与其多次扩散过程中每一阶段的扩散者对应起来，导致自然条件下小型夜行性鼠类对于种子的分散贮食行为收益难以得到有效的评估。

　　我们将种子标签法与红外相机技术相结合，于 2013～2015 年在都江堰市般若寺林区亚热带常绿阔叶林中定量评估了同域分布的中华姬鼠（*Apodemus draco*）、北社鼠（*Niviventer confucianus*）、小泡巨鼠（*Leopoldamys edwardsi*）分散贮藏油茶（*Camellia oleifera*）种子的收益和因盗食产生的损失。我们使用的红外相机追踪法总体分为 3 步，首先是活捕鼠类并进行染色标记；然后标记并释放种子，对释放点进行红外监测；最后追踪扩散的种子，并对贮藏点继续进行红外监测（图 8-22）。

图 8-22　种子标签法和红外相机追踪法的总体流程

　　借助这一简便有效的方法，我们成功建立了扩散过程中的油茶种子与 3 种鼠类在个体水平的一一对应关系，绘制出包含扩散者身份信息的种子命运图（图 8-23）。通过对种子命运进行统计分析，我们发现 3 种鼠类都展现出自身贮藏点存留率（>50%）显著高于总盗食率（包含种内盗食和种间盗食，<10%）的特点，也就是说种子贮藏者通过分散贮食行为获得的收益比盗食者通过盗食其他个体贮藏点获得的收益高，支持"避免盗食假说"的观点（表 8-6）。通过对种子贮藏者和盗食者在发现贮藏点前的行为进行比较，我们推断是贮藏者的空间记忆优势导致了这一结果。

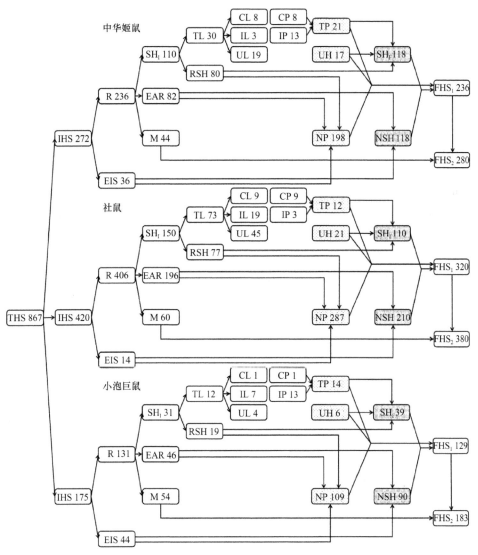

图 8-23 2013～2015 年研究样地内 3 种鼠类扩散油茶种子的种子命运流程图（改自 Gu *et al.*, 2017）
流程框内的英文缩写代表种子命运或由种子命运计算得到的 11 种统计性参数，缩写后面的数字代表经历此命运或可归入此统计性参数的种子数。有色流程框显示计算实验结束时鼠类最终收获种子的两种视角：浅色框（TP、UH、NP）显示盗食视角，深色框（SH_F、NSH）显示分散贮藏视角。THS 为鼠类群落获得的种子。对鼠类：HIS 为访问种子释放点时获得的种子；R 为访问种子释放点时扩散的种子；EIS 为在种子释放点原地取食；SH_I 为首次扩散种子时分散贮藏；EAR 为首次扩散种子时被取食；M 为首次扩散时失踪；RSH 为分散贮藏的种子未被盗食；TL 为分散贮藏的种子因盗食而损失；CL 为分散贮藏的种子因种内盗食而损失；IL 为分散贮藏的种子因种间盗食而损失；UL 为分散贮藏的种子因未知原因而损失；TP 为盗食获得的全部种子；CP 为盗食获得同其他个体分散贮藏的种子；IP 为盗食获得其他鼠类分散贮藏的种子；UH 为未知来源获得的种子；NP 为未通过盗食获得的种子；SH_F 为通过整个鼠类群落的分散贮食行为获得的种子；NSH 为未通过分散贮藏获得的种子；FHS_1 为实验期结束时获得的种子，不包含失踪种子；FHS_2 为实验期结束时获得的种子，包含失踪种子

表 8-6　每种鼠类盗食率与自身贮藏点存留率的比较

| 鼠种 | 盗食率（%） | 自身贮藏点存留率（%） | $\chi^2$ | $P$ |
|---|---|---|---|---|
| 中华姬鼠 | 7.22 | 70.00 | 167.01 | <0.01 |
| 北社鼠 | 4.12 | 51.33 | 134.03 | <0.01 |
| 小泡巨鼠 | 4.81 | 61.29 | | <0.01 |

注：小泡巨鼠的两个参数间进行 Fisher 精确检验，因此无 $\chi^2$ 值（改自 Gu *et al.*，2017）

　　我们还从种子命运统计中发现，3 种鼠类中体形最小的中华姬鼠分散贮藏的倾向性最强，其自身贮藏点存留率也显著高于其他两种体形更大的鼠类。鼠类分散贮藏的收益与其分散贮藏倾向呈正相关关系，分散贮藏倾向性越强的鼠种竞争种子的效率也越高。由此可知，中华姬鼠竞争油茶种子的效率高于北社鼠和小泡巨鼠。而这一竞争优势可能对仅有 20 g 左右的中华姬鼠与 70 g 左右的北社鼠及高达 300 g 的小泡巨鼠在同一小区域内竞争和共存，以及整个鼠类群落的维持都具有重要意义。

　　结果表明：相比盗食，分散贮食行为对于种子贮藏者更为有利，对贮藏点位置的空间记忆使贮藏者能够存留自己建立的多数贮藏点。我们的结果支持"避免盗食假说"的观点。同时，我们的研究也体现出分散贮食行为在鼠类群落的物种共存维持及森林鼠类-种子互惠关系的形成中发挥的重要作用，并且自然选择有利于分散贮藏行为。

## 八、森林植物种子-鼠类互作网络研究

　　鼠类-种子互作是森林生态系统中一类重要的生态服务和功能。一方面种子作为鼠类主要的食物来源，对鼠类的生存与繁殖有着至关重要的作用；另一方面，鼠类通过搬运贮藏种子，从而促进植物种群的更新与扩散。以往的研究发现，森林的破碎化对动物扩散种子的距离和有效性有很大影响（Figueroa-Esquivel *et al.*，2009）。本研究以都江堰地区亚热带森林鼠类-种子互作系统为例，于 2013～2017 年连续 4 年在选取的14 个森林斑块中，结合红外相机监测和种子标记技术，通过监测鼠类与种子的互作过程，测定了鼠类-种子互作强度，探讨了鼠类-种子互作网络的结构和影响因素（Yang *et al.*，2018）。

　　鼠类-种子互作网络图谱（图 8-24）可以直观地展示实际互作网络中鼠类种类、种子类别、各物种的连接数、互作强度、嵌套度和网络的复杂程度等信息。鼠类数量和物种水平网络参数中的物种度、作用强度之和、非对称性、连接多样性呈显著正相关；和专性指数呈显著负相关；和嵌套等级呈负相关，但不显著（表 8-7）。种子数量和物种水平网络参数中的物种度、作用强度之和、非对称性、连接多样性呈显著或极显著正相关；和嵌套等级、专性指数呈显著负相关（表 8-7）。

　　植株胸径和物种水平网络参数中的物种度、作用强度之和、非对称性、连接多样性呈极显著正相关；和嵌套等级、专性指数呈显著或极显著负相关（表 8-7）。植株数量和物种水平网络参数中的物种度、作用强度之和、非对称性呈极显著正相关，和连接多样性呈正相关，但不显著；和嵌套等级呈极显著负相关，和专性指数呈负相关，但不显著（表 8-7）。

表 8-7 "鼠类-种子"互作网络中鼠类和植物指标对物种水平网络参数的影响

| 参数 | 鼠类数量 | | | 种子数量 | | | 植株胸径 | | | 植株数量 | | |
|------|---------|------|------|---------|------|------|---------|------|------|---------|------|------|
| | 回归系数 | P 值 | R² | 回归系数 | P 值 | R² | 回归系数 | P 值 | R² | 回归系数 | P 值 | R² |
| 物种度 | 0.334 | 0.014* | 0.108 | 0.032 | 0.007** | 0.029 | 0.005 | 0.003** | 0.034 | 0.018 | 0.002** | 0.036 |
| 作用强度之和 | 0.276 | 0.013* | 0.111 | 0.011 | 0.016* | 0.039 | 0.002 | 0.001** | 0.075 | 0.009 | 0** | 0.101 |
| 非对称性 | 0.042 | 0.021* | 0.097 | 0.009 | 0.021* | 0.03 | 0.001 | 0.009** | 0.038 | 0.005 | 0.008** | 0.039 |
| 嵌套等级 | −0.007 | 0.678 | 0.003 | −0.014 | 0.011* | 0.043 | −0.002 | 0.006** | 0.049 | −0.007 | 0.006** | 0.049 |
| 专性指数 | −0.026 | 0.029* | 0.087 | −0.007 | 0.03* | 0.018 | −0.001 | 0.031* | 0.018 | −0.002 | 0.151 | 0.008 |
| 连接多样性 | 0.068 | 0.025* | 0.091 | 0.013 | 0.004** | 0.03 | 0.002 | 0.009** | 0.025 | 0.004 | 0.054 | 0.013 |

*，**分别表示具有显著相关性（$P<0.05$）和极显著相关性（$P<0.01$）

鼠类物种

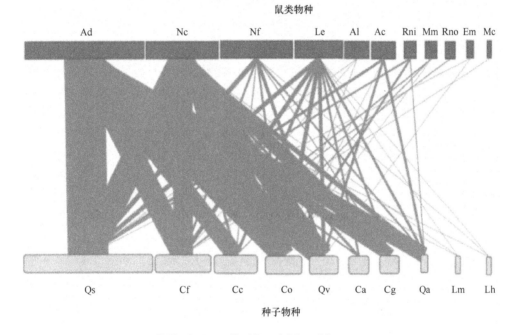

种子物种

图 8-24 "鼠类-种子"互作网络双向图（引自 Yang *et al*., 2018）

矩形正上方的简写符号表示鼠类物种，从左至右依次为中华姬鼠 Ad、北社鼠 Nc、针毛鼠 Nf、小泡巨鼠 Le、大耳姬鼠 Al、高山姬鼠 Ac、大足鼠 Rni、巢鼠 Mm、褐家鼠 Rno、黑腹绒鼠 Em 和小家鼠 Mc；椭圆形正下方的简写符号表示种子物种，从左至右依次为枹栎 Qs、栲树 Cf、瓦山栲 Cc、油茶 Co、栓皮栎 Qv、毛脉南酸枣 Ca、青冈 Cg、麻栎 Qa、港柯 Lm、硬壳柯 Lh；红（深）色矩形宽度表示鼠类物种相对数量，黄（浅）色矩形宽度表示种子物种相对数量，连接线表示鼠类与种子的互作、粗细程度表示连接强度。简写字母分别表示鼠类和种子物种名，深色矩形宽度表示鼠类物种相对数量，浅色矩形宽度表示种子物种相对数量，连接线表示鼠类与种子的互作、粗细程度表示连接强度。

鼠类数量对网络的连接度（$t=2.158$，$P=0.039$）和互作强度（$t=2.430$，$P=0.021$）有显著的正效应，而对网络的嵌套度（$t=-2.251$，$P=0.035$；图 8-25）有显著的负效应。鼠类生物量对网络的互作强度也有显著的正效应（$t=2.403$，$P=0.022$；图 8-25）。

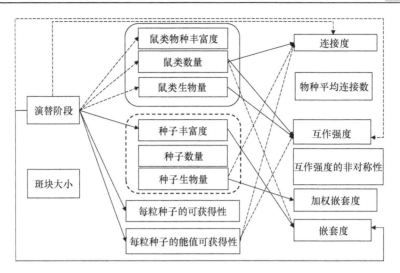

图 8-25 演替年龄和斑块大小通过物种指标对群落水平网络参数的影响（改自 Yang *et al.*，2018）

实线表示显著的正效应，虚线表示显著的负效应；实线框内为鼠类物种指标，虚线框内为种子物种指标

种子丰富度对网络的嵌套度（$t$=3.033，$P$=0.006）有显著的正效应（图 8-25）。种子热值对网络的加权嵌套度（$t$=4.408，$P$<0.001）有显著的正效应，而对网络的连接度（$t$=−3.274，$P$=0.002）有显著的负效应（图 8-25）。单粒种子的可获得性对所测网络参数均无显著效应（$P$>0.05；图 8-25）；种子热值可获得性对网络的连接度（$t$=−2.282，$P$=0.039）和互作强度（$t$=−2.361，$P$=0.024）均呈显著的负效应（图 8-25）。

演替年龄对鼠类丰富度（$F_{2,33}$ = 9.97，$P$<0.001）和鼠类数量（$F_{2,33}$ = 9.77，$P$<0.001）或鼠类热值生物量（$F_{2,33}$ = 4.59，$P$=0.017）均呈显著的负效应；当演替时间增加时，鼠类丰富度和数量相应减少（表 8-8，图 8-25）。演替年龄对种子丰富度（$F_{2,33}$=18.25，$P$<0.001）呈极显著的正效应，但对种子数量（$F_{2,31}$=0.81，$P$=0.452）或种子热值（$F_{2,31}$=1.97，$P$=0.157）无显著效应；随着演替时间增加，种子丰富度也相应增加（表 8-8，图 8-25）。演替年龄对每粒种子的可获得性（种子数量/鼠类数量，$F_{2,31}$=3.91，$P$=0.031）和每粒种子热值可获得性（种子热值/鼠类生物量，$F_{2,31}$=7.33，$P$=0.002）呈显著的正效应（表 8-8，图 8-25）。斑块大小对种子和鼠类的物种丰富度和数量均没有显著的效应（$P$>0.05；表 8-8）。

表 8-8 演替年龄和斑块大小对物种指标及群落水平网络参数作用的线性混合模型统计结果

| 项目 | 演替年龄 | | | 斑块大小 | | |
|---|---|---|---|---|---|---|
| | df | $F$ | $P$ | df | $F$ | $P$ |
| 物种指标 | | | | | | |
| 鼠类丰富度 | 2，33 | 9.97 | <0.001 | 1，33 | 3.54 | 0.069 |
| 鼠类数量 | 2，33 | 9.77 | <0.001 | 1，33 | 1.92 | 0.175 |
| 鼠类代谢生物量 | 2，33 | 4.59 | 0.017 | 1，33 | 1.74 | 0.196 |
| 种子丰富度 | 2，33 | 18.25 | <0.001 | 1，33 | 0.25 | 0.619 |
| 种子数量 | 2，31 | 0.81 | 0.452 | 1，31 | 2.25 | 0.144 |
| 种子热值 | 2，31 | 1.97 | 0.157 | 1，31 | 1.56 | 0.221 |
| 每粒种子的可获得性 | 2，31 | 3.91 | 0.031 | 1，31 | 2.41 | 0.13 |
| 每粒种子能值可获得性 | 2，31 | 7.33 | 0.002 | 1，31 | 0.84 | 0.367 |
| 植株丰富度 | 2，33 | 11.4 | <0.001 | 1，33 | 0.63 | 0.432 |

| 项目 | 演替年龄 | | | 斑块大小 | | |
|---|---|---|---|---|---|---|
| | df | F | P | df | F | P |
| 植株数量 | 2，33 | 46.44 | <0.001 | 1，33 | 3.04 | 0.09 |
| 网络参数 | | | | | | |
| 连接度 | 2，31 | 3.93 | 0.03 | 1，31 | 0.66 | 0.424 |
| 平均连接数 | 2，31 | 0.03 | 0.974 | 1，31 | 2.88 | 0.099 |
| 嵌套度 | 2，22 | 8.05 | 0.002 | 1，22 | 0.11 | 0.747 |
| 加权嵌套度 | 2，31 | 0.13 | 0.874 | 1，31 | 0.74 | 0.393 |
| 互作强度 | 2，31 | 3.82 | 0.033 | 1，31 | 0.41 | 0.529 |

注：每粒种子的可获得性=种子数量/鼠类数量，每粒种子热值可获得性=种子热值/鼠类生物量；粗体表明有显著性差异（引自 Yang *et al*.，2018）

演替年龄对网络的连接度（$F_{2,31}$=3.93，$P$ = 0.030）和互作强度（$F_{2,31}$=3.82，$P$ = 0.033）有显著的负效应，换言之，随着演替时间增加，网络的连接度和互作强度逐渐减少（表 8-8，图 8-25）。演替年龄对网络的嵌套度（$F_{2,22}$=8.05，$P$ = 0.002）有显著的正效应，即嵌套度随演替年龄增加而增加（表 8-8，图 8-25）。演替年龄对网络的平均连接数和加权嵌套度没有显著效应（$P$ >0.05；表 8-8）。斑块大小对所测定的网络参数均无显著效应（$P$ >0.05；表 8-8）。

综上所述，演替年龄对种子和鼠类的相对数量影响更大，进而影响种子和鼠类的互作关系，即演替晚期的斑块内种子更多，但鼠类丰富度和数量更少。鼠类数量增加会增大连接度和互作强度，但会减少嵌套度，相反种子数量增加会增加嵌套度，因此，演替晚期斑块的连接度和互作强度较小，但有更高的嵌套度。这说明森林演替在决定网络结构中起着重要的作用，其可能会影响破碎化生态系统的多样性和稳定性。因此，为了促进退化森林的恢复，有必要保护原始森林以提供更多的种子资源，并减少人为干扰（如砍伐、放牧、耕作等）。

# 第四节　松鼠与橡子之间的博弈对策

动物与植物之间通常表现为泛化的互作关系，但二者之间是否存在协同进化关系一直备受争议。这是因为一种动物通常依赖多种植物为其提供食物，而每种植物也依赖多种动物为其提供服务或为多种动物所捕食。松鼠是一类非常聪明且可爱的啮齿动物，其存活和繁殖依赖橡子和其他种子等食物资源。栎属（*Quercus*）植物间的橡子萌发存在明显差异：白栎类（*Quercus*）橡子在成熟后即可迅速萌发，而红栎类（*Erythrobalanus*）和青冈类（*Cyclobalanopsis*）则常到次年春季后才萌发。橡子的迅速萌发被认为是逃逸动物捕食的一种适应。但对贮藏种子的动物而言，迅速萌发将造成种子能量和营养的损失，因而易萌发种子不利于长期贮藏。对贮藏种子的动物而言，种子的快速萌发将造成能量和营养的损失，因而非休眠性种子不利于长期贮藏。然而，松鼠发展了一种特别的行为——将易萌发橡子的胚芽切除，从而利于长期保存。近年来，在我国相继发现 3 种松鼠表现出对非休眠性白栎类橡子的切胚行为，包括四川都江堰赤腹松鼠（*Callosciurus erythraeus*）、陕西佛坪岩松鼠（*Sciurotamias davidianus*）和云南哀牢山红颊长吻松鼠（*Dremomys rufigenis*）

（图 8-26；Xiao *et al.*，2009，2010，2013a，2013b；Xiao and Zhang，2012）。

图 8-26　我国相继发现赤腹松鼠（*Callosciurus erythraeus*）、岩松鼠（*Sciurotamias davidianus*）和
红颊长吻松鼠（*Dremomys rufigenis*）等具有切除橡子胚芽的行为

松鼠的这种切胚行为曾在北美地区有过报道（Fox，1982；Steele *et al.*，2001，2006）。我们在亚洲（中国）的发现有力地揭示了松鼠对非休眠性橡子的胚芽切除行为具有普遍的适应意义，为洲际动物行为的趋同进化以及松鼠与橡子间的弥散性协同进化关系提供了有力的证据。通过多年系统研究，从松鼠利用橡子的适应对策以及橡子防御动物捕食的适应对策两个方面揭示了松鼠与栎类之间存在弥散协同进化关系。

## 一、松鼠利用橡子的适应对策

在长期进化过程中，松鼠对栎类橡子的萌发（休眠）表型产生显著的行为适应。

### （一）松鼠切胚行为是其利用非休眠性橡子的本能行为

松鼠常将易萌发的白栎类橡子的胚芽切除，但很少切除休眠性的青冈类橡子。橡子的胚芽被切除后，萌发率显著降低，因而有利于长期保存。因此，松鼠切除橡子胚芽的行为被认为是松鼠有效利用非休眠橡子的一种行为适应策略，但不清楚该行为是本能行为还是后天学习所得。种子快速萌发被认为是植物逃脱动物捕食的一种策略，但动物通过切除种子的胚芽来阻止种子萌发，从而达到长期贮藏种子的目的。云南哀牢山中山湿性常绿阔叶林为原始森林，至少有 200～400 年甚至更长的历史。该森林分布有长尾青冈和滇青冈，但白栎类（如栓皮栎等）在该森林内已消失。本研究验证在该森林内由于松鼠没有取食经历，红颊长吻松鼠是否仍具有与其他松鼠相似的切除非休眠橡子的行为。萌发/休眠显著影响橡子的切胚概率，显示为非休眠性白栎类橡子（如栓皮栎、锐齿槲栎、短柄枹栎等）的切胚概率远高于休眠性的青冈类橡子（如多脉青冈、曼青冈、青冈等），萌发的白栎类橡子的切胚概率显著高于未萌发的橡子（图8-27）。这些研究结果有力地支持了食物易损假说，但萌发或休眠对橡子是否被贮藏却没有一致的研究结果。研究表明非休眠性（或萌发）的橡子有较高的切胚概率，且切胚后橡子的萌发率很低，不足20%。因此，结果支持有关设想：在没有取食经历的情况下，松鼠仍然表现出切除非休眠性橡子胚芽的行为。这有力地支持了松鼠切除非休眠橡子行为是可遗传的，而且是一个进化上保守的特征（Xiao and Zhang，2012）。通过对北美灰松鼠有经验的个体与幼年无经验个体的比较研究，Steele等（2006）也支持松鼠切除非休眠橡子行为是生来就有的本能行为。此外，通过比较研究赤腹松鼠、岩松鼠和红颊长吻松鼠的切胚效率，发现切胚橡子（栓皮栎）的萌发率显著低于完好橡子，岩松鼠的切胚效率显著高于赤腹松鼠和红颊长吻松鼠，而后两者之间没有差异（图8-28）。这一结果说明切胚效率存在一定的种间差异，但切胚有利于非休眠性橡子的长期贮藏。

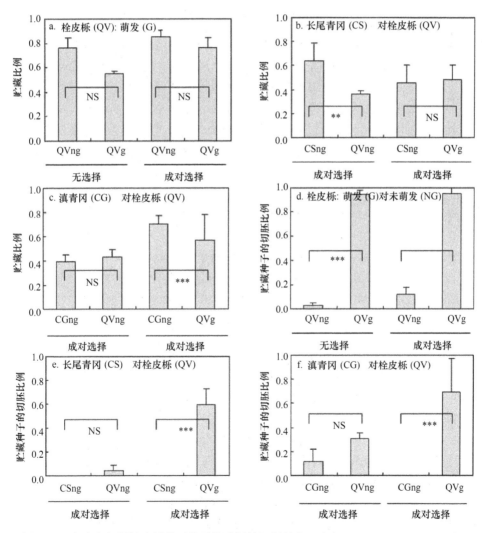

图 8-27　哀牢山红颊长吻松鼠对橡子的选择性切胚行为（改自 Xiao and Zhang，2012）
NS. 差异不显著；**,***差异极显著（P<0.01，P<0.001）。g. 萌发；ng. 未萌发

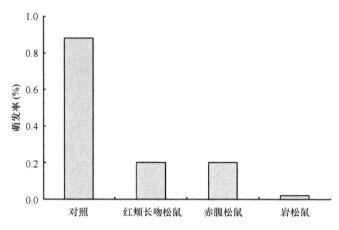

图 8-28　松鼠切除胚芽后对栓皮栎橡子萌发的影响（对照为完好种子，其余为 3 种松鼠各自切胚种子）（改自 Xiao and Zhang, 2012）

（二）松鼠的多次贮藏管理策略是一种适应性行为

　　近来的证据表明，许多从最初贮藏点内消失的种子被鼠类再次贮藏在一些新的贮藏地点。种子和果实的多次贮藏对贮食动物和植物都会产生重要影响。对贮食动物而言，种子和果实从一个贮藏点搬运到另一个贮藏点意味着贮食动物对贮藏点的管理或竞争者（或盗食者）的盗食行为，对贮食动物本身和竞争者的食物供应及贮藏点的防御机制均有重要影响（肖治术等，2003）。对植物而言，种子和果实的多次贮藏意味着种子的多阶段扩散，影响最终的种子命运、贮藏点大小和数量、扩散距离以及种子分布的微生境等。

　　通过在四川青城山对橡子标记和连续跟踪调查，发现赤腹松鼠对埋藏的种子进行了积极的有效管理（图 8-29）。随着埋藏种子被重新找到并再次贮藏，橡子的切胚概率也在显著增加。松鼠的这种多次贮藏管理策略是一种适应性行为，即通过对贮藏点进行积极管理，检测贮藏种子的状态，切胚概率随贮藏次数的增加而增加（Xiao et al.,2009）。我们在陕西佛坪和云南哀牢山的调查也分别发现岩松鼠、红颊长吻松鼠和其他鼠种亦具有类似的多次贮食行为。这表明该行为在分散贮藏的啮齿动物中具有一定的普遍适应性。

（三）可针对食物丰富度和种子大小来改变食物利用策略

　　种子大小及种子产量的年际动态是影响动物种群、群落动态的重要因素，也是影响动物觅食行为的重要因素。在陕西秦岭地区，板栗、锐齿槲栎、短柄枹栎等 3 种种子的产量表现为 2 年的周期，也就是种子产量大小年交替出现，如 2007 年和 2009 年为种子丰年，而 2008 年和 2010 年为种子歉收年份。结合 2007～2010 年的数据分析发现，岩松鼠能针对食物丰富度来改变对橡子萌发行为的敏感性，即在种子丰年时非休眠性橡子的切胚概率显著高于在种子歉年时的切胚概率（图 8-30）（Xiao et al., 2013a）。

　　食物易损假说预测萌发/休眠显著影响橡子的切胚概率，显示为非休眠性白栎类橡子的切胚概率远高于休眠性的青冈类橡子，萌发的白栎类橡子的切胚概率显著高于未萌发的橡子。然而，不同于萌发或休眠，单宁或种子大小比橡子萌发策略更可能决定橡子是否被贮藏（Xiao et al.，2008，2009）。通过比较岩松鼠对大种子（锐齿槲栎）与小种子（短柄枹栎）的贮藏及切胚行为，发现松鼠偏好贮藏大种子，并有较远的搬运距离，但同时对大橡子的切胚概率也显著增加，而且橡子的萌发与大小之间亦存在显著交互作用（图 8-31）（Xiao et al.，2013b）。

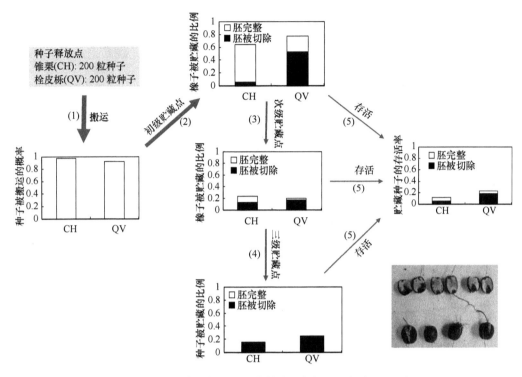

图 8-29 四川青城山赤腹松鼠对橡子的多次贮藏策略（包括切胚行为）（改自 Xiao et al.，2009）

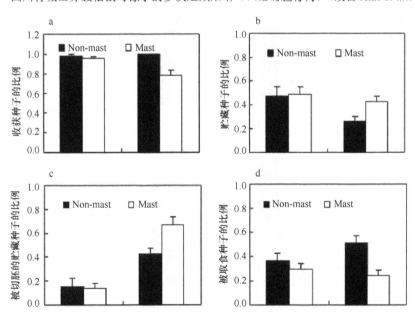

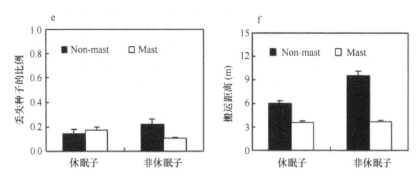

图 8-30　种子大小年对松鼠贮食行为的影响（改自 Xiao *et al.*，2013a）

Mast，种子丰年；Non-mast，种子歉年。a. 收获；b. 贮藏；c. 贮藏种子被切胚；d. 被取食；e. 丢失；f. 贮藏种子的搬运距离

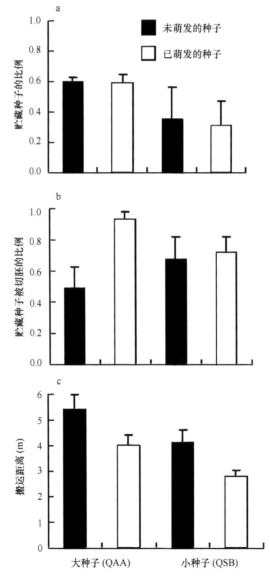

图 8-31　橡子大小显著影响松鼠的切胚行为（改自 Xiao *et al.*, 2013b）

锐齿槲栎为大种子，短柄枹栎为小种子。a. 贮藏种子；b. 贮藏种子被切胚；c. 贮藏种子的搬运距离

## 二、橡子防御动物取食的适应对策

通常，栎类主要依赖松鼠等动物通过分散贮藏的方式来传播其种子。由于被切胚橡子的萌发率极低，因此松鼠的切胚行为明显不利于非休眠性白栎类橡子的扩散和自然更新。相对于仅分布于北美的红栎类和仅分布于亚洲南部的青冈类而言，白栎类则广泛分布于欧亚大陆和北美地区。显然，松鼠的切胚行为并非是限制白栎类橡子扩散和种群更新的重要因素，那么白栎类是如何实现有效扩散和种群更新的呢？

在理论上，频率依赖选择（frequency-dependent selection）在捕食者与猎物相互作用中发挥了极为重要的选择作用：负选择作用对稀有特征有利，并有利于维持猎物种群的多样性，而正选择作用则对常见特征有利，并促进猎物形成单一特征或促进猎物间的趋同进化。尽管实验和理论研究表明频率依赖选择对捕食者和猎物的动态有重要影响，但在自然界中尚无有关证据表明频率依赖选择的这种作用。虽然白栎类橡子容易萌发，但并非所有橡子同时萌发。研究表明不同种类和同种不同个体所产生橡子的萌发存在显著差异，表现明显的多型现象：有的落到地面后数天内即可萌发，而另一些则需要数周或数月后才萌发（图8-32）。这样，萌发的橡子与尚未萌发的橡子在成熟季节（即关键扩散期）始终保持一定的相对比例或频次，而这种相对比例或频次可能是决定白栎类橡子是否逃脱松鼠切除胚芽的重要因素。因此，我们预测每种萌发型的扩散率与其频次有关，并可能为负选择作用或正选择作用。在野外条件下，我们通过操纵萌发橡子与尚未萌发橡子的比例来确定松鼠的行为反应和有关橡子的命运。研究结果表明每种萌发型的适合度和相对扩散适合度均随其频率的增加而增加，表现为正选择作用（图8-32）（Xiao et al.，2010）。该研究在野外条件下为种子捕食者/扩散者的行为偏好可产生频率依赖选择作用提供了有力证据，并显示这种选择作用可能有助于维持猎物种群的表型变异和促进猎物物种的共存。基于白栎类橡子的非休眠性和松鼠的切胚行为，频率依赖选择可能是白栎类实现有效扩散和种群更新的重要机制，为白栎类在北半球的广泛分布提供了新的依据。

栎类逃避动物捕食的其他适应对策包括生产含较高单宁的橡子和大小年结实现象，如橡子单宁含量高有助于增加橡子的贮藏概率与贮藏后的存活率。这表明单宁含量在栎类橡子中普遍较高，有利于橡子通过分散贮食动物来实现有效扩散和种群更新（Xiao et al.，2013b）。研究发现橡子丰年有利于促进橡子的就地存活，但扩散距离在种子歉年显著远于种子丰年，支持捕食者饱和假说（Xiao et al.，2013a）。

以上研究表明，松鼠一方面通过分散贮藏来促进栎类的种子传播和种群更新，另一方面由演化出的针对非休眠性白栎类橡子的切胚行为，增加其有效利用各种橡子资源的效率。同样，栎类橡子大且营养丰富，是松鼠等动物的重要食物资源，但其产量在年际出现大的波动（即大小年现象），多数橡子含较高的单宁，从而有利于防止动物对橡子的过度捕食。非休眠性白栎类橡子还可通过快速萌发而逃脱动物捕食。此外，一些栎类橡子出现了一定比例非正常的顶端着生胚的橡子，如含双胚或多胚甚至胚长在侧面，从而减少胚的受损（McEuen and Steele，2005）。因此，在长期进化过程中，松鼠与栎类橡子之间的博弈促进了二者协同进化关系的形成和稳定。

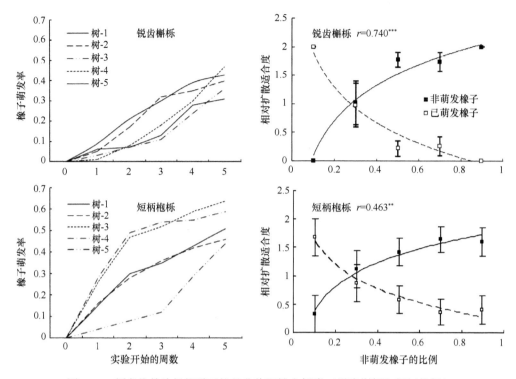

图 8-32　频率依赖选择假说可能是非休眠性白栎类（锐齿槲栎和短柄枹栎）
逃避松鼠捕食的重要机制（改自 Xiao *et al.*, 2010）
**P< 0.05；***P< 0.001

# 第五节　鼠类在种子扩散和森林更新中的贡献

不同种类的种子在大小、营养成分、次生物质和种皮硬度等方面常存在较大差异，而这些种子特征也常常是鼠类是否取食或贮藏该类种子的决定因素，并最终影响森林树种的有效更新及其分布。森林树种的分布和多度常随时间和空间尺度的变化而不同，这将影响植被的结构和种子的可利用性，从而影响动物群落的结构和动态。通过长期种子命运跟踪和整合分析，我们综合评估了分散贮藏的鼠类对植物的相对贡献，揭示了鼠类捕食和贮藏种子对于种子命运和森林更新的影响，阐明了鼠类在种子命运和森林更新中的重要贡献及相关机制。

## 一、评价鼠类的分散贮食对植物的相对贡献

许多鼠类因大量取食种子而多被视为种子捕食者。然而，分散贮食的鼠类也是许多大种子植物的关键扩散者，对植物种群更新和分布亦有互惠作用，但这种互惠作用尚无定量研究。而且，定量评价这些分散贮藏的鼠类对植物种群更新的实际贡献必须考虑植物的适合度代价。在种子扩散互惠系统中，植物从种子扩散者所获得的利益应大于所耗费的代价，从而获得更大的适合度以促进种群维持和增长。否则，植物种群无法维持并将遭受灭绝。

总体来说，植物从分散贮藏所获得的利益涉及从种子雨到幼苗建成过程中的 2 个关

键阶段：种子被埋藏在土壤或落叶中［埋藏效应（burial effect）］以及种子被移动和分散在远离母树的周边区域［扩散效应（dispersal effect）］。埋藏和扩散对种子存活及幼苗建成有较大的影响，如降低密度或距离依赖的种子或幼苗的死亡率，或降低来自母树或幼苗之间的竞争，以及促进在一些对种子萌发和幼苗存活有利的"安全地点"的定向扩散。因此，在量化植物从分散贮藏所获得的相对适合度上应考虑以下 3 个方面的问题：①对幼苗建成而言，分散贮藏的扩散效应可能比埋藏效应更为重要；②分散贮藏对植物的影响不仅仅限于种子萌发，可能影响到幼苗出现后的建成阶段（如从幼苗、幼树到成树）；③多数情况下，许多种子植物的自我替代过程依赖于扩散媒介所介导的种子扩散和随后的建成阶段（Moles and Westoby，2006）。因此，扩散媒介所提供的扩散服务对植物相对适合度的影响应基于整个生活史周期在树或种群尺度上进行测定，而不是基于种子尺度（图 8-33）。

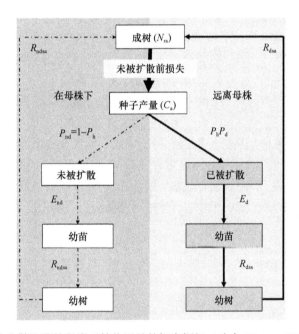

图 8-33　评价分散贮藏的鼠类对植物贡献的概念框架（改自 Xiao and Krebs，2015）

　　该图包括 4 个关键阶段（种子扩散前后的种子存活、幼苗建成、幼树补充和成树繁殖）。可能的建成途径有 2 条：来自母树下非扩散的种子（深色区），以及来自远离母树所扩散的种子（浅色区）。$N_{ra}$ 为某一种群中繁殖个体的种群大小；$C_a$ 为某一繁殖个体一生中产生的种子数量（基于树的模型）或某一年内所有繁殖个体所产生的种子数量（基于种群的模型）；$P_d$ 为被扩散种子的概率；$P_{nd}$－（$1-P_h$），为未被扩散种子的概率；$E_d$ 为来自扩散后的种子存活到幼苗的概率；$E_{nd}$ 为来自未被扩散的种子存活到幼苗的概率；$R_{dss}$ 为来自扩散后种子从幼苗存活到幼树的转换概率；$R_{ndss}$ 为来自未被扩散的种子从幼苗存活到幼树的转换概率；$R_{dsa}$ 为来自扩散后种子的幼树到成树的转换概率；$R_{ndsa}$ 为来自未被扩散的种子从幼树存活到成树的转换概率。基于植物适合度的分析（即植物种群或个体是否受益于分散贮藏鼠类的种子扩散者作用），分别从种子、树和种群等 3 个尺度建立了定量评价种子扩散者鼠类对植物种群的相对贡献的理论框架。

基于种子尺度的模型在种子水平上，许多种子的特征会影响分散贮食动物的觅食决策，从而影响单粒种子的生存。通常，个体种子的存活和扩散不仅取决于种子特征和动物行为，还取决于动物和种子的丰度。由于分散贮食动物所介导的种子扩散模式是许多大种子植物所形成的自适应策略，基于种子水平的评价模型是必要的，但不能量化这些植物的适合度。

基于树的评价模型，植物的适合度应该测量在整个生活史周期中存活到成年阶段的后代数量。基于树的评价模型认为，如果分散贮藏给某种植物带来扩散利益，这种植物的每个繁殖个体应至少平均产生一个以上可繁殖的后代个体，用公式表述如下：

$$(C_a \cdot P_h \cdot P_d \cdot E_d \cdot R_{dss} \cdot R_{dsa}) > 1$$

当不包括来自未被扩散种子的建成途径时，该模型也可写为

$$P_d > 1 / (C_a \cdot P_h \cdot P_d \cdot E_d \cdot R_{dss} \cdot R_{dsa})$$

式中，$C_a = C \cdot Y$；$C$ 是平均年种子产量（粒）；$Y$ 是给定树种的平均寿命（年）。

基于种群的评价模型类似于基于树的评价模型，但前者侧重于在特定种群中死亡的成年个体的替代。如果一个给定植物种群的平均适合度受益于分散贮藏，应满足以下条件：

$$(C_a \cdot P_h \cdot P_d \cdot E_d \cdot R_{dss} \cdot R_{dsa}) > N_{da}$$

$$P_d > N_{da} / (C_a \cdot P_h \cdot E_d \cdot R_{dss} \cdot R_{dsa})$$

式中，$C_a = C \cdot N_{ra}$。

对于寿命较长的树种，从种子散落、种子萌发、幼苗生长到繁殖个体的整个生活史阶段来跟踪所有个体种子的最终命运是难以完成的（图 8-33）。因此，基于树和种群的评价模型中所提出的参数需要在植物整个生活史周期的每个特定阶段通过定期调查来进行测量（Xiao and Krebs，2015）。基于树和种群的评价模型也可以扩展到依赖其他种子传播媒介的种子植物系统。

## 二、基于种子产量和种子大小评估动物对种子存活与扩散的影响

在自然界，许多植物结实存在明显的大小年现象。大小年结实现象对以植物种子为食的动物（包括种子捕食者和种子扩散者）和植物种群本身均产生重要的生态及进化影响。目前，针对植物大小年结实现象已提出了多个假说，其中捕食者饱和假说被广为接受。捕食者饱和假说是指在结实歉年，种子捕食者的可利用食物有限，不利于其种群繁殖增长，因而其种群数量回落至较低水平，而接下来的丰年结实，由于种子捕食者种群有限而不足以消耗所有的种子产量，从而保证有部分种子能够存活，促进植物种群更新。以往支持捕食者饱和假说的证据多来自专食性的昆虫捕食者，但很少有证据来自广食性的脊椎动物捕食者（如鼠类）。

大小年结实现象在许多坚果类植物（如栎类）中十分普遍，但这些坚果植物主要依赖以其种子为食的鼠类和鸟类通过分散贮藏的方式来传播种子。因此分散贮藏的动物既是种子捕食者，也是种子扩散者。为此，一些学者提出了捕食者扩散假说。该假说认为丰年结实将促进动物扩散其种子，并预测种子扩散率在丰年高于歉年，或者种子扩散距离在丰年远于歉年。但鲜有证据支持捕食者扩散假说。

由于持续跟踪动物对种子命运的影响难度大，以往种子命运的数据多为 1～3 年，

而且相关研究很少同时提供种子产量和动物种群数据。这些情况也是论证上述 2 个假说证据不足的重要原因。事实上，捕食者饱和效应或影响种子命运的关键因子不仅与种子产量多少有关，而且与动物种群数量有极大的关系。我们提出由种子产量和捕食者密度（基于能量代谢）来共同决定种子与鼠类的相对丰度（Xiao et al.，2013c）。在本研究中，基于以下 2 个参数来估计动物每粒种子的可获得性（PCSA），即年度种子产量（每年平均单株植物的产量，ACS）和年度鼠类生物量（即每种鼠类每年代谢生物量，AMRA）。在研究地点，有多种啮齿动物取食种子，这些啮齿动物的体重变化很大，如中华姬鼠仅 26 g，而小泡巨鼠可达 281 g。我们基于代谢率将这些变化用于测量 PCSA。与动物的食性和觅食行为无关，许多哺乳动物的食物摄入与其体重成比例（$BM^{0.75}$）（Clauss et al.，2007）。因此，PCSA 是 ACS 和 AMRA 的函数：

$$PCSA = ACS/AMRA$$

其中，

$$AMRA = \sum_{i=1}^{k} N_i BM_i^{0.75}$$

式中，$k$ 为啮齿动物的物种数；$N_i$ 为某一年 $i$ 某种鼠类的种群大小（最小种群大小，MNA）；$BM_i^{0.75}$ 为某种啮齿动物 $i$ 的平均代谢生物量。

　　通过在四川都江堰对油茶种子产量、鼠类密度和种子命运等进行了长达 8 年的调查研究，估计了种子与鼠类的相对丰度（图 8-34，图 8-35）。通过围栏实验比较研究表明，小泡巨鼠是都江堰林区油茶等植物种子扩散的关键鼠种，发现油茶种群的自然更新主要来源于小泡巨鼠的初级贮藏点（Xiao et al.，2013c）。研究结果也表明种子存活与种子扩散之间存在权衡，并取决于种子与动物的相对丰度。在种子歉收年份，有更多的种子为鼠类所贮藏，扩散距离更远，并且有更多贮藏的种子存活到种子萌发和幼苗建成（图 8-35）。但随着种子产量或种了相对丰度增加，种了的搬运速率减慢，贮藏种子的比例降低，扩散距离更近，且二次贮藏的比例降低，并且有更多的种子在原地存活，被贮藏种子的存活率也较低（图 8-35）。这一研究结果显然支持捕食者饱和假说，但不支持有关大年比小年更有利于种子扩散的观点（即捕食者扩散假说）（Xiao et al.，2013c）。

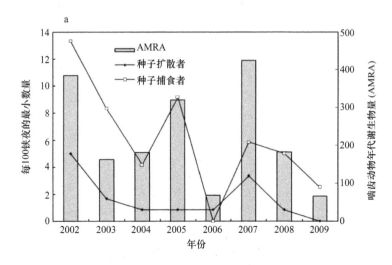

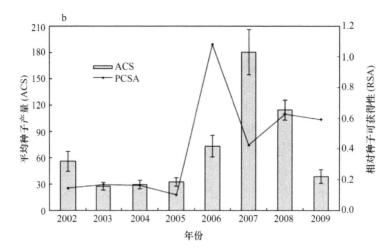

图 8-34　啮齿动物丰度和油茶种子产量的年际变化（改自 Xiao *et al*., 2013c）
a. 年度鼠类代谢生物量（AMRA，每年所有鼠类的代谢生物量），每 100 捕获日内种子扩散者（小泡巨鼠）和种子捕食者
（其他鼠类）的最小种群大小（MNA）；b. 油茶种子产量（ACS），单株植物的平均产量（mean ± SD），
PCSA，动物的种子可获得性，ACS/AMRA

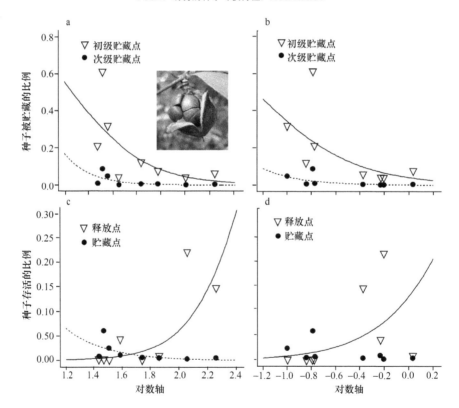

图 8-35　种子年平均产量（对数转换，a，c）或种子可获得性（对数转换，b，d）
和种子命运之间的关系（改自 Xiao *et al*. 2013c）
在初级贮藏点的种子贮藏比例由实线表示，而在次级贮藏点的贮藏比例由虚线表示；在种子释放点的存活比例由实线表示，
而在种子贮藏点的存活比例由虚线表示

　　种子大小和数量在植物个体、种群或物种之间存在较大变化。但在动物散布植物中，对种子大小和数量的个体变异与种子存活、种子扩散之间的关系却知之甚少。基于大种

子假说和捕食者饱和假说，我们提出基于种子大小和种子产量的种子存活与扩散权衡框架来预测在种子和树等尺度上的种子存活和种子扩散：①在果实或树的尺度上，种子的大小和数量呈负相关；②较大的种子更容易被贮藏，并增加其在扩散后的存活概率，而较小的种子在树下有较高的存活概率；③对于产量较低的树，其种子更易被贮藏并在扩散后存活，而对于产量较高的树，其种子在树下有较高的存活率，与捕食者饱和假说的预测一致（图 8-36）（Xiao *et al.*，2015）。通过对油茶果实、个体树等的调查，发现油茶种子的大小和数量在果实及树等尺度上都有很大的差异。单果的平均种子大小与单果的种子数呈负相关。

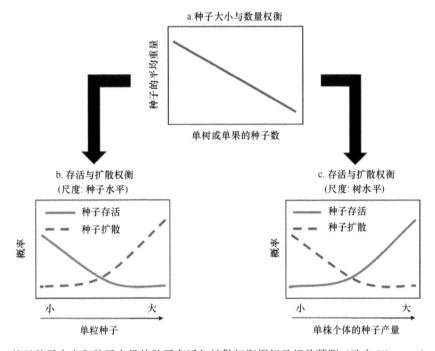

图 8-36　基于种子大小和种子产量的种子存活与扩散权衡框架及相关预测（改自 Xiao *et al.*，2015）
a. 在果实或树的尺度上，种子的大小和数量呈负相关；b. 较大的种子更容易被贮藏，并增加其在扩散后的存活概率，而较小的种子在树下有较高的存活概率（大种子假说）；c. 对于产量较低的树，其种子更易被贮藏并在扩散后存活，而对于产量较高的树，其种子在树下则有较高的存活率，与捕食者饱和假说的预测一致

根据油茶单树产量，我们建立了 8 个种子产量组，即 40 粒种子、80 粒种子、120 粒种子、160 粒种子、200 粒种子、240 粒种子、280 粒种子和 320 粒种子。我们将每组种子称重并模拟单株树的种子大小和数量。我们通过跟踪单粒种子的命运，研究了种子存活和扩散与种子大小（个体种子）和数量（单树产量）之间的关系。结果表明种子存活与扩散权衡在种子水平和树或种群水平的表现不同（图 8-37）：在种子水平上大种子有利于扩散，而小种子有利于存活；但在树或种群水平上表现为种子产量低有利于扩散（不支持捕食者扩散假说），种子产量高有利于存活（支持捕食者饱和假说）（Xiao *et al.*，2015）。

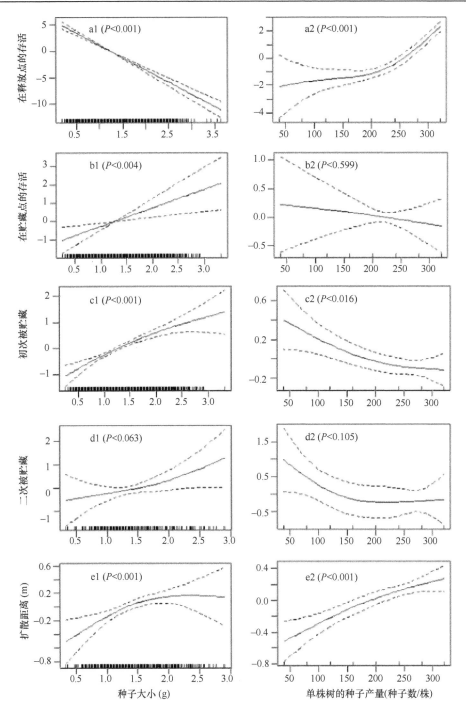

图 8-37　种子大小和种子命运之间的关系（种子：a1~e1）及单株种子数量与种子命运之间的关系（树：a2~e2）（改自 Xiao *et al.* 2015）

种子命运包括多个扩散阶段：在种子释放点和贮藏点的存活比例；在初级贮藏点和次级贮藏点的贮藏比例；初级贮藏点的搬运距离。虚线是预测的 95% 的置信区间

## 三、鼠类对壳斗科植物种子命运的影响

壳斗科植物（Fagaceae）是北半球温带、亚热带和热带森林中重要的建群或优势树

种。根据陈焕镛和黄成就（1998）编写的《中国植物志》（第 22 卷），我国壳斗科植物资源十分丰富，广泛分布在温带、亚热带和热带森林，涉及栗属（*Castanea*）、栎属（*Quercus*）、青冈属（*Cyclobalanopsis*）、栲属（*Castanopsis*）、石栎属（*Lithocarpus*）、水青冈属（*Fagus*）和三棱栎属（*Trigonobalanus*）等 7 属 300 余种。我国亚热带常绿阔叶林中壳斗科种类十分丰富，而且一个群落内常同时分布有多个壳斗科的不同属种，这就为研究壳斗科不同属种的自然更新及其进化关系，以及壳斗科植物与动物之间的相互关系提供了研究条件。在都江堰亚热带常绿阔叶林带（海拔 700～1500 m），至少分布有 5 个壳斗科属，包括栓皮栎、枹栎、栲树、港柯、青冈和板栗等 10 多个种类。这些树种的种子在大小、营养成分、单宁含量及种皮硬度等方面存在较大差异，但它们的种子雨期有重叠。从近年来的调查来看，这些树种的果实均受象甲和蛾类等昆虫的蛀食，而且昆虫对果实的蛀食率在不同林分、树种和年份间均有显著变化（肖治术等，2001；Xiao *et al.*，2004a，2004b，2004c，2007，2017）。此外，这些树种的种群更新也受鼠类捕食和扩散种子的影响（Xiao *et al.*，2005a，2006；Xiao and Zhang，2006）。

在都江堰实验林场内，从 2000 年秋季至 2003 年春季，我们在所选取的原生林和次生林内同时追踪了栓皮栎、枹栎、栲树、港柯和青冈等 5 种同域分布的壳斗科植物的种子命运，定量研究了鼠类对这些壳斗科种子的收获、搬运和贮藏以及扩散后种子命运的时空变化。鼠类对 5 种壳斗科种子的差异性收获（即选择偏好）导致这些种子在种子释放点的收获速率、搬运和就地取食比例等发生了差异性变化，而且壳斗科种子在初级贮藏点内的扩散距离在种间、种内与年份之间的相互作用、林分与年份之间的相互作用条件下均有显著差异。无论是原生林还是次生林，港柯和栓皮栎等大种子比其他小种子（如枹栎、栲树和青冈）倾向于在种子释放点有较快的收获速率、短的存留时间、高的搬运比例（栓皮栎，80%以上；港柯，99%以上），并且在扩散后有较多的种子被贮藏（栓皮栎种子存活率 0～1%；港柯种子存活率 0～3.5%）。石栎和栓皮栎种子也被搬运了较远的距离、有相对较小的贮藏点（80%以上仅含 1 粒种子）和较大的埋藏深度。此外，石栎和栓皮栎也易于被鼠类反复搬运和贮藏（2 或 3 次），从而对再次扩散后的种子命运（如取食或贮藏）、贮藏点大小（进一步减少）、种子域的大小（扩散距离进一步增加）和微生境分布（向灌丛或灌丛边缘以及贮食动物的巢区集中）等产生了一系列影响。此外，壳斗科贮藏种子或种子残片的最大扩散距离以及它们各自分布的主要距离组的上限（栲树，0～5 m；青冈，0～10 m；枹栎，0～10 m；栓皮栎，0～15 m；港柯，0～20 m）也支持种子鲜重与扩散距离之间存在正相关关系（Xiao *et al.*，2005b）。无论是原生林还是次生林，5 种壳斗科种子在初级贮藏点内的平均扩散距离或从种子释放点扩散后的种子残片的距离均随种子鲜重的增加而增加，即由小到大依次为栲树、青冈、枹栎、栓皮栎和港柯（图 8-38）。此外，鼠类对种子（如栓皮栎和石栎等）的再次搬运和贮藏可进一步增加种子的扩散距离（Xiao *et al.*，2005b；Xiao and Zhang，2006）。

综合结果表明种子大小（包括其他种子特征）不仅影响鼠类传播种子的效率，也影响种子是否被再次贮藏；到翌年春季，各树种（栲树除外）在 3 年间均有部分种子在鼠类的贮藏点存活到萌发或出苗，从而证实鼠类对种子的搬运和贮藏是促进壳斗科树种自然更新的关键因素。因此，鼠类扩散石栎、栓皮栎等种子的效率要高于枹栎、栲树和青冈等种子的效率。此外，不同林分和年份间主要树种的种子产量（特别是总能量）和鼠类

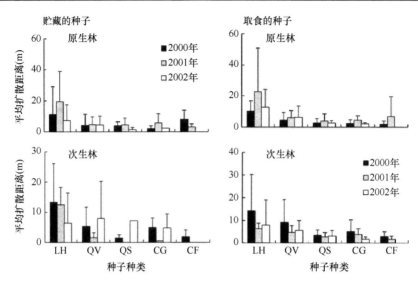

图 8-38　在原生林和次生林中壳斗科种子的平均扩散距离
（包括贮藏和取食的种子）（改自 Xiao *et al.*，2005b）
种子由大到小依次排列如下：LH，港柯 *Lithocarpus harlandii*；QV，栓皮栎 *Quercus variabilis*；QS，
枹栎 *Q. serrata*；CG，青冈 *Cyclobalanopsis glauca*；CF，栲树 *Castanopsis fargesii*

的多度也影响这些林木种子的搬运、贮藏和存活以及贮藏种子的其他特征。研究发现种子扩散与种子大小呈正相关，不支持种子大小与扩散性权衡经典假说（Xiao *et al.*，2005b）。

## 四、鼠类对鲜果类种子命运的影响

鲜果类植物也是亚热带及其他森林生态系统的重要组成成分。研究表明，食果动物（如鸟类和兽类）是促进其种子扩散的传播者，但对于鼠类取食和贮藏种子如何影响这些植物种类的种子命运及种群更新则缺乏了解。在都江堰亚热带森林，许多鲜果类植物的种子大小和其他特征也存在较大的种内和种间差异，影响鼠类的取食和贮藏策略，并最终影响种子存活和扩散。通过追踪 6 种食果动物传播的种子，发现其种子扩散和种子存活存在以下 3 种模式（Lai *et al.*，2014）：以毛脉南酸枣和野柿为代表，由于种子大和种皮坚硬，有较高的扩散率和扩散后存活的概率，但也由于在释放点的捕食率低而有部分种子存活；以楠木和尾叶稠李为代表，因种子较大但种皮极薄而导致鼠类的大量捕食，使种子扩散率低，且扩散前后的种子存活率也极低；以日本杜英和灯台树为代表，由于种子小且取食回报率低而很少被鼠类捕食，种子扩散率也极低，但有部分种子能在释放点存活（图 8-39）。结果表明种子特征对鼠类种子存活有较大影响，是鼠类对种子差异性选择所造成的，并可能对鼠类的种群动态和群落结构等产生重要影响。

## 五、评价鼠类分散贮食所导致的同域种子之间的间接影响

在自然界，任何物种或个体都需要跟同类竞争各种各样的资源。通过第三方物种（如捕食者）的作用，目标物种（猎物）的存在可影响处于同一生态位的另一物种。如果目

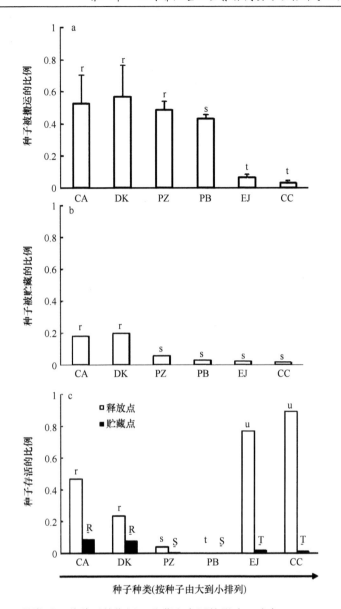

图 8-39　鼠类对 6 种种子的搬运、贮藏和存活的影响（改自 Lai *et al.*, 2014）

图中不同字母表示任意两个种类之间比较存在显著差异，即 $P<0.05$。CA，毛脉南酸枣 *Choerospondias axillaris*；DK，野柿 *Diospyros kaki* var. *silvestris*；PZ，楠木 *Phoebe zhennan*；PB，短梗稠李 *Prunus brachypoda*；EJ，日本杜英 *Elaeocarpus japonicus*；CC，灯台树 *Cornus controversa*

标物种的存在和数量变化导致另一物种更容易被共有的捕食者所捕食而降低后者的存活，这种影响被称为似然竞争（apparent competition）。相反，如果目标物种的存在和数量变化导致另一物种的被捕食机会降低而增加其存活的概率，这种影响则被称为似然互惠（apparent mutualism）。然而，当第三方物种为互惠者（如种子扩散者或者传粉者）时，共享互惠者的两个物种之间也会产生似然竞争或似然互惠的关系，但与第三方物种为捕食者所造成的后果显然不同。共享互惠者是有限的资源，目标物种因另一物种的存在而降低其繁殖或扩散的机会，这样就导致了似然竞争；但如果目标物种因另一物种的存在而增加其繁殖或扩散的机会，则出现似然互惠。

由于分散贮藏的鼠类既是许多植物的共有种子扩散者，又是其重要的种子捕食者，因此可以预测分散贮藏的鼠类可导致这些植物种子之间存在明显的间接作用。然而，以往的相关研究均将鼠类视为种子捕食者来评价同域植物种子之间的间接影响，但忽略了分散贮藏所产生的扩散和存活利益对同域植物物种之间所产生的间接影响。这样，将鼠类视为种子捕食者或种子扩散者对植物物种之间的间接影响的评价可产生2种截然不同的结果。为此，我们通过建立一个概念框架来阐明和合理评价由分散贮藏的鼠类所导致的同域种子之间的间接影响（图 8-40；Xiao and Zhang，2016）。通过跟踪和确定带甜味的锥栗种子（低单宁）和带涩味的栓皮栎种子（高单宁）的详细种子命运，案例研究表明同域种子的适口性确实可改变不同种子的分散贮藏或扩散效率（图 8-41）。与预测一致，分散贮藏的鼠类可通过增加种子搬运和贮藏比例而导致同域种子之间产生似然互惠作用。然而，当忽视分散贮藏的作用而将被搬运的种子视为被取食时，就产生了所谓的似然竞争作用。因此，我们建议在评价分散贮藏的鼠类所导致的同域植物物种之间的间接影响时，调查被搬运的种子是否被分散贮藏（扩散）。

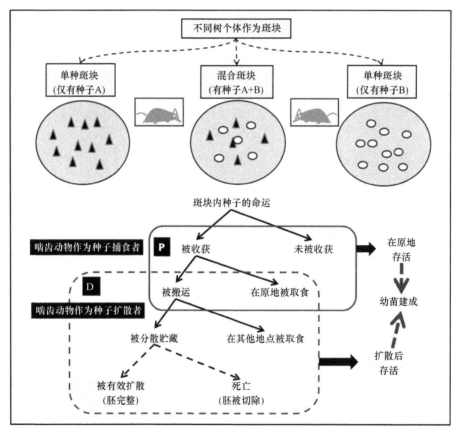

图 8-40　评价分散贮藏的鼠类所导致的同域植物物种间的间接影响（改自 Xiao and Zhang, 2016）
不同树个体作为觅食斑块，不同树种个体树冠之间是否重叠形成单种斑块和混合斑块，从而通过鼠类觅食影响这些同域树种的种子命运

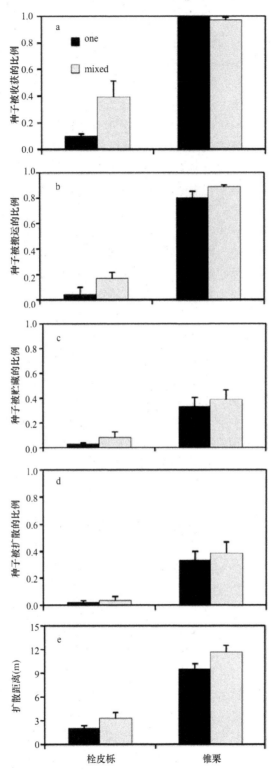

图 8-41　栓皮栎（*Quercus variabilis*，高单宁、非休眠橡子为苦涩的食物）和锥栗（*Castanea henryi*，低单宁、休眠栗子为可口的食物）的种子命运（改自 Xiao and Zhang, 2016）
a. 收获；b. 搬运；c. 贮藏；d. 扩散；e. 贮藏种子的扩散距离（m）。处理：单放（one），含栓皮栎或锥栗的单独斑块；混合（mixed），含同等数量的两种种子的混合斑块

# 第六节　总结与展望

　　我们在四川都江堰亚热带森林、云南哀牢山（亚热带南缘）及陕西佛坪（亚热带北缘）进行了多年研究，整体上从鼠类的贮食行为、鼠类与植物之间的协同进化及鼠类在种子命运、森林更新中的作用等方面取得了重要的研究进展。通过对都江堰般若寺样地7种鼠类的贮食行为研究，发现小泡巨鼠为分散贮藏种子的关键鼠种；大耳姬鼠、高山姬鼠和中华姬鼠等3种姬鼠兼有分散贮食和集中贮食行为；针毛鼠和北社鼠虽然也分散和集中贮藏种子，但是它们的贮食行为并不明显；大足鼠仅是种子捕食者。不同鼠种对不同种子的取食和贮藏偏好差异明显，种子取食和贮藏选择既分化又重叠，可能是同域分布的鼠类竞争共存格局形成的重要原因。种子大小、单宁含量、萌发时间等种子特征在该地区鼠类的贮藏策略中起着非常重要的决定作用。我们的研究发现种子大小和单宁含量对鼠类贮藏决策的影响比萌发时间更重要。通过多个鼠种对多种种子的选择实验，发现这些同域分布的鼠种和植物种子之间可能存在复杂的弥散捕食-互惠关系。

　　竞争者的存在对鼠类的贮食行为有重要的影响。小泡巨鼠在有同种竞争者存在的条件下倾向于占有更多的资源，而且竞争者的存在还增加了小泡巨鼠埋藏种子的距离。这既是小泡巨鼠对竞争者可能盗食其埋藏种子的一种行为对策，同时也能够给植物带来种群更新的利益。捕食风险对鼠类的贮食行为同样有重要的影响，在模拟捕食风险条件下，小泡巨鼠并没有明显改变取食种子的量，但明显减少了对种子的埋藏量。此外，小泡巨鼠在有捕食风险存在的条件下对取食、埋藏种子的位置也作出相应的调整，更多地选择远离捕食风险源的区域，以降低被捕食的可能性。相比盗食者，分散贮食行为对于种子贮藏者更为有利，对贮藏点位置的空间记忆使贮藏者能够存留自己建立的多数贮藏点。研究结果支持"避免盗食假说"的观点。研究也体现出分散贮食行为在鼠类群落的物种共存维持以及森林鼠类-种子互惠关系的形成中发挥的重要作用。

　　在我国相继发现3种松鼠表现出对非休眠性白栎类橡子的切胚行为，包括四川都江堰赤腹松鼠、陕西佛坪岩松鼠和云南哀牢山红颊长吻松鼠。通过多年系统研究，证实松鼠对非休眠性（或萌发）橡子有较高的切胚概率，且切胚橡子的萌发率很低，不足20%，有利于其被长期贮藏，从而证实松鼠切胚行为是针对橡子非休眠性所产生的一种适应性行为。研究证实在没有取食经历的情况下，红颊长吻松鼠具有与其他松鼠相似的行为，这表明松鼠切胚行为是可遗传的，而且是一个进化上保守的特征。松鼠的多次贮藏管理策略是一种适应性行为，即通过对贮藏点进行积极管理，检测贮藏种子的状态，切胚概率随贮藏次数的增加而增加。松鼠能针对食物丰富度来改变对橡子萌发行为的敏感性，即在种子丰年时非休眠性橡子的切胚概率显著高于在种子歉年的切胚概率。松鼠偏好贮藏大种子，但同时对大橡子的切胚概率也显著增加，而且橡子的萌发与大小之间亦存在显著的交互作用。上述这些结果揭示了松鼠已演化出一系列适应性的行为对策来有效利用非休眠性橡子和其他种子。松鼠能准确识别橡子的萌发特性，它们将非休眠性橡子的胚芽切除，从而利于长期保存。然而，橡子的单宁水平和种子大小对其是否被贮藏有决定性影响。研究提出并验证了频率依赖选择可能是非休眠性橡子逃避松鼠捕食的一种有效机制。松鼠的切胚行为曾在北美地区有过报道。我们在亚洲（中国）的发现有力地揭示了松鼠对非休眠性橡子的胚芽切除行为具有普遍的适应意义，为洲际动物行为的趋同进化以及松鼠与橡子间的弥散性协同进化关系提供了有力的证据。

基于植物适合度综合分析，从种子、树和种群等3个尺度上建立了定量评价种子扩散者鼠类对植物种群的相对贡献的理论框架。发现基于种子尺度的评价是必要的，但不能确定对植物种群的贡献，而在树和种群尺度上可定量评价分散贮藏的鼠类对植物的相对贡献。通过对油茶种子产量、鼠类密度和种子命运等进行长达8年的调查研究，研究提出了基于种子产量和捕食者密度（基于能量代谢）来估计种子与鼠类的相对丰度，支持捕食者饱和假说，建立了基于种子大小和种子产量的种子存活与扩散权衡框架。通过追踪6种植物种子，发现种子特征对其扩散和存活有较大影响，是鼠类对种子差异性选择所造成的，并可能对食果动物扩散种类的种群动态和群落结构等产生重要影响。由于分散贮藏的鼠类既是许多植物的共有种子扩散者，又是其重要的种子捕食者，因此可以预测分散贮藏的鼠类可导致这些植物种子之间存在明显的间接作用。我们从概念和理论框架上建立了如何合理定量评价共有的种子捕食者或种子扩散者所导致的同域植物物种间的间接作用。

我们在四川都江堰亚热带常绿阔叶林已定点连续观察了18年，除了上述关于鼠类与种子互作关系方面的研究，对食果鸟类（姜明敏等，2010）、种实昆虫及其生态影响（肖治术等，2001；Xiao et al.，2004c，2007，2017；Lv et al.，2016）等方面也开展了研究，积累了大量的基础数据、标本和文献资料，但相关数据仍在进一步整理分析中。特别是2013年以来，在研究区域根据斑块大小和演替阶段建立了13个森林斑块调查样地，对木本植物（对样地内胸径>1 cm的木本植物进行标记、挂牌及树种鉴定）、鸟类、兽类和种实昆虫等类群的群落结构及其与森林果实（种子）之间的相互关系进行研究，以期揭示森林破碎化、森林砍伐等人为活动扰动对森林生物多样性及其生态系统功能的影响，为退化生态系统恢复和生物多样性保护提供科学资料及管理措施。

下一步的研究可以从以下几方面展开。

（1）利用神经生物学技术和遗传学技术，探讨同域分布的鼠类中贮藏者和非贮藏者的空间记忆及贮食行为分化等重要问题，从而阐明同域物种的共存机制。

（2）以都江堰地区植物、鸟类、兽类和种实昆虫等作为研究对象，通过比较物种多样性、系统发育多样性和功能多样性的空间格局，探究不同类群生物对森林破碎化和森林演替的响应机制，揭示生物多样性丧失与保护等重要的生态学问题。

（3）以鸟类、鼠类和种实昆虫等与植物果实（种子）之间的互作网络为研究对象，通过结合物种系统发育和网络分析方法来比较研究互惠和拮抗等种间互作网络的异同，探究群落构建、物种共存以及种间协同进化机制，森林破碎化对生物多样性、生态系统功能的影响，明确物种进化历史和以物种多度为代表的生态因素如何影响群落内动植物种间互作模式，阐明森林生态系统多样性与稳定性之间的相互关系，为区域生物多样性保护和评估提供技术支撑及科学依据。

# 参 考 文 献

陈焕镛, 黄成就. 1998. 中国植物志: 第 22 卷. 北京: 科学出版社.

程瑾瑞, 张知彬, 肖治术. 2005. 小泡巨鼠在同种竞争者存在下对其贮藏种子的分析. 兽类学报, 25(2): 143-149.

姜明敏, 曹林, 肖治术, 等. 2010. 都江堰林区取食樱桃果实(种子)的鸟类及其种子扩散作用. 动物学杂志, 45(1): 27-34.

李娟, 郭聪, 肖治术. 2013. 都江堰亚热带森林常见木本植物果实组成与种子扩散策略. 生物多样性, 21: 572-581.

王振龙, 刘季科. 2001. 银狐气味对根田鼠繁殖和觅食的影响. 兽类学报, 22(1): 22-29.

肖治术, 胡力, 王翔, 等. 2014a. 汶川地震后鸟兽资源现状: 以都江堰光光山峡谷区为例. 生物多样性, 22(6): 794-797.

肖治术, 王学志, 黄小群. 2014b. 青城山森林公园兽类和鸟类资源初步调查: 基于红外相机数据. 生物多样性, 22(6): 788-793.

肖治术, 王玉山, 张知彬, 等. 2002. 都江堰地区小型哺乳动物群落与生境类型关系的初步研究. 生物多样性, 10(2): 163-169.

肖治术, 王玉山, 张知彬. 2001. 都江堰地区三种壳斗科植物的种子库及其影响因素研究. 生物多样性, 9(4): 373-381.

肖治术, 张知彬. 2004b. 都江堰林区小型兽类取食林木种子的调查. 兽类学报, 24(2): 230-233.

肖治术, 张知彬. 2004a. 种子类别和埋藏深度对雌性小泡巨鼠找到埋藏种子的影响. 兽类学报, 24(4): 311-314.

肖治术, 张知彬, 王玉山. 2003. 小泡巨鼠对森林种子选择与贮藏的观察. 兽类学报, 23(3): 208-213.

杨锡福, 谢文华, 陶双伦, 等. 2014. 笼捕法和陷阱法对森林小型兽类多样性监测效率比较. 兽类学报, 34(2): 193-199.

杨锡福, 谢文华, 陶双伦, 等. 2015. 森林演替对都江堰鼠类多样性的影响. 生态学杂志, 34(9): 2546-2552.

Abramsky Z, Rosenzweig M L, Subach A. 2002. The costs of apprehensive foraging. Ecology, 83(5): 1330-1340.

Andersson M, Krebs J. 1978. On the evolution of hoarding behavior. Animal Behaviour, 26(3): 707-711.

Barkley C L, Jacobs L F. 2007. Sex and species differences in spatial memory in food-storing kangaroo rats. Animal Behaviour, 73: 321-329.

Bascompte J, Jordano P, Olesen J M. 2006. Asymmetric coevolutionary networks facilitate biodiversity maintenance. Science, 312(5772): 431-433.

Brown J S, Morgan R A. 1995. Effects of foraging behavior and spatial scale on diet selectivity: a test with fox squirrels. Oikos, 74: 122-136.

Chambers J C, MacMahon J A. 1994. A day in the life of a seed: movements and fates of seeds and their implications for natural and managed systems. Annual Review of Ecology and Systematics, 25: 263-292.

Chang G, Xiao Z, Zhang Z. 2009. Hoarding decisions by Edward's long-tailed rats (*Leopoldamys edwardsi*) and South China field mice (*Apodemus draco*): the responses to seed size and germination schedule in acorns. Behavioural Process, 82: 7-11.

Chang G, Xiao Z, Zhang Z. 2010. Effects of burrow condition and seed handling time on hoarding strategies of Edward's long-tailed rat (*Leopoldamys edwardsi*). Behavioural Processes, 85: 163-166.

Chang G, Zhang Z. 2011. Differences in hoarding behaviors among six sympatric rodent species on seeds of oil tea (*Camellia oleifera*) in Southwest China. Acta Oecologica, 37: 165-169.

Chang G, Zhang Z. 2014. Functional traits determine formation of mutualism and predation interactions in seed-rodent dispersal system of a subtropical forest. Acta Oecologica, 55: 43-50.

Clauss M, Schwarm A, Ortmann S, *et al.* 2007. A case of non-scaling in mammalian physiology? Body size, digestive capacity, food intake, and ingesta passage in mammalian herbivores. Comparative

Biochemistry and Physiology Part A: Molecular & Integrative Physiology, 148: 249-265.

Eilam D, Dayan T, Ben-Eliyahu S, et al. 1999. Differential behavioural and hormonal responses of voles and spiny mice to owl calls. Animal Behavior, 58: 1085-1093.

Figueroa-Esquivel E, Puebla-Olivares F, Godínez-Álvarez H, et al. 2009. Seed dispersal effectiveness by understory birds on *Dendropanax arboreus* in a fragmented landscape. Biodiversity and Conservation, 18(13): 3357-3365.

Fleming T H, Brown G J. 1975. An experimental analysis of seed hoarding and burrowing behavior in two species of *Costa Rican heteromyid* rodents. Journal of Mammalogy, 56: 301-315.

Fortuna M A, Bascompte J. 2006. Habitat loss and the structure of plant-animal mutualistic networks. Ecology Letters, 9(3): 281-286.

Fox J F. 1982. Adaptation of gray squirrel behavior to autumn germination by white oak acorns. Evolution, 36: 800-809.

Galea L A M, Kavaliers M, Ossenkopp K P. 1996. Sexually dimorphic spatial learning in meadow voles, *Microtus pennsylvanicus*, and deer mice, *Peromyscus maniculatus*. Journal of Experimental Biology, 199: 195-200.

Gu H, Zhao Q, Zhang Z. 2017. Does scatter-hoarding of seeds benefit cache owners or pilferers? Integrative Zoology, 12(6): 477-488.

Hadj-Chikh L Z, Steele M A, Smallwood P D. 1996. Caching decisions by grey squirrels: a test of the handing time and perishability hypotheses. Animal Behaviour, 52: 941-948.

Hirsch B T, Kays R, Jansen P A. 2012. A telemetric thread tag for tracking seed dispersal by scatter-hoarding rodents. Plant Ecology, 213(6): 933-943.

Hollander J L, Vander Wall S B. 2004. Effectiveness of six species of rodents as dispersers of single leaf pinon pine (*Pinus monophylla*). Oecologia, 138: 57-65.

Howe H F, Smallwood J. 1982. Ecology of seed dispersal. Annual Review of Ecology and Systematics, 13: 201-228.

Hurly T A, Robertson R J. 1990. Variation in the food hoarding behaviour of red squirrels. Behavioral Ecology and Sociobiology, 26: 91-97.

Lai X, Guo C, Xiao Z. 2014. Trait-mediated seed predation, dispersal and survival among frugivore-dispersed plants in a fragmented subtropical forest, Southwest China. Integrative Zoology, 9: 246-254.

Li H, Zhang Z. 2003. Effect of rodents on acorn dispersal and survival of the Liaodong oak (*Quercus liaotungensis*). Forest Ecology and Management, 176: 387-396.

Lu J, Zhang Z. 2004. Effects of habitat and season on removal and hoarding of seeds of Wild apricot (*Prunus armeniaca*) by small rodents. Acta Oecologica, 26: 247-254.

Lucas J R, Pravosudov V V, Zielinski D L. 2001. A reevaluation of the logic of pilferage effects, predation risk, and environmental variability on avian energy regulation: the critical role of time budgets. Behavioral Ecology, 12(2): 246-260.

Lv X, Alonso-Zarazaga M A, Xiao Z, et al. 2016. *Evemphyron sinense*, a new genus and species infesting legume seedpods in China (Coleoptera, Attelabidae, Rhynchitinae). ZooKeys, 600: 89-101.

Mappes T. 1998. High population density in bank voles stimulates food hoarding after breeding. Animal Behaviour, 55: 1483-1487.

McEuen A B, Steele M A. 2005. Atypical acorns appear to allow escape after apical notching by tree squirrels. American Midland Naturalist, 154: 450-458.

Memmott J, Waser N M, Price M V. 2004. Tolerance of pollination networks to species extinctions. Proceedings of the Royal Society of London B: Biological Sciences, 271(1557): 2605-2611.

Moles A T, Westoby M. 2006. Seed size and plant strategy across the whole life cycle. Oikos, 113: 91-105.

Montiel S, Montana C. 2000. Vertebrate frugivory and seed dispersal of a Chihuahuan Desert cactus. Plant Ecology, 146(2): 219-227.

Morris D W, Davidson D L. 2000. Optimally foraging mice match patch use with habitat differences in fitness. Ecology, 81(1): 2061-2066.

Sanchez J C, Reichman O L. 1987. The effects of conspecifics on caching behavior of *Peromyscus leucopus*. Journal of Mammalogy, 68(3): 695-697.

Sork V L. 1983. Mammalian seed dispersal of pignut hickory during three fruiting seasons. Ecology, 64(5): 1049-1056.

Spotswood E N, Meyer J Y, Bartolome J W. 2012. An invasive tree alters the structure of seed dispersal networks between birds and plants in French Polynesia. Journal of Biogeography, 39(11): 2007-2020.

Steele M A, Manierre S, Genna T, et al. 2006. The innate basis of food-hoarding decisions in grey squirrels: evidence for behavioural adaptations to the oaks. Animal Behaviour, 71: 155-160.

Steele M A, Turner G, Smallwood P D, et al. 2001. Cache management by small mammals: experimental evidence for the significance of acorn embryo excision. Journal of Mammalogy, 82: 35-42.

Vander Wall S B. 2002. Masting in animal-dispersed pines facilitates seed dispersal. Ecology, 83(12): 3508-3516.

Vander Wall S B, Jenkins S H. 2003. Reciprocal pilferage and the evolution of food-hoarding behavior. Behavioral Ecology, 14(5): 656-667.

Xiao Z, Chang G, Zhang Z. 2008. Testing the high-tannin hypothesis with scatter-hoarding rodents: experimental and field evidence. Animal Behaviour, 75: 1235-1241.

Xiao Z, Gao X, Jiang M, et al. 2009. Behavioral adaptation of Pallas's squirrels to germination schedule and tannins in acorns. Behavioral Ecology, 20: 1050-1055.

Xiao Z, Gao X, Steele M, et al. 2010. Frequency-dependent selection by tree squirrels: adaptive escape of nondormant white oaks. Behavioral Ecology, 21: 169-175.

Xiao Z, Gao X, Zhang Z. 2013a. Sensitivity to seed germination by scatter-hoarding Pére David's rock squirrels during mast and non-mast years. Ethology, 119: 472-479.

Xiao Z, Gao X, Zhang Z. 2013b. The combined effects of seed perishability and seed size on hoarding decisions by Pére David's Rock squirrels. Behavioral Ecology and Sociobiology, 67: 1067-1075.

Xiao Z, Harris M, Zhang Z. 2007. Acorn defenses to herbivory from insects: implications for the joint evolution of resistance, tolerance and escape. Forest Ecology and Management, 238: 302-308.

Xiao Z, Krebs C J. 2015. Modeling the costs and benefits of seed scatter hoarding to plants. Ecosphere, 6(4): e53.

Xiao Z, Mi X C, Holyoak M, et al. 2017. Seed-predator satiation and Janzen-Connell effects vary with spatial scales for seed-feeding insects. Annals of Botany, 119: 109-116.

Xiao Z, Wang Y, Zhang Z. 2006. Spatial and temporal variation of seed predation and removal of large-seeded species in relation to innate seed traits in a subtropical forest, Southwest China. Forest Ecology and Management, 222: 46-54.

Xiao Z, Zhang Z. 2006. Nut predation and dispersal of harland tanoak Lithocarpus harlandii by scatter-hoarding rodents. Acta Oecologica, 29: 205-213.

Xiao Z, Zhang Z. 2012. Behavioural responses to acorn germination by tree squirrels in an old forest where white oaks have long been extirpated. Animal Behaviour, 83: 945-951.

Xiao Z, Zhang Z. 2016. Contrasting patterns of short-term indirect seed-seed interactions mediated by scatter-hoarding rodents. Journal of Animal Ecology, 85: 1370-1377.

Xiao Z, Zhang Z, Krebs C J. 2013c. Long-term seed survival and dispersal dynamics in a rodent-dispersed tree: testing the predator satiation hypothesis and the predator dispersal hypothesis. Journal of Ecology, 101: 1256-1264.

Xiao Z, Zhang Z, Krebs C J. 2015. Seed size and number make contrasting predictions on seed survival and dispersal dynamics: a case study from oil tea Camellia oleifera. Forest Ecology and Management, 343: 1-8.

Xiao Z, Zhang Z, Wang Y. 2004a. Dispersal and germination of big and small nuts of Quercus serrata in a subtropical broad-leaved evergreen forest. Forest Ecology and Management, 195: 141-150.

Xiao Z, Zhang Z, Wang Y. 2004b. Impacts of scatter-hoarding rodents on restoration of oil tea (Camellia oleifera) in a fragmented forest. Forest Ecology and Management, 196: 405-412.

Xiao Z, Zhang Z, Wang Y, et al. 2004c. Acorn predation and removal of Quercus serrata in a shrubland in Dujianyan Region, China. Acta Zoologica Sinica, 50(4): 535-540.

Xiao Z, Zhang Z, Wang Y. 2005a. The effects of seed abundance on seed predation and dispersal of Castanopsis fargesii (Fagaceae). Plant Ecology, 177: 249-257.

Xiao Z, Zhang Z, Wang Y. 2005b. Effects of seed size on dispersal distance in five rodent-dispersed fagaceous species. Acta Oecologica, 28: 221-229.

Yang X, Yan C, Zhao Q, *et al*. 2018 Ecological Succession drives the structural change of seed-rodent interaction networks in fragmented forests. Forest Ecology and Management, 419: 42-50.

Zhang H, Cheng J, Xiao Z, *et al*. 2008. Effects of seed abundauce on seed scatter-hoarding of Edward's rat (*leopoldamys Edwardsi* Muridae) at the indiridual level. Decologia 158: 57-63.

Zhang H, Wang Z, Zeng Q, *et al*. 2015. Mutualistic and predatory interactions are driven by rodent body size and seed traits in a rodent-seed system in warm-temperate forest in northern China. Wildlife Research, 42(2): 149-157.

# 第九章 云南西双版纳地区森林鼠类
# 与植物种子相互关系研究

## 第一节 概　　述

　　西双版纳地区位于云南省南端,属于亚洲热带北部边缘。由于特殊的地理位置和气候条件,动植物物种多样性丰富,森林群落类型多样,且孕育了中国境内面积最大且较典型的热带森林植被。

　　西双版纳地区森林中具有许多典型的热带树种,如龙脑香科(Dipterocarpaceae)、无患子科(Sapindaceae)、壳斗科(Fagaceae)栲属(*Castanopsis*)和石栎属(*Lithocarpus*)、藤黄科(Guttiferae)、茶茱萸科(Icacinaceae)、肉豆蔻科(Myristicaceae)等多个科、属的植物(Zhu, 2006)。这些植物的种子大多为顽拗性种子,且种子成熟落地后萌发迅速。当地的一些鼠类倾向于长期贮藏林木种子,植物种子的快速萌发特性与鼠类的贮食行为之间必然产生冲突,而鼠类的分散贮藏有利于植物种子扩散,它们之间又产生了互惠作用。因此,在这一地区,探讨鼠类贮食行为与林木种子之间的相互作用具有重要的意义。

　　在过去的数十年间,西双版纳地区的土地利用格局发生了巨大的变化,大量的森林被砍伐用于种植橡胶、茶叶等经济作物。热带森林(包括热带雨林)面积急剧减少,且森林片断化非常严重。森林砍伐及片断化导致森林中的物种组成发生了明显的变化,生物多样性急剧下降。并且由于当地居民喜好打猎,森林中大型动物的数量急剧下降,一些动物种类濒临局部灭绝的命运。

　　近年来,我们在西双版纳热带森林中开展了鼠类与林木种子相互作用的研究。主要探讨以下几个科学问题:①西双版纳热带森林中常见鼠类的贮食行为;②鼠类对热带森林中常见植物种子的捕食和扩散策略;③基于植物种子的快速萌发与鼠类的应对策略所形成的捕食-互惠关系,以及其对鼠类贮食行为和植物幼苗更新影响的研究;④人为干扰及森林片断化如何影响鼠类与植物的相互关系。

## 第二节 研究地区概况

### 一、植物区系

　　由于特殊的地理位置和气候条件,西双版纳地区植物种类极其丰富,森林群落类型多种多样。依据群落的种类组成、生态外貌与结构及生境特征,可将本地区的热带森林植被分为热带雨林、热带季节性湿润林、热带季雨林和季风常绿阔叶林 4 个主要的植被型(Zhu, 2006)。其中热带雨林又分为热带山地雨林和热带季节性雨林两个植被亚型。

## 二、研究样地植被类型

本研究在西双版纳热带季节性雨林中的两个动态监测样地内及其周围的森林中开展，包括两块位于连续森林中的样地（西双版纳国家级自然保护区内）及 11 块位于片断化森林中的样地。

连续森林中的样地 1 位于勐腊县勐仑镇西双版纳国家级自然保护区，在中国森林生物多样性监测网络（CForBio） 1 hm² 热带季节性雨林动态监测样地周围（21°50′N，101°12′E）。研究样地内季风常绿阔叶林和热带季节性雨林（图 9-1）相互交错、镶嵌。热带季节性雨林以千果榄仁（*Terminalia myriocarpa*）和绒毛番龙眼（*Pometia tomentosa*）为优势树种。季风常绿阔叶林中的常见树种为短刺栲（*Castanopsis echidnocarpa*）、滇银柴（*Aporusa yunnanensis*）、截头石栎（*Lithocarpus truncatus*）、杯斗栲（*Castanopsis calathiformis*）和红木荷（*Schima wallichii*）等。

图 9-1　热带季节性雨林（a）和季风常绿阔叶林（b）

连续森林中的样地 2 位于勐腊县补蚌村南贡山东部斑马山脚（21°36′42″N～21°36′58″N，101°34′26″E～101°34′47″E），中国森林生物多样性监测网络（CForBio） 20 hm² 热带季节性雨林动态监测样地内。样地东西长 500 m，南北长 400 m，海拔 709.27～869.14 m。样地地形复杂，有多条溪流穿过，溪流底部地势相对较平缓，但两侧坡度较陡。溪流底部及两侧山坡是以龙脑香科植物望天树（*Parashorea chinensis*）为优势树种的热带季节性雨林。样地山脊部分为次生林，主要树种为壳斗科植物短刺栲、刺栲（*C. hystrix*）等。

## 三、研究鼠种

西双版纳热带森林地处亚洲热带地区的北缘，具有内陆性和过渡性特点，以往的一些研究表明，在西双版纳热带森林中分布的小型兽类主要有北社鼠（*Niviventer confucianus*）、针毛鼠（*N. fulvescens*）、红刺鼠（*Maxomys surifer*）、黄胸鼠（*Rattus flavipectus*）、小泡巨鼠（*Leopoldamys edwardsi*）、红颊长吻松鼠（*Dremomys rufigenis*）、赤腹松鼠（*Callosciurus erythraeus*）、明纹花松鼠（*Tamiops macclellandi*）和隐纹花松鼠（*T. swinhoei*）等。我们多年来在本地区热带森林中共捕获到以下 7 种鼠类：北社鼠、红刺鼠、针毛鼠、黄胸鼠、小泡巨鼠、明纹花松鼠、红颊长吻松鼠（曹林，2009；王振宇，2013）。北社鼠是本地区森林中的优势鼠种，数量最多，其次是红刺鼠、针毛鼠、黄胸鼠，其他鼠种数量均较少。本研究选用常见的 4 种鼠类（图 9-2）作为研究对象，研究其食物贮藏和盗食行为及其与植物种子扩散之间的相互关系，探讨它们在森林更新和生态恢复中的作用。

图 9-2　西双版纳地区 4 种常见鼠种
a. 北社鼠；b. 红刺鼠；c. 针毛鼠；d. 黄胸鼠

## 四、林木种子的选择

本研究主要以壳斗科栲属、石栎属、栎属和茶茱萸科假海桐属共 9 种植物的种子为研究对象，具体包括：短刺栲、杯斗栲、刺栲、湄公栲（*Castanopsis mekongensis*）、截头石栎（*Lithocarpus truncatus*）、白穗石栎（*L. leucostachyus*）、白毛石栎（*L. magneinii*）、麻栎（*Quercus acutissima*）和假海桐（*Pittosporopsis kerrii*）（图 9-3）。其中，栲属和石栎属植物是西双版纳热带季风常绿阔叶林中的优势种或建群种，且在热带雨林中也是重要的植物群落。假海桐是西双版纳热带雨林中最具优势的树种，在常绿阔叶林中也很常见。

图 9-3  森林中常见的植物种子

a. 短刺栲；b. 刺栲；c. 杯斗栲；d. 湄公栲；e. 麻栎；f. 截头石栎；g. 白穗石栎；h. 白毛石栎；i. 假海桐

# 第三节  主要树种的种子雨及其年间动态

在西双版纳勐仑自然保护区热带雨林的 1 hm² 定位样地周围，选择 4 块样地用于种子雨调查。其中，3 块样地位于季风常绿阔叶林内，1 块样地位于季节性雨林内。在每块样地中设置两条间隔为 10～15 m 的平行样线，然后在每条样线上选取 15～25 个样点放置种子收集筐，样点的间隔大约为 10 m。在季节性雨林内的样地中设置了 30 个种子收集筐，在季风常绿阔叶林内的 3 块样地中共设置了 110 个种子收集筐。

2007～2010 年，通过随机布置的种子收集筐，在季风常绿阔叶林中收集到 6 种壳斗科植物种子，分别为短刺栲、印度栲（C. indica）、杯斗栲、白穗石栎、截头石栎和白毛石栎；而在季节性雨林中，仅收集到白毛石栎和印度栲两种壳斗科植物种子（表 9-1）。研究结果表明，在不同年份间季风常绿阔叶林中壳斗科植物种子总产量存在差异显著。2007 年，在季风常绿阔叶林中收集到 5 种壳斗科植物种子，但是所有种子产量都很低。2008 年我们收集到 6 种壳斗科植物种子，其中截头石栎种子的产量最高，为 4.38 粒/m²，短刺栲次之，为 2.88 粒/m²，白穗石栎为 1.58 粒/m²，其他种类种子产量均较低。2009 年仅收集到短刺栲和截头石栎两种种子，但是该年为短刺栲种子生产大年，种子产量高达 116.25 粒/m²，导致种子总产量显著高于其他年份。2010 年收集到 3 种种子，其中短刺栲的产量最高，为 6.36 粒/m²，其他两种种子的产量都很低。

表 9-1  2007～2010 年季风常绿阔叶林和季节性雨林中常见的壳斗科植物种子产量

| 森林类型 | 种类 | 2007 年 | 2008 年 | 2009 年 | 2010 年 |
|---|---|---|---|---|---|
| 季风常绿阔叶林 | 短刺栲 | 0.02±0.19 | 2.88±10.84 | 116.25±208.69 | 6.36±40.06 |
| | 杯斗栲 | 0.35±3.62 | 0.85±6.92 | 0 | 0 |
| | 印度栲 | 0.02±0.19 | 0.17±0.77 | 0 | 0 |
| | 白穗石栎 | 0.34±2.64 | 1.58±8.96 | 0 | 0.13±1.33 |
| | 截头石栎 | 0.09±0.95 | 4.38±26.97 | 0.11±0.8 | 0.05±0.42 |
| | 白毛石栎 | 0 | 0.06±0.33 | 0 | 0 |
| 季节性雨林 | 印度栲 | 0 | 0.33±1.18 | 0.13±0.73 | 0.73±3.3 |
| | 白毛石栎 | 0 | 46±114.02 | 4.7±17.4 | 0 |

注：改自王振宇，2013；表中数据为平均值 ±SD 粒种子/m$^2$，$n = 110$

在季节性雨林中，除了 2007 年没有收集到印度栲种子外，其他 3 年均收集到印度栲种子，但是其产量一直维持在较低的水平。2008 年和 2009 年，我们在季节性雨林中还收集到白毛石栎，其中 2008 年为白毛石栎种子生产大年，种子密度高达 46 粒/m$^2$，导致该年种子总产量显著高于其他年份。

研究表明，在季风常绿阔叶林和季节性雨林中植物种子的产量均有明显的大小年现象，这种现象主要是由短刺栲和白毛石栎大量产生种子造成的。种子产量的年间变化可能会影响鼠类的取食和贮藏策略，以及植物种子的命运和幼苗更新。短刺栲和白毛石栎大量产生种子也可能会影响其他植物种子的命运。

# 第四节  森林鼠类群落组成及其时间动态

热带森林中鼠类群落就其密度、生物量、群落结构等在同一地区会随主要植物种群种子产量的年间变化而发生变化。为此，从 2007 年开始，我们对西双版纳热带季风常绿阔叶林和季节性雨林中的重要植物种群种子产量的年间动态进行调查，与此同时对这两种植被类型森林中鼠类群落的种类组成和数量动态也进行长期的监测，目的是揭示种子产量的年间变化对鼠类群落动态的影响，以期为鼠类种群动态调节、鼠类与植物种子扩散等研究提供基础资料。

研究共设置了 3 块调查样地，季节性雨林中一块，季风常绿阔叶林中两块。从 2007年 9 月到 2011 年 6 月，在每年 3 月、6 月、9 月和 12 月各进行一次调查，3 块样地总共放置活捕笼 5850 笼/昼夜。调查方法为笼捕法：以花生为诱饵，每块样地内布置 50 个活捕笼（14 cm × 14 cm × 30 cm），笼间距 10 m，按照 5×10 的方格布笼。每次调查持续 4天，第 1 天上午放置活捕笼，第 4 天早上收回。每天早晨和黄昏各检查 1 次动物捕获情况，捕获到动物的笼子用新的活捕笼替换。对于捕获的动物我们会鉴定其种类、性别、繁殖状况并称量体重。为避免因捕获使样地内鼠类数量减少而影响后面调查时的捕获率，在鉴定后原地释放捕获的动物。

## 一、群落组成

从 2007 年 9 月到 2011 年 6 月，在 3 块样地中捕获 5 种鼠类，分别为北社鼠、红刺鼠、针毛鼠、黄胸鼠、小泡巨鼠，总共 234 只。在季节性雨林和季风常绿阔叶林中捕获的鼠类种数一致，但不同鼠种在这两种森林中的捕获率存在一定的差异。在季节性雨林中，北社鼠捕获率最高，占总捕获数的 64.7%，其次是红刺鼠和针毛鼠的捕获率，分别为17.65% 和 12.75%，其他种类捕获率均较低（表 9-2）；在季风常绿阔叶林中同样是北社鼠捕获率最高，占总捕获数的 81.82%，其次是黄胸鼠和针毛鼠，分别为 7.58% 和 6.82%，其他种类捕获率均较低（表 9-3）。

表 9-2　热带季节性雨林中鼠类群落的种类组成和时间动态（每个季节 150 笼/昼夜）

| 调查时间（年-月） | 活捕笼数量 | N. co | N. fu | R. fl | M. su | L. ed | 合计（个） | 捕获率（%） |
|---|---|---|---|---|---|---|---|---|
| 2007-9 | 150 | 3 | 1 | — | — | — | 4 | 2.67 |
| 2007-12 | 150 | 19 | — | 1 | 1 | — | 21 | 14 |
| 2008-3 | 150 | 8 | 1 | — | 2 | — | 11 | 7.33 |
| 2008-6 | 150 | — | — | — | — | — | 0 | 0 |
| 2008-9 | 150 | — | — | — | — | — | 0 | 0 |
| 2008-12 | 150 | 1 | — | — | — | — | 1 | 0.67 |
| 2009-3 | 150 | 6 | 2 | — | — | — | 8 | 5.33 |
| 2009-9 | 150 | 1 | — | — | 2 | — | 3 | 2 |
| 2009-12 | 150 | 7 | — | — | 1 | — | 8 | 5.33 |
| 2010-3 | 150 | 5 | 1 | — | 2 | — | 8 | 5.33 |
| 2010-6 | 150 | 3 | 6 | 2 | 5 | 1 | 17 | 11.33 |
| 2010-9 | 150 | 4 | 2 | — | 3 | — | 9 | 6 |
| 2010-12 | 150 | 3 | — | — | 1 | 1 | 5 | 3.33 |
| 2011-3 | 150 | 3 | — | — | 1 | — | 4 | 2.67 |
| 2011-6 | 150 | 3 | — | — | — | — | 3 | 2 |
| 合计/平均 | 2250 | 66 | 13 | 3 | 18 | 2 | 102 | 5.23 |
| 比例（%） | | 64.7 | 12.75 | 2.94 | 17.65 | 1.96 | 100 | |

注：N. co，北社鼠（N. confucianus）；N. fu，针毛鼠（N. fulvescens）；R. fl，黄胸鼠（R. flavipectus）；M. su，红刺鼠（M. surifer）；L. ed，小泡巨鼠（L. edwardsi）。改自王振宇，2013

表 9-3　热带季风常绿阔叶林中鼠类的种类组成和时间动态（每个季节 300 笼/昼夜）

| 调查时间（年-月） | 活捕笼数量 | N. co | N. fu | R. fl | M. su | L. ed | 合计（个） | 捕获率（%） |
|---|---|---|---|---|---|---|---|---|
| 2007-9 | 300 | 4 | — | — | — | — | 4 | 1.33 |
| 2007-12 | 300 | 24 | 1 | — | 1 | — | 26 | 8.67 |
| 2008-3 | 300 | 19 | 1 | 2 | — | — | 22 | 7.33 |
| 2008-6 | 300 | 5 | 1 | 1 | 2 | — | 9 | 3.00 |
| 2008-9 | 300 | 1 | — | — | — | — | 1 | 0.33 |
| 2008-12 | 300 | 4 | 1 | — | — | 1 | 6 | 2.00 |
| 2009-3 | 300 | 5 | — | — | — | — | 5 | 1.67 |
| 2009-9 | 300 | 1 | — | — | — | — | 1 | 0.33 |
| 2009-12 | 300 | — | — | — | — | — | 0 | 0 |
| 2010-3 | 300 | 5 | 1 | 1 | — | — | 7 | 2.33 |

| 调查时间（年-月） | 活捕笼数量 | N. co | N. fu | R. fl | M. su | L. ed | 合计（个） | 捕获率（%） |
|---|---|---|---|---|---|---|---|---|
| 2010-6 | 300 | 11 | — | 4 | — | — | 15 | 5 |
| 2010-9 | 300 | 9 | — | — | — | — | 9 | 3 |
| 2010-12 | 300 | 7 | 3 | 1 | — | 1 | 12 | 4 |
| 2011-3 | 300 | 5 | 1 | 1 | — | — | 7 | 2.33 |
| 2011-6 | 300 | 8 | — | — | — | — | 8 | 2.67 |
| 合计/平均 | 4500 | 108 | 9 | 10 | 3 | 2 | 132 | 3.38 |
| 比例（%） | | 81.82 | 6.82 | 7.58 | 2.27 | 1.52 | 100 | |

注：N. co，北社鼠（N. confucianus）；N. fu，针毛鼠（N. fulvescens）；R. fl，黄胸鼠（R. flavipectus）；M. su，红刺鼠（M. surifer）；L. ed，小泡巨鼠（L. edwardsi）。改自王振宇，2013

## 二、时间动态

在调查期间，鼠类群落的种类组成及数量在两种植被类型森林间，不同年份及季节间均有很大的差异，但是这两种生境中鼠类群落数量动态表现出比较相似的波动规律（图9-4）。从捕获情况来看，在整个调查期间，鼠类种群数量共有两个高峰期。第一个高峰期出现在2007年12月，季节性雨林和季风常绿阔叶林中鼠类的捕获率分别为14%和8.67%；第二个高峰期出现在2010年6月，季节性雨林和季风常绿阔叶林中的捕获率分别为11.33%和5%。在季节性雨林和季风常绿阔叶林中北社鼠均为唯一的优势种，种群数量在年份间和季节间波动很大。在整个调查期间，季风常绿阔叶林中北社鼠的种群动态与整个鼠类的群落动态表现出相同的波动规律；在季节性雨林中，2010年3月以前北社鼠的种群动态与整个鼠类的群落动态一致，而3月以后两者的时间动态有一定的差异（图9-5）。

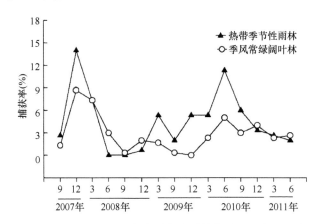

图9-4 季节性雨林和季风常绿阔叶林中小型鼠类群落的时间动态（改自王振宇，2013）

在调查期间，季风常绿阔叶林和季节性雨林中的鼠类群落在年份间和季节间发生明显的波动。食物资源尤其是种子产量在年份间和季节性的变化可能是导致本地区鼠类群落波动的重要原因。在西双版纳地区，壳斗科植物不仅是季风常绿阔叶林中的优势种或建群种，在季节性雨林中也有分布。通过随机布置的种子收集筐，我们在这两种植被类

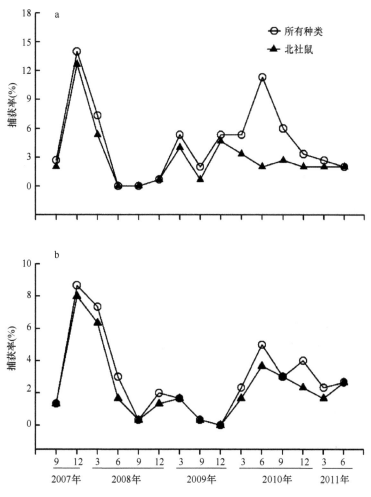

图 9-5 季节性雨林（a）和季风常绿阔叶林（b）中北社鼠种群的时间动态（改自王振宇，2013）

型的森林（旱季）中收集到的种子大部分属于壳斗科植物。这些壳斗科植物的种子具有明显的大小年变化，尤其是季风常绿阔叶林中的优势种植物短刺栲，其种子产量年间变化高达上千倍（曹林，2009）。从 2007 年 9 月到 2011 年 6 月，鼠类种群数量共出现两个高峰期。第一个高峰期出现在 2007 年 12 月，季节性雨林和季风常绿阔叶林中鼠类的捕获率分别为 14% 和 8.67%；到翌年 3 月鼠类相对密度（捕获率）还维持在较高水平，随后逐渐降低，维持在较低水平，直到 2010 年 6 月第二个高峰期的出现。在我们的研究地区，许多鼠类在旱季（9～12 月）主要通过取食和贮藏壳斗科植物种子以获得稳定的食物供应，种子产量尤其是短刺栲的年间变化可能是导致鼠类种群数量剧烈波动的主要原因。2006 年 10～12 月季风常绿阔叶林内的优势种短刺栲大量产生种子，密度超过 111 粒/m²，这导致鼠类种群数量第一个高峰期的出现。同样鼠类种群数量第二个高峰期出现之前，2009 年 10～12 月季风常绿阔叶林内的优势种短刺栲也大量产生种子，密度超过 116 粒/m²。在 2007 年和 2008 年两年中，季风常绿阔叶林内的优势种短刺栲种子产量很低，导致鼠类尤其是北社鼠种群数量急剧下降。

## 第五节　鼠类贮食行为及鼠类-种子捕食和互惠关系

### 一、种子特征决定鼠类-植物种子间捕食和互惠关系的形成

鼠类与植物种子间具有复杂的捕食和互惠关系（Vander Wall，2001），有关这方面的研究也一直是生态学研究的一个热点。然而很少有研究关注植物种子特征在这种复杂的捕食和互惠关系形成过程中所起的作用。

本研究通过使用半自然围栏，定量评估了热带森林中同域分布的 8 种种子和 4 种鼠类之间的捕食和互惠关系。研究结果表明，植物种子的特征及其分类地位影响鼠类-种子之间捕食互惠网络的结构。短刺栲、杯斗栲和刺栲 3 种栲属种子，种子重量小、壳薄、热值低，它们与 4 种鼠类之间主要是捕食关系，互惠关系很弱（图9-6）。白穗石栎、截头石栎、白毛石栎 3 种石栎属种子，种子重量中等、壳较厚，它们与鼠类之间主要是互惠关系，捕食关系很弱（图9-6）。栎属的麻栎单宁含量很高，它与鼠类之间的捕食和互惠关系都很弱（图9-6）。与之相反，栲属的湄公栲，种子重量最高、壳最硬、热值最高，它与鼠类之间的捕食和互惠关系都很强。

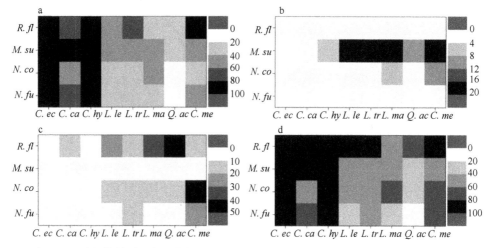

图 9-6　鼠类与植物种子之间的相互作用强度（以每个鼠种处理每种种子的比率度量，灰度表示作用强度的大小）（改自 Wang et al.，2014）

取食（a）、分散贮藏（b）、集中贮藏（c）、捕食（d，取食比例与集中贮藏比例之和）8 种种子的比率。C. ec，短刺栲；C. ca，杯斗栲；C. hy，刺栲；L. le，白穗石栎；L. tr，截头石栎；L. ma，白毛石栎；Q. ac，麻栎；C. me，湄公栲；N. co，北社鼠；N. fu，针毛鼠；M. su，红刺鼠；R. fl，黄胸鼠

研究表明，鼠类-植物种子之间捕食互惠网络的子结构恰好与基于种子特征的 8 种种子的聚类结构对应。这说明分类地位上相同的植物（如栲属和石栎属）由于具有类似的种子特征，其种子被捕食和扩散的过程会很相似，它们可作为植物功能群在鼠类-植物种子间的捕食互惠网络中形成的子结构。

### 二、同域分布的鼠类的贮食行为

同域分布的鼠类，特别是生态位相近的物种之间必然存在激烈的种间竞争。食物资

源在时间和空间上的异质性或者鼠类间不同的生理耐受条件可能会促进物种间的共存（Price and Mittler，2006）。不同的鼠类行为策略上的差异可能是导致它们共存的更为重要的原因，如贮藏方式的分化、贮藏微生境的选择、贮藏种子的保护及找回等。我们通过半自然围栏（图9-7）研究了西双版纳热带森林内主要鼠类的贮食行为，目的在于探讨鼠类贮藏策略是否有明显分化，以期了解同域分布的鼠类竞争共存的机制，同时为野外种子扩散和森林更新提供一定的理论依据。

图 9-7　实验围栏

研究结果表明，热带森林中分布的 4 种鼠类对热带雨林中优势树种假海桐种子的贮食行为存在明显差异（图 9-8）。红刺鼠是典型的分散贮藏者，只表现出较弱的集中贮食行为。北社鼠存在分散和集中两种贮食行为，但集中贮食行为比分散贮食行为明显。针毛鼠两种贮食行为都比较弱。黄胸鼠只表现出明显的集中贮食行为，并不分散贮藏种子。

结果说明，红刺鼠、北社鼠、针毛鼠在该地区假海桐种子的扩散和幼苗更新过程中发挥着重要作用。

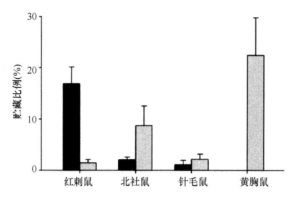

图 9-8　4 种鼠类分散贮藏（黑色柱子）和集中贮藏（灰色柱子）假海桐种子的差异（改自王振宇，2013）

### 三、鼠类对植物种子的定向扩散

动物将许多植物的种子搬运到远离母树的环境中，因此有利于植物的生存与更新（Howe and Smallwood，1982）。一些动物会把种子定向搬运到有利于种子萌发、存活及幼苗建成的生境中，称为定向扩散（Wenny，2001）。典型的定向扩散包括鸟类对槲寄生种子的扩散，蚂蚁对具有油质体种子的扩散以及鸟类对坚果的分散贮藏。

近年来，一些研究认为具有分散贮食行为的鼠类对植物种子的分散贮藏也是定向扩散。例如，Briggs 等（2009）发现鼠类埋藏种子的深度及贮藏的微生境有利于种子萌发和幼苗存活。Yi 等（2013）发现花鼠（*Tamias sibiricus*）将种子埋藏在潮湿的土壤中，有利于种子萌发和幼苗建成。Hirsch 等（2012）发现，为了减少竞争者对贮藏种子的盗食，刺豚鼠（*Dasyprocta punctata*）将种子定向扩散到远离同种其他母树的生境中，因此贮藏种子附近同种的种子密度较低。最终，种子更容易逃脱捕食而建成幼苗。

将种子定向扩散到远离同种其他母树的生境中是一种效率较高的种子扩散方式，有利于降低由于生境中种子密度高所造成的高盗食率。这种定向扩散可能是在贮藏种子被竞争者盗食后贮藏者采取的一种即时策略，并且可能需要动物多次搬运种子才能完成。然而，迄今为止仍不清楚在没有盗食者存在的情况下鼠类是否会将种子定向扩散到远离同种其他母树的生境中。

许多研究表明，被鼠类扩散后建成的幼苗大多来源于初级贮藏点。许多鼠类很少多次搬运种子，在种子大量结实的年份这一现象尤其明显。在种子丰富的年份，贮藏种子被盗食的可能性较低，因此鼠类搬运种子的次数减少，种子扩散距离近，存活时间长，最终贮藏种子更可能逃脱捕食而建成幼苗。植物幼苗的建成通常会伴随着低盗食率及低搬运次数。因此，在盗食率较低或在没有竞争者盗食的情况下，如果鼠类仍将种子定向扩散到远离同种其他母树的生境中就显得非常重要。

在西双版纳地区，我们在半自然围栏内模拟鼠类对植物种子的扩散，探讨在没有盗食者存在的情况下，鼠类是否会将种子定向扩散到远离同种其他母树的生境中（半自然围栏环境可以通过控制动物数量而避免竞争者对贮藏种子的盗食）。我们在半自然围栏中通过人工释放刺栲种子（*C. hystrix*），模拟结实母树（目标母树和种子）及同种其他母树个体（图 9-9），探讨热带雨林中的优势鼠类红刺鼠（共使用 29 只红刺鼠，释放了4350 粒种子）是否具有定向扩散行为。研究发现，红刺鼠取食和搬运了所有释放的种子，分散贮藏了（53.2 ± 29.6）%（$n = 771$）的目标种子（模拟目标母树）及（47.8 ± 28.3）%（$n = 1385$）的相邻的其他母树的种子。红刺鼠倾向于将目标母树的种子分散贮藏在远离相邻的其他母树的生境中（图 9-10b）；而将相邻的其他母树的种子分散贮藏在自身母树周围（图 9-10a）。因此，相邻的其他母树周围的种子密度较高，而远离相邻的其他母树的生境中种子密度较低。对于目标种子来说，贮藏在种子密度低的生境中的种子存活时间较长，而贮藏在种子密度高的生境中的种子存活时间较短（图 9-11a）。在实验结束时，贮藏在远离相邻的其他母树生境中的种子存活比例显著高于贮藏在靠近相邻的其他母树生境中的种子（图 9-11b）。

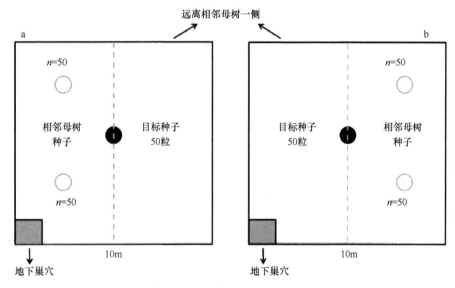

图 9-9　围栏示意图及目标种子（黑色圆圈）和相邻的其他母树（白色圆圈）
所在位置（改自 Geng *et al.*，2017）

地下巢穴可能会影响鼠类的贮食行为，因此将其他母树所在位置的设置做了两种处理：将其他母树所在位置设置在靠近地下巢穴一侧（a）；将其他母树所在位置设置在远离地下巢穴一侧（b）

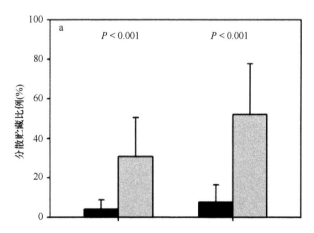

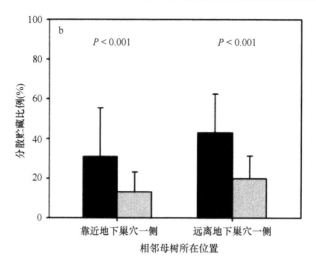

图 9-10　当相邻母树所在位置分别设置在靠近和远离地下巢穴一侧时，分散贮藏在靠近（灰色柱子）
或远离（黑色柱子）相邻的其他母树生境中的种子比例差异（改自 Geng *et al.*，2017）

a. 邻近母树下的种子命运；b. 目标种子的命运

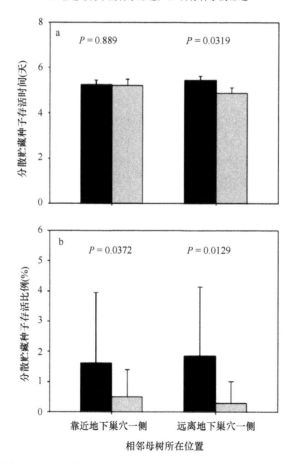

图 9-11　当相邻母树所在位置分别设置在靠近和远离地下巢穴一侧时，被分散贮藏在靠近（灰色柱子）
或远离（黑色柱子）相邻的其他母树生境中的目标种子的存活时间差异（a）
和存活比例差异（b）（存活到实验结束时）（改自 Geng *et al.*，2017）

研究表明，在没有盗食者存在的情况下，鼠类也会将种子定向扩散到远离同种其他母树的生境中，说明这种定向扩散行为并非应对贮藏种子被盗食的即时策略，而可能是内在的为了降低种子密度高所带来的高盗食风险的一种贮藏策略。对于具有大年结实现象的植物来说，由于种子扩散及幼苗更新主要发生在种子大量产生的年份，而这时贮藏种子被盗食的风险较低，因此鼠类对植物种子的这种定向扩散行为对具有大年结实现象的植物种子扩散和幼苗更新显得极其重要。表明鼠类对植物种子的扩散是一种非常高效的种子传播方式。

## 四、种间竞争对鼠类贮食行为的影响

竞争是自然界普遍存在的现象，驱动着自然界的多种生态过程，对生态系统稳定和演化具有重要作用。在同一区域内，往往同时共存多种鼠类，这些鼠类在食物资源、生存空间等方面不可避免地存在重叠，而这种重叠将直接导致同域内鼠类的激烈竞争，尤其对食物资源的竞争。贮食行为是鼠类的重要行为之一，物种之间的竞争将直接影响鼠类的贮食行为，进而影响林木种子的扩散和森林更新（Vander Wall，1990）。

本研究通过半自然围栏实验，定量评估了热带雨林中同域分布的两种鼠类之间的种间竞争关系及种间竞争对个体贮食行为的影响，进而探讨种间竞争与种子扩散及种子命运的相互关系。研究结果表明，当存在种间竞争者时，集中贮食的鼠类会增加对种子的集中贮食比例，而兼具集中贮食和分散贮食行为的鼠类，则会在增加集中贮藏种子的同时，减少对种子的分散贮藏（图9-12）。

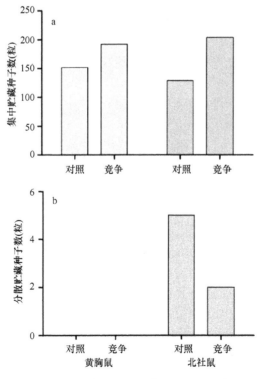

图9-12　种间竞争对北社鼠（浅灰色柱子）和黄胸鼠（深灰色柱子）贮食行为的影响
a. 集中贮藏；b. 分散贮藏（改自 Zhang *et al.*，2013）

由此可见，种间竞争会对鼠类的贮食行为产生直接影响，使其贮藏策略发生转变，这种变化不但对鼠类本身的生存和繁殖具有影响，也会对种子的命运和森林更新产生影响。当种间竞争增强时，鼠类集中贮藏种子的比例增加，分散贮藏种子的比例降低，意味着更多的种子将被取食，最终失去发芽和建成幼苗的可能，不利于植物的更新。因此，在森林生态系统中，适宜的物种数以及由此带来的适宜的种间竞争关系，对区域生态系统的稳定具有重要影响。

# 第六节　种子的再生能力对幼苗建成的影响

鼠类与植物种子的相互关系是研究物种间互惠-捕食关系的理想模型（Zhang *et al.*, 2005）。鼠类不仅取食种子，同时还分散贮藏种子，因此有利于植物的幼苗更新。在鼠类与植物的相互作用过程中，二者已经形成了非常复杂的互惠-捕食关系。为了生存及更新，植物种子进化出了两类策略：对抗与容忍策略。动物对种子的捕食会对种子特征的进化造成强烈的选择压力，因此植物种子进化出了一系列的对抗策略，如带尖刺的果实、厚果皮及含有毒的次生代谢物等（Zhang and Zhang, 2008；Vander Wall, 2010）。但对抗策略不仅会降低动物对种子的捕食，也会降低动物对种子的扩散。另外一些种子则进化出容忍策略以逃脱动物捕食（Vallejo-Marin *et al.*, 2006；Xiao *et al.*, 2007）。种子的容忍策略有利于动物扩散种子，同时还有利于二者的互惠。然而，在已知的研究中，很少报道植物种子的容忍策略。

非休眠种子的快速萌发有利于逃脱动物的捕食。因此，种子的快速萌发被认为是植物进化出来的一种逃脱动物捕食的策略（Hadj-Chikh *et al.*, 1996）。然而，在贮藏种子时，许多动物能够通过切除胚芽或胚根来阻止或推迟种子萌发，以对抗种子的快速萌发策略。切除胚芽或胚根的种子可以被动物贮藏数月。种子的胚芽和胚根对种子萌发及幼苗建成至关重要，但又很容易遭受动物的破坏。动物对植物种子的切除胚芽或切胚根行为可能会对植物种子特征的进化造成强烈的选择压力，因此植物可能会进化出对抗动物切胚的策略。然而，迄今为止没有研究报道植物种子进化出了对抗动物切胚的策略。

我们在西双版纳热带地区，以森林中的优势植物假海桐为例，开展了一系列实验，探讨假海桐种子是否进化出了对抗动物切胚的策略。我们通过两年的野外种子标记释放实验，追踪了 3600 粒种子，研究在贮藏种子时鼠类是否切除胚芽或胚根，以及切除胚芽或胚根对幼苗建成的影响；通过人工模拟切除胚芽和胚根的实验，研究假海桐种子是否进化出了应对切除胚芽或切胚根的策略；通过半自然围栏控制实验，鉴别切除胚芽或胚根的鼠类。研究发现，在森林中，鼠类仅切除胚根来推迟种子萌发，并非像其他动物一样通过切除胚芽来阻止种子萌发。结合野外种子标记释放实验和人工模拟切除胚芽和胚根的实验，我们发现切除胚芽、胚根的种子以及切下来的胚根，均能再次萌发而形成正常的幼苗（图 9-13，图 9-14），表明种子具有很强的再生能力。切除胚芽的种子能够再次萌发这一特性可能是鼠类在贮藏种子的过程中选择切除胚根而非切除胚芽的原因。野外实验中，发现 19.6%（$n = 707$）的种子被分散贮藏，分散贮藏的种子中有 57.1%（$n = 404$）的种子被切除胚根。最终，72 粒种子在贮藏点建成幼苗，其中 54 株幼苗来自于被鼠类切除胚根的种子。在人工模拟切除胚芽和胚根的实验中，发现切除胚根并不会显著影响种子建成幼苗（图 9-14）。通过半自然围栏控制实验，发现 4 种常见的鼠类（红刺鼠、北社鼠、针毛鼠、黄胸鼠）在贮藏种子时，均切除种子萌发后伸出的胚根（图 9-15），但并未发现动物切除胚芽。

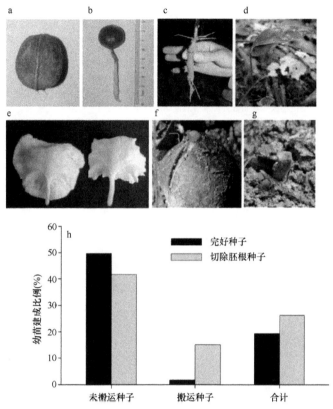

图 9-13　假海桐种子萌发特性以及种子标记释放实验中鼠类的切胚根行为对
幼苗建成的影响（改自 Cao *et al.*，2011b）

a. 完好种子；b. 萌发种子；c. 种子萌发后的主根；d. 幼苗；e. 种子的胚乳、子叶和胚；f. 切掉胚根的种子；g. 切下来的胚根；h. 扩散实验中，种子释放点（未搬运的种子）及搬运后完好种子（未切胚根种子）与切胚根种子的幼苗建成

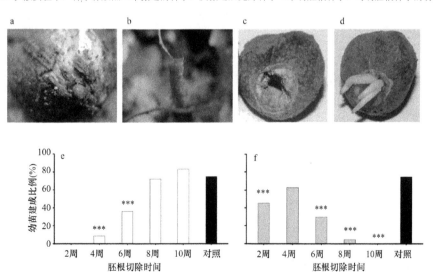

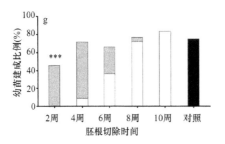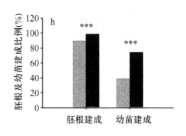

图 9-14 人工模拟切胚根或切胚芽对假海桐种子萌发和幼苗建成的影响（改自 Cao *et al.*，2011b）
a. 模拟切除胚根的种子；b. 切下来的胚根；c. 切除胚芽的种子；d. 切除胚芽后种子再次萌发（具有多胚根）；e. 在不同萌发时间段切下来的胚根的幼苗建成率与完好种子（对照）幼苗建成率的差异；f. 在不同萌发时间段切掉胚根的种子的幼苗建成率与完好种子（对照）幼苗建成率的差异；g. 在不同萌发时间段切除胚根后胚根和种子总的幼苗建成率与完好种子（对照）幼苗建成率的差异；h. 切除胚芽的种子与完好种子在主根形成与幼苗建成比例上的差异。白色柱子表示切下的胚根，灰色柱子表示切掉胚根的种子，阴影柱子表示切除胚芽的种子，黑色柱子表示完好种子（对照，未切除胚根或胚芽的种子）。\*\*\**P* < 0.001（表示处理组与对照组的差异）

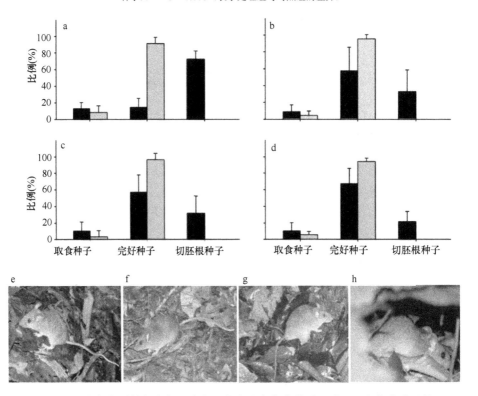

图 9-15 半自然围栏实验中 4 种常见鼠类对未萌发种子（对照）和萌发种子的取食及切胚根行为的比较（改自 Cao *et al.*，2011b）
a，e. 红刺鼠；b，f. 北社鼠；c，g. 针毛鼠；d，h. 黄胸鼠。黑色柱子表示萌发种子，灰色柱子表示未萌发的种子

　　我们的研究表明，假海桐种子已经成功进化出了应对动物切除胚芽和切除胚根的策略。由于切除胚芽和切除胚根的种子均能再次萌发，因此鼠类选择切除胚根以推迟种子萌发，而非切除胚芽。鼠类通过切除胚根行为可以长期贮藏具有非休眠特性的种子，而种子的再生能力有利于其逃脱动物对种子切除胚芽或切除胚根后所造成的死亡。鼠类切除胚根行为以及种子的强再生能力可能是二者在长期的捕食与被捕食过程中进化出来的一种新的应对策略，并且可能会促进鼠类与植物的互惠。

# 第七节 鼠类对植物种子大小的选择及其对扩散适合度的影响

## 一、同域分布的鼠类对种子大小的选择差异

种子大小在植物的生活史中起到非常重要的作用，种子大小会影响动物对种子的扩散，以及种子存活和幼苗更新（Jansen et al.，2004）。然而，关于种子大小如何影响鼠类对植物种子的扩散一直存在较大分歧。有的研究认为大种子更可能被搬运及分散贮藏，最终存活和建成幼苗的概率更高（Jansen et al.，2004）；另外一些研究认为中等大小的种子更可能被分散贮藏及存活（Cao et al.，2016）。此外，有的研究发现鼠类对种子大小没有明显的选择偏好。这些结论主要是基于野外种子扩散实验得出的。由于野外实验条件非常复杂，鼠类对植物种子大小的选择是多种同域分布的鼠类综合作用的结果。不同的鼠类可能会表现出不同的贮食行为，并且可能会对种子大小的选择偏好不同，最终造成了在种子大小如何影响鼠类对植物种子的扩散上存在较大分歧。

我们通过半自然围栏实验，研究了西双版纳热带森林中4种常见鼠类（红刺鼠、北社鼠、针毛鼠和黄胸鼠）对不同大小的假海桐种子的选择偏好，探讨同域分布的不同鼠种对植物种子大小进化的选择压力。结果表明，红刺鼠以分散贮藏行为为主，而黄胸鼠以集中贮藏（集中贮藏在地下巢穴，最终会被取食，不利于种子扩散和幼苗更新）行为为主，北社鼠和针毛鼠同时兼有分散贮藏和集中贮藏行为（图 9-16）。除了黄胸鼠倾向于取食（包括原地取食和搬运后取食）小种子外，种子大小并不显著影响其他鼠类对种子的取食。同时，种子大小也并不显著影响4种鼠类对种子的分散贮藏（图 9-16）。但红刺鼠和黄胸鼠倾向于集中贮藏大种子（图 9-16）。

研究表明，不同鼠种具有不同的贮食行为，并且对种子大小的选择偏好不同，并且一种动物在不同阶段对种子大小的选择偏好也不同。黄胸鼠倾向于优先取食小种子，不利于小种子的存活。而红刺鼠和黄胸鼠倾向于集中贮藏大种子，不利于扩散后大种子的存活。这种相互矛盾的选择压力可能造成了种子大小与种子扩散和幼苗建成具有非常复杂的关系。由于不同地区或者不同类型的森林中处于优势地位的鼠种不同，因此可能会对依赖鼠类传播的植物种子大小的进化产生不同的选择压力，从而影响植物种子大小的进化。

## 二、在扩散不同阶段鼠类对种子大小的选择及其对扩散适合度的影响

在种子扩散过程中，种子大小如何影响动物的贮食行为，以及如何影响种子命运一直受到许多生态学家的关注（Gomez，2004；Jansen et al.，2004）。种子大小在植物生活史中起到非常重要的作用，种子大小会影响动物对种子的扩散，以及种子存活和幼苗更新。通常认为，大种子是对各种生物和非生物因素适应的产物（Leishman et al.，2000）。在种子扩散过程中，鼠类倾向于分散贮藏大种子，有利于大种子的存活和进化。然而，关于在扩散过程中大种子具有更高的扩散适合度主要是基于扩散前期阶段的观察结果得出的结论，或者是基于少量的幼苗建成得出的结论。

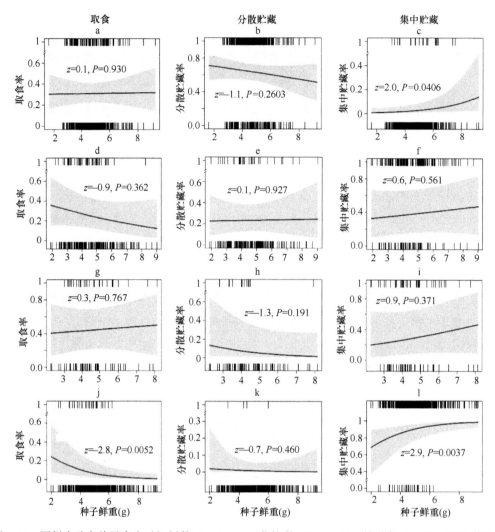

图 9-16　围栏实验中种子大小对红刺鼠（a、b、c）、北社鼠（d、e、f）、针毛鼠（g、h、i）和黄胸鼠（j、k、l）的取食（a、d、g、j）、分散贮藏（b、e、h、k）和集中贮藏（c、f、i、l）行为的影响

图中线条表示回归线，阴影表示95%置信区间，Y轴0或1附近黑线密度代表样本分布

　　目前大部分研究认为，与小种子相比，大种子的优势更大（Jansen *et al.*，2004）。然而，近些年来，一些研究发现由于大种子气味大，更容易被其他竞争者盗食，因此不利于大种子的存活（Gomez，2004）。此外，植物会在种子大小和种子数量间权衡，使得植物的总体适合度最大化。因此，对于一种植物来说应该有一个最适的种子大小（Smith and Fretwell，1974）。这一观点得到许多研究的支持。迄今为止，仍然不清楚在种子扩散过程中鼠类对种子大小的选择是否存在权衡关系。

　　关于种子大小如何影响鼠类对植物种子的扩散一直存在较大分歧。一些研究认为大种子更可能被搬运及分散贮藏，扩散距离远，贮藏密度低，因此大种子更可能存活，扩散适合度高（Jansen *et al.*，2004）。另一些研究则发现由于大种子被贮藏后更可能被贮藏者发掘取食，且被非贮藏者盗食的概率较高，因此大种子扩散后的捕食压力大，最终的扩散适合度较低（Gomez，2004）。在扩散的不同阶段，由于鼠类对种子大小的选择偏好不同，甚至相反，使得难以准确评估种子大小对扩散适合度的影响。因此，为了能够准确评估种子大小对扩散适合度的影响，非常有必要研究不同扩散阶段鼠类对种子大小的选择，进而评估种子大小对最终扩散适合度的影响。

为了能够深入了解在不同扩散阶段鼠类对种子大小的选择，以及种子大小对种子命运及最终扩散适合度的影响，我们在西双版纳热带森林中以优势植物假海桐为例，通过5年的研究共追踪了8460粒种子的命运。研究发现，81.4%（$n = 6889$）的种子被鼠类搬离释放点，20.6%（$n = 1745$）的种子被分散贮藏，最终3.5%（$n = 293$）的种子在分散贮藏点建成幼苗（图9-17）。当分析种子大小与种子命运的关系时，发现小种子更可能被原地取食，大种子更可能被搬运（图9-18a），中等大小的种子更可能被分散贮藏（图9-18b）。种子被贮藏后大种子更容易被挖掘及取食。最终，中等大小的种子具有最高的幼苗建成率，而小种子和大种子的幼苗建成率较低（图9-18c）。

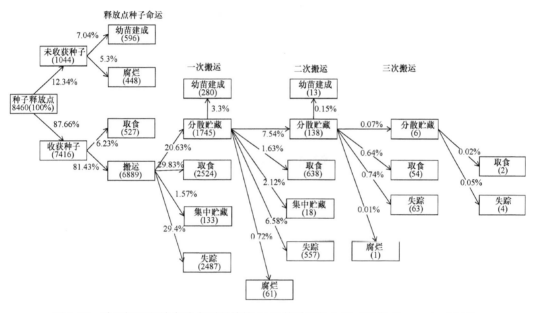

图 9-17　种子标记释放实验中所释放的8460粒种子的命运（改自 Cao *et al*., 2016）

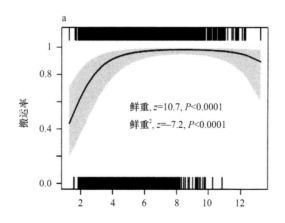

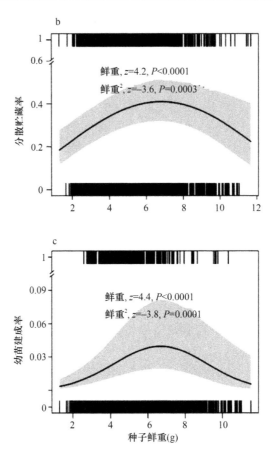

图 9-18　种子大小对搬运（a）、分散贮藏（b）和扩散后幼苗建成率（c）的影响（改自 Cao *et al.*，2016）
图中线条表示回归线，阴影表示95%置信区间，Y轴0或1附近的黑线密度代表样本分布

　　研究表明，在扩散的不同阶段，鼠类对种子大小的选择不同，甚至相反。在贮藏过程中，鼠类会对植物种子大小的选择进行权衡。大种子具有较高的营养价值，因此鼠类倾向于搬运大种子，然而大种子被贮藏后更可能被竞争者盗食，最终鼠类更倾向于分散贮藏中等大小的种子。鼠类在不同阶段对种子大小的差异选择最终造成中等大小的种子具有最高的扩散适合度。在扩散阶段，种子的存活曲线与种子大小的频率分布相似，因此在扩散阶段鼠类对种子大小的选择可能影响了假海桐种子大小的进化，使得植物产生较高比例的最适大小的种子。

# 第八节　人为干扰及森林片断化对鼠类与植物种子相互关系的影响

## 一、森林片断化对鼠类群落组成和活动强度的影响

　　在全球范围内，森林片断化正在严重威胁着森林中的物种多样性，从而影响动物与植物的相互关系、群落组成和动态。森林片断化如何影响鼠类的种群组成和数量，以及

如何影响鼠类与植物的相互关系一直存在较大分歧。我们于 2016 年 3～4 月在西双版纳地区选择了 12 块不同大小的森林片段，研究森林片断化对鼠类种群组成及活动强度的影响。

所选的 12 块森林片段在勐仑镇西双版纳热带植物园周边，分属 3 种不同的森林类型：①无典型优势种的热带季节性雨林；②热带季节性湿润林，以闭花木（*Cleistanthus sumatranus*）、轮叶戟（*Lasiococca comberi*）和大果油朴（*Celtis philippensis*）等为优势种；③热带山地常绿阔叶林，以壳斗科物种如短刺栲（*C. echidnocarpa*）、石栎属（*Lithocarpus*）等树种为优势种。每块森林样地的具体信息详见表 9-4。其中 T12 在西双版纳勐仑自然保护区内，为连续森林。其他 11 个斑块为不同大小的片断化森林。

表 9-4　12 块片断化森林类型和面积大小

| 样地 | 森林类型 | 斑块面积（m², 2010 年） |
| --- | --- | --- |
| T1 | 热带季节性雨林 | 63 000 |
| T2 | 热带季节性雨林 | 3 298 500 |
| T3 | 热带季节性雨林 | 32 830 200 |
| T4 | 热带季节性雨林 | 138 728 700 |
| T5 | 热带季节性湿润林 | 107 100 |
| T6 | 热带季节性湿润林 | 1 678 500 |
| T7 | 热带季节性湿润林 | 5 183 100 |
| T8 | 热带季节性湿润林 | 9 954 000 |
| T9 | 热带山地常绿阔叶林 | 143 100 |
| T10 | 热带山地常绿阔叶林 | 1 001 074 |
| T11 | 热带山地常绿阔叶林 | 17 482 500 |
| T12 | 热带山地常绿阔叶林 | 138 728 700 |

注：改自陈琼，2017

（一）不同大小森林斑块中鼠类群落组成

利用活捕笼在其中 5 块不同大小的片断化森林（T1、T4、T8、T9 和 T12）的边缘和中心调查鼠类群落组成。在所选的片断化森林的边缘和中心各设置两条平行样线，用于布置活捕笼。处于边缘的样线平行于样地边缘，分别距离森林边缘 3 m 和 18 m。于每条样线上布置 12 或 13 个活捕笼（笼间距 10 m）。每个森林斑块内共布置 50 个活捕笼（边缘和中心各 25 个）。每次调查持续 11 天，第 1 天上午放置活捕笼，第 11 天早上收回。每天检查一次动物捕获情况，当发现有被捕获的鼠类，鉴定种类和性别并称重，用耳标（8～9 mm）对其进行个体标记后释放。每个斑块调查 500 笼昼夜，5 个斑块共计调查 2500 笼昼夜（边缘和内部各 1250 笼昼夜）。

捕获鼠类 4 种（北社鼠、红刺鼠、黄胸鼠、针毛鼠）和一种树鼩（*Tupaia belangeri*），共 122 只，样地边缘 59 只，样地中心 63 只（表 9-5）。其中，黄胸鼠的捕获数最多，占总捕获数的 64.57%（表 9-5）。此外，还发现黄胸鼠在森林边缘及小片段森林内种群数量较大。然而，总的鼠类捕获率与种类组成在斑块内部和边缘均没有显著差异。在斑块边缘鼠类的捕获率与斑块大小没有显著相关性，但在大斑块的内部鼠类的捕获率较低。

研究发现，森林片断化会显著影响鼠类的群落组成，在片断化生境及森林边缘黄胸鼠为优势种，而连续森林中则以北社鼠和红刺鼠为优势种。不同鼠种可能展示出不同的贮藏策略，并且对不同特征的种子具有不同的偏好，因此可能会影响不同植物的种子扩散和幼苗更新，以及种子特征的进化。

表 9-5　不同大小片断化森林内鼠种的组成（250 笼昼夜）

| 样地 | 活捕笼数 | N. co | N. fu | R. fl | M. su | T. be | 合计 | 捕获率（%） |
|---|---|---|---|---|---|---|---|---|
| | | | | 样地边缘 | | | | |
| T1 | 250 | 0 | 0 | 13 | 1 | 0 | 14 | 5.6 |
| T4 | 250 | 5 | 2 | 6 | 3 | 0 | 16 | 6.4 |
| T8 | 250 | 8 | 5 | 7 | 0 | 5 | 25 | 10 |
| T9 | 250 | 0 | 0 | 2 | 0 | 0 | 2 | 0.8 |
| T12 | 250 | 0 | 0 | 2 | 0 | 0 | 2 | 0.8 |
| 合计/平均 | 1250 | 13 | 7 | 30 | 4 | 5 | 59 | 4.72 |
| 比例（%） | | 22.03 | 11.86 | 50.85 | 6.78 | 8.47 | 100 | |
| | | | | 样地中心 | | | | |
| T1 | 250 | 0 | 0 | 26 | 0 | 0 | 26 | 10.4 |
| T4 | 250 | 0 | 7 | 13 | 0 | 0 | 20 | 8 |
| T8 | 250 | 0 | 0 | 0 | 0 | 2 | 2 | 0.8 |
| T9 | 250 | 0 | 0 | 13 | 0 | 1 | 14 | 5.6 |
| T12 | 250 | 1 | 0 | 0 | 0 | 0 | 1 | 0.4 |
| 合计/平均 | 1250 | 1 | 7 | 52 | 0 | 3 | 63 | 5.04 |
| 比例（%） | | 1.59 | 11.11 | 82.54 | 0 | 4.76 | 100 | |

注：N. co，北社鼠（N. confucianus）；N. fu，针毛鼠（N. fulvescens）；R. fl，黄胸鼠（R. flavipectus）；M. su，红刺鼠（M. surifer）；T. be，树鼩（T. belangeri）。改自陈琼，2017

## （二）基于红外相机技术的鼠类活动强度调查

利用红外相机（猎科 Ltl 6510）在所选的 12 个不同大小的片断化森林边缘和中心调查鼠类活动强度。在 12 个片断化森林的边缘和中心各设置两条平行样线，用于设置种子释放点以吸引鼠类。处于边缘的样线平行于样地边缘，分别距离森林边缘 3 m 和 18 m。每条样线上各选取 2 或 3 个样点（间隔约 40 m），释放 4 种壳斗科植物的种子（短刺栲、刺栲、湄公栲和麻栎），每种各 10 粒，并于每个种子释放点旁安装一台红外相机监测拜访种子释放点的鼠类，连续监测 20 天。每个森林斑块内共安装相机 20 台（边缘和中心各 10 台）。

12 个片断化森林中共收集到照片和视频数 87 965 个，中心 41 445 个，边缘 46 520 个。红外相机工作 4559 天，每台相机的平均工作天数为（19.40 ± 2.71）天。其中，能鉴别出由小型鼠类触发红外相机拍摄的视频和照片数为 9157 个，中心 4114 个，边缘 5043 个（表 9-6）。根据划分的独立事件数（1 min、5 min、10 min、30 min、60 min、90 min、120 min、180 min、240 min）经线性混合模型分析，发现鼠类活动强度不受片断化森林面积和边缘效应的影响。

表 9-6　鼠类在白天和夜晚触发的事件数

| 样地 | 白天触发的事件 | | | 夜晚触发的事件 | | |
|---|---|---|---|---|---|---|
| | 中心 | 边缘 | 合计 | 中心 | 边缘 | 合计 |
| T1 | 13 | 3 | 16 | 573 | 653 | 1226 |
| T2 | 2 | 21 | 23 | 339 | 409 | 748 |
| T3 | 1 | 0 | 1 | 199 | 20 | 229 |
| T4 | 2 | 6 | 8 | 431 | 823 | 1254 |
| T5 | 1 | 1 | 2 | 20 | 26 | 46 |
| T6 | 5 | 2 | 7 | 565 | 401 | 966 |
| T7 | 1 | 1 | 2 | 8 | 47 | 55 |
| T8 | 0 | 1 | 1 | 580 | 58 | 638 |
| T9 | 115 | 46 | 161 | 216 | 481 | 697 |
| T10 | 4 | 11 | 15 | 496 | 552 | 1048 |
| T11 | 0 | 1 | 1 | 417 | 406 | 823 |
| T12 | 1 | 17 | 18 | 125 | 1057 | 1182 |
| 合计 | 145 | 110 | 255 | 3969 | 4933 | 8902 |

注：改自陈琼，2017

研究表明，鼠类抗干扰能力较强，因此可能在人为干扰较强的森林中，如片断化森林中对植物种子的扩散和幼苗更新起到非常重要的作用。

## 二、森林片断化对鼠类捕食和扩散策略的影响

在全球范围内，森林片断化正在严重威胁着森林中的物种多样性（Laurance et al.，2006）。随着森林片断化日趋严重，许多动物和植物的种群数量在急剧下降，一些大型动物甚至面临局部灭绝的危险。然而，鼠类的抗干扰能力较强，且随着它们的捕食者和竞争者数量的减少，一些鼠类在片断化森林中的种群数量会维持在较高水平，成为森林中最重要的种子捕食者和扩散者（Mendes et al.，2016）。

鼠类对植物种子的分散贮藏有利于植物的扩散及幼苗更新，并且会影响植物的空间分布格局及其多样性（Xiao et al.，2013；Cao et al.，2016）。森林片断化可能会影响鼠类的种群数量、群落组成甚至动物的取食及贮食行为，因此可能会改变森林中依赖鼠类传播的植物的群落结构组成及多样性。

片断化大小和边缘效应是生态学家最为关注的与森林片断化相关的两个因素，并且它们可能会显著影响鼠类与植物间的相互关系（Mendes et al.，2016）。以往关于森林片断化大小和边缘效应对鼠类与植物间的相互关系的研究存在较大分歧，不同的研究可能会得出相反的结论。这种差异可能是由动物与植物的相互关系在不同森林系统中存在差异造成的。此外，森林片断化可能会影响鼠类的物种组成，由于不同鼠类可能对种子的选择偏好不同，从而可能会导致不同研究得出不同的结论（Zhang et al.，2016）。另一种可能是，在不同研究中所选取的植物种类不同，种子特征的差异造成了

研究结论的不同，这是因为种子特征会显著影响鼠类对种子的取食和贮藏策略。然而，以往的研究大多只选取一种种子作为研究对象，而很少研究森林片断化对同域多种植物种子命运的影响。

我们在西双版纳地区，通过种子标记释放实验，研究了森林片断化对 4 种不同大小的壳斗科植物种子命运的影响（短刺栲约 0.5 g、刺栲约 0.7 g、湄公栲约 3.4 g、麻栎约 3.9 g）。我们提出以下两个科学问题：①森林片断化对不同植物种子扩散的影响是否不同；②如果不同植物种子对森林片断化的响应不同，那么种子大小的变化是否是造成这种差异的原因。

研究发现，在 20 天内，鼠类收获了（取食或搬运）62.47%（$n = 5997$）的种子，搬运了 41.7%（$n = 4008$）的种子，分散贮藏了 3.8%（$n = 367$）的种子。通过种间比较，发现鼠类倾向于搬运和分散贮藏较大的湄公栲和麻栎，并且这两种种子的扩散距离显著比较小的短刺栲和刺栲的扩散距离远。

通过分析片断化森林的斑块大小对种子命运的影响，发现在斑块内部湄公栲和麻栎的收获比例随着斑块增大而降低，但斑块边缘则相反（图 9-19）。然而，片断化大小对短刺栲和刺栲的收获比例影响较小（图 9-19）。在斑块边缘，短刺栲和刺栲的搬运比例随着斑块增大而降低（图 9-19）。而斑块大小并不会显著影响湄公栲和麻栎的搬运比例。此外，在斑块边缘和内部麻栎的分散贮藏比例随着斑块增大而降低；在斑块边缘湄公栲的分散贮藏比例随着斑块增大而降低（图 9-19）。而斑块大小并不会显著影响鼠类对短刺栲和刺栲的分散贮藏。

研究表明，森林片断化对鼠类与植物种子相互关系的影响是一个非常复杂的过程，斑块大小和边缘效应均可能会影响鼠类的捕食及贮藏策略，并且对不同植物种子捕食和扩散的影响存在较大差异。森林片断化会显著影响所有植物种子的命运，但对其影响程度的大小在不同植物间存在较大差异。这可能是以往不同研究存在较大分歧的主要原因。森林片断化对不同植物种子命运影响的差异可能会进一步改变不同植物在不同斑块中的群落结构和种群密度。

## 三、人为干扰下鼠类对植物种子的扩散作用

动物对植物种子的扩散在植物的更新过程中起到非常重要的作用（Howe and Smallwood，1982；Herrera，1995）。然而，在全球范围，动物对植物种子的扩散作用正遭受到各种因素的干扰（Corlett，1998）。例如，由于人为干扰（如打猎或对森林的砍伐），许多扩散种子的动物，尤其是大型脊椎动物的种群数量正在急剧减少。然而，这些大型动物在具有大种子的植物种子扩散和幼苗更新过程中起到非常重要的作用。大型脊椎动物的局部灭绝或种群数量的减少，则可能会影响到这些植物的种子扩散及幼苗更新。在热带森林中，许多植物依赖大型动物传播种子。因此，在热带森林中大型动物的局部灭绝或种群数量的减少可能会显著影响植物幼苗的更新。

种子扩散通常是一个非常复杂的过程，一种植物的种子扩散可能具有多种扩散媒介（Vander Wall and Longland，2004）。例如，食果动物是许多鲜果植物种子的初级扩散者，当种子被食果动物传播到远离母树的生境时，鼠类则可能再次搬运及贮藏这些种子，

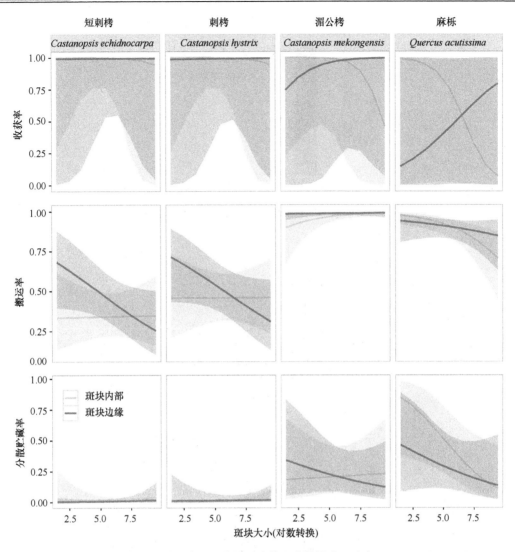

图 9-19　森林片断化对种子收获、搬运和分散贮藏的影响（改自 Chen *et al.*，2017）

成为这些植物种子的次级扩散者。由于鼠类抗干扰能力强，在片断化生境及其他受到严重干扰的生境中也可能具有较高的种群密度。因此，我们预测，当大型动物局部灭绝或种群数量急剧减少时，鼠类可能会成为原先依赖大型食果动物传播的植物种子的重要传播者，在这些植物的幼苗更新中起到重要的作用。

我们在西双版纳热带地区选取了一片狩猎较为严重、大型动物种群密度较低的森林，研究了鼠类对具有大种子的鲜果植物硬核（*Scleropyrum wallichianum*，檀香科）种子的扩散及其对植物幼苗更新的作用。我们通过两年的研究，标记追踪了 1200 粒硬核种子的命运。研究发现，鼠类取食和搬运了几乎所有的标记释放的种子，并分散贮藏了超过 70% 的种子。最终，2.6%（$n = 31$）的种子在分散贮藏点建成幼苗（图 9-20）。通过分析种子扩散距离发现，鼠类对硬核种子的扩散距离较远，分散贮藏种子距母树的距离为 0.8～121 m，平均距离为（19.6 ± 14.6）m（mean ± SD，2007 年）到（14.1 ± 11.6）m（2008 年）。

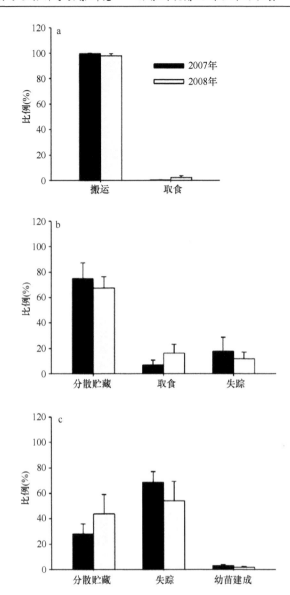

图 9-20　硬核种子在释放点（a）和搬运后（b）的命运及最终命运（c）（改自 Cao *et al.*，2011a）

　　研究表明，鼠类是非常重要且高效的硬核植物种子传播者。当大型动物局部灭绝或种群数量急剧减少时，鼠类对这些植物种子的扩散作用可以部分弥补大型动物的缺失所带来的负面效应，在这些植物的种子扩散及幼苗更新过程中起到非常重要的作用。由于鼠类抗干扰能力较强，因此，在人为干扰严重的森林中，鼠类对植物种子的扩散和更新将会起到越来越重要的作用，并且可能会影响依赖其传播的鲜果植物种子的进化。

# 第九节　总结与展望

## 一、常见鼠类的贮食行为

　　西双版纳热带森林中的常见鼠类包括北社鼠、红刺鼠、针毛鼠和黄胸鼠，不同的鼠类展示出不同的贮食行为：红刺鼠以分散贮食行为为主，黄胸鼠以集中贮食行为为主，而北社鼠和针毛鼠兼有分散贮食和集中贮食行为。因此不同的鼠类可能对植物种子扩散和幼苗更新的作用存在较大差异。红刺鼠是森林中效率较高的种子扩散者，北社鼠和针毛鼠次之，而黄胸鼠主要为种子捕食者。由于不同种类的动物在不同类型森林中的种群数量差异较大，而且对种子大小的选择偏好不同，因此鼠类在不同森林类型中对植物种子的扩散及幼苗更新的作用可能存在较大差异，并且可能会对不同森林中植物种子大小的进化造成不同的选择压力。

## 二、植物种子萌发与鼠类切根之间的"军备竞赛"

在热带森林中，许多植物的种子不休眠，种子成熟掉落后很快就萌发，有利于逃脱动物的捕食。然而，鼠类进化出了应对种子快速萌发的策略，通过切除胚芽阻止种子再次萌发。我们发现，鼠类的切胚芽和切胚根行为可能会给植物种子特征的进化造成强烈的选择压力，一些植物的种子（如假海桐）已进化出应对动物切胚芽和切胚根的策略。例如，再生能力使得假海桐种子在被切除胚芽或胚根后仍具备再次萌发、建成幼苗的能力。切胚芽和切胚根行为使得鼠类可以长期贮藏非休眠种子，有利于动物的存活与繁殖。而切除胚根的种子则更可能被鼠类长期贮藏，最终逃脱捕食而建成幼苗。在鼠类与植物种子的捕食和反捕食的"军备竞赛"过程中，植物与动物的互惠效率均可能得以提升。植物种子的其他防御策略，如物理防御（厚种皮/外果皮）和化学防御（高单宁）也可能会显著影响鼠类的贮食行为，如鼠类倾向于长期分散贮藏防御高的种子，因此防御高的种子更可能逃脱捕食而建成幼苗。此外，种子的防御策略，如高单宁能显著降低真菌对种子的侵染，同时也可能降低其他竞争者（动物）对贮藏种子的盗食，有利于鼠类长期分散贮藏种子。因此，基于植物种子的物理和化学防御的反捕食策略与鼠类应对种子高防御的捕食和贮藏策略所建立的相互关系，能够显著提高植物扩散和更新效率，以及动物获取长期食物资源的效率，最终使得二者的互惠效率均得到提高。我们认为在鼠类与植物种子的互惠-捕食关系中，二者的捕食与反捕食的"军备竞赛"能够显著提高二者的互惠效率是普遍存在的。

## 三、在扩散不同阶段鼠类对种子大小的选择差异

关于种子大小如何影响鼠类对植物种子的扩散一直存在较大分歧。有的研究认为大种子更可能被扩散及存活，而另外一些研究认为扩散后大种子更可能被取食，小种子更可能存活。我们的研究表明，在扩散不同阶段鼠类对种子大小的选择不同，甚至相反。在贮藏过程中，鼠类会对植物种子大小的选择进行权衡。大种子具有较高的营养价值，因此，鼠类倾向于搬运大种子；然而，大种子被贮藏后也更可能被竞争者盗食，最终鼠类更倾向于分散贮藏中等大小的种子。鼠类在不同阶段对种子大小的差异选择最终造成中等大小的种子具有最高的扩散适合度。鼠类对种子大小的选择可能会影响种子大小的进化，并且可能会影响植物种子的产生，产生出适合度较高的大小适宜的种子。

## 四、人类活动干扰对鼠类与植物种子相互关系的影响

人为干扰或森林片断化会显著影响动物与植物种子间的相互作用，从而影响动植物的群落组成、数量及多样性。然而，许多鼠类的抗干扰能力强，在严重干扰或片断化的森林中仍具有较高的种群数量，因此可能会在这些森林植物种子扩散和幼苗更新过程中起到越来越重要的作用，并且是一种非常高效的种子扩散媒介。鼠类很可能会部分取代已局部灭绝或种群数量较低的大型食果动物的位置，在原来依赖大型食果动物传播的鲜果植物的种子扩散和幼苗更新过程中起到重要的作用，进而影响森林的群落结构。种子扩散动物的变化也可能会显著影响这些鲜果植物果实和种子特征的进化。

在不同大小的片断化森林中，鼠类的物种组成和种群数量差异较大，且不同鼠类对不同种类或不同特征的种子的选择偏好不同。因此，鼠类在不同大小的片断化森林中对植物种子的扩散及幼苗更新的作用可能存在较大差异，从而影响植物在不同大小片断化森林中的分布，并且可能会对不同森林中植物种子特征的进化造成不同的选择压力。在以红刺鼠为优势种的森林中，鼠类可能会显著促进依赖其传播的植物种子的扩散和幼苗更新；而以黄胸鼠为优势种的森林中，鼠类可能会不利于依赖其传播的植物种子的扩散和幼苗更新。

## 五、展望

基于我们在过去十年里对西双版纳森林中常见树种与鼠类相互关系的研究和了解，在未来的研究中应重点关注以下两个科学问题。

（1）深入探讨在鼠类与植物间建立的互惠-捕食关系中，相互对应的动物行为（如切胚芽或切胚根等种子贮藏或捕食策略）与种子特征（如快速萌发和再生能力等反捕食策略）的相互作用对二者互惠效率的影响，以及对动物的生存和繁殖、植物的更新和空间分布格局的影响。

（2）深入研究人为干扰及森林片断化对鼠类与植物相互关系的影响。比较不同干扰程度或不同大小的片断化森林中鼠类对多种坚果（主要为栲属和石栎属植物的种子）和具有大种子的鲜果植物的种子扩散，同时长期监测森林中幼苗更新的情况，以及植物群落结构的变化。相关研究的开展有助于深入认识人为干扰及森林片断化对鼠类与植物的相互关系，以及其在植物幼苗建成、群落结构形成、物种共存及生物多样性维持中的重要作用，为生物多样性保护、生态系统的维持和恢复提供科学依据。

## 参 考 文 献

曹林. 2009. 西双版纳热带森林植物大年结实对啮齿动物捕食、扩散和贮藏策略的影响. 成都: 四川大学博士学位论文.

陈琼. 2017. 利用红外相机技术评估森林片段化对啮齿动物-植物互惠关系的影响. 北京: 中国科学院大学硕士学位论文.

王振宇. 2013. 西双版纳热带森林啮齿动物与植物种子相互关系研究. 北京: 中国科学院大学博士学位论文.

Briggs J S, Vander Wall S B, Jenkins S H. 2009. Forest rodents provide directed dispersal of Jeffrey pine seeds. Ecology, 90: 675-687.

Cao L, Wang Z, Yan C, et al. 2016. Differential foraging preferences on seed size by rodents result in higher dispersal success of medium-sized seeds. Ecology, 97: 3070-3078.

Cao L, Xiao Z, Guo C, et al. 2011a. Scatter-hoarding rodents as secondary seed dispersers of a frugivore-dispersed tree *Scleropyrum wallichianum* in a defaunated Xishuangbanna tropical forest, China. Integrative Zoology, 6: 227-234.

Cao L, Xiao Z, Wang Z, et al. 2011b. High regeneration capacity helps tropical seeds to counter rodent predation. Oecologia, 166: 997-1007.

Chen Q, Tomlinson K W, Cao L, et al. 2017. Effects of fragmentation on the seed predation and dispersal by rodents differ among species with different seed size. Integrative Zoology, 12: 468-476.

Corlett R T. 1998. Frugivory and seed dispersal by vertebrates in the Oriental (Indomalayan) region. Biological Reviews, 73: 413-448.

Geng Y, Wang B, Cao L. 2017. Directed seed dispersal by scatter-hoarding rodents into areas with a low density of conspecific seeds in the absence of pilferage. Journal of Mammalogy, 98: 1682-1687.

Gomez J M. 2004. Bigger is not always better: conflicting selective pressures on seed size in *Quercus ilex*. Evolution, 58: 71-80.

Hadj-Chikh L Z, Steele M A, Smallwood P D. 1996. Caching decisions by grey squirrels: a test of the handling time and perishability hypotheses. Animal Behaviour, 52: 941-948.

Herrera C M. 1995. Plant-vertebrate seed dispersal systems in the Mediterranean: ecological, evolutionary, and historical determinants. Annual Reviews of Ecology and Systematics, 26: 705-727.

Hirsch B, Kays T R, Pereira V E, et al. 2012. Directed seed dispersal towards areas with low conspecific tree density by a scatter-hoarding rodent. Ecology Letters, 15: 1423-1429.

Howe H F, Smallwood J. 1982. Ecology of seed dispersal. Annual Reviews of Ecology and Systematics, 13: 201-228.

Jansen P A, Bongers F, Hemerik L. 2004. Seed mass and mast seeding enhance dispersal by a neotropical scatter-hoarding rodent. Ecological Monographs, 74: 569-589.

Laurance W F, Nascimento H E M, Laurance S G, et al. 2006. Rapid decay of tree-community composition in Amazonian forest fragments. Proceedings of the National Academy of Sciences of the United States of America, 103: 19010-19014.

Leishman M R, Wright I J, Moles A T, et al. 2000. The evolutionary ecology of seed size. *In*: Fenner M. Seeds: the Ecology of Regeneration in Plant Communities. 2nd ed. Oxford: CABI: 31-75.

Li H, Aide T M, Ma Y, et al. 2007. Demand for rubber is causing the loss of high diversity rain forest in SW China. Biodiversity and Conservation, 16: 1731-1745.

Mendes C P, Ribeiro M C, Galetti M. 2016. Patch size, shape and edge distance influence seed predation on a palm species in the Atlantic forest. Ecography, 39: 465-475.

Price M V, Mittler J E. 2006. Cachers, scavengers, and thieves: a novel mechanism for desert rodent coexistence. American Naturalists, 168: 194-206.

Smith C C, Fretwell S D. 1974. The optimal balance between size and number of offspring. American Naturalists, 108: 499-506.

Vallejo-Marin M, Dominguez C A, Dirzo R. 2006. Simulated seed predation reveals a variety of germination responses of neotropical rain forest species. American Journal of Botany, 93: 369-376.

Vander Wall S B. 1990. Food Hoarding in Animals. Chicago: University of Chicago Press.

Vander Wall S B. 2001. The evolutionary ecology of nut dispersal. The Botanical Review, 67: 74-117.

Vander Wall S B. 2010. How plants manipulate the scatter-hoarding behaviour of seed-dispersing animals. Philosophical Transactions of the Royal Society B: Biological Sciences, 365: 989-997.

Vander Wall S B, Longland W S. 2004. Diplochory: are two seed dispersers better than one? Trends in Ecology and Evolution, 19: 155-161.

Wang Z, Cao L, Zhang Z. 2014. Seed traits and taxonomic relationships determine the occurrence of mutualisms versus seed predation in a tropical forest rodent and seed dispersal system. Integrative Zoology, 9: 309-319.

Wenny D G. 2001. Advantages of seed dispersal: a re-evaluation of directed dispersal. Evolutionary Ecology Research, 3: 51-74.

Xiao Z, Harris M K, Zhang Z. 2007. Acorn defenses to herbivory from insects: Implications for the joint evolution of resistance, tolerance and escape. Forest Ecology and Management, 238: 302-308.

Xiao Z, Zhang Z, Krebs C J. 2013. Long-term seed survival and dispersal dynamics in a rodent-dispersed tree: testing the predator satiation hypothesis and the predator dispersal hypothesis. Journal of Ecology, 101: 1256-1264.

Yi X, Liu G, Steele M A, et al. 2013. Directed seed dispersal by a scatter-hoarding rodent: the effects of soil water content. Animal Behaviour, 86: 851-857.

Zhang H, Zhang Z. 2008. Endocarp thickness affects seed removal speed by small rodents in a warm-temperate broad-leafed deciduous forest, China. Acta Oecologia, 34: 285-293.

Zhang Y, Tong L, Ji W, et al. 2013. Comparison of food hoarding of two sympatric rodent species under interspecific competition. Behavioural Processes, 92: 60-64.

Zhang Z, Wang Z, Chang G, et al. 2016. Trade-off between seed defensive traits and impacts on interaction patterns between seeds and rodents in forest ecosystems. Plant Ecology, 217: 253-265.

Zhang Z, Xiao Z, Li H. 2005. Impact of small rodents on tree seeds in temperate and subtropical forests, China. In: Forget P M, Lambert J E, Hulme P E, et al. Seed Fate: Predation, dispersal and seedling establishment. Wallingford: CABI Publishing: 269-282.

Zhu H. 2006. Forest vegetation of Xishuangbanna, south China. Forestry Studies in China, 8: 1-58.

# 第十章 综合与展望

## 第一节 概 述

鼠类-种子相互关系研究涉及鼠类的贮食行为、种子命运、鼠类与种子互作关系、协同进化等诸多方面，是行为学、生态学研究的重要课题。国际上相关研究开始比较早，并已初步建立了相应的理论体系、研究方法和技术手段。但是，由于缺乏野外长期、不同生态系统间的对比研究，对许多问题的认识仍然是初步的或局限的。我们这支森林鼠类-种子相互关系研究团队，采用总体设计、点面结合的方式，在我国云南西双版纳热带雨林、四川都江堰亚热带森林、北京与河南暖温带森林、秦岭地区亚热带-暖温带过渡带森林、东北小兴安岭寒温带森林等 6 个类型的森林生态系统开展了连续数年乃至近 20 年的鼠类-种子相互关系研究，凝聚了一批学术骨干，培养了一批青年人才，取得了一系列重要进展，研究成果丰富和发展了动物与植物相互作用相关的生态学理论、方法。在此，对已有的研究成果简要总结如下。

## 一、各地区鼠类贮藏种子的行为策略

多地的研究均表明，鼠类对植物种子的贮藏方式可以分为分散贮藏、集中贮藏和二者兼有。分散贮藏者或兼性分散贮藏者往往是森林生态系统中的优势种类，在森林种子更新过程中发挥着积极作用；而集中贮藏者往往是侵入林缘的农田或家栖鼠类，不利于森林更新。例如，在西双版纳热带森林，主要有北社鼠、针毛鼠、红刺鼠和黄胸鼠。红刺鼠以分散贮藏为主，很少集中贮藏种子。北社鼠和针毛鼠兼有分散贮食和集中贮食行为。黄胸鼠以集中贮藏为主，很少分散贮藏种子，为纯粹的种子捕食者。北社鼠在森林中种群密度较高，是常绿阔叶林中唯一的优势种，同时也是热带雨林中的优势种。红刺鼠主要分布在热带雨林中，是热带雨林中的优势种。黄胸鼠是分布于我国南方农田的主要鼠类，在西双版纳主要栖息在片断化森林中及森林边缘，是片断化森林中的优势种，是人类活动对森林生态系统干扰的指示物种。其他鼠类，如赤腹松鼠、红颊长吻松鼠、明纹花松鼠和隐纹花松鼠等在西双版纳均有分布，但由于当地居民狩猎严重，种群密度较低。在北京东灵山暖温带森林生态系统中，主要有岩松鼠、北社鼠、大林姬鼠、大仓鼠、花鼠、黑线姬鼠等。岩松鼠具有分散和集中贮藏食物种子的习性，以分散贮藏为主，对山桃、胡桃楸等具有大而坚硬果核的传播具有积极意义。北社鼠主要集中贮藏辽东栎、山杏种子，为种子消耗者，不利于森林更新。大林姬鼠主要集中或分散贮藏辽东栎、山杏种子，是重要的种子传播者之一。花鼠主要集中贮藏辽东栎、山杏等林木种子，花生、玉米等农作物，以及少量胡桃楸、核桃等大而坚硬的种子。大仓鼠主要分布在山谷间的农田、弃耕地，经常侵入灌丛和次生林，取食和集中贮藏山杏、山桃、辽东栎、核桃、胡桃楸等种子，为种子消耗者，不利于森林种子更新。黑线姬鼠主要分布在山谷农田和弃耕地，经常侵入灌草、林缘，集中或分散贮藏少量的山杏、辽东栎种子。在该地区，岩松鼠、北社鼠、大林姬鼠、花鼠为森林型鼠类，而大仓鼠、黑线姬鼠为农田型鼠类，其中岩松鼠、北社鼠、大林姬鼠的种群密度较高，其次为大仓鼠、黑线姬鼠和花鼠。个体较大的岩松鼠、大仓鼠取食和贮藏所有供试的植物种子，包括核桃、山桃等坚硬的种子；个体小的大林姬鼠、黑线姬鼠仅取食和贮藏较小且内果皮较薄的辽东栎、山杏种子；中等大小的北社鼠、花鼠主要取食和贮藏山杏、辽东栎种子，少量取食核桃和山桃种子。在东北小兴安岭地区，涉及取食、扩散种子的鼠类主要有红松鼠、花鼠、大林姬鼠、棕背䶄、红背䶄和黑线姬鼠等。红松鼠和花鼠是重要的分散贮藏者。大林姬鼠兼具集中贮藏和分散贮食行为，但以集中贮藏为主。棕背䶄、红背䶄和黑线姬鼠则集中贮藏食物，是纯粹的种子消耗者。红松鼠、花鼠、大林姬鼠、棕背䶄、红背䶄都是森林型鼠类，黑线姬鼠是农田型鼠类，其中大林姬鼠、棕背䶄、红背䶄的种群密度较大。红松鼠、花鼠、大林姬鼠对森林更新有重要意义，而棕背䶄、红背䶄和黑线姬鼠不利于森林更新。棕背䶄、红背䶄由于啃咬、环剥树皮，是东北林区的主要害鼠。在四川都江堰亚热带森林地区，发现小泡巨鼠为分散贮藏种子的关键鼠种；大耳姬鼠、高山姬鼠和中华姬鼠等3种姬鼠兼有分散贮藏和集中贮食行为；针毛鼠和北社鼠虽然也分散和集中贮藏种子，但是它们的贮食行为并不明显；大足鼠仅是种子捕食者。除大足鼠为农田型鼠类外，其他均为森林型鼠类。该地区小泡巨鼠、北社鼠的种群密度较高。

通过比较多地研究结果发现，鼠类的贮食行为可以发生地理变异，如北社鼠在南方具有一定的分散贮食行为，但在北京东灵山地区不具有分散贮食行为。花鼠在东北地区具有分散贮食行为，但在北京地区（位于其分布的南缘）基本不具有分散贮食行为。无论是北方还是南方，鼠类均具有强烈的食物贮藏习性，改变了以往认为北方地区动物为度过漫长冬季具有更强烈的贮食行为的观点。

上述这些研究成果，对森林保护和退化森林恢复具有重要的指导意义。首先，要保护和恢复具有分散贮藏行为的鼠类种群，尤其是分散贮藏量大、对更多植物种子更新有利的关键鼠种，如西双版纳的红刺鼠，都江堰地区的中华姬鼠和小泡巨鼠，北京地区的岩松鼠、大林姬鼠，东北地区的红松鼠、花鼠、大林姬鼠等。其次，要适当控制经常侵入森林的农田型或家栖型鼠类的种群数量，这些鼠类通常只取食或集中贮藏种子，不分散贮藏种子，对森林更新不利。

## 二、鼠类影响下主要植物的种子命运及更新成功率

多地研究均发现，在森林生态系统中，许多植物的种子依赖鼠类等动物的扩散，但种子的特征是影响鼠类取食、贮食行为及种子命运的关键因素之一。例如，在西双版纳热带森林中，依赖鼠类扩散的植物种类主要包括壳斗科栲属、石栎属、栎属，茶茱萸科假海桐属，山茶科山茶属植物，以及一些具有大种子的鲜果植物（如檀香科硬核、藤黄科大叶藤黄和小叶藤黄等）。短刺栲和刺栲的种子小、种皮薄、单宁含量低。杯斗栲除了单宁含量较高外，其他特征与短刺栲和刺栲相似。湄公栲和麻栎的种子较大，湄公栲的种皮厚、单宁含量低，麻栎种子单宁含量高。截头石栎和白穗石栎种子大小、种皮厚

度和单宁含量都介于中间水平。种子较小的种类如短刺栲、刺栲和杯斗栲更多地被鼠类就地取食，很少被分散贮藏，且贮藏时间较短；而中等大小（两种石栎）的和较大（湄公栲和麻栎）的种子更多地被搬运及分散贮藏，且分散贮藏时间较长。这几种壳斗科的种子均很少能够存活到建成幼苗。假海桐、落瓣油茶、硬核、大叶藤黄和小叶藤黄种子均较大，但种皮厚度和单宁含量差异较大，其幼苗建成率均较高，其中假海桐幼苗建成率约为3.5%、硬核为2.6%，大叶藤黄为8.6%。小兴安岭地区依赖鼠类传播种子的植物主要有红松、胡桃楸、毛榛、平榛及蒙古栎等。红松是该地区重要的针叶树种，其种子的脂肪和蛋白质含量高、单宁含量低，是鼠类最为喜好的种子。松鼠和花鼠就地取食红松种子的比例高，分散贮藏的比例也较高；但成苗率不高。大林姬鼠则主要集中贮藏红松种子，偶尔分散贮藏，很少就地取食红松种子。棕背䶄、红背䶄和黑线姬鼠对红松种子采取集中贮藏的方式。胡桃楸属于乔木树种，分布较少，种子果皮厚而坚硬，但脂肪含量高、单宁含量极低，是松鼠和大林姬鼠的重要食物来源。由于种子较厚，鲜见被鼠类就地取食，80%以上的种子被松鼠和大林姬鼠分散贮藏。棕背䶄、红背䶄和黑线姬鼠不喜食胡桃楸种子，而花鼠完全拒食，可能与咬食能力有关。毛榛和平榛属于林下灌木，分布较广，种皮较厚，但蛋白质含量高、单宁含量低，上述鼠类均参与取食和扩散。鼠类对平榛就地取食比例低，对种皮较薄的毛榛就地取食比例高；相反毛榛的分散贮藏比例较平榛高。蒙古栎是本地区重要的阔叶乔木，其种子不休眠，种皮薄，单宁含量高。花鼠和大林姬鼠是蒙古栎种子的主要取食者，松鼠、棕背䶄、红背䶄和黑线姬鼠不喜食蒙古栎种子。尽管鼠类对红松、平榛和毛榛具有较高的分散贮藏比例，但由于后期找回比例也较高，野外成苗较少。红松在野外成苗多以丛生为主，不利于种群更新。相反，蒙古栎快速萌发的特性以及胡桃楸厚种皮的特点，使得二者在野外的成苗率较高。在北京东灵山地区，依赖鼠类取食和传播的主要植物种子有辽东栎、山杏、山桃、胡桃楸、核桃等，它们具有种子相对较大、营养丰富、含单宁或具有木质内果皮等特点，为鼠类重要的食物资源。辽东栎为东灵山建群树种之一，次生林和灌丛中常见，种子果皮薄而脆，种仁富含淀粉，单宁含量较高。常见鼠种均取食辽东栎种子，具有分散贮食习性的岩松鼠、大林姬鼠和花鼠对辽东栎种子的传播有积极意义。辽东栎种子的虫蛀率、就地取食率较高，其被扩散的比例较低，种子贮藏点多数位于灌丛下方的土壤或草丛中，仅少量种子被埋藏于灌丛边缘或林间空地。鼠类较高的捕食率和虫蛀率是辽东栎种子损失的主要原因，也是其更新的重要限制因素；即使种子大年，也仅有少量种子能够建成幼苗。山杏为乔木或灌木，为东灵山地区优势树种之一，种子内果皮较坚硬，壳厚，具有较高含量的粗蛋白质和脂肪，单宁含量低，是常见鼠类的主要取食和贮藏对象，因具有众多的种子传播者，在森林更新上占据优势。山杏种子与岩松鼠、大林姬鼠、花鼠等主要扩散者形成互惠关系，扩散效率远高于同域分布、物候特征相近的山桃种子（其种壳更厚且坚硬），可能是本地区山杏比山桃更占优势的重要原因。山桃为灌木或乔木，其种子内果皮也十分坚硬，营养丰富。但由于其种壳比山杏坚硬，仅岩松鼠、大仓鼠取食和贮藏山桃种子，岩松鼠几乎是其唯一的扩散者。缺乏有效的种子扩散者可能是其更新率较低、种群数量较少的重要原因。这说明植物与鼠类的互惠关系越强，种子扩散效率越高，其更新越成功。胡桃楸为东灵山地区优势树种之一，种子（果核）大而坚硬，富含蛋白质和脂肪，单宁含量低。但内果皮坚硬，岩松鼠为其主要的取食和扩散者，但其自然更新情况尚不明了。

## 三、鼠类影响下植物种子的吸引特征、防御特征及其权衡与均衡

多地研究发现，鼠类喜欢取食和扩散植物种子的特征主要包括营养特征、防御特征、容忍特征、再生特征、休眠或非休眠、种子大小、种子产量等诸多方面。营养特征主要包括淀粉、蛋白质和脂肪含量。防御特征包括物理防御、化学防御特征。容忍特征包括对鼠类部分取食、切胚芽或切胚根后能萌发成苗的能力。再生特征是指种子，或者胚芽或胚根被破坏后，种子的残余部分可以独立再生并建成一株苗，甚至多株苗。

我们的研究表明，物理和化学防御特征具有权衡的特点，即呈负相关关系，并且物理防御往往用于保护高蛋白、高脂肪的种子（Zhang et al.，2016a）。例如，具有坚硬外壳的种子物理防御较强，有毒物质（如单宁）含量较低，蛋白质和脂肪含量较高，如北京东灵山地区的胡桃楸、核桃、山杏、山桃，东北小兴安岭地区的红松、胡桃楸、毛榛、平榛，都江堰的港柯。具有较薄皮壳的种子，往往淀粉含量及有毒物质的含量较高，如北京东灵山地区的辽东栎，东北小兴安岭地区的蒙古栎，都江堰地区的栓皮栎、枹栎、青冈等。

种子可分为休眠和非休眠种子。休眠种子一般需要等到有利气候环境条件出现时再萌发，非休眠种子在落地后可以迅速萌发。种子休眠与否一方面与当地的气候密切有关，另一方面与逃逸鼠类的捕食有关。在我国北方地区，种子成熟后往往即将面临寒冷、干燥的气候，因此种子一般到次年春天才开始萌发、生长。北方地区的种子大多休眠，如北京地区的胡桃楸、核桃、山杏、山桃种子，东北地区的红松、胡桃楸、毛榛、平榛种子。但辽东栎、蒙古栎种子成熟落地后却迅速萌发，翌年春季再出苗生长。在我国的南方地区，气候温暖湿润，有利于种子快速萌发，但仍有旱季和雨季的气候交替。很多种子是非休眠种子，如都江堰的栓皮栎、枹栎、青冈，西双版纳的短刺栲、刺栲、杯斗栲、假海桐、落瓣油茶等。值得注意的是，这些非休眠种子一般都是薄壳种子，这是因为壳厚不利于种子的快速萌发。为应对非休眠种子的萌发，我们发现都江堰、西双版纳、河南、东北的鼠类进化出切胚（embryo excision）或切胚根（radicle pruning）的行为策略。反之，种子为应对鼠类的切胚或切胚根的行为，又进化出具有容忍或再生的能力（Cao et al.，2011）。例如，东北蒙古栎橡子能耐受部分取食、子叶丢失，具有胚根再生的特性。在西双版纳地区，假海桐种子被鼠类切胚或切胚根后，剩余部分胚或有关组织仍然具有萌发能力，甚至种子被取食后，残留于土壤的胚根依然能够发育成幼苗。除此之外，西双版纳地区的大叶藤黄种子的残留部分均可以萌发成一个新的幼苗。根据这些发现，我们提出了植物种子对抗鼠类捕食的种子再生假说，拓展了现有的防御和容忍理论。

另外，各地区种子大小和产量也具有很大差异。一般来讲，种子大小与产量呈权衡关系，即大种子产量低，而小种子产量高。例如，北京地区的胡桃楸种子大、每棵树的产量低，而辽东栎种子小、产量高。种子大小可能反映了植物的 r 对策或 K 对策。小种子包含的营养物质少，因而防御能力较弱；大种子包含的营养物质多，因而防御能力较强。营养含量高的种子产量也低。例如，高蛋白、高脂肪的胡桃楸、毛榛、平榛、山杏、山桃等种子产量都不高，但其防御能力均较高。

可见，种子特征既受制于当地的气候、动物捕食与扩散的压力，又受能量的权衡及

化学物质之间拮抗的影响。在南方湿润环境中，为对抗鼠类的过度捕食，更多的种子采取了快速萌发这一非休眠的对策。在北方干燥寒冷的环境中，更多的种子采取了休眠的对策。为对抗鼠类的过度捕食，有的种子采取增加种壳厚度或硬度的对策，有的种子采取增加有毒物质含量的对策，有的采取耐受或再生的对策。种子一方面防止鼠类过度捕食，但同时又要吸引鼠类搬运和贮藏种子，以实现吸引和防御特征的均衡，即正相关（张知彬等，2007）。大种子、高营养物质的种子对鼠类具有吸引作用，与此同时，其防御能力也相应增加。吸引能力与防御能力适度均衡，才能实现种子的有效扩散和更新。化学物质的拮抗也可能影响营养成分与防御类型的组合。单宁对蛋白质有沉淀作用，因此，高蛋白、高脂肪的种子多采取物理防御，而不是化学防御（Zhang *et al.*，2016a）。很多植物的种子（如浆果）外面包含营养丰富的果实以吸引动物（尤其是鸟类、大型兽类）取食，而光滑的种子再借助动物消化道传播种子。有关种子通过鼠类消化道传播的研究很少。我们在东北小兴安岭地区发现，花鼠、大林姬鼠和棕背䶄对浆果类的狗枣猕猴桃和软枣猕猴桃种子具有扩散作用，其中花鼠的种子扩散效率最高，大林姬鼠和棕背䶄次之。

## 四、影响鼠类贮食行为及植物种子命运的关键因素

鼠类具有明显的分散和集中贮藏种子的两种贮藏方式。与集中贮食行为相比，鼠类的分散贮食行为显然要花费更多的能量去贮存和管理，那么其进化的意义何在？由于分散贮食行为是理解鼠类与植物互惠关系的基础，也是影响种子命运及更新的关键，因此，一直是本领域的重要研究课题。

目前，主要有 3 种假说用于解释分散贮食行为的进化。一是避免盗食假说，认为由于动物的自卫能力较弱，为避免集中贮藏的食物出现灾难性的损失，故将其分散贮藏。由于分散贮藏依赖较强的空间记忆，分散贮藏者具有找到食物的优势。二是快速隔离假说，认为动物在面对丰富的食物时，先将其分散埋藏在食物源周围，减少竞争者获取食物的机会，然后再将贮藏的食物向其巢内或周边搬运。三是交互盗食假说，认为所有个体都分散贮藏，然后又互相盗食、享用，类似一种集体贮藏的行为。在都江堰地区，利用种子标签法和红外相机跟踪法，发现自然条件下，分散贮藏鼠类找回种子的概率（大于 50%）大大高于种内或种间的盗食率（小于 10%）；分散贮藏比例高的鼠类具有更高的回报率，支持避免盗食假说，不支持交互盗食假说（Gu *et al.*，2017）。在东北地区，花鼠主要是分散贮藏，当将种子放置于其人工巢穴中时，它们将这些种子移出巢穴并分散贮藏，也支持避免盗食假说。在北京东灵山的大型围栏内，岩松鼠先将种子快速分散贮藏于种子周围，然后逐步向其巢穴集中，支持快速隔离假说。另外，所有研究区域都证实种子都经历了多次搬运，且随搬运次数增加，距离有增加的趋势，也支持快速隔离假说。

多地研究发现，种内竞争、种间竞争、捕食风险、资源量变化都会影响鼠类贮藏策略的转换。例如，北京东灵山地区的岩松鼠、大林姬鼠和黑线姬鼠的取食、搬运和贮藏量随资源量增加而逐渐增加；在经历灾难性食物损失或模拟盗食后，所有鼠种都增加了种子取食量、搬运量和总贮藏量（包括分散贮藏）。在都江堰地区，小泡巨鼠在有同种

竞争者存在的条件下，倾向于占有更多的资源，埋藏种子的距离有所增加；在有捕食风险的条件下，减少了对种子的埋藏量，取食、埋藏种子的位置更加远离捕食风险源。

在鼠类的捕食和扩散压力下，植物种子一般面临就地取食、分散贮藏、集中贮藏、扩散后取食、切胚、切胚根、剥皮等命运，这与种子的特征及鼠类的贮食行为有关。对这些问题的解释，主要有高单宁假说、处理时间假说、萌发时间假说。高单宁假说认为，因为单宁有毒，鼠类喜欢就地取食低单宁种子，而扩散及分散贮藏高单宁种子。都江堰地区的研究支持高单宁假说。处理时间假说认为，鼠类要投入较长时间取食大种子或者壳硬或厚的种子，这样既增加了被天敌捕食的机会，也增加了竞争者争夺食物的机会。因此，鼠类倾向于先就地取食小种子或种皮较薄的种子，扩散或分散贮藏大种子或者壳硬或厚的种子。各地的研究均表明，鼠类优先就地取食小种子或种皮较薄的种子，而喜欢扩散或分散贮藏大种子、壳厚的种子（Zhang and Zhang，2008）。研究发现，在北京东灵山地区，在扩散早期，辽东栎大种子具有较高的扩散适合度；而扩散后期，大种子由于气味大，被鼠类盗食的机会大，其扩散适合度比小种子小；最终大、小辽东栎种子具有类似的扩散适合度（Zhang et al.，2008a）。在西双版纳的多年野外研究表明，由于大、小种子在扩散早期和后期经历了不同的选择压力，中等大小的种子具有最高的扩散适合度（Cao et al.，2016）。这些发现修正了现有的自然选择有利于大种子的理论，提出在种子扩散的不同阶段，大、小种子的扩散适合度是可变的。萌发时间假说认为，萌发或虫蛀的种子营养价值要低于未萌发的种子，鼠类优先就地取食已萌发或虫蛀的种子。西双版纳、秦岭及都江堰的研究均支持这一假说。在自然界，鼠类面临具有多因子组合特征的种子，我们发现某些种子特征在影响种子命运时更为重要。例如，在都江堰地区，种子大小的影响比萌发特征更重要。总体来看，种壳硬度或厚度、种子大小要比单宁、萌发特征更重要。在硬壳种子和高单宁种子共存的情况下，鼠类优先取食高单宁种子。但是，适度的种壳硬度或厚度对于实现最大的种子扩散适合度是必要的，种壳过厚或太薄均不利。在北京东灵山地区，胡桃楸和人工种植的核桃很类似，但由于人工培育的核桃营养价值高、皮更薄，打破了吸引与防御特征的均衡，导致其被鼠类过度取食，而不是被扩散和分散贮藏。山杏和山桃相比，种子特征类似，但山桃的种壳更厚、更硬，鼠类不喜欢扩散山桃种子，而更喜欢扩散和贮藏山杏种子，这可能是导致山杏种群更大的原因之一（Zhang et al.，2016b）。根据在北京地区近20年的研究，我们发现，与胡桃楸、山杏、山桃种子相比，辽东栎种子皮薄，鼠类喜欢优先取食辽东栎种子，很少扩散和贮藏辽东栎种子。在人类干扰严重的地区，辽东栎野外建成的幼苗很少，更新受到明显的抑制，而山杏、山桃的更新较好。在北美地区发现，为应对种子萌发，鼠类进化出具有切胚或切胚根的行为，导致植物更新受阻。我国多地的研究也发现鼠类具有切胚或切胚根的行为，并且发现有些植物种子（如假海桐）具有很强的再生能力，促进了植物的更新（Cao et al.，2016）。

关于种子大量结实对种子命运及鼠类贮食行为的影响一直存在争议，相关假说主要有捕食者饱和假说、捕食者扩散假说。我们的研究均表明，无论是在南方还是在北方地区，许多经鼠类扩散种子的植物具有大量结实的现象。例如，东北地区的蒙古栎橡子产量的波动周期为2~4年；毛榛种子为3~4年；红松种子为3~5年；胡桃楸种子为2~3年。在西双版纳季风常绿阔叶林和季节性雨林中，短刺栲和白毛石栎种子的产量也有明显的大小年现象。捕食者饱和假说认为，种子大年时，由于食物资源丰富，鼠类扩散贮藏需求下降，更多的种子可逃脱鼠类的捕食，因此种子的原地存活率和出苗率增加，但扩散率和扩散后出苗率降低。捕食者扩散假说则认为，种子大年时，鼠类倾向于扩散和贮藏种子以占有更多的资源，因此，种子的就地存活率和出苗率很低，但扩散率和扩散后出苗率增加。我们对都江堰油茶的研究倾向于支持捕食者饱和假说（Xiao et al.，2013），但对北京地区的山杏研究倾向于支持捕食者扩散假说（Li and Zhang，2003）。过去的研究主要侧重于用种子产量来检验这两个假说，这是不全面的，因为鼠类数量影响单位个体的种子获得量，从而影响捕食饱和程度。基于都江堰地区的研究，我们提出用单位鼠类种子获得量来检验这两个假说更为准确（Xiao et al.，2013）。根据我们的研究，推测这两种假说可能适合不同的环境或树种。对于温暖湿润的南方，种子（尤其对于非休眠的种子）不依赖动物的扩散和埋藏也能萌发。这些种子的大年结实可能更多地采用了饱和鼠类捕食的对策实现植物种子的更新。对于生长在干燥寒冷的植物种子，鼠类的扩散和埋藏对于种子（尤其是休眠种子）的萌发及出苗至关重要。因此，这些种子的大年结实可能更多地采用促进鼠类扩散、贮藏的对策实现植物更新。同时，大年结实通过饱和捕食者，也能增加扩散后种子的出苗率。在东北地区，我们发现，在种子量相同的条件下，红松种子捕食率随鼠类密度增加而增加；种子分散贮藏比例在中等鼠密度或在单位鼠密度种子获得量的条件下最高。在北京东灵山地区，山杏出苗率随单位鼠类种子获得量的增加出现饱和或凸型变化的趋势。这说明，植物种子与鼠类之间的关系不一定是线性或单调的关系，而可能具有非单调性的特点（Yan and Zhang，2014）。

## 五、鼠类与植物种子之间的互惠关系及协同进化

我们对多地的研究证实，植物种子与鼠类之间是一种弥散的协同进化关系。鼠类与植物种子之间的联系十分广泛，有些种子与更多的鼠类发生联系，或有些鼠种与更多的植物种子发生联系。"一对一"的专一关系在鼠类-种子系统中基本上是不存在的。通常的情况是，占优势的鼠类或植物种子与更多的物种发生联系。例如，在都江堰地区，小泡巨鼠与中华姬鼠与所有的种子联系，而青冈与栲树的种子与所有的鼠类联系，其他种类的联系要相对少一些。与其他互惠系统类似，鼠类与植物种子具有一定的嵌套特征，鼠类-种子系统是一个密切相互作用的功能群。多地的研究都证实，鼠类或种子具有显著的趋同进化或趋异进化特征。我们发现，种子的物理防御具有趋同进化的特征，而化学防御具有保守进化特征（Zhang et al.，2016a）。在鼠类捕食压力下，许多不同科、属的植物种子都进化出坚硬的种皮或较厚的种壳，以减少鼠类的过度捕食，并迫使鼠类扩散和贮藏这些种子。例如，在东北地区，胡桃楸隶属于胡桃科胡桃属，毛榛和平榛隶属于桦木科榛属，红松隶属于松科松属；北京地区的山杏隶属于蔷薇科杏属，山桃隶属于蔷薇科桃属，它们的种子都进化出坚硬的种壳，属于典型的趋同进化，以适应鼠类的捕食和扩散。但是，都江堰地区的栓皮栎、枹栎、麻栎，北京地区的辽东栎，东北地区的蒙古栎，秦岭地区的锐齿槲栎都隶属于壳斗科栎属，它们的种子都具有高单宁含量，体现了保守进化特征。壳斗科栲属的种子一般小、皮薄、单宁含量低，如西双版纳的短刺栲（*Castanopsis echidnocarpa*）、刺栲（*C. hystrix*）、都江堰地区的栲树（*C. fargesii*）；但

个别种类进化出较高的单宁，如西双版纳的杯斗栲（*C. calathiformis*），或较厚的种壳，如西双版纳的湄公栲（*C. mekongensis*），这体现了典型的趋异进化。无论是在北方还是在南方地区，不同科属、具有坚硬外壳的种子都是休眠种子，也体现了趋同进化。壳斗科栎属、石栎属、栲属的种子不论单宁含量高低，大多种壳薄，具有非休眠的特征。但都江堰的港柯（*Lithocarpus harlandii*）、西双版纳的湄公栲种壳较硬，具有休眠的特征；这说明壳斗科种子具有更高的保守进化特征。面对鼠类的切胚或切胚根行为，壳斗科及茶茱萸科中的非休眠种子均具有一定的再生能力。由于趋同进化形成的种壳厚度、休眠等对种子的命运影响很大，种间亲缘关系或者遗传距离对鼠类-种子互作关系的影响不显著（Zhang *et al.*，2016a）。

鼠类对种子的取食、扩散及贮藏也具有趋同进化的特征。隶属不同科、属的鼠类都进化出了分散贮食行为、切胚或切胚根的行为。例如，北京地区的松鼠科松鼠属的岩松鼠，鼠科姬鼠属的大林姬鼠；都江堰地区的鼠科姬鼠属的中华姬鼠，鼠科小泡鼠属的小泡巨鼠；西双版纳的鼠科刺毛鼠属的红刺鼠；东北地区的松鼠科花鼠属的花鼠及鼠科姬鼠属的大林姬鼠等，均具有强烈的分散贮食行为。西双版纳的红刺鼠、北社鼠、针毛鼠、黄胸鼠在贮藏种子时，均能切除种子萌发后伸出的胚根，但不切除胚芽，这些鼠类的切胚根行为具有明显的趋同进化特征。四川都江堰地区的赤腹松鼠（*Callosciurus erythraeus*）、陕西佛坪地区的岩松鼠（*Sciurotamias davidianus*）和云南哀牢山区的红颊长吻松鼠（*Dremomys rufigenis*）对非休眠性白栎类橡子均具有切胚行为（Xiao and Zhang，2012）；东北地区的花鼠对非休眠的蒙古栎种子具有切胚行为（Yang *et al.*，2012）。河南太行山区的鼠类对栎树橡子也具有切胚根的行为（Zhang *et al.*，2016c，2018）。这说明，松鼠科的松鼠的切胚行为具有系统发育的保守进化特征。

我们对鼠类-种子之间关系的研究，也揭示了一些重要的协同进化现象。鼠类与种子之间既是捕食关系，又存在互惠关系。为阻止鼠类过度捕食，许多植物种子如胡桃楸、山杏、山桃进化出坚硬的种子外壳；而主要依赖森林植物种子的鼠类也进化出取食坚硬种子的技能。例如，北京地区的大林姬鼠、北社鼠可以在山杏、山桃的种子外壳上开一个很小的口，取出种仁，能量消耗很小；而主要栖息在农田的大仓鼠常常需要开多个口，才能取出种仁。说明长期的进化使森林型鼠类进化出了高效地打开坚硬种壳的能力。在东北地区，松鼠能沿坚硬胡桃楸种子的腹缝线啃咬一周，可使其自动开裂；大林姬鼠则绕开腹缝线坚硬的部位，在背缝线咬出小洞从而挖去种仁。许多壳斗科的植物种子进化出具有较高的单宁含量，以阻止鼠类的过度捕食，但有些鼠类肠道微生物能分解单宁等有毒物质，可以取食这些种子。例如，东北地区的花鼠和大林姬鼠对高单宁的蒙古栎橡子的取食比例较高，而松鼠则不喜食蒙古栎橡子。鼠类与种子捕食与反捕食能力的协同进化，可能会导致鼠类-种子互作关系的分化，从而影响网络结构的特征，如分室、嵌套性。非休眠种子的快速萌发也是逃逸鼠类捕食的重要对策，但对于鼠类来说，会导致其贮藏食物的减少。为此，许多鼠类进化出了能够切胚或切胚根的行为，阻止种子萌发，延长食物保存时间。为应对鼠类的切胚或切胚根，西双版纳地区的假海桐种子进化出再生的能力，被鼠类切胚或切胚根后的种子或残留在土壤中的胚根仍具有萌发成苗的能力。种子与鼠类之间的萌发—切胚/切胚根—再生的"军备竞赛"使捕食与反捕食、扩散与回报达到平衡，生动体现了鼠类与植物种子之间的协同进化。

在自然界，捕食和反捕食是关系到猎物与捕食者之间生死存亡的大事，一方的变化必须引起对方的变化，否则就会被淘汰。因此，捕食者与被捕食者之间的协同进化现象比较常见，也比较容易理解（张知彬等，2007）。有些种间的互惠关系也具有明显的协同进化关系，如传粉昆虫与植物花的匹配结构或形态。植物产生花蜜吸引昆虫传粉，或者保护其免受害虫的侵袭；昆虫在享受花蜜时，自觉或不自觉地起到了传粉或保卫的作用。鼠类或鸟类和植物之间的互惠关系主要表现在植物为鼠类提供食物，鼠类或鸟类扩散和埋藏植物种子。但对于这种互惠关系是否具有协同进化关系仍然有争议，这是因为研究人员认为缺乏类似传粉昆虫和植物的花匹配的特征。

广义上讲，种子的特征与鼠类或鸟类的贮食行为也是匹配的。种子内部丰富的营养吸引鼠类取食，坚硬的果皮或有毒的单宁迫使鼠类搬运扩散，但只有分散贮藏对植物有利。所以，研究分散贮藏产生的原因和机制，对于理解鼠类与植物互惠关系的形成及协同进化具有十分重要的意义。我们的研究表明，具有分散或集中贮藏行为的鼠类都能取食这些坚硬的种子或高单宁的种子。例如，北京地区具有分散贮藏行为的大林姬鼠和具有集中贮藏行为的北社鼠都能大量取食及搬运山杏、山桃种子；东北地区具有分散贮藏行为的大林姬鼠、松鼠及具有集中贮藏行为的棕背䶄、红背䶄和黑线姬鼠都能大量取食、贮藏红松种子。由此可见，鼠类的分散贮藏与种子之间的互惠关系没有形成专一性的或弥散性的协同进化关系。鼠类与植物种子之间互惠关系的形成很可能是捕食与反捕食关系协同进化的产物。坚硬的种皮或外壳、有毒的单宁、再生特征等原本是植物用来阻止鼠类过度捕食的，但这些特征迫使鼠类搬运或埋藏种子，并在此过程中种子可能逃逸萌发成苗，从而形成了互惠关系。西双版纳的假海桐被鼠类切胚根后不仅没有降低出苗率，反而增加了出苗率，这是鼠类与种子形成双赢的互惠关系的一个极好的例子（Cao *et al.*，2011）。

在动植物的互惠关系进化中，植物可能占有主导位置，具有明显的主动性或动机，动物的响应可能是被动的。例如，植物产生花蜜吸引昆虫、鸟类或小型兽类来访，这些动物在取食花蜜的过程中为植物提供服务。一些植物果肉营养丰富，吸引鸟兽取食，同时又借助动物的消化道传播其种子。一些植物种子的内部具有营养丰富的种仁，吸引鼠类来取食；但外部具有坚硬的外壳，迫使鼠类搬运种子。我们在都江堰地区的研究表明，在个体水平上，鼠类分散贮藏种子的目的是防止同种或异种的盗食，并没有表现为回报植物的动机。但从生态系统水平上讲，鼠类对植物的互惠作用将有利于植物的繁殖，从而扩大自身的食物资源，因而具有协同进化的互惠关系应该有利于自然选择。研究表明，具有分散贮食行为的鼠类具有更高的食物竞争效率（Gu *et al.*，2017），说明植物种子特征的进化可能有利于回报分散贮藏的鼠类，有利于互惠关系向协同进化的方向发展。实际上，在我们研究的几种森林生态系统中，具有较强分散贮食行为的绝大多数鼠类的种群数量也比较高。

鼠类与植物之间的互惠关系，说明对抗者之间的合作在生态系统维持上发挥着重要的作用。在传统的生态学中，对抗者之间要么是单纯的竞争关系，要么是单纯的捕食关系。我们的模型研究表明，单纯的对抗关系不利于物种的共存或各自种群数量的增加。我们提出种间关系是可变的、非单调性的（Zhang，2003；Yan and Zhang，2014，2018）。基于传统的 3 种生态作用，即正（+）、负（−）、无（0）作用，我们定义了 6 种非单调性的生态作用，允许正、负、无作用随种群密度而转化，即+/−，+/0，−/+，−/0，0/+，

0/-（Yan and Zhang，2014）。这样的假定，允许对抗者之间在低密度时合作、在高密度时竞争或捕食（Zhang，2003；Yan and Zhang，2018）。研究发现，对抗者之间的合作有利于物种共存并提高其平衡时的种群数量（Yan and Zhang，2014）。在生态网络水平上的进一步分析发现，低密度时合作、高密度时竞争或捕食有利于生物多样性的维持、生态系统的稳定、生态系统生物量和转化效率的提高（Yan and Zhang，2018）。鼠类和植物种子之间的相互作用，反映了对抗者之间的合作关系。鼠类取食植物种子，与植物有捕食关系，但同时，鼠类又扩散种子，促进植物的分布和更新，与植物又存在合作关系。我们在东北地区的研究发现，红松种子的分散贮藏（提供互惠作用）比例在中等水平鼠类捕获率或者在单位鼠类种子获得量处于中等水平条件下最高，说明鼠类低密度时有利于互惠作用，而过高的鼠类密度不利于互惠作用，说明鼠类对植物种子扩散适合度的影响具有非单调性的特点。

## 第二节　重要进展

我们的研究团队经过数年乃至近20年对我国6个类型的森林生态系统中鼠类-植物种子关系的深入研究，丰富和发展了动植物关系领域的研究方法、基本概念和理论体系，取得的重要进展主要体现在以下几个方面。

（1）在研究方法上，提出了种子标签法（张知彬和王福生，2001；Xiao et al.，2006）。与传统拴线法不同，该方法中种子标签与种子的连接距离较短，且用金属丝连接，其优点在于标记的种子之间不易相互缠绕，种子与标签不宜分离，可长期跟踪种子的命运，直到种子萌发。在种子标签的基础上，我们又发展了红外相机结合种子标签法，该方法的创立，使鼠类-植物关系的研究上升到个体水平，为研究物种共存机制、鼠类找回种子机制及盗食行为、建立鼠类-种子互作网络等奠定了基础（赵清建等，2016；Gu et al.，2017）。

（2）研究发现竞争者存在的条件下促进鼠类的搬运、扩散，增加了分散贮藏，减少了集中贮藏，说明分散贮藏是对抗竞争者的一个策略；分散贮藏者的收益率大于盗食者，支持避免盗食假说（Gu et al.，2017）；资源量增加时促进了分散贮藏，支持快速隔离假说（Zhang et al.，2008b；Yi et al.，2011a）。天敌存在的情况下，鼠类减少了贮藏，且贮藏点更加接近其巢域；鼠类分散贮藏能力的大小与海马神经元再生密切相关（Pan et al.，2013），提供了分散贮食行为进化的分子证据。

（3）研究发现种子的物理防御特征与化学防御特征具有权衡关系，吸引特征与防御特征具有均衡的特点（张知彬等，2007；Zhang et al.，2016a）。具有坚硬或厚外壳的种子，其单宁含量低；反之亦然。具有坚硬或厚外壳的种子用来保护富含蛋白质和脂肪的种子，而单宁含量高的种子用来保护富含淀粉的种子。具有坚硬或厚外壳的种子大都是休眠种子，而具有软而薄外壳的种子多是非休眠种子，便于种子遇到合适环境时快速萌发。干燥寒冷的北方多具有坚硬或厚外壳的休眠种子，潮湿温暖的南方多具有软而薄外壳的非休眠种子。另外，发现吸引特征与防御特征具有正相关；营养丰富、能量高的种子，其各类防御能力强。吸引特征与防御特征的均衡对于种子扩散适合度至关重要，过大的防御或过小的防御投入，都不利于种子扩散适合度的提高（Zhang et al.，2016a）。

（4）验证和拓展了高单宁假说、处理时间假说和萌发时间假说等，提出了中等大小种子假说（Cao et al.，2016）、频率依赖假说（Xiao et al.，2010）、盗食和气味假说（Yi et al.，2016；Cao et al.，2018）。虽然鼠类优先搬运和贮藏高单宁、壳厚、非休眠大种子，但是壳厚度、种子大小比单宁含量、萌发特征更重要。另外，过去基于短期的观察，认为大种子具有较高的扩散适合度，我们根据多年及扩散全过程的研究发现，中等大小的种子具有最高的适合度，过大、过小都会降低种子的扩散适合度。鼠类优先取食萌发的种子，搬运和贮藏没有萌发的种子，一定比例的萌发和非萌发种子有利于非萌发种子的扩散，这种频率依赖的新机制是对萌发时间假说的拓展。研究发现气味小的种子或者盗食率低的种子更容易被鼠类分散贮藏，有利于增加种子的扩散适合度。

（5）验证了种子防御的抵抗假说、容忍假说，提出了再生假说（Cao et al.，2011）。发现一些植物种子通过物理防御（硬壳）、化学防御（单宁）来抵御鼠类的捕食，支持抵抗假说。发现一些植物种子能够容忍昆虫或鼠类的部分取食，残留部分仍继续萌发成苗（Yang et al.，2012；Yi and Yang，2012）。发现一些种子不仅具有容忍特性，而且被鼠类啃咬后，残留的胚根、胚芽及其他组织均可再生成苗，而且能生成 2 株或 2 株以上的苗，具有了再生能力，成为应对鼠类捕食种子的新机制（Cao et al.，2011）。

（6）发现了鼠类与植物种子之间协同进化的新机制。种子为应对鼠类的捕食，进化出快速萌发的对策。鼠类为对付种子萌发，延长食物保存时间，进化出了切胚或切胚根的行为（Xiao and Zhang，2012；Cao et al.，2011；Hou et al.，2010；Zhang et al.，2016b，2018）。发现了我国的松鼠科鼠类也具有切胚行为，并且具有天生行为特征；多种鼠类具有切胚根的行为，这是捕食与反捕食协同进化的例证。一些种子在被鼠类切胚根或啃咬后，具有再生的能力，使鼠类与植物种子之间"军备竞赛"由"取食—萌发—切根"三部曲上升到"取食—萌发—切根—再生"四部曲（Cao et al.，2011）。种子为应对鼠类的捕食，进化出坚硬的种子外壳或有毒单宁，鼠类为此进化出了打开坚果的方法或能够解毒次生物质的机制。发现嗅觉与种子气味在促进分散贮食起着重要作用，提供了互惠协同进化的例证。

（7）检验了关于种子大量结实的捕食者饱和假说和捕食者扩散假说，发现种子大量结实是否产生饱和或扩散效应取决于环境、种子的休眠特征、单位鼠密度种子获得量。在南方地区，非休眠种子的大量结实主要产生了捕食者饱和效应（Xiao et al.，2013）；而在北方地区，具坚硬外壳的休眠种子的大量结实主要产生了捕食者扩散效应（Li and Zhang，2003，2007）。较高的单位鼠密度种子获得量也具有大量结实的效果。另外，研究发现种子大量结实可导致鼠类介导的合作或竞争（Yi et al.，2011b；Xiao and Zhang，2016）。

（8）发现了影响鼠类-植物关系及网络结构的影响因素，如功能特征、种子雨、鼠类数量、人类活动等。植物种子的物理防御（壳厚度）具有趋同进化的特征，植物种子的化学防御（单宁含量）具有保守进化的特征，是影响鼠类-植物关系及网络结构的关键因素。遗传信号对鼠类-植物网络的影响较小（Zhang et al.，2016a）。

（9）发现了非单调性生态作用是物种互作网络稳定的新机制，对抗者之间的合作有利于物种共存，有利于系统生物多样性和生物量的稳定性增加（Zhang，2003；Yan and Zhang，2014，2018）。证实了鼠类-植物种子是一个捕食-互惠类型的非单调系统；鼠类种群密度低时有利于植物种子更新，密度高时不利于植物种子更新，适度的鼠类密度可使种子的扩散适合度最大化。

（10）提出一个包含捕食与互惠作用的鼠类-植物种子互作综合模型（张知彬等，2007）。该模型包括两个协同和两个均衡。一是植物种子与鼠类之间是一种捕食关系，种子的防御特征与鼠类的捕食行为具有强制性的协同进化关系。二是植物种子与鼠类之间是一种互惠关系，种子的吸引特征与鼠类的分散行为（回报行为）具有非强制性的协同进化的关系。三是种子的吸引与防御特征具有对立和统一的均衡关系，以实现种子扩散适合度的最大化。四是鼠类的捕食行为与回报行为也具有对立和统一的均衡关系，以协调短期和长期资源获取。

# 第三节　几点建议

经过数年乃至近 20 年的研究，虽然对我国各个典型生态系统的鼠类-植物种子关系开展了较为系统和深入的研究，取得了显著的进展，但鉴于种间关系的复杂性及可塑性，有些规律和机制尚未阐明，需要进一步研究和探索。为此，针对今后的相关研究，提出以下几点建议。

## 一、坚持野外、长期、系统的研究

目前，国内外的鼠类-植物种子关系研究大多依靠短期的实验研究，但是，由于种子在不同扩散阶段面临不同的生态压力，短期的研究不能全面反映鼠类-植物种子的关系。例如，过去基于扩散早期阶段的研究，都认为植物大种子的扩散适合度高，因为鼠类优先取食小种子，搬运大种子。但是，我们根据从种子雨到出苗整个扩散过程的研究发现，大种子在扩散早期有较高的扩散适合度，但在后期被鼠类找回的机会大，被取食的概率高，导致中等大小的种子具有最高的扩散适合度。另外，由于许多因素，如种子雨、鼠类密度及种类都可能影响鼠类的贮食行为，如果没有多年的数据，很难反映出真实的生态关系。因此，设置固定样地，对主要生态因素及生态关系的长期监测非常重要，也有助于理解全球变化下种间关系的响应及适应机制。

过去，对生态系统的监测，主要侧重于物种多样性、植被或生物量、生产力等功能指标的测定，对种间关系的监测重视不够。由于鼠类-植物种子关系事关森林更新，是反映生态系统健康的重要指标。因此，有必要开展长期监测，这对于及时了解森林生态系统的功能状态极为重要。长期监测时，应考虑不同的地理因素、生态环境、人类活动影响的差异，以期探讨种间关系作为生态系统健康指标的意义、种间关系形成的机制，以及提出加快生态系统保护和退化生态系统恢复的建议。

## 二、探讨森林生态系统鼠类及植物多物种共存的机制

物种共存机制是生态学研究的核心内容。森林型鼠类的生态位重叠较大，一些亲缘关系很近的种类（如同属的种类）能出现在同一地区的森林生态系统中，其在种子食物资源谱上重叠很大，是研究物种共存机制的理想对象。例如，都江堰地区的 4 种姬鼠属的种类（高山姬鼠、中华姬鼠、大耳姬鼠、黑线姬鼠）可以共存。当前，环境过滤

（environmental filter）、竞争排斥原理、生态位理论、中性理论等是解释物种共存、生态位分化的主要学说或理论。环境过滤假说认为由于区域性的气候、环境因素的影响，亲缘关系近的物种具有类似的适应特征，因而会共存。一般认为，大尺度的物种共存多由该假说解释。但在微观水平上，物种也会遭遇类似环境的选择压力，如面对有毒的植物种子，可能促进了具有分解有毒物质姬鼠类（*Apodemus* spp.）物种的共存。生态位理论认为，物种共存的前提是生态位必须有一定的分离。在此基础上延伸出有关生态系统稳定性的若干假说，如弱相互作用理论、分室或模块理论等。虽然鼠类的食性、习性等方面有很多相似之处，但具体到时间、空间、资源生态位（包括非种子资源）也可能有一定分化，在取食、贮食行为等方面也有一定差异，对于这些都不十分清楚，需要深入研究和定量评估其生态位及其重叠情况。与环境过滤假说相反，与生态位理论相似，竞争排斥理论认为生态位类似（或亲缘关系接近，往往具有类似的生态位）的物种不能共存。生态位理论、竞争排斥理论多用来解释小尺度的物种共存问题，但如何解释许多同属的植物或鼠类在一起共存呢？以往无论大小尺度的研究都说明，亲缘关系近的物种更容易共存，这很难用传统的生态位理论或竞争排斥理论来解释。

　　传统的物种共存理论有两个局限：一是基于两个物种的研究，推测物种或群落共存，缺乏从群落和生态系统水平稳定上考察物种共存问题。例如，在生态系统水平上，冗余有利于生态系统稳定，它可以很好地解释同属物种的共存问题，解释亲缘关系近的物种更容易共存。同属的物种冗余，不会因为某一个物种的丢失而导致某一个生态功能的丧失。二是只讲竞争，不考虑合作（包括直接或间接的合作）。传统的线性模型分析表明合作是系统的不稳定因素，但这与事实不符，因为生态系统中存在广泛的合作。我们的两物种合作竞争模型研究表明，低密度的合作、高密度的竞争有利于物种的共存及环境容纳量的提高。对生态网络模型的进一步分析表明，对抗者（包括竞争者）之间的合作不仅有利于系统的稳定、生物多样性的维持，而且有利于系统生物量及转换效率的提高，说明合作应该是物种共存的一个重要机制。合作一方面可以降低竞争的强度，另一方面可以转化为类似捕食的关系，增加了物种共存的概率。鼠类在低密度时可以与植物产生互惠作用，在高密度时产生捕食作用。这种非单调性作用，可能在鼠类乃至植物物种共存上发挥关键作用，需要在实验中进行检验。另外，分散贮食行为是鼠类与植物互惠的基础，由于鼠类之间存在交互盗食行为，在一定程度上，这也是一种合作的现象，其在鼠类共存机制上的作用也需要深入研究。

## 三、解析鼠类-植物种子互惠与捕食网络的结构和功能及稳定机制

　　种间互惠网络是当今生态学的最新发展领域。过去，互惠网络的研究主要局限在传粉昆虫网络、鸟类-种子扩散网络，而鼠类-种子互惠网络的研究仍然匮乏。在鼠类和植物种子之间，不仅存在互惠关系，也存在捕食关系，是一类极其独特的生态网络。现有的生态网络研究一般是假定种间关系是固定不变的，这显然不符合现实。鼠类对植物种子既具有正的作用，又具有负的作用，说明种间关系并非是单一、固定不变的，或者说是非单调性的。因此，生态网络结构并非不变，而是呈动态变化。例如，鼠类与种子的关系与种子雨、鼠类密度密切有关，不同的时间、空间上，网络的结构可能是不同的。

在鼠类密度较低或种子产量大年，种子成苗的机会增大，而鼠类密度过高或种子产量小年，种子成苗的机会就低，甚至导致种子更新的失败。虽然我们的模型已经证明非单调性的种间关系，或者说捕食与被捕食者之间的互惠有利于提高系统的稳定性和效率，但尚缺乏实验证据。因此，需要借助一定的方法，如红外相机与种子标签法相结合，定量测定鼠类与种子之间的互作强度，包括互惠强度、捕食强度，从而构建鼠类-植物种子的互作网络。再借助模型分析，探讨网络结构特征与稳定性、多样性的关系。

许多因素都可能影响网络结构的特征，包括遗传因素、功能特征、外部环境因素（如人类干扰、环境梯度、演替阶段、资源量、鼠类密度等）。总体来看，这些方面的定性研究多、定量研究少，需要加强研究。我们的初步研究表明，功能特征（如种壳的硬度）对鼠类-植物种子网络结构的影响很大，但遗传因素的影响较小。这是因为在鼠类-植物种子关系上，我们观测到趋同进化似乎比保守进化更为显著。我们初步评估了都江堰地区森林破碎化、演替阶段、鼠类或种子的丰度对鼠类-植物种子互作网络的影响，发现鼠类密度或种子雨、演替阶段的影响更为显著，斑块大小的影响小，可能是因为森林斑块之间的隔离度不大。

## 四、探究捕食者与被捕食者之间合作的起源及意义

合作的起源一直是生物学研究的一个重要课题。合作通常被认为是一种利他不利己的行为表现，不利于合作者个体适合度的增加，而有利于接受者个体适合度的增加。因此，在自然选择上不利于生存，但为何合作是生物界普遍的现象？其进化的机制是什么？最早提出亲缘选择（kin selection）来解释合作现象，认为合作主要发生在亲缘个体之间，合作者的基因通过亲缘个体进化和遗传，但无法解释非亲缘个体之间的合作。所以，又提出群体选择（group selection）来解释，即社会通过奖惩机制，激励合作行为，惩罚不合作的行为。博弈论是合作的起源与演化的重要手段，其中交互合作是合作行为进化的前提。在生态系统中，亲缘关系很远的物种之间的合作或互惠现象也十分普遍，如鼠类与植物种子之间就存在互惠关系。但是，博弈论、亲缘选择、群体选择等现有理论主要研究个体或群体之间的合作问题，并不一定适合解释在群落或生态网络水平上物种之间合作或互惠关系的形成机制。在群落或生态网络水平上，合作不仅有利于两个物种的适合度，也涉及整个系统的稳定性和效率问题，涉及多个正负反馈回路等问题，既有直接的收益和损失，也涉及间接的收益和损失，因而其合作起源的机制也应有其独特的规律。例如，对抗者之间的合作在生态网络水平上有利于系统稳定、生物多样性的增加、生物量及效率的提升。因此，从网络的角度来看，非单调性的合作是生态系统演化的关键因素，也可能是个体或群体水平上合作起源的前提条件。这仍需要更多的理论和实践研究。

在个体水平上，博弈论的预测对合作者给予奖励和回报，对欺骗者给予惩罚，使交叉合作者的收益最大化，使欺骗者、搭便车者的收益最小化，从而保证合作行为在社会或群体层面得以维持与发展。信息传递在博弈论中起到非常关键的作用，当合作者不能鉴别对方是合作者还是欺骗者时，合作行为就难以成为主流，而欺骗行为就会盛行。在交换合作时，关于动物与植物种子之间的信息流是如何实现的并不清楚。植物种子在面

对捕食者时无法区分动物是否有利于其种子的扩散和萌发，同样动物在取食种子时，并没有考虑是否要帮助种子扩散和更新。如何奖励回报者，在跨物种水平上，可能更多的是依赖协同进化的力量，如传粉昆虫与花的形状，确保合作和回报是交叉的，而不是流向欺骗者或搭便车者。但是，基因水平上的信息反馈往往具有更长的时滞性，这给欺骗者或搭便车者以可乘之机。因此，可以预测，物种水平上的合作关系中可能也会伴随非合作关系的存在。例如，我们在各地的研究中都发现有些集中贮藏的鼠类对于植物种子是纯粹的捕食者。非休眠种子对鼠类来讲是一种欺骗行为，吸引鼠类搬运，但又将营养通过快速萌发进行转移。有些鼠类具有鉴定合作者或欺骗者的能力，对于萌发的种子，采取优先吃掉或切根的办法（类似惩罚）。与传粉系统不同，鼠类与植物种子之间的互惠关系仍然缺乏协同进化的证据，这样的合作是如何产生和维持的，仍然是一个谜。种子的特征如何进化，才能操纵鼠类扩散并分散贮藏种子而获得回报，是一个值得深入研究的课题。

## 五、阐明鼠类贮食行为的生物学机制与过程

研究鼠类贮食行为机制，是理解鼠类-植物关系的关键所在。鼠类的贮食行为包括取食、搬运、贮藏、管理等过程，影响和决定了植物种子的扩散适合度及鼠类的适合度。最优觅食理论认为，在一定时间内，动物应当以最小的能量代价获取最大的能量收益，即收益率最大化。这个理论也能够解释一些鼠类的贮食行为，如大种子比小种子扩散得更远，鼠类喜欢取食、搬运营养丰富、种皮薄、单宁含量低的种子。但是，该理论并不能很好地解释为何森林型鼠类优先取食虫蛀或小种子或非休眠种子，喜欢搬运和贮藏大种子、硬壳种子、休眠种子。这是因为森林型鼠类的取食和贮藏策略需要权衡收益与风险以及当前与未来需求，而不是简单地考虑收益率的大小。在资源量丰富或竞争者存在的情况下，从短期来看，直接取食比搬运会有更高的收益率，但从长期来看，搬运和贮藏将会有更高的收益率。我们的实验也证实了这个推测。在竞争者存在的情况下，争夺资源可能是首选，搬运和贮藏也会有更高的收益率。在天敌捕食风险存在的情况下，收益率会处于次要位置，而降低捕食风险会上升至主要位置，这也得到了实验的验证。因此，在未来研究鼠类的贮食行为时，应当考虑时空尺度、资源量、竞争者、捕食风险对贮食行为收益率的影响。

最大收益率是否为动物追求的目标？这个目标是否能够实现？具有最大觅食收益率是否具有最大的适合度？这些依然是有待回答的问题。由于很多因子会影响收益率，加之信息的不对称性、因素的可变性，实现觅食收益率的最大化是很困难的。另外，动物的能量和时间都是有限的，过多地追求觅食收益率的最大化，可能影响其在配偶、社群交往等方面的投入，其个体适合度未必能够达到最大化。很多研究表明，觅食收益率和个体适合度之间没有显著的关系。因此，适度的觅食收益率也许更为普遍。鼠类贮食行为的个性化及其适合度的研究是一个值得深入探讨的课题。

## 六、发展更为先进有效的鼠类-植物种子关系研究方法

过去研究鼠类-植物种子之间关系的方法主要是拴线法和种子标签法等，这些方法

无法测定物种水平或个体水平上的鼠类与植物种子之间的关系。要深入研究鼠类与植物种子的关系，发展能够测定鼠类与种子个体水平上的关系的方法或技术是必需的。目前，我们创立的红外相机结合种子标签法基本上实现了在个体水平上对鼠类与植物种子关系的鉴定和测量。利用种子标签的形状来区分种子，通过背部毛色染出的形状来区分鼠类个体，借助于红外相机的监测和追踪，可以确定某个鼠种的某个个体取食或搬运或贮藏了某个植物物种的某个种子。通过这些数据可以测定鼠类与植物种子之间的互作强度，绘制鼠类-植物种子网络结构，估算网络参数，也可以计算觅食收益率、盗食率等。但是，这个方法需要在野外花费较大的时间捕获动物、标记动物，追踪被搬运的种子和参与搬运的鼠类等。在有些情况下，由于照片模糊或未标记动物的闯入，无法确定鼠类-植物种子的关系。未来，应当借助于自动化的识别技术，如无线射频技术，提高识别鼠类-植物种子关系的准确率和效率。

# 参 考 文 献

张知彬, 李宏俊, 肖治术, 等. 2007. 动物对植物种子命运的影响//邬建国. 现代生态学讲座(III)学科进展与热点论题. 北京: 高等教育出版社: 63-91.

张知彬, 王福生. 2001. 鼠类对山杏种子的扩散及存活的作用研究. 生态学报, 21(5): 165-171.

赵清建, 顾海峰, 严川, 等. 2016. 森林破碎化对鼠类-种子互作网络的影响. 兽类学报, 36(1): 15-23.

Cao L, Wang B, Yan C, et al. 2018. Risk of cache pilferage determines hoarding behavior of rodents and seed fate. Behavioral Ecology, 10.1093/beheco/ary040, In Press.

Cao L, Wang Z, Yan C, et al. 2016. Differential foraging preferences on seed size by rodents result in higher dispersal success of medium-sized seeds. Ecology, 97(11): 3070-3078.

Cao L, Xiao Z, Wang Z, et al. 2011. High regeneration capacity helps tropical seeds to counter rodent predation. Oecologia, 166(4): 997-1007.

Gu H, Zhao Q, Zhang Z. 2017. Does scatter-hoarding of seeds benefit cache owners or pilferers? Integrative Zoology, 12(6): 477-488.

Hou X, Yi X, Yang Y, et al. 2010. Acorn germination and seedling survival of Q. variabilis: effects of cotyledon excision. Ann For Sci, 67(7): 711.

Li H, Zhang Z. 2003. Effect of rodents on acorn dispersal and survival of the Liaodong oak (Quercus liaotungensis Koidz.). Forest Ecology and Management, 176: 387-396.

Li H, Zhang Z. 2007. Effects of mast seeding and rodent abundance on seed predation and dispersal by rodents in Prunus armeniaca (Rosaceae). Forest Ecology and Management, 242: 511-517.

Pan Y, Li M, Yi X, et al. 2013. Scatter hoarding and hippocampal cell proliferation in Siberian chipmunks. Neuroscience, 255: 76-85.

Wang M, Zhang D, Wang Z, Yi X. 2018. Improved spatial memory promotes scatter-hoarding of animals. Journal of Mammalogy, 99: 1189-1196.

Xiao Z, Gao G, Steele M A, et al. 2010. Frequency-dependent selection by tree squirrels: adaptive escape of nondormant white oaks. Behavioral Ecology, 21: 169-175.

Xiao Z, Jansen P A, Zhang Z. 2006. Using seed-tagging methods for assessing post-dispersal seed fate in rodent-dispersed trees. Forest Ecology and Management, 223: 18-23.

Xiao Z, Zhang Z. 2012. Behavioural responses to acorn germination by tree squirrels in an old forest where white oaks have long been extirpated. Animal Behaviour, 83(4): 945-951.

Xiao Z, Zhang Z. 2016. Contrasting patterns of short-term indirect seed–seed interactions mediated by scatter-hoarding rodents. Journal of Animal Ecology, 85: 1370-1377.

Xiao Z, Zhang Z, Krebs C J. 2013. Long-term seed survival and dispersal dynamics in a rodent-dispersed tree: testing the predator satiation hypothesis and the predator dispersal hypothesis. Journal of Ecology, 101(5): 1256-1264.

Yan C, Zhang Z. 2014. Specific non-monotonous interactions increase persistence of ecological networks. Proceedings of the Royal Society B: Biological Sciences, 281(1779): 20132797.

Yan C, Zhang Z. 2018. Dome-shaped transition between positive and negative interactions maintains higher persistence and biomass in more complex ecological networks. Ecological Modelling, 370: 14-21.

Yang Y, Yi X, Yu F. 2012. Repeated radicle pruning of *Quercus mongolica* acorns as a cache management tactic of Siberian chipmunks. Acta Ethologica, 15: 9-14.

Yang Y, Yi X. 2018. Scatter hoarders move pilfered seeds into their burrows. Behavioral Ecology and Sociobiology, 72:158.

Yang Y, Wang Z, Yan C, Zhang Y, Zhang D, Yi X. 2018. Selective predation on acorn weevils by seed-caching Siberian chipmunk *Tamias sibiricus* in a tripartite interaction. Oecologia, 188: 149-158.

Yang Y, Zhang Y, Deng Y, Yi X. 2019. Endozoochory by granivorous rodents in seed dispersal of green fruits. Canadian Journal of Zoology, 97: 42-49.

Yi X, Wang Z, Zhang H, et al. 2016. Weak olfaction increases seed scatter-hoarding by Siberian chipmunks: implication in shaping plant-animal interactions. Oikos, 125: 1712-1718.

Yi X, Yang Y, Zhang Z. 2011a. Effect of seed availability on hoarding behavior of Siberian chipmunk in semi-natural enclosures. Mammalia, 75: 321-326.

Yi X, Yang Y, Zhang Z. 2011b. Intra- and inter-specific effects of mast seeding on seed fates of two sympatric *Corylus* species. Plant Ecology, 212: 785-793.

Yi X, Yang Y. 2012. Partial acorn consumption by small rodents: implications for regeneration of white oak, *Quercus mongolica*. Plant Ecology, 213: 197-205.

Zhang H, Chen Y, Zhang Z. 2008a. Differences of dispersal fitness of large and small acorns of Liaodong oak (*Quercus liaotungensis*) before and after seed caching by small rodents in a warm temperate forest, China. Forest Ecology and Management, 255: 1243-1250.

Zhang H, Cheng J, Xiao Z, et al. 2008b. Effects of seed abundance on seed scatter-hoarding of Edward's rat (*Leopoldamys edwardsi* Muridae) at the individual level. Oecologia, 158: 57-63.

Zhang H, Yan C, Chang G, et al. 2016b. Seed trait-mediated selection by rodents affects mutualistic interactions and seedling recruitment of co-occurring tree species. Oecologia, 180: 475-484.

Zhang H, Zhang Z. 2008. Endocarp thickness affects seed removal speed by small rodents in a warm-temperate broad-leafed deciduous forest, China. Acta Oecologica, 34: 285-293.

Zhang Y, Li W, Sichilima A M, et al. 2018. Discriminatory pre hoarding handling and hoarding behaviour towards germinated acorns by *Niviventer confucianus*. Ethology Ecology & Evolution, 30: 1-11.

Zhang Y, Shi Y, Sichilima A M, et al. 2016c. Evidence on the adaptive recruitment of Chinese cork oak (*Quercus variabilis* Bl.): influence on repeated germination and constraint germination by food-hoarding animals. Forests, 7: 47.

Zhang Y, Bartlow A W, Wang Z, Yi X. 2018. Effects of tannins on population dynamics of sympatric seed-eating rodents: the potential role of gut tannin-degrading bacteria. Oecologia, 187: 667-678

Zhang Z. 2003. Mutualism or cooperation among competitors promotes coexistence and competitive ability. Ecological Modeling, 164(2-3): 271-282.

Zhang Z, Wang Z, Chang G, et al. 2016a. Trade-off between seed defensive traits and impacts on interaction patterns between seeds and rodents in forest ecosystems. Plant Ecology, 217: 253-265.

# 附录 本书作者所发表的与本书相关的论文

1. Cao L, Wang B, Yan C, Wang Z, Zhang H, Geng Y, Chen J, Zhang Z. 2018. Risk of cache pilferage determines hoarding behavior of rodents and seed fate. Behavioral Ecology, 29(4): 984-991.

2. Cao L, Guo C, Chen J. 2017. Fluctuation in seed abundance has contrasting effects on the fate of seeds from two rapidly geminating tree species in an Asian tropical forest. Integrative Zoology, 12: 2-11.

3. Cao L, Wang Z, Yan C, Chen J, Guo C, Zhang Z. 2016. Differential foraging preferences on seed size by rodents result in higher dispersal success of medium-sized seeds. Ecology, 97: 3070-3078.

4. Cao L, Xiao Z, Guo C, Chen J. 2011. Scatter-hoarding rodents as secondary seed dispersers of a frugivore-dispersed tree *Scleropyrum wallichianum* in a defaunated Xishuangbanna tropical forest, China. Integrative Zoology, 6: 227-234.

5. Cao L, Xiao Z, Wang Z, Guo C, Chen J, Zhang Z. 2011. High regeneration capacity helps tropical seeds to counter rodent predation. Oecologia, 166(4): 997-1007.

6. Cao L, Guo C. 2011. Seed dispersal effectiveness of small rodents to the *Castanopsis indica* in Xishuangbanna tropical seasonal rain forest. Acta Theriologica Sinica(兽类学报, 英文版), 31: 323-329.

7. Chang G, Jin T, Pei J, Chen X, Zhang B, Shi Z. 2012. Seed dispersal of three sympatric oak species by forest rodents in the Qinling Mountains, Central China. Plant Ecol, 213(10): 1633-1642.

8. Chang G, Xiao Z, Zhang Z. 2010. Effects of burrow condition and seed handling time on hoarding strategies of Edward's long-tailed rat (*Leopoldamys edwardsi*). Behavioural Processes, 85: 163-166.

9. Chang G, Xiao Z, Zhang Z. 2006. Difference of hoarding and consumption behavior among seed-caching rodents in Dujiangyan region, China. Biotropica, 38(6): 792-793.

10. Chang G, Xiao Z, Zhang Z. 2009. Hoarding decisions by Edward's long-tailed rats (*Leopoldamys edwardsi*) and South China field mice (*Apodemus draco*): the responses to seed size and germination schedule in acorns. Behavioural Processes, 82: 7-11.

11. Chang G, Zhang Z. 2011. Differences in hoarding behaviors among six sympatric rodent species on seeds of oil tea (*Camellia oleifera*) in Southwest China. Acta Oecologica, 37: 165-169.

12. Chang G, Zhang Z. 2014. Functional traits determine formation of mutualism and predation interactions in seed-rodent dispersal system of a subtropical forest. Acta Oecologica, 55(2014): 43-50.

13. Chen Q, Tomlinson K W, Cao L, Wang B. 2017. Effects of fragmentation on the seed predation and dispersal by rodents differ among species with different seed size. Integrative Zoology, 12: 468-476.

14. Cheng J, Xiao Z, Zhang Z. 2005. Seed consumption and caching on seeds of three sympatric tree species by four sympatric rodent species in a subtropical forest, China. Forest Ecology and Management, 216: 331-341.

15. Cheng J, Zhang H. 2011. Seed-hoarding of Edward's long-tailed rats (*Leopoldamys edwardsi*) in response to weevil infestation in Cork oak (*Quercus variabilis*). Current Zoology, 57(1): 50-55.

16. Geng Y, Wang B, Cao L. 2017. Directed seed dispersal by scatter-hoarding rodents into areas with a low density of conspecific seeds in the absence of pilferage. Journal of Mammalogy, 98: 1682-1687.

17. Gu H, Zhao Q, Zhang Z. 2017. Does scatter-hoarding of seeds benefit cache owners or pilferers? Integrative Zoology, 12(6): 477-488.

18. Guo C, Lu J, Yang D, Zhao L. 2009. Impacts of burial and insect infection on germination and seedling growth of acorns of *Quercus variabilis*. Forest Ecology and Management, 258: 1497-1502.

19. Hou X, Yi X, Yang Y, Liu W. 2010. Acorn germination and seedling survival of *Q. variabilis*: effects of cotyledon excision. Ann For Sci, 67: 711.

20. Huang Z, Wang Y, Zhang H, Wu F, Zhang Z. 2011. Behavioral responses of sympatric rodents to complete pilferage. Animal Behaviour, 81: 831-836.

21. Lai X, Guo C, Xiao Z. 2014. Trait-mediated seed predation, dispersal and survival among

frugivore-dispersed plants in a fragmented subtropical forest, Southwest China. Integrative Zoology, 9: 246-254.

22. Li H, Zhang H, Zhang Z. 2006. Acorn removal of Liaodong oak (*Quercus liaotungensis*) by rodents. Acta Theriologica Sinica, 26(1): 8-12.

23. Li H, Zhang Z. 2003. Effect of rodents on acorn dispersal and survival of the Liaodong oak (*Quercus liaotungensis* Koidz.). Forest Ecology and Management, 176: 387-396.

24. Li H, Zhang Z. 2007. Effects of mast seeding and rodent abundance on seed predation and dispersal by rodents in *Prunus armeniaca* (Rosaceae). Forest Ecology and Management, 242: 511-517.

25. Li Y, Zhang D, Zhang H, Wang Z, Yi X. 2018. Scatter-hoarding animal places more memory on caches with weak odor. Behavioral Ecology & Sociobiology, 72: 53.

26. Liu C, Liu G, Shen Z, Yi X. 2012. Effects of disperser abundance, seed type, and interspecific seed availability on dispersal distance. Acta Theriologica, 58: 267-278.

27. Liu C, Liu G, Shen Z, Yi X. 2013. Effects of disperser abundance, seed type, and interspecific seed availability on dispersal distance. Acta Theriologica, 58(3): 267-278.

28. Lu J, Zhang Z. 2007. Hoarding of walnuts by David's rock squirrels (*Sciurotamias davidianus*) within enclosure. Acta Theriologica Sinica 27(3): 209-214.

29. Lu J, Zhang Z. 2008. Differentiation in seed hoarding among three sympatric rodent species in a warm temperate forest. Integrative Zoology, 3: 134-142.

30. Lu J, Zhang Z. 2004. Effects of habitat and season on removal and hoarding of seeds of wild apricot (*Prunus armeniaca*) by small rodents. Acta Oecologica, 26: 247-254.

31. Lu J, Zhang Z. 2005. Food hoarding behavior of large field mouse *Apodemus peninsulae*. Acta Theriologica, 50(1): 51-58.

32. Lu J, Zhang Z. 2005. Effects of high and low shrubs on acorn hoarding and dispersal of Liaodong oak *Quercus liaotungensis* by small rodents. Acta Zoologica Sinica, 51: 195-204.

33. Luo Y, Yang Z, Steele M A, Zhang Z, Stratford J A, Zhang H. 2014. Hoarding without reward: rodent responses to repeated episodes of complete cache loss. Behavioural Processes, 106: 36-43.

34. Lv X, Alonso-Zarazaga M A, Xiao Z, Wang Z, Zhang R. 2016. *Evemphyron sinense*, a new genus and species infesting legume seedpods in China (Coleoptera, Attelabidae, Rhynchitinae). ZooKeys, 600: 89-101.

35. Pan Y, Li M, Yi X, Zhao Q, Lieberwirth C, Wang Z, Zhang Z. 2013. Scatter hoarding and hippocampal cell proliferation in Siberian chipmunks. Neuroscience, 255: 76-85.

36. Shen Z, Guo S, Yang Y, Yi X. 2012. Decrease of large-bodied dispersers limits recruitment of large-seeded trees but benefits small-seeded trees. Israel Journal of Ecology and Evolution, 58: 53-67.

37. Steele M A, Rompré G, Stratford J A, Zhang H, Sushocki M, Marino S. 2015. Scatter hoarding rodents favor higher predation risks for cache sites: the potential for predators to influence the seed dispersal process. Integrative Zoology, 10: 257-266.

38. Tong L, Zhang Y, Wang Z, Lu J. 2012. Influence of intra- and inter-specific competitions on food hoarding behaviour of buff-breasted rat (*Rattus flavipectus*). Ethology Ecology & Evolution, 24(1): 62-73.

39. Wang J, Zhang B, Hou X, Chen X, Han N, Chang G. 2017. Effects of mast seeding and rodent abundance on seed predation and dispersal of *Quercus aliena* (Fagaceae) in Qinling Mountains, Central China. Plant Ecology, 218: 855-865.

40. Wang Y, Xiao Z, Zhang Z. 2004. Seed deposition of oil tea *Camellia oleifera* influenced by seed-caching rodents. Acta Botanica Sinica, 46(7): 773-779.

41. Wang Z, Cao L, Zhang Z. 2014. Seed traits and taxonomic relationships determine the occurrence of mutualisms versus seed predation in a tropical forest rodent and seed dispersal system. Integrative Zoology, 9(3): 309-319.

42. Wang Z, Zhang D, Liang S, *et al.* 2017. Scatter-hoarding behavior in Siberian chipmunks (*Tamias sibiricus*): an examination of four hypotheses. Acta Ecologica Sinica, 37: 173-179.

43. Wang Z, Zhang Y, Zhang D. 2016. Nutritional and defensive properties of Fagaceae nuts dispersed by animals: a multiple species study. European Journal of Forest Research, 135: 911-917.

44. Xiao Z, Zhang Z. 2016. Contrasting patterns of short-term indirect seed-seed interactions mediated by scatter-hoarding rodents. Journal of Animal Ecology, 85: 1370-1377.

45. Xiao Z, Mi X, Holyoak M, Xie W, Cao K, Yang X, Huang X, Krebs C J. 2017. Seed-predator satiation and Janzen-Connell effects vary with spatial scales for seed-feeding insects. Annals of Botany, 119: 109-116.

46. Xiao Z, Zhang Z, Krebs C J. 2015. Seed size and number make contrasting predictions on seed survival and dispersal dynamics: a case study from oil tea *Camellia oleifera*. Forest Ecology and Management, 343: 1-8.

47. Xiao Z, Chang G, Zhang Z. 2008. Testing the high tannin hypothesis with scatter-hoarding rodents: experimental and field evidence. Animal Behaviour, 75: 1235-1241.

48. Xiao Z, Gao X, Jiang M, Zhang Z. 2009. Behavioral adaptation of Pallas's squirrels to germination schedule and tannins in acorns. Behavioral Ecology, 20: 1050-1055.

49. Xiao Z, Gao X, Steele M A, Zhang Z. 2010. Frequency-dependent selection by tree squirrels: adaptive escape of nondormant white oaks. Behavioral Ecology, 21: 169-175.

50. Xiao Z, Gao X, Zhang Z. 2013. Sensitivity to seed germination by scatter-hoarding Pére David's rock squirrels during mast and non-mast years. Ethology, 119: 472-479.

51. Xiao Z, Harris M K, Zhang Z. 2007. Acorn defenses to herbivory from insects: implications for the joint evolution of resistance, tolerance and escape. Forest Ecology and Management, 238: 302-308.

52. Xiao Z, Jansen P A, Zhang Z. 2006. Using seed-tagging methods for assessing post-dispersal seed fate in rodent-dispersed trees. Forest Ecology and Management, 223: 18-23.

53. Xiao Z, Krebs C J. 2015. Modeling the costs and benefits of seed scatter hoarding to plants. Ecosphere, 6(4): e53.

54. Xiao Z, Wang Y, Harris M, Zhang Z. 2006. Spatial and temporal variation of seed predation and removal of sympatric large-seeded species in relation to innate seed traits in a subtropical forest, Southwest China, Forest Ecology and Management, 222: 46-54.

55. Xiao Z, Wang Y, Zhang Z. 2003. The ability to discriminate weevil-infested nuts by rodents: potential effects on regeneration of nut-bearing plants. Acta Theriologica Sinica, 23(4): 312-320.

56. Xiao Z, Gao X, Zhang Z. 2013. The combined effects of seed perishability and seed size on hoarding decisions by Pére David's rock squirrels. Behav Ecol Sociobiol, 67(7): 1067-1075.

57. Xiao Z, Zhang Z, Wang Y. 2005. The effects of seed abundance on seed predation and dispersal by rodents in *Castanopsis fargesii* (Fagaceae). Plant Ecology, 177: 249-257.

58. Xiao Z, Zhang Z, Krebs C J. 2013. Long-term seed survival and dispersal dynamics in a rodent-dispersed tree: testing the predator satiation hypothesis and the predator dispersal hypothesis. Journal of Ecology, 101(5): 1256-1264.

59. Xiao Z, Zhang Z, Wang Y. 2005. Effects of speed size on dispersal distance in five rodent-dispersed fagaceous species. Acta Oecologica, 28: 221-229.

60. Xiao Z, Zhang Z, Wang Y. 2004. Dispersal and germination of big and small nuts of *Quercus serrata* in a subtropical board-leaved evergreen forest. Forest Ecology and Management, 195: 141-150.

61. Xiao Z, Zhang Z, Wang Y. 2004. Impacts of scatter-hoarding rodents on restoration of oil tea *Camellia oleifera* in a fragmented forest. Forest Ecology and Management, 196: 405-412.

62. Xiao Z, Zhang Z. 2006. Nut predation and dispersal of Harland Tanoak *Lithocarpus harlandii* by scatter-hoarding rodents. Acta Oecologica, 29: 205-213.

63. Xiao Z, Zhang Z. 2012. Behavioural responses to acorn germination by tree squirrels in an old forest where white oaks have long been extirpated. Animal Behaviour, 83(4): 945-951.

64. Xiao Z, Zhang Z, Wang Y. 2003 Rodent's ability to discriminate weevil-infected acorns: potential effects on regeneration of nut-bearing plants. Acta Theriologica Sinica, 23(4): 312-325.

65. Xiao Z, Zhang Z, Wang Y, Chen J. 2004. Acorn predation and removal of *Quercus serrata* in a shrubland in Dujiangyan Region, China. Acta Zoologica Sinica, 50(4): 535-540.

66. Yan C, Zhang Z. 2014. Specific non-monotonous interactions increase persistence of ecological networks. Proceedings of the Royal Society B: Biological Sciences, 281(1779): 20132797.

67. Yan C, Zhang Z. 2018. Combined effects of intra- and inter-specific non-monotonic functions on the

stability of a two-species system. Ecological Complexity, 33: 49-56.

68. Yan C, Zhang Z. 2018. Dome-shaped transition between positive and negative interactions maintains higher persistence and biomass in more complex ecological networks. Ecological Modelling, 370: 14-21.

69. Yan C, Zhang Z. 2016. Interspecific interaction strength influences population density more than carrying capacity in more complex ecological networks. Ecological Modelling, 332: 1-7.

70. Yang Y, Yi X, Niu K. 2012. The effects of kernel mass and nutrition reward on seed dispersal of three tree species by small rodents. Acta Ethologica, 15: 1-8.

71. Yang Y, Yi X, Yu F. 2012. Repeated radicle pruning of *Quercus mongolica* acorns as a cache management tactic of Siberian chipmunks. Acta Ethologica, 15(1): 9-14.

72. Yang Y, Yi X. 2011. Effectiveness of Korean pine (*Pinus koraiensis*) seed dispersal by small rodents in fragmented and primary forests. Polish Journal of Ecology, 59: 413-422.

73. Yang Y, Yi X. 2012. Partial acorn consumption by small rodents: implication for regeneration of white oak, *Quercus mongolica*. Plant Ecology, 213: 197-205.

74. Yang Y, Zhang M, Yi X. 2016. Small rodents trading off forest gaps for scatter-hoarding differs between seed species. Forest Ecology and Management, 379: 226-231.

75. Yi X, Steele M A, Zhang Z. 2012. Acorn pericarp removal as a cache management strategy of the Siberian chipmunks, *Tamias sibiricus*. Ethology, 118(1): 87-94.

76. Yi X, Yang Y, Zhang Z. 2011. Effect of seed availability on hoarding behaviors of Siberian chipmunk (*Tamias sibiricus*) in semi-natural enclosures. Mammalia, 75: 321-326.

77. Yi X, Yang Y. 2010. Apical thickening of epicarp is responsible for embryo protection in acorns of *Quercus variabilis*. Israle Journal of Ecology and Evolution, 56: 153-164.

78. Yi X, Yang Y. 2010. Large acorns benefit seedling recruitment by satiating weevil larvae in *Quercus aliena*. Plant Ecology, 209: 291-300.

79. Yi X, Yang Y. 2011. Scatter hoarding of Manchurian walnut *Juglans mandshurica* by small mammals: response to seed familiarity and seed size. Acta Theriologica, 56: 141-147.

80. Yi X, Curtis R, Bartlow A W, Agosta S J, Steele M A. 2013. Ability of chestnut oak to tolerate acorn pruning by rodents: the role of the cotyledonary petiole. Naturwissenschaften, 100(1): 81-90.

81. Yi X, Li J, Zhang M, Zhang D, Wang Z. 2016. Short-term acute nitrogen deposition alters the interaction between Korean pine seeds and food hoarding rodents. Forest Ecology and Management, 367: 80-85.

82. Yi X, Liu G, Steele M A, Shen Z, Liu C. 2013. Directed seed dispersal by a scatter-hoarding rodent: the effects of soil water content. Animal Behaviour, 86: 851-857.

83. Yi X, Liu G, Zhang M, Dong Z, Yang Y. 2014. A new approach for tracking seed dispersal of large plants: soaking seeds with $^{15}$N-urea. Annals of Forest Science, 71: 43-49.

84. Yi X, Steele M A, Shen Z. 2014. Manipulation of walnuts to facilitate opening by the great spotted woodpecker (*Picoides major*): is it tool use? Animal Cognition, 17: 157-161.

85. Yi X, Steele M A, Stratford J A, Wang Z, Yang Y. 2016. The use of spatial memory for cache management by a scatter-hoarding rodent. Behavioral Ecology and Sociobiology, 70: 1527-1534.

86. Yi X, Wang Z, Liu C, Liu G, Zhang M. 2015. Acorn cotyledons are larger than their seedlings' need: evidence from artificial cutting experiments. Scientific Reports, 5: 8112.

87. Yi X, Wang Z, Liu C, Liu G. 2015. Seed trait and rodent species determine seed dispersal and predation: evidences from semi-natural enclosures. iForest, 8: 207-213.

88. Yi X, Wang Z, Zhang H, Zhang Z. 2016. Weak olfaction increases seed scatter-hoarding by Siberian chipmunks: implication in shaping plant-animal interactions. Oikos, 125: 1712-1718.

89. Yi X, Wang Z. 2015. Dissecting the roles of seed size and mass in seed dispersal by rodents with different body sizes. Animal Behaviour, 107: 263-267.

90. Yi X, Wang Z. 2015. Tracking animal-mediated seedling establishment from dispersed acorns with the aid of the attached cotyledons. Mammal Research, 60: 1-6.

91. Yi X, Xiao Z, Zhang Z. 2008. Seed dispersal of Korean pine *Pinus koraiensis*, labeled by two different tags in a northern temperate forest, northeast China. Ecological Research, 23: 379-384.

92. Yi X, Yang Y, Curtis R, Bartlow A W, Agosta S J, Steele M A. 2012. Alternative strategies of seed predator escape by early-germinating oaks in Asia and North America. Ecology and Evolution, 2(3):

487-492.

93. Yi X, Curtis R, Bartlow A, Agosta S, Steele M. 2013. Ability of chestnut oak to tolerate acorn pruning by rodents—the role of the cotyledonary petiole. Naturwissenschaften, 100: 81-90.

94. Yi X, Yang Y, Z. Zhang Z. 2011. Intra- and inter-specific effects of mast seeding on seed fates of two sympatric *Corylus* species. Plant Ecol, 212: 785-793.

95. Yi X, Yang Y. 2012. Partial acorn consumption by small rodents: implications for regeneration of white oak, *Quercus mongolica*. Plant Ecology, 213: 197-205.

96. Yi X, Zhang J, Wang Z. 2015. Large and small acorns contribute equally to early-stage oak seedlings: a multiple species study. European Journal of Forest Research, 134: 1019-1026.

97. Yi X, Zhang M, Bartlow A W, Dong Z. 2014. Incorporating cache management behavior into seed dispersal: the effect of pericarp removal on acorn germination. PLoS One, 9: e92544.

98. Yi X, Zhang Z. 2008. Seed predation and dispersal of glabrous filbert (*Corylus Heterophylla*) and pilose filbert (*Corylus Mandshurica*) by small mammals in a temperate forest, northeast China. Plant Ecology, 196: 135-142.

99. Yi X, Zhang Z. 2008. Influence of insect-infested cotyledons on early seedling growth of Mongolian oak, *Quercus mongolica*. Photosynthetica, 46: 139-142.

100. Zhang D, Li J, Wang Z, Yi X. 2016. Visual landmark-directed scatter-hoarding of Siberian chipmunks *Tamias sibiricus*. Integrative Zoology, 11: 175-181.

101. Zhang H, Chu W, Zhang Z, Wang W. 2017. Cultivated walnut trees showed earlier but not final advantage over its wild relatives in competing for seed dispersers. Integrative Zoology, 12(1): 12-25.

102. Zhang H, Gao H, Yang Z, Wang Z, Luo Y, Zhang Z. 2014. Effects of interspecific competition on food hoarding and pilferage in two sympatric rodents. Behaviour, 151: 1579-1596.

103. Zhang H, Steele M A, Zhang Z, Wang W, Wang Y. 2014. Rapid sequestration and recaching by a scatter-hoarding rodent (*Sciurotamias davidianus*). Journal of Mammalogy, 95(3): 480-490.

104. Zhang H, Wang W. 2009. Using endocarp-remains of seeds of wild apricot *Prunus armeniaca* to identify rodent seed predators. Current Zoology, 55(6): 396-400.

105. Zhang H, Wang Y. 2011. Differences in hoarding behavior between captive and wild sympatric rodent species. Current Zoology, 57: 725-730.

106. Zhang H, Wang Z, Zeng Q, Chang G, Wang Z, Zhang Z. 2015. Mutualistic and predatory interactions are driven by rodent body size and seed traits in a rodent-seed system in warm-temperate forest in northern China. Wildlife Research, 42: 149-157.

107. Zhang H, Yan C, Chang G, Zhang Z. 2016. Seed trait-mediated selection by rodents affects mutualistic interactions and seedling recruitment of co-occurring tree species. Oecologia, 180: 475-484.

108. Zhang H, Chen Y, Zhang Z. 2008. Differences of dispersal fitness of large and small acorns of Liaodong oak (*Quercus liaotungensis*) before and after seed caching by small rodents in a warm temperate forest, China. Forest Ecology and Management, 255: 1243-1250.

109. Zhang H, Cheng J, Xiao Z, Zhang Z. 2008. Effects of seed abundance on seed scatter-hoarding of Edward's rat (*Leopoldamys edwardsi* Muridae) at the individual level. Oecologia, 158: 57-63.

110. Zhang H, Luo Y, Steele M A, Yang Z, Wang Y, Zhang Z. 2013. Rodent-favored cache sites do not favor seedling establishment of shade-intolerant wild apricot (*Prunus armeniaca* Linn.) in northern China. Plant Ecology, 214(4): 531-543.

111. Zhang H, Wang Y, Zhang Z. 2009. Domestic goat grazing disturbance enhances tree seed removal and caching by small rodents in a warm-temperate deciduous forest in China. Wildlife Research, 36: 610-616.

112. Zhang H, Wang Y, Zhang Z. 2011. Responses of seed-hoarding behaviour to conspecific audiences in scatter- and/or larder-hoarding rodents. Behaviour, 148(7): 825-842.

113. Zhang H, Zhang Z. 2008. Endocarp thickness affects seed removal speed by small rodents in a warm-temperate broad-leafed deciduous forest, China. Acta Oecologica, 34: 285-293.

114. Zhang M, Dong Z, Yi X, Bartlow A W. 2014. Acorns containing deeper plumule survive better: how white oaks counter embryo excision by rodents. Ecology and Evolution, 4: 59-66.

115. Zhang M, Shen Z, Liu G, Yi X. 2013. Seed caching and cache pilferage by three rodent species in a

temperate forest in the Xiaoxinganling Mountains. Zoological Research, 34(E1): E13-E18.

116. Zhang M, Steele M A, Yi X. 2013. Reconsidering the effects of tannin on seed dispersal by rodents: evidence from enclosure and field experiments with artificial seeds. Behavioural Processes, 10: 200-207.

117. Zhang M, Wang Z, Liu X, Yi X. 2017. Seedling predation of *Quercus mongolica*, by small rodents in response to forest gaps. New Forests, 48: 83-94.

118. Zhang Y, Li W, Sichilima A M, Lu J, Wang Z. 2018. Discriminatory pre-hoarding handling and hoarding behaviour towards germinated acorns by *Niviventer confucianus*. Ethology Ecology & Evolution, 30: 1-11.

119. Zhang Y, Shi Y, Sichilima A M, Zhu M, Lu J. 2016. Evidence on the adaptive recruitment of Chinese Cork oak (*Quercus variabilis* Bl.): influence on repeated germination and constraint germination by food-hoarding animals. Forests, 7(2): 47.

120. Zhang Y, Tong L, Ji W, Lu J. 2013. Comparison of food hoarding of two sympatric rodent species under interspecific competition. Behavioural Processes, 92: 60-64.

121. Zhang Y, Wang C, Tian S, Lu J. 2014. Dispersal and hoarding of sympatric forest seeds by rodents in a temperate forest from northern China. iForest, 7: 70-74.

122. Zhang Y, Yu J, Sichilima A M, Wang W, Lu J. 2016. Effects of thinning on scatter-hoarding by rodents in temperate forest. Integrative Zoology, 11(2): 182-190.

123. Zhang Z, Wang Z, Chang G, Yi X, Lu J, Xiao Z, Zhang H, Cao L, Wang F, Li H, Yan C. 2016. Trade-off between seed defensive traits and impacts on interaction patterns between seeds and rodents in forest ecosystems. Plant Ecology, 217: 253-265.

124. Zhang Z. 2003. Mutualism or cooperation among competitors promotes coexistence and competitive ability. Ecological Modeling, 164(2-3): 271-282.

125. Zhang Z, Wang F. 2001. Effect of burial on acorn survival and seedling recruitment of Liaodong oak (*Quercus liaotungensis*) under rodent predation. Acta Theriologica Sinica, 21(1): 35-43.

126. Zhang Z, Wang F. 2001. Effect of rodent predation on seedling survival and recruitment of wild apricot. Acta Ecologica Sinica, 21: 1761-1768.(in Chinese with English abstract)

127. Zhang Z, Xiao Z, Li H. 2005. Impact of small rodent on seed fate of forests in the temperate and sub-tropical regions in China. *In*: Forget P M, Lambert J E, Hulme P E, Vander Wall S B. Seed Fate: predation and secondary dispersal. Walllngford CABI Publishing: 269-282.

128. Zhang Z, Yan C, Krebs C J, Stenseth N C. 2015. Ecological non-monotonicity and its effects on complexity and stability of populations, communities and ecosystems. Ecological Modelling, 312: 374-384.

129. 曹林, 肖治术, 张知彬, 郭聪. 2006. 亚热带林区啮齿动物对樱桃种子捕食和搬运的作用格局. 动物学杂志, 41(4): 27-32.

130. 常罡, 王开锋, 王智. 2012. 秦岭森林鼠类对华山松种子捕食及其扩散的影响. 生态学报, 32(10): 3177-3181.

131. 常罡, 郇发道. 2011. 季节变化对锐齿栎种子扩散的影响. 生态学杂志, 30(1): 189-192.

132. 常罡, 肖治术, 张知彬. 2008. 种子大小对小泡巨鼠贮藏行为的影响. 兽类学报, 28(1): 37-41.

133. 常罡. 2012. 鼠类扩散种子的几种标签标记法的比较. 生态学杂志, 31(3): 684-688.

134. 陈晓宁, 张博, 石子俊, 侯祥, 王京, 常罡. 2016. 秦岭南北坡森林鼠类对板栗和锐齿槲栎种子扩散的影响. 生态学报, 36(5): 1303-1311.

135. 陈晓宁, 张博, 石子俊, 侯祥, 王京, 常罡. 2017. 食物源距离对中华姬鼠贮藏策略的影响. 兽类学报, 37(2): 146-151.

136. 程瑾瑞, 肖治术, 张知彬. 2007. 包衣、埋藏的栓皮栎和枹栎种子在鼠类捕食下的存留. 生态学杂志, 26(5): 668-672.

137. 程瑾瑞, 张知彬. 2005. 啮齿动物对种子的传播. 生物学通报, 40(4): 11-13.

138. 程瑾瑞, 张知彬, 肖治术. 2005. 小泡巨鼠在同种竞争者存在下对其贮藏种子的分析. 兽类学报, 25(2): 143-149.

139. 郭洪岭, 李志文, 肖治术. 2014. 结构方程模型解析影响黄连木果实产量和种子命运的因素. 生物多样性, 22: 174-181.

140. 侯祥, 张博, 陈晓宁, 王京, 韩宁, 常罡. 2016. 围栏条件下同域分布三种鼠对两种种子的贮藏行为差异. 兽类学报, 36(2): 123-128.

141. 胡力, 谢文华, 尚涛, 姜坤明, 肖治术. 2016. 龙溪-虹口国家级自然保护区兽类和鸟类多样性红外相机调查结果初报. 兽类学报, 36: 330-337.

142. 姜明敏, 曹林, 肖治术, 郭聪. 2010. 都江堰林区取食樱桃果实(种子)的鸟类及其种子扩散作用. 动物学杂志, 45(1): 27-34.

143. 焦广强, 于飞, 牛可坤, 易现峰. 2011. 种内及种间干扰对围栏内花鼠分散贮藏行为的影响. 兽类学报, 31(1): 62-68.

144. 雷晶洁, 申圳, 易现峰. 2012. 外果皮厚度和种子大小对五种栎属橡子扩散的影响. 兽类学报, 32(2): 83-89.

145. 李宏俊, 张洪茂, 张知彬. 2006. 鼠类对辽东栎种子的搬运. 兽类学报, 26(1): 8-12.

146. 李宏俊, 张知彬. 2000. 动物与植物种子更新的关系. I: 对象、方法与意义. 生物多样性, 8(4): 405-412.

147. 李宏俊, 张知彬. 2001. 动物与植物种子更新的关系. II: 动物对种子的捕食、扩散、储藏及与幼苗建成的关系. 生物多样性, 9(1): 25-37.

148. 李宏俊, 张知彬, 王玉山, 王福生, 曹小平. 2004. 东灵山地区啮齿动物群落组成及优势种群的季节变动. 兽类学报, 24(3): 215-221.

149. 李娟, 郭聪, 肖治术. 2013. 都江堰亚热带森林常见木本植物果实组成与种子扩散策略. 生物多样性, 21: 572-581.

150. 李婷婷, 刘丙万, 肖治术. 2010. 食物单宁和皂苷对小白鼠食物选择的影响. 动物学杂志, 45(5): 54-60.

151. 刘鑫, 王政昆, 肖治术. 2011. 小泡巨鼠和社鼠对珍稀濒危植物红豆树种子的捕食和扩散作用. 生物多样性, 19(1): 93-96.

152. 刘国强, 刘长渠, 易现峰. 2015. 胡桃楸种子大小对鼠类分散贮藏行为的影响——基于无线电标记技术. 生态学报, 35: 5648-5653.

153. 刘文静, 汪广垠, 牛可坤, 焦广强, 于飞, 易现峰. 2010. 槲栎种子雨进程中昆虫的捕食特征. 昆虫学报, 53(4): 436-441.

154. 刘长渠, 王振宇, 易现峰, 杨月琴. 2016. 贮藏点深度、大小及基质含水量对花鼠找寻红松种子的影响. 兽类学报, 36: 72-76.

155. 路纪琪, 李宏俊, 张知彬. 2005. 山杏的种子雨及鼠类的捕食作用. 生态学杂志, 24(5): 528-532.

156. 路纪琪, 肖治术, 程瑾瑞, 张知彬. 2004. 啮齿动物的分散贮食行为. 兽类学报, 24(3): 267-272.

157. 路纪琪, 张知彬. 2005. 灌丛高度对啮齿动物贮藏和扩散辽东栎坚果的影响. 动物学报, 51(2): 195-204.

158. 路纪琪, 张知彬. 2005. 啮齿动物分散贮食的影响因素. 生态学杂志, 24(3): 283-286.

159. 路纪琪, 张知彬. 2005. 围栏条件下社鼠的食物贮藏行为. 兽类学报, 25(3): 248-253.

160. 路纪琪, 张知彬. 2005. 岩松鼠的食物贮藏行为. 动物学报, 51(3): 376-382.

161. 路纪琪, 张知彬. 2004. 捕食风险及其对动物觅食行为的影响. 生态学杂志, 23(2): 66-72.

162. 路纪琪, 张知彬. 2004. 鼠类对山杏和辽东栎种子的贮藏. 兽类学报, 24: 132-138.

163. 马庆亮, 赵雪峰, 刘金栋, 路纪琪. 2010. 啮齿动物对山杏种子命运影响的季节格局. 郑州大学学报(理学版), 42(3): 102-107.

164. 马庆亮, 赵雪峰, 孙明洋, 路纪琪, 孔茂才. 2010. 啮齿动物作用下退耕地山杏种子扩散与贮藏的季节变化. 应用生态学报, 21(5): 1238-1243.

165. 牛可坤, 焦广强, 于飞, 易现峰. 2011. 围栏条件下花鼠寻找种子的途径和方式. 动物学杂志, 46(1): 45-51.

166. 申圳, 董钟, 曹令立, 张明明, 刘国强, 易现峰. 2012. 同种或异种干扰对花鼠分散贮藏点选择的影响. 生态学报, 32(23): 7264-7269.

167. 孙明洋, 马庆亮, 田澍辽, 王建东, 路纪琪. 2011. 种子产量对鼠类扩散栓皮栎坚果的影响. 兽类学报, 31(3): 265-271.

168. 孙明洋, 王振龙, 王永红, 郭彩茹, 田澍辽, 路纪琪. 2011. 昆虫寄生对栓皮栎坚果特征和萌发行为的影响. 昆虫学报, 54(3): 320-326.

169. 王冲, 张义锋, 王振龙, 乔王铁, 路纪琪. 2013. 济源太行山区鼠类对三种林木种子的扩散和贮藏. 兽类学报, 33(2): 150-156.

170. 王京, 张博, 侯祥, 陈晓宁, 韩宁, 常罡. 2015. 秦岭南坡短柄枹栎和锐齿槲栎的种子产量和种子大小及其与昆虫寄生的关系. 昆虫学报, 58(12): 1307-1314.

171. 王威, 张洪茂, 张知彬. 2007. 围栏条件下捕食风险对岩松鼠贮藏核桃种子行为的影响. 兽类学报, 27(4): 358-364.

172. 王学, 肖治术, 张知彬, 潘红春. 2008. 昆虫种子捕食与蒙古栎种子产量和种子大小关系的初步研究. 昆虫学报, 51(2): 161-165.

173. 肖治术, 张知彬. 2004. 种子类别和埋藏深度对雌性小泡巨鼠找到埋藏种子的影响. 兽类学报, 24(4): 311-314.

174. 肖治术, 胡力, 王翔, 尚涛, 朱大海, 赵志龙, 黄小群. 2014. 汶川地震后鸟兽资源现状: 以都江堰光光山峡谷区为例. 生物多样性, 22(6): 794-797.

175. 肖治术, 王学志, 黄小群. 2014. 青城山森林公园兽类和鸟类资源初步调查: 基于红外相机数据. 生物多样性, 22(6): 788-793.

176. 肖治术, 王玉山, 张知彬, 马勇. 2002. 都江堰地区小型哺乳动物群落物种多样性及生境类型的初步研究. 生物多样性, 10(2): 163-169.

177. 肖治术, 王玉山, 张知彬. 2001. 都江堰地区三种壳斗科植物的种子库及其影响因素分析. 生物多样性, 9(4): 373-381.

178. 肖治术, 张知彬, 路纪琪, 程瑾瑞. 2004. 啮齿动物对植物种子的多次贮藏. 动物学杂志, 39(2): 94-99.

179. 肖治术, 张知彬, 王玉山. 2003. 啮齿动物鉴别虫蛀种子的能力及其对坚果植物更新的潜在影响. 兽类学报, 23(4): 312-321.

180. 肖治术, 张知彬. 2003. 研究食果动物传播种子的跟踪技术. 生物多样性, 11(3): 248-255.

181. 肖治术, 张知彬. 2004. 扩散生态学及其意义. 生态学杂志, 23(6): 107-110.

182. 肖治术, 张知彬. 2004. 啮齿动物的贮藏行为与植物种子的扩散. 兽类学报, 24(1): 61-70.

183. 肖治术, 张知彬. 2006. 金属片标签法: 一种有效追踪鼠类扩散种子的方法. 生态学杂志, 25(10): 1292-1295.

184. 肖治术, 张知彬. 2006. 小议生物扩散. 生物学通报, 41(7): 27-28.

185. 肖治术, 张知彬, 王玉山, 程瑾瑞. 2004. 都江堰地区灌丛内枹栎橡子的捕食和搬运. 动物学报, 50(4): 535-540.

186. 肖治术, 张知彬, 王玉山. 2005. 覆网保护和埋藏对坚果树种子直播的影响. 生物多样性, 13(6): 520-526.

187. 肖治术, 张知彬. 2004. 都江堰林区小型兽类取食林木种子的调查. 兽类学报, 24(2): 121-124.

188. 肖治术, 张知彬. 2004. 种子类别和埋藏深度对雌性小泡巨鼠发现种子的影响. 兽类学报, 24(4): 311-314.

189. 肖治术, 王玉山, 张知彬, 马勇. 2002. 都江堰地区小型哺乳动物群落与生境类型关系的初步研究. 生物多样性, 10(2): 163-169.

190. 肖治术, 张知彬, 王玉山. 2003. 以种子为繁殖体的植物更新模型研究. 生态学杂志, 22(4): 70-75.

191. 肖治术, 张知彬, 王玉山. 2003. 小泡巨鼠对森林种子选择与贮藏的观察. 兽类学报, 23(3): 208-213.

192. 杨锡福, 谢文华, 陶双伦, 李俊年, 肖治术. 2014. 笼捕法和陷阱法对森林小型兽类多样性监测效率比较. 兽类学报, 34(2): 193-199.

193. 杨锡福, 谢文华, 陶双伦, 李俊年, 肖治术. 2015. 森林演替对都江堰鼠类多样性的影响. 生态学杂志, 34(9): 2546-2552.

194. 于飞, 牛可坤, 焦广强, 吕浩秋, 易现峰. 2011. 小型啮齿动物对小兴安岭 5 种林木种子扩散的影响. 东北林业大学学报, 39(1): 11-13.

195. 于飞, 史晓晓, 易现峰, 王得祥. 2013. 蒙古栎种子相对丰富度对小兴安岭 5 种木本植物种子扩散的影响. 应用生态学报, 24(6): 1531-1535.

196. 于晓东, 周红章, 罗天宏, 何君舰, 张知彬. 2001. 昆虫寄生对辽东栎种子命运的影响. 昆虫学报, 44(4): 518-524.

197. 张博, 石子俊, 陈晓宁, 侯祥, 王京, 李金钢, 常罡. 2016. 森林鼠类对秦岭南坡3种壳斗科植物种子扩散的差异. 生态学报, 36(21): 6750-6757.

198. 张博, 石子俊, 陈晓宁, 廉振民, 常罡. 2014. 昆虫蛀蚀对鼠类介导下的锐齿槲栎(*Quercus aliena*)种子扩散的影响. 生态学报, 34(14): 3937-3943.

199. 张洪茂, 张知彬. 2006. 埋藏点深度, 间距及大小对花鼠发现向日葵种子的影响. 兽类学报, 26(4): 398-402.

200. 张洪茂, 张知彬. 2007. 围栏条件下影响岩松鼠寻找分散贮藏核桃种子的关键因素. 生物多样性, 15(4): 329-336.

201. 张义锋, 王魏瑞, 李蔚, 苗向东, 路纪琪. 2016. 间伐对鼠类扩散林木种子的影响. 郑州大学学报, 48(1): 67-72.

202. 张知彬, 李宏俊, 肖治术, 路纪琪, 程瑾瑞. 2007. 动物对植物种子命运的影响//邬建国. 现代生态学讲座(III): 学科进展与热点论题. 北京: 高等教育出版社: 63-91.

203. 张知彬. 1994. 小型哺乳动物在生态系统中的作用//钱迎倩, 马克平. 生物多样性研究的原理与方法. 北京: 中国科学技术出版社: 210-216.

204. 张知彬. 2001. 埋藏和环境因子对辽东栎(*Quercus liaotungensis* Koida)种子更新的影响. 生态学报, 21: 374-386.

205. 赵清建, 顾海峰, 严川, 曹科, 张知彬. 2016. 森林破碎化对鼠类-种子互作网络的影响. 兽类学报, 36(1): 15-23.

206. 赵雪峰, 路纪琪, 乔王铁, 汤发有. 2009. 生境类型对啮齿动物扩散和贮藏栓皮栎坚果的影响. 兽类学报, 29(2): 160-166.